Frankfurter Beiträge zur Soziologie und Sozialpsychologie

Die Frankfurter Soziologie und Sozialpsychologie hat mit ihren zentralen Beiträgen zu einer kritischen Selbstreflexion der Gesellschaft internationale Anerkennung gefunden. Die Schriftenreihe knüpft in doppelter Weise an diese Tradition an. Zum einen nimmt sie Intuitionen und Einsichten der Frankfurter Schule für die Analyse der Gegenwartsgesellschaften auf und entwickelt diese weiter. Zum anderen bietet sie soziologischen und sozialpsychologischen Ansätzen ein Forum für neuere Fundierungen und Dimensionen von Kritik. In der Reihe erscheinen theoretische, empirische, historische und methodologische Arbeiten, die zu einer Diagnostik aktueller kultureller Praktiken und gesellschaftlicher Prozesse beitragen.
Die Reihe wird herausgegeben von Rolf Haubl, Kira Kosnick, Thomas Lemke, Dieter Mans und Thomas Scheffer (Institut für Soziologie der Goethe-Universität Frankfurt am Main). Manuskriptangebote werden von den Herausgebern begutachtet und bei Annahme redaktionell betreut.

Benjamin Seibel

Cybernetic Government

Informationstechnologie und Regierungsrationalität von 1943–1970

Benjamin Seibel
Darmstadt, Deutschland

Dissertation Technische Universität Darmstadt, 2014 (D17)

Frankfurter Beiträge zur Soziologie und Sozialpsychologie
ISBN 978-3-658-12489-2 ISBN 978-3-658-12490-8 (eBook)
DOI 10.1007/978-3-658-12490-8

Die Deutsche Nationalbibliothek verzeichnet diese Publikation in der Deutschen Nationalbibliografie; detaillierte bibliografische Daten sind im Internet über http://dnb.d-nb.de abrufbar.

Springer VS

Gedruckt auf säurefreiem und chlorfrei gebleichtem Papier

Springer Fachmedien Wiesbaden ist Teil der Fachverlagsgruppe Springer Science+Business Media
(www.springer.com)

Inhalt

1. Einleitung

„[U]nsere Ansicht über die Gesellschaft [weicht] von dem Gesellschaftsideal ab, das von vielen Faschisten, erfolgreichen Geschäftsleuten und Politikern vertreten wird. (...) Menschen dieser Art ziehen eine Organisation vor, in der alle Information von oben kommt und keine zurückgeht. Die ihnen unterstehenden Menschen werden herabgewürdigt zu Effektoren für einen vorgeblich höheren Organismus. Ich möchte dieses Buch dem Protest gegen diese unmenschliche Verwendung menschlicher Wesen widmen."
(Norbert Wiener)[1]

„Im Vergleich (...) war Hobbes' Leviathan nur ein harmloser Spaß."
(Dominique Dubarle)[2]

Die gouvernementale Vorstellungskraft speist sich aus den Verheißungen der Technologie. Kaum eine grundlegende technische Innovation verläuft ohne begleitende Utopien und Dystopien, die in mehr oder weniger elaborierten Formen ausmalen, wie zukünftig einmal regiert werden könnte. Schon lange bevor aus den ersten Konturen eines technologischen Paradigmas konkrete Anwendungen hervorgehen, kommt Technik auch in politischer Hinsicht eine „Potenzialerwartung"[3] zu: Dieser oder jener Entwicklung wird die Macht zugeschrieben, fundamental neue Möglichkeiten sozialer Organisation und Koordination bereitzustellen. Die Realisierung dieser Möglichkeiten bleibt grundsätzlich kontingent – sie ist, mit anderen Worten, eine politische, keine technische Frage. Doch sind es technische Dispositive, die Potenziale bereitstellen und damit Möglichkeitsräume strukturieren, in denen gesellschaftliche Artikulations- und Aushandlungsprozesse stattfinden können. Technik ist folglich nicht lediglich ein Instrument oder Produkt von Politik, sondern muss zugleich als Medium betrachtet werden, in dem Politik auf historisch je spezifische Weise aktualisiert werden kann. Die Frage, wie eine Gesellschaft auf angemessene Weise regiert werden *sollte,* verlangt als politische Antwort eine Entscheidung zwischen technisch eröffneten Alternativen.

1 Wiener [1950] 1952, S. 27.
2 Rezension zu Norbert Wieners „Cybernetics", *Le Monde*, 28.12.1948.
3 Kaminski 2010, S. 29ff.

Nach dem Ende des Zweiten Weltkriegs konnte die Diskussion über die Einrichtung und den Erhalt einer sozialen Ordnung unter veränderten technischen Bedingungen geführt werden. Aus den militärischen Forschungslabors war schließlich der digitale Computer hervorgegangen und um ihn herum begann jene eigentümliche Wissenschaft der „Kommunikation und Kontrolle" Gestalt anzunehmen, die der amerikanische Mathematiker Norbert Wiener auf den Namen „Kybernetik" getauft hatte.[4] Auf einer ab 1946 in New York stattfindenden Konferenzreihe der Josiah Macy Jr. Foundation diskutierten Ingenieure und Physiologen, Psychologen und Sozialwissenschaftler gemeinsam die Konsequenzen dieses neuen Dispositivs, das ganz eigene Menschen- und Weltbilder hervorzubringen schien: Die Teilnehmer schlugen vor, Gehirne als Rechenmaschinen, Organismen als Regelkreise und Sozialstrukturen als Kommunikationssysteme zu begreifen, und so die Funktionslogik kybernetischer Maschinen auf die Gesellschaft als Ganze zu projizieren. Was als Theorie informationsverarbeitender Automaten begann, beanspruchte so schon bald den veritablen Rang einer *scientia generalis,* mit der sich vermeintlich ubiquitäre Probleme der Organisation und Regelung in einem präzisen technologischen Modellwissen formalisieren ließen: „Eine der größten Entdeckungen der Kybernetik", resümierte der auch als Politikberater tätige Stafford Beer, „(...) liegt in der Erkenntnis, daß es Grundprinzipien der Steuerung und Regelung gibt, die auf alle großen Systeme zutreffen."[5]

Nicht nur Wiener war überzeugt, dass mit der Kybernetik eine Epochenschwelle überschritten und eine Revolution in Gang gesetzt war, deren Auswirkungen perspektivisch keinen Bereich der Gesellschaft unangetastet lassen sollten. Das lag zum einen an den immensen Erwartungen, die sich mit den kybernetischen „Denkmaschinen" verbanden – auch wenn diese zunächst keineswegs mobil und handlich daherkamen, sondern teils ganze Universitäts- und Regierungsgebäude für sich vereinnahmten.[6] Vor allem aber sollte in den kybernetischen Techniken Grundlegenderes zum Ausdruck zu kommen: Weniger eine Theorie der Steuerung und Regelung von Maschinen stand auf dem Plan, als vielmehr eine Theorie der Steuerung und Regelung *überhaupt*. Eine Vereinheitlichung bislang divergenter Wissensordnungen schien damit ebenso möglich geworden wie umgekehrt ein Ausschwärmen kybernetischer Theorie und Technologie in verschiedenste Anwendungsfelder. Tatsächlich fand sich während der rund 25jährigen Konjunktur der Kybernetik nahezu keine wissenschaftliche

4 Wiener [1948] 1968.

5 Beer [1972] 1973, S. 18.

6 Wie der Computer- und Netzwerkpionier Leonard Kleinrock erinnert, pflegten die frühen Kybernetiker ihre Arbeitstreffen noch „in the computer" abzuhalten (persönliches Gespräch, Los Angeles, 26.10.2013).

Disziplin, die sich nicht auf die ein oder andere Weise mit deren Funktionsmodellen auseinandersetzte: Von Biologie und Kognitionswissenschaft, über Ethnologie und Anthropologie, bis hin zu Linguistik, Ästhetik und sogar Theologie – überall war plötzlich von „Information“ und „Kommunikation“, „von „Kalkulation“ und „Code“, von „Regelung“ und „Feedback“ die Rede.[7]

Die vorliegende Arbeit untersucht, welche Spuren die kybernetische Rekonfiguration des technischen Wissens in jener politischen Regelungsrationalität hinterlassen hat, die Michel Foucault als „Gouvernementalität“ bezeichnet.[8] Was zwischen 1943 und 1970 als „politische Kybernetik“ Gestalt annahm, war der Versuch, das Problem des „Regierens“ auf eine neue technische Grundlage zu stellen. Wo gouvernementale Zielobjekte – Individuum und Bevölkerung – in Kategorien von Informationsverarbeitung und Rückkopplung modellierbar und adressierbar wurden, zeigte sich schließlich im gleichen Zuge, dass auch die Regierung ihres Verhaltens nur im Modus einer kybernetischen Kontrolle erfolgen konnte: „Regierungsapparate“, formulierte Karl W. Deutsch 1963, „[sind] nichts anderes als Netzwerke zur Entscheidung und Steuerung, [...deren] Ähnlichkeit mit der Technologie der Nachrichtenübertragung groß genug ist, um unser Interesse zu erregen.“[9] In derartigen Formulierungen kam die Intention zum Ausdruck, die idealtypische Logik einer friktionslosen kybernetischen Maschinensteuerung als Modell für die Einrichtung einer Gesellschaftsordnung in Anschlag zu bringen. Damit aber zeichneten sich folgenreiche Verschiebungen in den Ordnungen des politischen Wissens ab: In der Medialität des kybernetischen Dispositivs überschritt die gouvernementale Rationalität eine „Schwelle der Technologie“,[10] hinter der neue Mittel und Zwecke, Probleme und Lösungen, Einschränkungen und Ermöglichungen einer „guten Regierung“ sichtbar wurden.

Die Ausgangsthese der Arbeit lautet, dass sich am Beispiel der Kybernetik eine Transformation in der *Technizität* des Regierungsvorgangs selbst beobachten lässt. Eine erste Vorentscheidung liegt folglich darin, die kybernetischen Regierungsmodelle nicht vorschnell als ideologische Verirrungen, kategoriale Verwechslungen, modische Anbiederungen oder lediglich metaphorische Ausschmückungen zu betrachten, sondern sie vielmehr als technische Beschreibungen ernst zu nehmen, die zugleich als Monumente eines Machtdispositivs lesbar sind. Wenn eine Technizität des Regierens bislang nur selten zum expliziten Gegenstand der politischen Geschichtsschreibung gemacht wurde, so auch deshalb, weil „Technik“ und „Politik“ zumeist als zwei getrennte Gegenstandsfel-

7 Als Überblick vgl. Pias 2004a.
8 Vgl. Foucault 2004a; Foucault 2004b.
9 Deutsch [1963] 1969, S. 211.
10 Foucault 1976, S. 287.

der betrachtet werden, zwischen denen bestenfalls uneigentliche Übertragungen stattfinden können, die aber dann im strengen Sinne „unangemessen" wären.[11] In diesem Fall könnte man mit Wolfgang Coy konstatieren, das die Kybernetiker schlicht „Regieren mit Steuern und Regeln (...) verwechseln",[12] von einem Irrtum ausgehen und die Sache auf sich beruhen lassen. Stattdessen aber soll argumentiert werden, dass es sich bei gouvernementalem Wissen tatsächlich um ein technisches Wissen handelt, das genau aus diesem Grund in seinen konkreten Ausprägungen in hohem Maße vom Stand technischer Entwicklung abhängig ist. Eine Genealogie politischer Technologien fragt jedoch weder nach der „Bedeutung" technischer Regierungsmodelle noch nach deren „Angemessenheit", sondern zunächst einmal in machtanalytischer Intention nach der Struktur ihrer Medialität und den Strategien und Wirkungen, die aus ihr hervorgehen.

Eine Untersuchung kybernetischer Gouvernementalität erweist sich als verschiedentlich anschlussfähig an bestehende kultur- und sozialwissenschaftliche Forschungslinien. Zunächst bewegt sie sich in offenkundiger Nähe zu einem heterogenen Feld der „gouvernmentality studies",[13] die sich im Anschluss an Foucault mit der Genese und Struktur eines politischen Regelungswissens und -handelns befassen. In diesem Kontext plädiert die Arbeit für eine stärkere Berücksichtigung der realtechnischen Aspekte von Dispositiven, an denen sich die Rationalität des Regierens beständig neu ausrichtet und aktualisiert. Zwar ist in Gouvernementalitätsanalysen oft geradezu inflationär von politischen „Techniken" und „Technologien" die Rede, aber nahezu ebenso häufig bleibt undurchsichtig, was eigentlich das „Technische" an diesen Technologien ausmachen soll. Darüber hinaus ist auch das Verhältnis von Regierungs- und Maschinentechnik bislang weitgehend ungeklärt. Eine genauere Untersuchung technischer Dispositive und der in ihnen generierten Handlungsschemata kann verdeutlichen, dass Artefakte und Sachsysteme nicht lediglich als *Mittel* des Regierens zum Einsatz kommen, sondern darüber hinaus auch als *Medien* und *Modelle* fungieren: Sie strukturieren Möglichkeitsräume regierungstechnischen Han-

---

11 Gehlen [1957] 2007, S. 39. So widmet sich etwa ein weites Feld metaphorologischer Untersuchungen der semantischen Spannung, die entsteht, wo ein Staat als „Maschine" beschrieben wird, obwohl er in Wirklichkeit keine Maschine *ist* (vgl. exemplarisch: Peil 1983; Stollberg-Rilinger 1986; Mayr 1987). Auch Arbeiten, die sich in einer technokratiekritischen Tradition verorten, setzen oft bei einer dualistischen Perspektive an, wenn sie eine genuine Sphäre politischer Verständigung gegen technische Einflussnahmen zu verteidigen suchen (vgl. Kap. 2.1). Beide Perspektiven, gleichwohl sie ihre Berechtigung haben und erhellende Einsichten zu Tage fördern können, verfehlen eine dem Politischen inhärente Technizität, die Möglichkeitsräume des Regierens eröffnet, stabilisiert und strukturiert.

12 Coy 2004, S. 256.

13 Vgl. als Überblick Lemke 2007, S. 47ff., sowie Kap. 2.3.

delns und exemplifizieren zugleich die Bedingungen, unter denen dieses Handeln gelingen kann.

Zweitens lässt sich die Arbeit als Beitrag zu einer Kulturgeschichte der Kybernetik betrachten, der insbesondere die politischen Applikationen und Konsequenzen eines technologischen Wissens hervorhebt.[14] In den letzten zwei Jahrzehnten war eine zunehmend intensivere wissenschafts- und technikhistorische Auseinandersetzung mit der Kybernetik auszumachen. Nachdem frühe Untersuchungen in erster Linie die militärische Prägung der technischen Entwicklungen ins Auge gefasst hatten,[15] entstanden in der Folge eine Reihe von Studien, die sich dem Einfluss kybernetischer Metaphern und Modelle in so unterschiedlichen Wissensfeldern wie der Kognitionsforschung,[16] der Molekularbiologie[17] oder den Wirtschaftswissenschaften[18] widmeten. Dabei wurde deutlich, wie tiefgreifend und weitreichend sich kybernetische Denk- und Menschenbilder in verschiedenste Disziplinen ein- und bis in zeitgenössische Wissensordnungen fortgeschrieben haben. Zuletzt wurde die kybernetische „Transformation des Humanen" auch im Hinblick auf die Entwicklung der Geistes- und Sozialwissenschaften thematisch.[19] Eine umfassendere Untersuchung zur Gouvernementalität der Kybernetik stand jedoch bislang aus.[20]

Drittens und zuletzt kommuniziert die genealogische Arbeit mit jenen eher gegenwartsdiagnostischen Perspektiven, die in zumeist kritischer Absicht eine anhaltende Wirkmächtigkeit des kybernetischen Dispositivs konstatieren. Wenn sich nämlich in den Macy-Konferenzen zur Kybernetik eine Art Urszene der „Informationsgesellschaften" ausmachen lässt, so müssen die dort diskutierten Modelle und Perspektiven auch für eine Geschichte der Gegenwart von Relevanz sein. In diesem Sinne wäre Erich Hörl und Michael Hagner zuzustimmen, wenn sie der Kybernetik ein „Doppelgesicht" attestieren: „Einerseits ist sie ein historisches Ereignis, das über die wissenschaftlichen und technischen, sozialen und kulturellen Wendungen der Nachkriegszeit Auskunft gibt, und andererseits ein imaginärer Standort, der eine neue, nach wie vor aktuelle Art von Erkenntnis hervorbringt."[21] Tatsächlich ist auffällig, dass in jüngeren Texten, die sich um eine Charakterisierung zeitgenössischer Machtmodalitäten bemühen, wieder

14 Vgl. zur Kulturgeschichte der Kybernetik die Beiträge in Pias (Hrsg.) 2004 sowie in Hagner/Hörl (Hrsg.) 2008.
15 Vgl. Pickering 1995; Galison 1997a.
16 Vgl. Dupuy 2000; Borck 2005.
17 Vgl. Keller 1998; Kay 2002 .
18 Vgl. Mirowski 2002.
19 Hagner/Hörl (Hrsg.) 2008.
20 Zu einem lesenswerten, wenngleich knapp und polemisch gehaltenen Essay vgl. aber Tiqqun 2007.
21 Hagner/Hörl 2008, S. 7f.

verstärkt von jener „Kybernetik“ die Rede ist, die ihre diskursive Blüte doch eigentlich bereits in den 1960er Jahren zu verzeichnen hatte. So entwarf etwa Gilles Deleuze in seinem einflussreichen „Postskriptum über die Kontrollgesellschaften“ Anfang der 1990er Jahre das Szenario einer Gesellschaft, die von kybernetischen „Maschinen der dritten Art, Informationsmaschinen und Computern“ regiert werde.[22] Zuletzt plädierte das französische Autorenkollektiv Tiqqun mit Vehemenz dafür, „das Auftauchen der Kybernetik als neue Herrschaftstechnologie zur Kenntnis zu nehmen“.[23] Im Grunde aber genügt heute bereits ein Blick in einschlägige Feuilletons, um den Eindruck zu erhalten, dass die Rede von einer „soziale[n] Kybernetik“[24] mit Blick auf die hochtechnisierten Gegenwartsgesellschaften und ihre digitalen Verwerfungen auch weiterhin Resonanz erzeugt.

Auch angesichts eines etwaigen Nachlebens kybernetischer Kontrollphantasmen lohnt der Blick zurück zu dem, was einmal als Zukunft vorgesehen war. Denn in den 1950er und 1960er Jahren, als die kybernetische Gestaltungs- und Regelungseuphorie ihren Höhepunkt erreichte, artikulierte sich – noch weitgehend ungehemmt von den Komplikationen realtechnischer Implementierungen, die da folgen sollten – bereits in teils bemerkenswerter Klarheit das Bild einer durch die „kybernetische Hand“ der Informationstechnologien ausgesteuerten Gesellschaftsordnung. Das Interesse der vorliegenden Untersuchung konzentriert sich auf diese kurze, aber in vielerlei Hinsicht wegweisende Epoche in der Geschichte eines sozialtechnischen Wissens, in der zwischen 1943 und 1970 erste Vorstellungen einer Kybernetik als Wissenschaft der Regulation von Gesellschaften Kontur annehmen, aber noch bevor eine umfassende realtechnische Computerisierung und digitale Vernetzung dieser Gesellschaften tatsächlich einsetzt. Untersucht werden politische Theorien und Programme, Texte und Techniken, die heute weitgehend aus der öffentlichen Wahrnehmung verschwunden sind – und die doch gelegentlich auf eigentümliche Weise mit der Gegenwart korrespondieren.

Die Eingrenzung des zeitlichen Rahmens ist mit einer zweiten These verknüpft: Sie besagt, dass die Spuren einer kybernetischen Transformation der Gouvernementalität nicht erst dort ausgemacht werden können, wo entsprechende Maschinen in Regierungsprozessen zum Einsatz kommen. Technisierungsdynamiken sind vielschichtige Vorgänge, deren Beschreibung eines weiteren Blicks bedarf. Denn erstens fungieren neben Artefakten auch kognitive Schemata, theoretische Modelle, individuelle Vermögen und Fertigkeiten oder soziale Organisations- und Koordinationsstrukturen als unerlässliche Bestand-

22 Deleuze 1993, S. 259.
23 Tiqqun 2007, S. 12.
24 „Mikrophysik der Macht“, DIE ZEIT, 25.07.2013.

teile technischer Dispositive und müssen deshalb ebenfalls in die Untersuchung einbezogen werden. Und zweitens äußern sich die Machteffekte dieser Dispositive nicht lediglich in der Verwendung spezifischer Mittel, sondern vielmehr in der Einrichtung von Bedingungen, unter denen ein jeweiliger Mitteleinsatz erst möglich, sinnvoll und zweckmäßig erscheint. Eine Gesellschaft kybernetisch regieren zu wollen, setzt voraus, sie als kybernetisch regierbar zu betrachten – und das ist keineswegs selbstverständlich. Folglich gilt es die historischen Umschlags- und Verdichtungspunkte aufzuspüren, an denen Probleme sozialer Ordnung auf spezifische Weise als *technische* Probleme hervortreten können. Die Spurensuche beginnt bei jenen „Problematisierungen", unter denen kybernetische Techniken als „Lösungen" überhaupt erst erscheinen können.

Bevor das weitere Vorgehen erläutert wird, sollen zwei potenzielle Missverständnisse bezüglich der vorgeschlagenen Perspektive ausgeräumt werden. Erstens ist bereits angeklungen, dass sich eine genealogische Auseinandersetzung mit der Technizität des Regierens notwendigerweise in einer gewissen Distanz zu ideologie- oder technokratiekritischen Positionen bewegt. Statt die Defizite und Verkürzungen einer technischen Rationalität im Hinblick auf soziale Zusammenhänge hervorzuheben, interessiert sie sich für die historischen Transformationen, die diese Rationalität durchläuft. Das Verfahren ist also weitgehend analytisch-deskriptiv. Wo im Stile eines „glückliche[n] Positivismus"[25] Machttechniken in der Positivität ihres Auftretens beschrieben werden, kann schnell der Eindruck entstehen, den untersuchten Techniken solle unkritisch das Wort geredet werden. Die ausbleibende normative Positionierung ist jedoch nicht mit einer impliziten Einverständniserklärung zu verwechseln. Das Vorgehen insistiert lediglich darauf, dass erst durch eine fundierte Auseinandersetzung mit der Technizität von Machtdispositiven ein kritisch-reflektiertes Verhalten *zu* diesen Dispositiven möglich wird. Walter Seitters konzise Programmatik einer Analyse politischer Technologien gilt somit uneingeschränkt auch für diese Arbeit:

> „Wenn man [eine Machtstruktur] zu erkennen sucht, dann wird sie damit übrigens noch keineswegs abgeschafft. Sie soll auch gar nicht unbedingt abgeschafft werden. Sie soll auch nicht unbedingt konserviert werden. Das einzige Sollen, das ich an dieser Stelle als erkenntnispolitisches Ziel für mein hiesiges Erkennen formulieren darf, ist vielmehr: es soll erkannt werden, was da los war und ob und wie es vielleicht bis zu uns und bis in uns hinein los ist oder fest ist – damit wir besser fähig werden, uns dazu *politisch* zu verhalten. Irgendwie verhalten ‚wir' uns sowieso politisch dazu. Durch die Analyse soll die Chance gesteigert werden, daß ‚wir' uns womöglich auch mit ‚uns' *außenpolitisch* auseinandersetzen und uns nicht in ein

25 Foucault 1991, S. 44.

totales Identifiziert-Werden einsperren lassen, das dann, wenn es nicht mehr auszuhalten ist, vielleicht nur noch in ein nicht minder blindes Dagegen-Sein auszubrechen vermag.“[26]

An die hier angesprochene Möglichkeit eines „außenpolitischen“ Sich-Verhalten-Könnens ist ein zweiter möglicher Einwand geknüpft: Verfällt die Fokussierung auf technische Aspekte des Regierungsvorgangs nicht zurück in einen überholten Technikdeterminismus, der die Genese sozialer Strukturen lediglich als Effekt einer mit unaufhaltsamer Eigenlogik fortschreitenden technischen Entwicklung betrachtet? Missachtet sie folglich die Spielräume von Individuen und Gesellschaften, sich zu diesen Entwicklungen verhalten und auf sie Einfluss nehmen zu können, und behauptet stattdessen *notwendige* Wirkungen, die sich subjektiver Gestaltbarkeit entziehen? Wenn schon davon die Rede war, dass Technik Möglichkeitsräume politischen Handelns strukturiert, so wird damit tatsächlich eine Form von Determination behauptet. Gleichwohl liegt die Pointe einer modaltheoretischen Technikphilosophie darin, dass diese Determination eben nicht den Bereich des Wirklichen, sondern den Bereich des real Möglichen betrifft.[27] Technik ist folglich als eine Form von Macht zu begreifen, zu der sich Subjekte zwar nicht unbedingt in einem souveränen Verhältnis befinden, von der sie aber durchaus in der ein oder anderen Weise Gebrauch machen können. Dass ein reflektierter Gebrauch ein fundiertes Wissen voraussetzt, führt zurück zur Entgegnung auf den ersten Einwand: Wo im Sinne Seitters an Stelle eines „blinden Dagegen-Seins“ ein „politisches“ Verhältnis treten soll, entsteht die Notwendigkeit, die Macht der Technik in ihrer kontingenten Historizität freizulegen.

Im folgenden Kapitel soll zunächst die Rede von einer inhärenten *Technizität* des Regierens schärfer konturiert werden. Dabei steht die Frage im Vordergrund, inwiefern sich eine *Geschichte der Gouvernementalität* im Sinne Foucaults als Technikgeschichte lesen oder doch zumindest als eine solche schreiben lässt. Neben einer Klärung einschlägiger Grundbegriffe („Technik“, „Macht“, „Dispositiv“) geht es dabei um die Möglichkeit einer spezifischen Zuspitzung der Regierungsanalyse auf technische Probleme der Systembildung und des Systemerhalts. In Auseinandersetzung mit Foucaults Genealogie von Regierungstechniken werden abschließend die gouvernementalen Problemlinien und Kontaktpunkte hervorgehoben, an die ein spezifisch kybernetisches Regelungswissen im 20. Jahrhundert anschließen kann.

26 Seitter 1985, S. 86.

27 Vgl. Hubig 2006, S. 91f. Auch Foucaults Diskurs- und Machtanalysen liegt eine solche Perspektive zugrunde (vgl. Kap 2.2).

Das dritte Kapitel widmet sich der Kybernetik, in der sich um die Mitte des 20. Jahrhunderts nicht nur ein neues Modell von Wissenschaft, sondern zugleich auch eine „Wissenschaft der Modelle" manifestierte. Ihre abstrakten Formalisierungen wurden an konkreten technischen Vollzügen gewonnen, erwiesen sich jedoch potenziell übertragbar auf verschiedenste Zusammenhänge. Die drei für das kybernetische Dispositiv zentralen Funktionsmodelle der „Kommunikation", der „Kalkulation" und der „Kontrolle" werden entlang früher Schlüsseltexte erläutert und expliziert. In ihrem Ineinandergreifen begann schließlich auch die Vorstellung einer kybernetischen „Regierungsmaschine" Gestalt anzunehmen.

Der Hauptteil der Arbeit besteht aus der Analyse dreier Problemfelder, in denen auf je eigene Weise kybernetische Modelle in gouvernementalen Zusammenhängen in Anschlag gebracht werden. „Kommunikation", „Kalkulation" und „Kontrolle" stehen dabei für Herausforderungen, die dem Regierungswissen keineswegs fremd sind, die aber unter den Bedingungen des kybernetischen Dispositivs in einem neuen Licht erscheinen können. Indem die Modelle eine spezifische Disponibilität von Individuen und Bevölkerungen zur Schau stellen, erlauben sie es im gleichen Zuge, deren Steuerung und Regelung in veränderter Weise als *technisches* Problem aufzufassen. Daraus resultieren Anforderungen an einen Regierungsapparat, der nun seinerseits als Subjekt der Einrichtung und Gestaltung von Systemen erscheint, in denen ein kybernetisches Regieren möglich wird.

Die Untersuchungen bewegen sich durch eine Vielzahl teils sehr heterogener Wissens- und Anwendungsfelder: Von Kommunikationswissenschaft und Stadtplanung über Entscheidungstheorie und Militärstrategie, bis hin zu Verhaltenspsychologie, Managementforschung und politischen Verwaltungsreformen. Eine solche auf den ersten Blick schwer zu bewältigende Materialvielfalt lässt sich nur durch einen spezifischen Problemzuschnitt kompensieren: Gesucht wird nach Artikulationen eines technischen Wissens, das die Möglichkeiten einer Regulation menschlichen Verhaltens betrifft. Dieses sozialtechnische Wissen lässt sich keiner singulären wissenschaftlichen Disziplin zuordnen, es verläuft häufig quer zu akademischen oder institutionellen Grenzziehungen. Gleichwohl zeigen sich in den Formbildungen verschiedener Felder mitunter Isomorphien, die Rückschlüsse auf eine zugrundeliegende Medialität politischer Technologien erlauben. Insofern solche disziplinenübergreifenden Ordnungen erst aus einer gewissen Flughöhe erkennbar werden, wird ein Verlust an Tiefenschärfe mitunter unvermeidlich sein. Gleichwohl kann der synthetisierende

Blick Entwicklungen sichtbar machen, die sich einer disziplinär orientierten Geschichtsschreibung nicht ohne Weiteres erschließen.[28]

Geografisch beschränken sich die Untersuchungen auf den US-amerikanischen Raum. Diese Entscheidung hat in erster Linie forschungspragmatische Gründe: Die Rezeption kybernetischer Modelle verlief in verschiedenen nationalen Kontexten unterschiedlich, zeitversetzt und unter hochgradig heterogenen politischen Bedingungen. Je nach Auslegung ließ sich die Kybernetik für markt- und planwirtschaftliche Systeme gleichermaßen nutzbar machen und war folglich während des Kalten Krieges auf beiden Seiten des Eisernen Vorhangs attraktiv.[29] Eine Konzentration auf die USA ist jedoch in mehrfacher Hinsicht naheliegend: Nicht nur nimmt das Land im 20. Jahrhundert eine Vorreiterrolle in der technischen Modernisierung der westlichen Welt ein, es erweist sich zugleich als „Laboratorium der politischen Moderne“,[30] in dem jene Techniken liberaler Menschenführung erprobt werden, die für eine Geschichte der Gouvernementalität von Interesse sind. Nicht zuletzt ist die Kybernetik zu größten Teilen schlicht eine amerikanische Erfindung, was dazu führte, dass Übertragungen und Applikationen hier früher und direkter verliefen als in anderen Regionen. Am Massachusetts Institute of Technology in Cambridge etwa hielten der Mathematiker Norbert Wiener und der Politologe Karl W. Deutsch schon in den 1950er Jahren gemeinsame Vorlesungen über „Interacting Systems“ – und demonstrierten damit zugleich ihre Bereitschaft, sich auf Interaktionen zwischen Kybernetik und politischer Theorie einzulassen.[31] „In the intellectual milieu of Cambridge“, so erinnert sich Noam Chomsky an seine Studienjahre, „there was a great impact of the remarkable technological developments associated with World War II. Computers, electronics, acoustics, mathematical theory of communication, cybernetics, all the technological approaches to human behaviour enjoyed an extraordinary vogue. The human sciences were being reconstructed on the basis of these concepts. It was all connected.“[32]

Im Folgenden sollen einige dieser Verbindungslinien nachgezeichnet werden, um aus ihnen die Entstehung eines kybernetischen Regierungsdispositivs

---

28 Vgl. zur Legitimation eines „mid-picture“-Ansatzes in der Wissenschaftsgeschichte, der die Mikroebene einzelner Fallstudien überschreitet um breitere historische Entwicklungen sichtbar zu machen, den Band von Kohler/Olesko (Hrsg.) 2012.

29 Zur Rezeption der Kybernetik in der Sowjetunion vgl. Gerovitch 2002; zur DDR vgl. Segal 2004. Zu Stafford Beers Versuch der Einrichtung einer kybernetischen Wirtschaftssteuerung in Chile vgl. Pias 2005 und Medina 2011.

30 Gellner/Kleiber 2007, S. 15.

31 „Periodicity – Interacting Systems“ (unveröffentlichtes Vorlesungsmanuskript, Karl W. Deutsch Archiv, Harvard University, Box 144.77).

32 Chomsky, 1998, S. 128.

zu rekonstruieren. Die tatsächliche Realisierung eines „automatisierten Staates“,[33] den manche Enthusiasten oder Kritiker bereits am Horizont auszumachen glaubten, wird sich dabei – soviel sei als mögliche Enttäuschung oder Erleichterung vorweg genommen – nicht beobachten lassen. Gleichwohl aber werden grundlegende Weichenstellungen erkennbar, nach denen weitere Entwicklungsschritte in Richtung einer solchen Automatisierung lediglich noch als Optimierungen einer gouvernementalen Strategie erscheinen mögen. Was von diesen Entwicklungen zu halten ist, darüber möge sich die Leserin oder der Leser[34] selbst ein Bild machen. Die vorliegende Arbeit möchte lediglich zeigen, dass die Technisierung des politischen Wissens eine Geschichte hat, die sich zu schreiben lohnt.

33 MacBride 1967.

34 Um bessere Lesbarkeit bemüht, verwendet die Arbeit fortan gelegentlich ein generisches Maskulinum. Dafür sei um Nachsicht gebeten.

2. Politische Technologien

„Daß Politik das Auftreten, das Aneinandergeraten, das Sich-Verstärken, das Sich-Brechen von Techniken ist, daß Politikwissenschaft über Historie und Analyse von Techniken laufen muß – dies muß nicht nur betont, sondern immer wieder geleistet werden.“
(Walter Seitter)[35]

Die Organisation und Koordination sozialer Vorgänge ist immer auch ein technisches Problem gewesen. In Michel Foucaults weiter Definition von „Regierung“ als Inbegriff von Verfahrensweisen und Regeln, „die den Zweck haben, das Verhalten der Menschen zu steuern“,[36] kommt diese Technizität unmittelbar zum Ausdruck: „Steuerung“ – in einem weiten Sinne verstanden als intendiertes Hervorbringen einer Wirkung durch die Investition einer als zweckmäßig erachteten Ursache – ist ein basaler technischer Vorgang, auch dort, wo sie Menschen betrifft. Eine Regierungsform wird folglich nicht erst dort technisch, wo in ihren Operationsketten ein bestimmter Typ künstlich hergestellter Artefakte zum Einsatz kommt – auch wenn dies fast immer der Fall sein mag. Sie ist es vielmehr bereits ihrer Orientierung nach: Das Regieren verfolgt Zwecke, zu deren Realisierung sich nach rationalen Maßgaben mehr oder weniger geeignete Mittel in Anschlag bringen lassen. Und nur in dieser Form, als spezifische Ausprägung einer technischen Rationalität, kann das konkrete Regierungshandeln eine Vielzahl realtechnischer Vorrichtungen, Mechanismen und Maschinen in seine Abläufe integrieren.

Politische Diskussionen über die Zwecksetzungen einer „guten Regierung“ und den zu ihrer Realisierung geeigneten Strategien eröffnen sich im Horizont dessen, was im weitesten Sinne technisch möglich ist. Wie dieser Horizont genau verläuft, mag dabei ebenso umstritten sein, wie die Frage, welche Mittel zum Erreichen der gesetzten Ziele die jeweils angemessenen sind. Die durch Technik eröffneten Möglichkeiten lassen Raum für Kontingenzen und Konflikte – sie konstituieren Räume politischer Auseinandersetzung. Aber zugleich bleibt Politik als eine „Kunst des Möglichen“ (Bismarck) auf die Grenzen des technisch Machbaren verwiesen, zumindest dort, wo sie konkrete Zwecke verfolgt

35 Seitter 1985, S. 61.
36 Foucault 2005a, S. 154.

und sich nicht lediglich in vage Utopien flüchten will. Wer Visionen habe, besagt folgerichtig ein Bonmot des realpolitischen Pragmatismus, solle zum Arzt gehen, nicht aber regieren. Die Möglichkeitsräume des technisch Machbaren, die philosophisch jüngst unter dem Stichwort einer „Medialität“ des Technischen diskutiert werden,[37] durchlaufen jedoch einen historischen Wandel. Immer differenziertere und elaboriertere technische Systembildungen lassen auch im Hinblick auf Probleme sozialer Regulation neue Potenziale hervortreten. Einmal auf verlässliche Weise verfügbar geworden, kann eine spezifische Technologie nicht nur bestehende Abläufe erleichtern oder effektivieren, sondern auch ganz andere Zielsetzungen und Strategien in Reichweite rücken. Manchmal heiligen eben auch die Mittel den Zweck. In technischen Transformationen entstehen so beständig neue Gegenstände und Interventionsfelder des Regierens, die dann auch wieder ganz eigene Probleme, Risiken und Gefahren mit sich bringen können.

Die folgenden Überlegungen gehen von der Hypothese aus, dass eine inhärente Technizität des Politischen existiert, deren Geschichte sich schreiben lässt. Als eine stabilisierte Struktur von Dispositionen (als „Dispositiv“)[38] stellt diese Technizität die Bedingungen bereit, unter denen ein Regierungshandeln auf je spezifische Weise als technisches Handeln möglich wird. Im Hinblick auf die zu untersuchenden Entwicklungen – die Formierung eines kybernetischen Regierungsdispositivs – zielt diese Hypothese auch auf die Abgrenzung gegenüber einer Form von Geschichtsschreibung, die sich im Fahrwasser einer Kritik der „instrumentellen Vernunft“[39] genötigt sah, technische Konzeptualisierungen des Sozialen als grundsätzlich unangemessen zurückzuweisen. Aus deren Sicht war das Problem der Technik dem Politischen „ursprünglich fremd“:[40] Wo sich das Regierungswissen auf entsprechende Modelle stützte (und etwa den Staat als „Maschine“ entwarf), vollzog es demnach eine unzulässige Vermischung von „technischen“ und „sozialen“ Sachverhalten, die als Verkürzung und Verfehlung zu entlarven war. Das Insistieren auf einer dem Sozialen inhärenten Technizität legt hingegen nahe, dass technische Operationen dem politischen Denken alles andere als fremd sind. Wo entsprechende Aspekte im Rahmen eines Regierungswissens explizit zur Sprache kommen, zeugt dies weder von einer kategorialen Verwechslung, noch von bloßer „Ideologie“ – wohl aber von unter Umständen äußerst folgenreichen Transformationen in der Konzeptualisierung politischer Steuerung und Regelung. Diese Transformationen gilt es ernst zu nehmen, wobei weniger die Frage nach der „Angemessenheit“ technomorpher

37 Vgl. Gamm 2000; Hubig 2006.
38 Foucault 1978.
39 Horkheimer 1967.
40 Stollberg-Rilinger 1986, S. 101.

Modellierungen des Sozialen im Zentrum des Interesses steht, als vielmehr jene nach den produktiven Wirkungen, die aus ihnen hervorgehen, und die machtanalytisch zu erschließen sind.[41]

Der Versuch einer historischen Rekonstruktion politischer Technizität findet Anschluss an Michel Foucaults Projekt einer *Geschichte der Gouvernementalität*,[42] hebt dabei aber insbesondere die Bedeutung realtechnischer Dispositive in der Konstitution und Transformation politischer Rationalitäten hervor. Tatsächlich hatte Foucault zu Beginn seiner Vorlesungen das Ziel ausgegeben, eine Genealogie des Regierens als „Geschichte der Techniken im engeren Sinne"[43] zu schreiben. Allerdings blieb in der Folge die Frage nach dem, woran man heute intuitiv denken mag, wenn von „Techniken" die Rede ist – materielle Artefakte, Sachsysteme, realtechnische Infrastrukturen – auf eigentümliche Weise unterbelichtet. Wie noch deutlich werden wird, ist Foucaults Rede von „Techniken im engeren Sinne" jedoch keineswegs metaphorisch zu verstehen. Sie stützt sich lediglich auf ein spezifisches Technikverständnis, das dem altgriechischen Konzept einer *téchnê* als sachverständiger Kunstfertigkeit näher steht als dem für die Moderne charakteristischen, artefaktfixierten Denken der Technik. Aus machtanalytischer Perspektive kann sich dieser Begriffsgebrauch durchaus als produktiv erweisen. Er hat aber doch dazu geführt, dass in der äußerst breiten Rezeption des foucaultschen Forschungsprogramms das Problem des Regierens selten mit nötiger Konsequenz als *technisches* Problem behandelt worden ist.[44]

Noch den großen Denkern der Antike fehlte es nicht an Analogien und Gleichnissen, um der Technizität des Politischen Ausdruck zu verleihen. Für Plato ließ sich die Regierungskunst nach dem Muster (*paradeigma*) des „Webens" verstehen, denn auch ihr Produkt war ein „Gewebe", Resultat einer „kö-

---

41 Dass die „Politische Kybernetik" nicht als Eindringen technischer Rationalität in ein außertechnisches Feld der Politik, sondern als Intervention in einen immer schon technisch zu denkenden Problemzusammenhang begriffen werden musste, war zumindest ihren Protagonisten zweifellos bewusst. Karl W. Deutschs Generaleinwand gegenüber der politischen Theorie bestand darin, dass sie „im wesentlichen auf den Erfahrungen und technischen Vorrichtungen [beruhte], die man bis 1850 kennengelernt hatte." (Deutsch [1963] 1969, S. 125). Deutsch plädierte folglich weniger für eine pauschale „Technisierung" der Politik, als vielmehr für ein kybernetisches *Update* des gouvernementalen Betriebssystems. Die Geschichte des Regierens erschien ihm nicht nur als eine Geschichte von Techniken, sondern als die eines praktischen Steuerungswissens, das sich im Durchgang durch den Entwicklungsstand existierender realtechnischer Systeme beständig aktualisierte.

42 Foucault 2004a; 2004b.

43 Foucault 2004a, S. 23.

44 Vgl. zu Ansätzen aber Dean 1996; Barry 2001.

niglichen Zusammenflechtung".[45] Die Lenkung der Republik war in Platos Augen zudem der Tätigkeit eines Steuermanns (*kybernetes*) vergleichbar, der das Staatsschiff mit Voraussicht und Geschick durch die widrigen Fluten zu manövrieren hatte.[46] Als *téchnê* erforderte eine gute Regierung Sachverstand, sie durfte nicht den Laien überlassen werden – darin lag für Plato bekanntlich das Ärgernis der Demokratie. Bei Aristoteles trat das Subjekt einer *politike téchnê* als „Architekt" in Erscheinung, dessen ethische Verantwortung darin lag, Räume individuellen Verhaltens gleichzeitig zu eröffnen und einzuschränken.[47] Der politische Baumeister schuf einen Staat, der den Menschen Schutz vor Widrigkeiten gewährte und ihnen so die Möglichkeiten einer guten Lebensführung bereitstellte. Solcherlei Darstellungen waren nicht lediglich als rhetorische Ausschmückungen gedacht, sondern funktionierten als präzise gewählte Analogien: Sie verwiesen auf den gemeinsamen Ursprung der benannten Tätigkeiten in den technischen Grundoperationen von „Steuerung" und „Regelung": Steuerung als das Zeitigen erwünschter Effekte durch den Einsatz geeigneter Mittel; Regelung als den Erhalt der Bedingungen des erfolgreichen Mitteleinsatzes durch Absicherung vor den Zufälligkeiten der Natur.[48] Auch jener Raum einer politischen *praxis*, den spätere Denker immer wieder vor der Vereinnahmung durch eine technische Rationalität zu verteidigen suchten, musste in einem Akt der *poiesis* eben erst einmal errichtet und stabilisiert werden.

Etymologisch wurde aus dem altgriechischen *kybernetes* der lateinische *gubernator* und aus diesem der Gouverneur der Neuzeit. Im angelsächsischen Sprachraum bezeichnet *governor* bis heute zweierlei: Die leitende politische Position und die Regelungseinheit eines technischen Systems. Durch die Geschichte des politischen Wissens hat diese gemeinsame Wurzel von Regierung und Technik abhängig vom Stand realtechnischer Mittel die verschiedensten Darstellungsformen gefunden: Der Staat als Schiff oder Gebäude, als Uhrwerk oder Waage, als Dampfmaschine oder Informationssystem – die Geschichte des Regierens war immer auch eine Geschichte von Maschinen, die häufig mehr zu sein beanspruchten, als bloße Metaphern.[49] Die Analogiebildungen müssen vielmehr als Versuche verstanden werden, einem immer schon technisch kon-

45 Platon, Politikos, 305e-306a. Im indogermanischen Wortstamm „tech-„ oder „tek", der auf etwas Zusammengefügtes verweist, ist diese Bedeutung erhalten geblieben, vgl. Hubig 2006, S. 15.

46 Platon, Politeia, VI, 488.

47 Vgl. Aristoteles, Politik VII, 1325a-1325b.

48 Zu Steuerung und Regelung als basalen technischen Operationen vgl. Hubig 2006.

49 Metapherntheoretische Untersuchungen zum Phänomen des „Maschinenstaates" sind zahlreich, vgl. etwa Peil 1983; Stollberg-Rilinger 1986; Mayr 1987; Agar 2003; Koschorke et al. 2007.

zeptualisierten Vorgang eine zeitgemäße Form zu geben.[50] Technomorphe Modellierungen bilden bis in die Gegenwart einen kontinuierlichen Anziehungs- und Abstoßungspunkt politischer Diskurse: Dass ein Staat seine Angelegenheiten „sachlich, präzis, ‚seelenlos' erledigt, wie jede Maschine",[51] wie es Max Weber einmal formulierte, ist eine zyklisch wiederkehrende Erwartungshaltung, die durch die neuzeitliche Geschichte ebenso viele Befürworter wie Gegner gefunden hat. Was sich historisch ändert, sind gleichwohl die Typen von Maschine, auf die jeweils Bezug genommen wird, und in denen sehr unterschiedliche Rationalitäten politischer Steuerung zum Ausdruck kommen.

Trotz dieser langen Tradition scheint der Rede von „politischen Technologien" heute etwas Uneigentliches anzuhaften. Dass die Frage nach dem Regieren als Technik (und damit auch nach den Funktionslogiken gouvernementaler „Maschinerien") vorübergehend aus dem Blickfeld historischer Untersuchungen geraten ist, mag auch auf ein verändertes Technikverständnis zurückzuführen sein, dass seit dem 19. Jahrhundert „Maschine" und „Mensch", „Gemachtes" und „Natürliches", „Technik" und „Gesellschaft" zunehmend schärfer voneinander abgrenzte. Statt als basale menschliche Tätigkeit wurde „Technik" nun vornehmlich als Ensemble von Artefakten, Apparaturen und Vorrichtungen begriffen, das einer „ursprünglichen" Natur des Menschen entgegenstand und gleichsam von außen an diese herantrat. In dem Maße, in dem im Zuge der einsetzenden Industrialisierung die Technik als wirkmächtiger Faktor gesellschaftlichen Wandels erkannt wurde, wich die Einsicht in eine grundlegende *Technizität* der Gesellschaft der Angst vor ihrer übermäßigen *Technisierung*. Technik wurde als etwas begriffen, dass Gesellschaft beeinflusste (zum Guten wie zum Schlechten), war aber gerade in diesem Sinne nicht selbst Teil der Gesellschaft. Noch die bis heute in Teilen der Sozialwissenschaften geläufige Rede von „Wechselwirkungen" zwischen „Technik" und „Sozialem" steht in Tradition dieser unglücklichen Dichotomie, die zumindest implizit unterstellt, beide Bereiche ließen sich als irgendwie unabhängig voneinander existierende Gegenstandsfelder konzeptualisieren (denn zwischen was sollten besagte „Wechselwirkungen" sonst stattfinden?).

Ausgehend von dieser Gegenüberstellung konnte die Einsicht in eine Technisierung von Gesellschaft und Politik im Laufe des 20. Jahrhunderts nicht selten den Charakter einer Krisendiagnose annehmen. Schon kurz bevor Edmund Husserl die Tendenz zur Verdeckung ursprünglicher Sinngehalte in einer zunehmend technisierten Naturwissenschaft monieren sollte,[52] warnte Carl

50 In diesem Sinne fehlt der für eine Metapher charakteristische Kontextbruch, vgl. auch Gehring 2010, S. 204.

51 Weber 1924, S. 413.

52 Husserl [1936] 1976.

Schmitt vor einer der Technik inhärenten Tendenz zur „Neutralisierung und Entpolitisierung". Schmitt sah das Wesen des Politischen mit der „dumpfen Religion der Technizität"[53] gefährdet, weil mit dieser die gefährliche Illusion erwachsen sei, es ließen sich neutrale und damit gleichsam apolitische Lösungen für politische Problemlagen finden. Die Hoffnung auf Herstellung eines „universale[n] Frieden[s]"[54] mit technischen Mitteln verkannte in seinen Augen jedoch, dass die antagonistische Differenz von Freund und Feind den eigentlichen Wesenskern des Politischen ausmache. Tatsächlich, so Schmitt am Vorabend des Nationalsozialismus, müsse sich erst zeigen, „welche Art von Politik stark genug ist, sich der neuen Technik zu bemächtigen und welches die eigentlichen Freund- und Feindgruppierungen sind, die auf dem neuen Boden erwachsen."[55] Die Einsicht in die Zweckambivalenz technischer Systeme führte Schmitt zu dem Schluss, dass die wesentlichen politischen Fragen keine technischen Fragen sein konnten.[56]

Mit einer anderen ideologischen Stoßrichtung artikulierte sich schließlich in den Technokratiedebatten der 1960er und 1970er Jahre eine elaborierte Kritik an einem als bedrohlich erachteten Übergreifen technisch-instrumentellen Denkens auf Prozesse politischer Organisation und Entscheidungsfindung. Im kritischen Anschluss an Weber hatten Max Horkheimer oder Herbert Marcuse die enge Verschränkung von Zweckrationalität und sozialer Herrschaft herausgearbeitet.[57] Die in Technik materialisierte Herrschaft des Menschen über die Natur schlage, so die These, im Kapitalismus in eine technische Beherrschung des Menschen um und verliere in diesem Zuge ihr emanzipatorisches Potenzial. Einflussreich beschrieb Jürgen Habermas Wissenschaft und Technik als „Ideologie" der hochentwickelten Industriegesellschaften.[58] Auch von konservativer Seite wurde die Tendenz zum „Dominantwerden technischer Kategorien"[59] in der Politik kritisiert, weil sie Plan- und Gestaltbarkeit suggerierte, tatsächlich aber immer striktere „Sachzwänge" hervorzubringen schien. Im technischen Staat, so Helmut Schelsky, verkomme Demokratie zu einer „leeren Hülse":[60] Prozesse kollektiver Willensbildung und -artikulation würden durch eine Expertenherrschaft ersetzt, die unter Berufung auf technisch erwachsene Gesetzmäßigkeiten ihre vermeintlich alternativlosen Entscheidungen durchsetzten. Was die Kritiker verschiedenster Lager einte, war die Diagnose, dass technische

53 Schmitt [1932] 1963, S. 94.
54 Ebd.
55 Ebd.
56 Ausführlich zu Schmitts Kritik einer Technisierung des Politischen vgl. McCormick 1997.
57 Vgl. Horkheimer [1947] 1967; Marcuse 1967.
58 Habermas 1968.
59 Freyer 1960.
60 Schelsky 1961, S. 32.

Rationalitäts- und Steuerungsformen sich zunehmend in „nichttechnische Gebiete, wo sie unangemessen sind" fortschrieben und dort eine „zwingende Gewalt"[61] ausübten. In der Konsequenz führte das zu der Forderung, die Technik als Mittel des gesellschaftlichen Fortschritts zu domestizieren, zugleich aber ihr Übergreifen auf die genuin politische Sphäre lebensweltlicher Kommunikation und Interaktion zu verhindern.[62]

Die Nachwirkungen dieser Debatten, deren Notwendigkeit und Relevanz im historischen Kontext außer Frage stehen, haben bis in die Gegenwart dazu geführt, dass eine kritische Auseinandersetzung mit der Technizität des Politischen im Regelfall auf deren Zurückweisung hinausläuft – wenn sie denn überhaupt Beachtung findet. Nicht abwegig erscheint Matthias Schönings Feststellung, dass der Begriff „Sozialtechnologie" heute „vor allem als theoriepolitischer Kampfbegriff der siebziger Jahre des vergangenen Jahrhunderts noch bekannt"[63] sei. In jedem Fall trägt die Rede von Staats- oder Regierungs*technik* einen pejorativen Beigeschmack,[64] wo implizit davon ausgegangen wird, dass technisches Denken und Handeln eine irgendwie „ursprüngliche" politische Verfasstheit beschränken, reduzieren und auf problematische Weise deformieren könnten. So finden sich auch in neueren politikwissenschaftlichen Arbeiten noch Forderungen, „möglichst ohne technische oder andere naturwissenschaftliche Metaphern oder Begriffe zur Beschreibung sozialer und politischer Phänomene auszukommen, um ein verzerrtes Bild des zu analysierenden Gegenstandsbereiches zu vermeiden."[65] Wäre ein „unverzerrtes" Bild von Politik und Gesellschaft also eines, das von allen technischen Spuren bereinigt ist? Spätestens seit Bruno Latours Kritik an der für das moderne Denken charakteristischen „Purifizierung" von Natur, Kultur, Technik oder Politik muss eine solche Perspektive problematisch erscheinen.[66] Vielleicht könnte man, in loser Anlehnung

61 Gehlen [1957] 2007, S. 39.

62 Vgl. Habermas 1968.

63 Schöning 2006, S. 303.

64 Vgl. für ein jüngeres Beispiel Frankenberg 2010, S. 12ff.

65 Walter 2005, S. 290.

66 Vgl. Latour 2008, S. 18ff. Latour argumentiert bekanntlich, dass die für die Moderne prägende dichotome Gegenüberstellung von „Technik" und „Gesellschaft" lediglich theoretische Scheinprobleme produzieren konnte, weil sie in der empirischen Realität gar keine Entsprechung fand: „Niemand hat je reine Techniken gesehen – und niemand je reine Menschen" (Latour 1996, S. 21). Vielmehr sei es die Unterteilung in separate ontologische Zonen selbst, die als ein „komplettes Artefakt" (Latour 2007, S. 130) betrachtet werden müsse. Statt Technik in ihrer „Beziehung" zu sozialen oder politischen Ordnungen zu untersuchen, müsse sie als konstitutiver Teil dieser Ordnungen anerkannt werden. Die politische Gesellschaft steht nicht am Anfang, sondern am Ende der technologischen Assoziation – sie ist in gewisser Weise ihr Produkt.

an eine Wendung Michel Foucaults, von einer „Repressionshypothese“[67] sprechen, die von einer negativen Bestimmung der Technik ihren Ausgangspunkt nimmt und deren Anhänger es sich folglich zur Aufgabe machen, eine genuine Politik gegen ihre technische Unterdrückung zu verteidigen. Und vielleicht wäre, auch darin Foucault folgend, die eigentlich interessantere Frage, wie das Politische durch Technik nicht verzerrt, verborgen oder verhindert, sondern permanent hervorgebracht, transformiert und erweitert wird.

Damit ist in sehr groben Zügen die Problemlage umrissen, von der aus eine Genealogie politischer Technizität ihren Ausgang nimmt. Sie kann an Foucaults Vorschlag anknüpfen, die gesellschaftlichen Machtbeziehungen „unter einem technologischen Gesichtspunkt ins Auge zu fassen“.[68] Und sie muss die Produktivität dieser technologischen Dimension anerkennen und die Art und Weise freilegen, in der sie gesellschaftlich wirksam wird. Weder einer ontologischen „Reduktion“ des Sozialen auf technische Probleme soll damit das Wort geredet werden, noch wird in Technik lediglich ein gegenständlicher „Bestandteil“ regierungstechnischer Dispositive neben anderen ausgemacht.[69] Es geht eben gerade nicht um „Beziehungen“ oder „Verhältnisse“ zwischen klar unterscheidbaren Bereichen von „Technik“ und Politik“. Stattdessen wäre in Technik ein spezifischer, aber unabdingbarer *Aspekt* politischer Ordnungen zu identifizieren: Ein Möglichkeitsraum instrumentellen Handelns, in dem sich Politik auf historisch je eigene Art und Weise aktualisieren kann. Eine solche Perspektive erweist sich als machtanalytisch differenzierter als die der Technokratiekritik, weil sie technologische Rationalität nicht vorschnell als Deformation eines politischen Denkens und Handelns verwirft, sondern stattdessen auf der inhärenten Produktivität technischer Dispositive für die Konstitution politischer Ordnungen beharrt.

Eine Auseinandersetzung mit der Technizität des Regierens hätte die epistemischen und materialen Möglichkeitsräume zu erschließen, in denen ein politisches Wissen die Regulation menschlichen Verhaltens als technischen Prozess konzeptualisieren und realisieren kann. Statt die technizistische Perspektive zurückzuweisen, wird diese also, darin Foucault folgend, zunächst einmal übernommen – wenn auch nicht unbedingt in affirmativer Absicht. Aber doch zielt die Untersuchung gouvernementaler Dispositive als „Machtmaschinerien“[70] darauf, deren Funktionslogiken zu entziffern und die historischen Voraussetzungen freizulegen, unter denen sie operabel werden können. Besagte Voraussetzungen erweisen sich selbst als technisch imprägniert, oder anders gesagt:

67 Foucault 1977, S. 25ff.
68 Ebd., S. 29.
69 So etwa bei Barry 2001, S. 10f.
70 Foucault 1976, S. 176.

Die historischen Möglichkeiten, die Steuerung und Regelung menschlichen Verhaltens zu denken und zu realisieren, hängen in hohem Maße davon ab, wie „Steuerung" und „Regelung" zu einem spezifischen historischen Zeitpunkt überhaupt gedacht und realisiert werden können – und mithin vom Stand technischer Entwicklung. Die historischen Korrespondenzen in der Funktionslogik von Machtdispositiven und realtechnischen Systemen machen es erforderlich, eine Genealogie des Regierens in enger Auseinandersetzung mit technikphilosophischen und technikgeschichtlichen Überlegungen zu entwickeln. Diese können dazu beitragen, Foucaults regierungsanalytische Begrifflichkeiten zu präzisieren und in einigen Punkten zu ergänzen. In den folgenden Abschnitten soll zunächst genauer bestimmt werden, was gemeint ist, wenn in einem nicht-metaphorischen Sinne von politischen „Techniken" oder „Technologien" die Rede ist. Im Rückgriff auf jüngere technikphilosophische Überlegungen wird eine modaltheoretische Modellierung skizziert, die „Technik" als strukturiertes Medium instrumenteller Handlungsvollzüge in den Blick nimmt. Ein solches Begriffsverständnis erweist sich, wie sodann verdeutlicht wird, in hohem Maße anschlussfähig an Foucaults machtanalytisches Vokabular und kann zu dessen Differenzierung beitragen. Durch technikphilosophische Impulse angereichert wird abschließend die spezifische Technizität in der von Foucault herausgearbeiteten Gouvernementalitätsgeschichte schärfer konturiert und dabei auch die konstitutive Rolle realtechnischer Artefakte und Sachsysteme deutlicher hervorgehoben.

2.1 Technische Medialität

> „Dringt man in die Tradition der Technik ein, so ist es ausgeschlossen, nur als Technologe vorzugehen. Oder der Technologe ist von vornherein aufgefaßt als der vielseitigste Historiker, den man sich vorstellen kann."
> (Max Bense)[71]

In einem geläufigen Verständnis steht „Technik" als Inbegriff für die Gesamtheit von Mitteln, die zur Realisierung gesetzter Zwecke Verwendung finden können. Solcherlei Mittel existieren in verschiedensten Ausprägungen: Max Weber erwähnt exemplarisch „Gebetstechnik, Technik der Askese, Denk- und Forschungstechnik, Mnemotechnik, Erziehungstechnik, Technik der politischen oder hierokratischen Beherrschung, Verwaltungstechnik, erotische Technik, Kriegstechnik, musikalische Technik (eines Virtuosen z. B.), Technik eines

71 Bense [1949] 1998, S. 131.

Bildhauers oder Malers, juristische Technik usw."[72] Deutlich wird bereits hier, dass der Begriff nicht vorab auf materiale Gegenstände eingeschränkt wird, wenngleich er diese mit umfasst. Auch intellektuelle Verfahren, Methoden oder Schemata können als Mittel eingesetzt werden, ebenso wie körperliche Fertigkeiten oder Formen sozialer Organisation und Koordination. Entscheidend für die Charakterisierung als „Mittel" ist eine zumindest unterstellte Dienlichkeit im Hinblick auf einen Zweck. Es ist, in den Worten Niklas Luhmanns „unerheblich, auf welcher Materialbasis die Technik funktioniert, wenn sie nur funktioniert"[73] – wenn also ihr Einsatz mit einer gewissen Zuverlässigkeit die gewünschten Ergebnisse produziert.

Im instrumentellen Paradigma der Technikphilosophie stehen die technischen Mittel einem Bereich von Zwecken gegenüber, der seinerseits als nichttechnisch begriffen wird. Die Gegenüberstellung von Mitteln und Zwecken verhält sich folglich analog zu der bereits kritisierten Dichotomie von Technik und Politik und ist tatsächlich in gewisser Weise für diese konstitutiv. Die Technokratiekritik etwa nimmt, wie gesehen, ihren Ausgang von der Diagnose einer bedrohlichen Vereinnahmung gesellschaftlicher Zwecksetzungen (bzw. der intersubjektiven Verständigung über diese) durch eine technologische Rationalität. Sie konstatiert folglich eine der menschlichen „Natur" entsprechende Sphäre sozialer Interaktion,[74] die gegen übergriffige Technizismen zu verteidigen sei. Technik und Mensch, Mittel und Zwecke, werden damit in erster Instanz unabhängig voneinander entworfen. Diese Position ist jedoch in zweierlei Hinsicht problematisch: Zum einen operiert sie mit häufig unreflektiert mitgeführten anthropologischen Konstanten, spart also die Frage aus, inwiefern eine ursprünglich-menschliche „Natur" selbst erst als Resultat eines technischen Vermittlungsvorgangs hervortreten kann. Das gilt analog für die Frage, inwiefern sich der epistemische Raum möglicher Zwecksetzungen erst im Lichte

72 Weber 1921, S. 32.

73 Luhmann, 1997, S. 526. Die auf den ersten Blick irritierende Zusammenführung inhomogener Phänomene unter einen Begriff hat mitunter dazu geführt, dass die Sinnhaftigkeit eines weiten Technikverständnisses grundsätzlich in Frage gestellt wurde. Hans Lenk etwa bezweifelt, dass der Technikbegriff „im Sinne eines Gattungsbegriffs Elemente umfasst, die durch einen gemeinsamen Wesenszug gekennzeichnet wären". (Lenk 1973, S. 210) Günther Ropohl verweist angesichts der heterogenen Begriffsverwendungen lapidar auf das Wort „Hahn", das eben „gleichermaßen ein Absperrorgan und ein männliches Federvieh" bezeichne, ohne dass man auf die Idee käme, dass eine „tiefere Gemeinsamkeit zwischen dem Gerät und dem Vogel aufzuspüren wäre". (Ropohl 2010, S. 48) Nun zeichnet sich ein „Inbegriff" nach Husserl jedoch gerade dadurch aus, dass er heterogene Elemente unter einem „einheitlichen Interesse" (Husserl [1891] 1970, S. 23 z.n. Hubig 2011a, S. 1) versammelt. Dieses einheitliche Interesse liegt aus Webers Sicht eben in der Möglichkeit der Verwendung dieser Elemente als Mittel zweckrationalen Handelns – unabhängig von ihrer jeweiligen Gegenständlichkeit.

74 Habermas (1968, S. 89) erkennt hier ein „emanzipatorisches Gattungsinteresse".

verfügbarer Mittel eröffnet und sich mit diesen verändert.[75] Zum anderen scheint die klare Trennung von Mitteln und Zwecken eine grundsätzliche Wertneutralität der Technik zu implizieren, da Mittel vermeintlich zu guten wie zu schlechten Zwecken eingesetzt werden können.[76] Aus Sicht des instrumentellen Technikverständnisses ist das menschliche Subjekt im Idealfall in der Wahl seiner Zwecke souverän. Als bloßes Hilfsmittel wäre Technik, wo ihr Geltungsbereich angemessen beschränkt bleibt, dann tatsächlich kein politisches Problem – und sollte im besten Fall auch keines werden.

Zur Bestimmung einer für das Politische konstitutiven Technizität erweist sich das instrumentelle Technikverständnis als unzureichend. Statt Technik lediglich als Mittel zur Realisierung gouvernementaler Zwecksetzungen zu begreifen, wäre schließlich die radikalere Frage aufzuwerfen, wie Rationalitäten und Praktiken des Regierens im Durchgang durch Technik überhaupt erst ihre Form gewinnen – also auch nicht unabhängig von dieser Vermittlung gedacht werden können.

Ein erster Hinweis, wie diese Vermittlungsleistung zu denken sein könnte, findet sich bei Martin Heidegger, der in einer der wohl bedeutendsten technikphilosophischen Abhandlungen des 20. Jahrhunderts die Techniktheorien der philosophischen Anthropologie einer fundamentalen Kritik unterzogen hat. Für Heidegger ist deren instrumentelles Technikverständnis nicht falsch, es sei, im Gegenteil, geradezu „unheimlich richtig".[77] Allein, so sein Einwand: Es verfehle das „Wesen" der Technik. In seiner berühmten Charakterisierung von Technik als einer „Weise des Entbergens"[78] erkennt Heidegger dieses Wesen in der Intention, einen „Bestand" verfügbar zu machen. Technische Mittel erschöpfen sich nicht im unmittelbaren Gebrauch, sondern erweisen sich eben als „beständig": Mit ihnen werden Handlungsoptionen verfügbar gemacht und auf Dauer gestellt.

In eben diesem Sinne beschreibt Heidegger die neuzeitliche Technik als „Ge-Stell" – wobei sich hinter diesem Neologismus wenig mehr verbirgt, als Heideggers eigenwillige Übersetzung des griechischen *sy-stem*, des „Zusammengestellten". Systematisch nämlich werden in diesem „Ge-Stell" die Möglichkeiten eines gelingenden Mitteleinsatzes gegen natürliche Widrigkeiten gesichert. In einer immer weiteren Expansion zielt das moderne System der

75 Hubig (2006, S. 114) verweist darauf, dass Zwecksetzungen im Unterschied zu bloßen Wünschen oder Visionen eine Herbeiführbarkeit unterstellen, also die Verfügbarkeit eines geeigneten Mittels voraussetzen.

76 Marcuse (1967, S. 168) etwa vertritt die Position, dass „die Maschinerie des technologischen Universums ‚als solche' politischen Zwecken gegenüber indifferent" sei.

77 Heidegger 1962, S. 6.

78 Ebd., S. 12.

Technik nach Heidegger in letzter Instanz darauf, die Welt in ihrer Gesamtheit als „Bestand“ verfügbar und damit einer planvollen Gestaltung und Kontrolle zugänglich zu machen.[79] Das Wesen der Technik liegt hier folglich bereits in einer spezifischen Bezugnahme auf Wirklichkeit, die danach strebt, Natur durch technische Überformung in den Zustand eines möglichst reibungslosen Funktionierens zu bringen. Dergestalt erweist sich Technik für Heidegger als „Herausforderung“ einer Natur, die sich nun nurmehr als Reservoir von zu nutzenden und nutzbar zu machenden Kräften und Energien darbietet. Aber auch der Mensch selbst sieht sich seinerseits in den Vollzug der Technik „gestellt“ und erfährt sich als potenzieller Gegenstand technischer Regulation und Optimierung. Zudem verfügt er nicht nach Gutdünken über die technischen Systeme, sondern lebt eher *in* ihnen, etwa so, wie er auch in der Sprache lebt.[80] Wer die Gratifikationsleistungen der Technik in Anspruch nehmen will, muss sich ihren Regeln und Bedingungen unterwerfen und kann als technisch handelndes Subjekt nur in den Grenzen dieser Bedingungen in Erscheinung treten. Von einem gegenüber der Technik autonomen Handlungssubjekt kann folglich nur noch sehr bedingt die Rede sein. Vielmehr erweisen sich subjektive Selbst- und Weltbezüge bereits als technisch imprägniert: „Darum kommt die Frage, wie wir in eine Beziehung zum Wesen der Technik gelangen sollen, in dieser Form jederzeit zu spät.“[81] Das „Walten“ des technologischen Gestells folgt nach Heidegger einer Logik der Intensivierung, die sich weitgehend unabhängig von den Intentionen einzelner Akteure entfaltet. Der technische Fortschritt wird von keinem Subjekt gesteuert, wirkt aber seinerseits expansiv in Richtung einer immer umfassenderen Kontrollierbarkeit natürlicher und sozialer Zusammenhänge. In dieser systemischen Gestalt lässt sich Technik nicht länger auf ihre vergleichsweise harmlose Rolle als reines Mittel instrumenteller Handlungen reduzieren. Sie ist „weder nur ein menschliches Tun, noch gar ein bloßes Mittel innerhalb solchen Tuns. Die nur instrumentale, die nur anthropologische Bestimmung der Technik wird im Prinzip hinfällig.“[82]

Eine zentrale Rolle in der Sicherung technischer Handlungsvollzüge kommt nach Heidegger den Naturwissenschaften zu, denn in ihnen manifestiert sich eine Perspektive, die Natur als berechenbaren Kräftezusammenhang modelliert und entsprechend darauf zielt, diesen als Bestand verfügbar zu machen:[83] „Die neuzeitliche Physik ist nicht deshalb Experimentalphysik, weil sie Appara-

79 Ebd., S. 19.
80 Vgl. Luckner 2008, S. 23. Zu einer an Heidegger angelehnten Perspektive auf Technik als „Milieu“ menschlicher Evolution vgl. auch Stiegler 2007.
81 Heidegger 1962, S. 23.
82 Ebd., S. 20f.
83 Ebd., S. 21.

turen zur Befragung der Natur ansetzt, sondern umgekehrt: weil die Physik, und zwar schon als reine Theorie, die Natur daraufhin stellt, sich als einen vorausberechenbaren Zusammenhang von Kräften darzustellen, deshalb wird das Experiment bestellt, nämlich zur Befragung, ob sich die so gestellte Natur und wie sie sich meldet."[84] Technik ist also keineswegs – wie das instrumentelle Technikverständnis glauben macht – angewandte Naturwissenschaft. Vielmehr sind die Naturwissenschaften epistemische Technik: Sie „stellen" die Natur im Modus des technischen Experiments und produzieren ein gesichertes Wissen von Naturzusammenhängen, das diese erwartbar und planbar macht, um einen effektiveren Umgang mit ihnen zu ermöglichen.[85] Hier wird deutlich, wie weit der Technikbegriff bei Heidegger reicht: Er umfasst nicht lediglich eine spezifische Klasse von Gegenständen oder Verfahren, sondern eine ganze Seinsweise, die darauf zielt, das Seiende als systemischen Bestand zu erschließen und zu sichern. Gegenüber der instrumentellen Perspektive wird Technik in dieser systemischen Perspektive als grundlegender modelliert: Sie ist nicht lediglich ein Inbegriff für Mittel, sondern das, was den gesicherten Einsatz von Mitteln erst möglich macht.

In einem umfassenden philosophischen Entwurf hat Christoph Hubig sich eingehend mit dem Systemcharakter der Technik befasst und die aus ihm resultierende Logik technischer Vermittlung herausgearbeitet. Im kritischen Anschluss an Heidegger verweist Hubig darauf, dass Systembildung kein spezifisches Merkmal *moderner* Technik darstellt, sondern vielmehr eine „Ur-Intention" des Technikeinsatzes ausmacht.[86] Schon früheste Formen der Viehzucht, des Siedlungsbaus oder Landwirtschaft hätten demnach nicht lediglich eine instrumentelle Funktion gehabt, sondern zeichneten sich auch und gerade dadurch aus, das Gelingen der instrumentellen Vollzüge dauerhaft zu gewährleisten.[87] Technische Systeme schaffen Bedingungen zweckrationalen Handelns und sichern diese gegen äußere Widrigkeiten. Hubig spricht von Technik als einem stabilisierten und strukturierten „Möglichkeitsraum von Mittel-Zweck-

---

84 Ebd. S. 21

85 Schon Heideggers Lehrer Edmund Husserl verglich in diesem Sinne die wissenschaftliche Methode mit einer „verläßlichen Maschine" (Husserl 1936 [1967], S. 52).

86 Hubig 2006, S. 20. Der kategoriale Fehler Heideggers liegt nach Hubig darin, dass er glaube, eine alte Technik mit einer neuzeitlichen zu kontrastieren, tatsächlich aber lediglich eine alte *Vorstellung* von Technik von einer neuzeitlichen unterscheidet. Technik hat immer auch einen Systemcharakter, jedoch setzt erst mit der naturwissenschaftlichen Revolution der Neuzeit eine umfassende Reflexion auf diese Systematizität ein.

87 So ist etwa Viehzucht nicht lediglich ein *Mittel* der Nahrungsproduktion, sondern ein *System*, das die Möglichkeiten zur zweckrationalen Produktion von Nahrung auf Dauer stellt und gegen die Widrigkeiten der Natur sichert. Wer einen Stall hat, muss nicht warten, bis zufällig ein Rind vorbei läuft.

Verbindungen".[88] Dieser Möglichkeitsraum eröffnet sich nicht lediglich ausgehend von material verfertigten Gegenständen („Realtechniken"), sondern entsteht in deren Zusammenspiel mit individuellen Kompetenzen, Fertigkeiten und Wissensbeständen („Intellektualtechniken") sowie gesellschaftlichen Organisations- und Koordinationsstrukturen („Sozialtechniken").[89] Dieses weite Technikverständnis, das sich für eine Analyse technischer Systembildungen als unerlässlich erweist,[90] soll nach Hubig keineswegs einer „Entdinglichung"[91] des Technikbegriffs und einer damit einhergehenden Vernachlässigung von Sachsystemen das Wort reden. Im Gegenteil könne die Analyse systemischer Interaktionen und Abhängigkeiten verschiedener Techniktypen voneinander gerade zeigen, „dass Sachsysteme auch dort eine basale Rolle spielen, wo sie manche Technikphilosophien nicht vermuten: Nämlich dort, wo eine ‚Exteriorisierung', Vergegenständlichung und Verfestigung in Sachsystemen (...) eine Basis abgibt, auf der sich Intellektual- und Sozialtechniken entwickeln."[92]

Die Gemeinsamkeit, die es erlaubt, diese vielfältigen und inhomogenen Elemente unter dem Inbegriff „Technik" zu versammeln, liegt in der Funktion einer Gewährleistung instrumenteller Vollzüge durch eine Absicherung gegen Störungen. Im Ineinandergreifen von Real-, Sozial-, und Intellektualtechniken entsteht überhaupt erst eine Wiederholbarkeit, Antizipierbarkeit und Planbarkeit des gelingenden Mitteleinsatzes. Technik erweist sich dann aber nicht nur als notwendige Bedingung einer möglichen Realisierung von Zwecken, sondern

---

88 Hubig 2007, S. 231.

89 Vgl. zu dieser Unterteilung schon Gottl-Ottlilienfeld 1923, S. 7ff., sowie zur analog verlaufenden Differenzierung in „Artefakte", „Kompetenzen" (Körper- und Kognitionstechniken) und „Konventionen" (soziale Regeln und Normen) auch Krohn 2006. In der „Kulturtechnik"-Forschung finden sich mitunter ähnliche Kategorisierungen, etwa in „Artefakte", „Zeichen" und „Personen", (vgl. Schüttpelz 2006). In all diesen Fällen hat die Differenzierung eher heuristischen Wert und soll keine klar abgegrenzten Gegenstandsfelder bezeichnen. Sie erlaubt es aber, wechselseitige Abhängigkeiten, Delegations- oder Substitutionsleistungen in den Blick zu nehmen: Menschliche Subjekte verinnerlichen gesellschaftliche Konventionen oder passen ihre körperlichen und intellektuellen Fertigkeiten an verfügbare Apparaturen an. Realtechnische Artefakte können bestehende Körper- und Sozialtechniken ganz oder teilweise automatisieren, erfüllen ihre Funktion jedoch stets im Kontext sozialer Regulationen und Nutzungsweisen. Zugleich entstehen gesellschaftliche Normen und Regeln als Reaktion auf einen sich ändernden Entwicklungsstand der Sachsysteme oder auf individuelle Verhaltensweisen von Subjekten. Realiter ist keine der drei Dimensionen ohne die anderen denkbar.

90 Was Thomas Hughes am Beispiel „großtechnischer Systeme" (Hughes, 1989) wie der Stromversorgung hervorgehoben hat, nämlich dass diese nur als intrinsische Verknüpfung von Artefakten, Wissensformen und sozialen Regeln ihre Leistungen erfüllen können, gilt mithin für technische Systembildungen im Allgemeinen. Für eine Untersuchung soziotechnischer Systeme seit den frühen Hochkulturen vgl. auch Mumford 1967.

91 Zum Vorwurf der „Entdinglichung" vgl. Ropohl 2002.

92 Hubig 2006, S. 25.

auch als Bedingung der *Konzeptualisierung* von Mittel-Zweck-Verknüpfungen. Schon elementarste Wissens- und Handlungsformen erweisen sich in dieser Hinsicht als technisch vermittelt, was Hubig dazu veranlasst, eine unhintergehbare Technomorphizität menschlicher Weltbezüge zu konstatieren: „Jenseits unserer theoretischen und praktischen Weltbezüge, die wir technisch realisieren, können wir uns keine Welt vorstellen.“[93] Die Erschließung von Wirklichkeit erfolgt als Reflexion auf *gemachte* Erfahrungen mit konzeptualisierten Handlungen und den in ihrer Realisierung auftretenden Widerständigkeiten. Mit den verfügbaren Mitteln und Mittelkonzepten sind diese Erfahrungsräume in permanenter Veränderung begriffen. Die Verfasstheit der technischen Systeme prägt nicht nur Welt-, sondern auch Selbstverhältnisse und entfaltet so eine identitätsbildende Wirkung: Technik erweist sich als „wesentliches Konstituens eines Selbstbewußtseins, welches sich als welterschließend und -gestaltend begreift“.[94]

Insofern technische Systeme einen Möglichkeitsraum ausmachen, in dem Welt- und Selbstbezüge realisiert werden können, spricht Hubig von einer „Medialität“ des Technischen. Als „Medium“ hatte Niklas Luhmann im Anschluss an einen Aufsatz Fritz Heiders einen strukturierten Raum loser Kopplungen bezeichnet, der Potenziale für Formbildungen im Sinne fester Kopplungen verfügbar hält.[95] Hubig zeigt nun, dass auch Technik in diesem Sinne als Medium

93 Ebd., S. 15. Diese Technomorphizität ist in der Geschichte der Philosophie verschiedentlich thematisch geworden. Schon Kants *Kritik der Urteilskraft* verwies darauf, dass alle Versuche, eine rationale Vorstellung der Natur zu gewinnen, die Unterstellung einer ihrerseits rational verfassten Natur voraussetzen müssen. Nur wo natürliche Gesetzmäßigkeiten in Analogie zum menschlichen Handeln als Resultat eines „absichtlichen Technizism der Natur“ (Kant, KdU B, S. 359) verstanden werden, wird eine gesicherte Einsicht in Kausalzusammenhänge möglich. Einem technisch handelnden Subjekt muss die Welt als Maschine erscheinen und diese Perspektivierung eröffnet zugleich „Aussichten, die für die praktische Vernunft vorteilhaft sind.“ (Kant, KdU B, S. IX)

94 Hubig 2001, S. 6.; In der (post-)phänomenologischen Tradition der Technikphilosophie um Autoren wie Don Ihde (1990; 2010) oder Peter-Paul Verbeek (2005) ist diese technische Prägung von Selbst- und Weltbildern unter dem Stichwort „Mediation“ untersucht worden. Im Anschluss an Heidegger wird dort die These ausgearbeitet, dass die objektivierende Sicht auf Technik, die von einem Großteil der positivistischen Techniktheorien vertreten wird, eine abgeleitete ist. Eine Technik als Artefakt, die dem Menschen im Modus der „Alterität“ (Ihde) begegnet, ist demnach bereits aus einer ursprünglicheren „Bewandtnisganzheit“ (Heidegger) herausgefallen, auf spezifische Weise „auffällig“ geworden. Die primäre Form der Interaktion von Subjekt und Technik ist demnach nicht die eines Aufeinandertreffens fertig konstituierter Entitäten. Vielmehr sind beide bereits in einer ursprünglicheren Assoziation verbunden, aus der sie in der Folge in ihrer spezifischen Form (etwa als „Subjekt“ oder „Objekt“) hervorgehen.

95 Vgl. Luhmann 2001.

verstanden werden muss:[96] Technische Systeme lassen sich als stabilisiertes Reservoir möglicher instrumenteller Handlungsvollzüge begreifen, die nach Bedarf aktualisiert werden können. Diese Aktualisierung umfasst auch eine potenzielle Erzeugung weiterer Techniken, die dann ihrerseits neue Möglichkeitsräume eröffnen (ein Werkzeug kann zur Produktion von Werkzeugen verwendet werden).[97] Insofern in einem fortschreitenden Prozess der Technisierung beständig neue Optionen freigelegt werden, lässt sich technisches Denken und Handeln nicht einfach als Verkürzung oder Verengung eines „ursprünglichen" Weltzugangs begreifen, wie es für Teile der technikpessimistischen Tradition charakteristisch war. Stattdessen muss die Produktivität technischer Systeme in der Erschließung und Strukturierung von Wirklichkeit anerkannt werden, denn sie eröffnen „Erfahrungen und (...) Verfahren, die es ohne Apparaturen nicht etwa abgeschwächt, sondern überhaupt nicht gibt."[98] Gleichwohl bleibt diese Ermöglichung zu jedem Zeitpunkt an einschränkende Bedingungen geknüpft, die dazu führen, dass technisches Handeln abhängig von den verfügbaren Systemen nur auf spezifische Art und Weise realisiert werden kann. Auf ein „es ist möglich, dass…" folgt notwendigerweise ein „wenn…". Die Medialität des Technischen zeichnet sich folglich durch eine je charakteristische Verbindung von Ermöglichung und Einschränkung aus.[99]

---

96 Dabei geht Hubig über Luhmann hinaus, der in instrumenteller Verkürzung Technik noch einseitig auf der Form-Seite der Medium/Form-Unterscheidung verortet hatte – als „funktionierende Simplifikation im Medium der Kausalität" (Luhmann 1991, S. 97). Hubig weist hingegen darauf hin, dass technische Formbildungen ihrerseits als Medien begriffen werden können, die Potenziale einer Realisierung bereitstellen. Die Korrektur des Luhmannschen Technikverständnisses erscheint insofern konsequent, als die Unterscheidung von Medium und Form eigentlich schon dort strikt relational gedacht wird. Am Beispiel der Sprache wird etwa deutlich, dass Wörter einerseits Formbildungen aus lose gekoppelten Buchstaben sind, andererseits aber selbst ein Medium zur Formung von Sätzen abgeben. Analoges muss dann aber auch von Technik behauptet werden, wo etwa ein konkretes Artefakt einerseits Aktualisierung eines technischen Potenzials ist, zugleich aber neue Potenziale verfügbar macht.

97 Gilbert Simondon hat diese Entwicklungsdynamik der Technik unter dem (freilich in nicht unproblematischer Weise evolutionistischen) Konzept der „Konkretisation" gefasst (vgl. Simondon [1958] 2012, S. 19ff.) Pascal Chabot (2013, S. 12ff.) erläutert diesen Prozess am Beispiel der Eisenbahn: Ihre „Erfindung" besteht im Grunde in einer Rekombination bestehender Techniken (Rad, Schiene, Dampfmaschine etc.), welche gleichwohl für die neue Verwendung angepasst werden müssen (die bislang stationär betriebenen Dampfmaschinen müssen etwa mobilisiert werden, wobei z.B. zuvor irrelevante Gewichtsprobleme eine Rolle spielen). Einmal als funktionierendes System stabilisiert, eröffnet die Eisenbahn schließlich neue Handlungsmöglichkeiten, und wird im Rahmen anderer Systembildungen ihrerseits als Element der Kombination verfügbar.

98 Krämer 1998, S. 85.

99 In kritischer Absicht beschrieb Husserl eine solche Verschränkung für die Entstehung mathematisierter Naturwissenschaften. In diesen erkannte er zwar eine „ungeheure Erweiterung der Möglichkeiten" (Husserl [1936] 1976, S. 43), zugleich aber eine damit einhergehende

Derart strukturiert Technik einerseits den realen Möglichkeitsraum, in dem instrumentelle Handlungen möglich sind, darüber hinaus aber auch den epistemischen Möglichkeitsraum, in dem solche Handlungen überhaupt erst vorstellbar werden.[100] Im Rückgriff auf den praktischen Syllogismus aus dem Teleologie-Kapitel von Hegels *Wissenschaft der Logik* unterscheidet Hubig diesbezüglich eine „äußere" Medialität (als realer Raum verfügbarer Mittel), von einer „inneren" (als Raum möglicher Konzeptualisierungen von Mittel-Zweck-Verknüpfungen). Beide sind nicht identisch, sondern stehen zueinander in einem dialektischen Verhältnis: Insofern in der Konzeptualisierung zumindest eine Realisierbarkeit unterstellt werden muss, bleibt der Raum innerer Medialität auf das beschränkt, was unter konkreten Bedingungen als technisch möglich *erachtet* wird. Gleichwohl unterliegt ein Handlungsvollzug als vorgestellter nicht denselben Einschränkungen, die in der Realisierung auftreten können. Im konkreten Vollzug machen sich negative oder positive Überraschungen bemerkbar, ein Surplus als „Spur" der Performanz äußerer Medialität. Konzeptualisierte Technik kann in der Realisierung scheitern, wo unerwartete Einschränkungen hervortreten. Zugleich können aber im Vollzug auch weitere Anwendungsmöglichkeiten neben den ursprünglich intendierten aufscheinen und somit neue Handlungsräume schrittweise erschlossen werden.[101]

Gegenüber dem instrumentellen Paradigma, das Technik auf einen Inbegriff von Mitteln reduziert, entwickelt die Perspektive auf Technik als Medium ein vielschichtigeres Bild. Zugleich greift aus dieser Perspektive eine rein prädikative Verwendung des Technikbegriffs zu kurz: Ein Gegenstand oder Verfahren lässt sich nicht anhand objektiver Eigenschaften als Technik klassifizieren, sondern wird im Lichte eines spezifischen Interesses als „technisch" begriffen. Im Anschluss an Kant schlägt Hubig vor, „Technik" und „Natur" als „transzendentale Reflexionsbegriffe" aufzufassen, „unter denen wir bestimmte Strategien der Welterschließung benennen, die zu bestimmten Vorstellungen führen."[102] Ob bestimmte Aspekte eines Gegenstandes als „technisch" oder „natürlich" begriffen werden, hängt davon ab, inwiefern sich diese Aspekte in der Konzeptualisierung technischer Vollzüge als disponibel betrachten lassen. Die Unterscheidung wird folglich nicht *zwischen*, sondern *an* Gegenständen

„Sinnüberdeckung" (ebd., S. 48). In der formalisierenden Abstraktion entstünden Methoden, „die jedermann lernen kann, richtig zu handhaben, ohne im mindesten die innere Möglichkeit und Notwendigkeit sogearteter Leistungen zu verstehen" (ebd., S. 52). Hans Blumenberg korrigierte diese Perspektive dahingehend, dass der von Husserl beschriebene Sinnverlust angemessener als „selbst auferlegter Sinn*verzicht*" zu interpretieren wäre (Blumenberg 1981, S. 42).

100 Hubig 2006, S. 146.

101 Vgl. ebd., S. 119ff.; S. 148ff.

102 Hubig 2011a, S. 5.

getroffen. Als „technisch" lassen sich jene Aspekte bezeichnen, die sich im Rahmen von Mittel-Zweck-Verbindungen auf verlässliche Weise als instrumentalisierbar erweisen. Als „natürlich" hingegen jene Eigenschaften, die – relativ zur technischen Medialität – im konkreten Handlungsvollzug als indisponibel erfahren werden.[103]

Das reflexionsbegriffliche Technikverständnis eignet sich in besonderem Maße für historische Analysen, weil es verdeutlicht, dass die Geschichte der Technik nicht einfach als Geschichte der inkrementellen Anhäufung von Artefakten zu begreifen ist. Vielmehr durchlaufen mit den technischen Systembildungen elementare Formen des Weltbezugs und der Identifikation von Gegenständen eine kontinuierliche Veränderung. Was einst als natürliche Widerfahrnis begriffen wurde, kann unter veränderten Handlungsbedingungen als antizipierbar, gestaltbar, planbar und damit als Bestandteil eines technischen Systems erscheinen. Die kontingenten und historisch variablen Grenzziehungen zwischen „Natur" und „Technik" können so zum Untersuchungsgegenstand gemacht werden, ohne diese Grenze selbst ahistorisch zu verabsolutieren. Nicht nur ist, wie bereits Max Weber bemerkte, das, was als Technik gilt „in concreto" als „flüssig"[104] zu betrachten, sondern ebenso zeigt sich die „Natürlichkeit" einer Natur nicht einfach „objektiv", sondern jeweils nur punktuell und relativ zur Verfasstheit real-, intellektual- und sozialtechnischer Systembildungen. In der historischen Entwicklungsdynamik der technischen Systeme lässt sich ein beständiges Interesse ausmachen, technische Handlungsvollzüge gegen natürliche Störungen zu sichern und also Indisponibilität in Disponibilität zu überführen – technische Überformung einer Natur, die freilich *als* Natur erst unter diesem spezifischen Interesse in Erscheinung tritt. Die Elimination von Störungen, die durch eine Erhöhung der Systemkomplexität und eine Erweiterung der Systemgrenzen erreicht wird, hat jedoch unweigerlich das Auftreten neuer Kontingenzen und Störpotenziale zur Folge, wie auch Hubig hervorhebt: „Ein größeres und komplexeres System steht (...) sofort einer mannigfacheren, vielfältigeren und komplexer verfassten Systemumwelt gegenüber, deren potentielle Störträchtigkeit eine neue Herausforderung darstellt – und so fort."[105] An den Rändern des Systems formiert sich eine neue ex negativo-„Natur" im reflexionsbegrifflichen Sinne, die neue Risiken birgt und folglich neue Regelungsan-

---

103 Hubig, 2006, S. 229ff.; Hubig 2011b. Zu Technik als Reflexionsbegriff vgl. auch Grunwald/Julliard 2005. In eine ähnliche Richtung weist auch Hartmut Winklers eher intuitiver Vorschlag, Praktiken unter „dem Aspekt ihrer Technizität" zu betrachten (Winkler 2002, S. 304).

104 Weber 1921, S. 32.

105 Hubig 2006, S. 20.

strengungen erforderlich macht.[106] Die Geschichte technischer Medialität ist dann immer auch eine Geschichte jener Naturkonzepte, in denen sich auf unterschiedlichste Weise die historischen Grenzen von Steuer- und Regelbarkeit manifestieren.

Wie lassen sich diese noch recht abstrakten Überlegungen für eine Untersuchung politischer Technologien fruchtbar machen? Zusammenfassend lässt sich bis hierhin festhalten, dass eine Perspektive, die Techniken lediglich als Mittel des Regierungshandelns versteht, zu kurz greifen muss. Sie würde die Frage verfehlen, inwiefern das System technischer Mittel einen Möglichkeitsraum abgibt, in dem sich dieses Regierungshandeln konzeptualisieren und realisieren lässt. Eine Philosophie technischer Medialität hingegen weist Technik eine basale Rolle in der Vermittlung von Welt- und Selbstbezügen zu. Dass diese Medialität auch für eine politische Rationalität konstitutiv ist, wird bereits aus Hubigs Hinweis ersichtlich, wonach Technik als Medium „in ihrer Systematik die Struktur dessen prägt, was dann höherstufig als System die wirtschaftliche und politische Verfaßtheit [einer Gesellschaft –BS] ausmacht“.[107] Die Technizität des Regierens wäre nicht in einer spezifischen Klasse von Gegenständen auszumachen, sondern in der Art und Weise, in der die Steuerung menschlichen Verhaltens durch entsprechende Systembildungen erwartbar, planbar und wiederholbar gemacht werden soll. Technik als Medium macht keinen eigenständigen Handlungskontext und auch kein gesellschaftliches Subsystem neben anderen aus.[108] Vielmehr verläuft die technische Medialität quer zu sozialen Funktionssystemen wie Politik, Wirtschaft, Wissenschaft oder Kunst und strukturiert in diesen den Möglichkeitsraum instrumentellen Handelns. Dabei gilt, dass lokale Formbildungen sehr unterschiedlich ausfallen können – politische, wirtschaftliche oder künstlerische Techniken können systemspezifische Eigenheiten aufweisen. Umgekehrt lässt sich aber auch erkennen, dass grundlegende binnenstrukturelle Transformationen technischer Medialität langfristig kaum einen Handlungskontext unberührt lassen – weshalb etwa Industrialisierung oder Digitalisierung nicht nur wirtschaftliche, sondern selbstredend auch wissenschaftliche, künstlerische oder politische Praktiken verändert haben.[109] Die Untersuchung einer Technizität des Politischen muss sich folglich

106 Weshalb es nicht überrascht, dass gerade hochtechnisierte Gesellschaften als „Risikogesellschaften“ (Beck 1986) oder das postindustrielle Zeitalter als „Zeitalter der Kontingenz“ (Bauman 1996) beschrieben werden.

107 Hubig 2001, S. 6.

108 Vgl. auch Krohn 1989, S. 16.

109 Der Einsicht, dass Technik kein abgrenzbares Gegenstandsfeld neben anderen bildet, sondern sich vielmehr im jeweiligen So-Sein von Gegenstandsfeldern ausdrückt, entspricht die geläufige Charakterisierung von Medien- und Technikforschung als einer „parasitären“ Wissenschaft. Insofern sie über keinen eigenen Untersuchungsgegenstand verfüge, sondern Mög-

mit den gouvernementalen Konsequenzen technischer Systembildungen befassen, die dazu führen, dass Probleme des Regierens auf historisch höchst unterschiedliche Weise als technische Probleme „gestellt" (Heidegger) werden können. In einem nächsten Schritt soll versucht werden, dieses Technikverständnis innerhalb eines macht- und gouvernementalitätsanalytischen Forschungsprogramms zu verorten.

2.2 Technik, Macht, Dispositiv

> „Kybernetik (...) fragt (...) nicht: ‚Was ist dieses Ding?', sondern ‚Was tut es?'"
> (W. Ross Ashby)[110]

> „Man sollte nicht fragen, ‚Was ist die Macht? Und von woher kommt sie?', sondern fragen, wie sie ausgeübt wird."
> (Gilles Deleuze)[111]

Im Anschluss an Michel Foucaults initiierende Arbeiten zur Geschichte der Gouvernementalität lässt sich seit den 1990er Jahren die Herausbildung eines breiten und heterogenen Forschungsfelds beobachten, das sich einer genealogischen Untersuchung von Rationalitäten und Praktiken des Regierens verschrieben hat.[112] Die Rede von gouvernementalen „Techniken" und „Technologien" hat in diesem Kontext durchweg Konjunktur, bleibt jedoch in der Regel wenig fundiert: Häufig ist unklar, was eigentlich das Technische an den politischen Techniken ausmachen soll. Schon früh hat Mitchell Dean angesichts dieses Mangels auf die Gefahr hingewiesen „of not fully benefiting from the potential insights into the operation of rule and authority to be gained by stressing their technological dimension."[113] Gleichwohl zielten einzelne Arbeiten, die eine Engführung von Foucaults Denken mit technikphilosophischen Überlegungen anstrebten, eher darauf, Konzepte Foucaults für eine Theorie der Technik nutz-

---

lichkeitsbedingungen des Wissens und Handelns thematisiere, rückt Pias die Medienwissenschaft in die Nähe der Dekonstruktion (vgl. Pias 2008, S. 79ff.). Hubig teilt diese Einsicht für die Technikphilosophie (zur Engführung mit Derrida vgl. Hubig 2006, S. 148ff.), wenn er schreibt: „Technikphilosophie gewinnt ihr Selbstverständnis nicht über eine sektorale oder sortale Ab- und Eingrenzung gegenüber anderen philosophischen Disziplinen, sondern durch die theoretische Fokussierung auf einen *Aspekt* praktischer Welterschließung: das „Wie" der Herstellung und des Hergestelltseins von Sachverhalten." (Hubig 2006, S. 25)

110 Ashby [1956] 1974, S. 15.
111 Deleuze 1992, S. 100.
112 Als Überblick Lemke 2007, S. 47ff.; Saar/Vogelmann 2009.
113 Dean 1996, S. 48.

bar zu machen.[114] Umgekehrte Integrationsversuche fanden kaum statt, weshalb das Problem eines eher vagen und intuitiven Gebrauchs des Technikbegriffs in der Foucault-Rezeption bestehen blieb.[115] Die Problematik zeigte sich vor allem dort, wo politische Techniken in instrumenteller Verkürzung lediglich als Mittel erschienen, mit deren Hilfe die „idealisierten Schemata“[116] politischer Rationalität in Realität übersetzt wurden oder wo eine „Technisierung des Sozialen“ als untergeordneter Teilbereich einer umfassenderen „Verwissenschaftlichung“ konzipiert wurde.[117] Techniken wurden dann als Werkzeuge verstanden, die sich in einem diffusen Wechselverhältnis zu Rationalitäts- und Machtformen befanden, wobei die genauere Beschaffenheit dieses Verhältnisses häufig im Unklaren blieb. Thomas Lemkes Forschungsüberblick über die „governmentality studies“ führt gar die Mehrzahl der bestehenden Theorieprobleme des Feldes auf eine „mangelhafte Klärung des Verhältnisses von politischen Rationalitäten und politischen Technologien zurück.“[118] Da sich in Foucaults Arbeiten zwar vereinzelte Hinweise, aber keine systematische Ausarbeitung des Technikbegriffs findet, scheint eine präzisere Konturierung hilfreich und notwendig.

Im vorausgegangenen Abschnitt wurde eine modaltheoretische Philosophie technischer Medialität umrissen, die Technik als strukturierten Möglichkeitsraum für die Realisierung von Mittel-Zweck-Verknüpfungen begreift. Diese Perspektive wirkt nicht nur in der Vermeidung instrumenteller Verkürzungen produktiv, sondern scheint auch in besonderer Weise an Foucaults Arbeiten anschlussfähig, insofern die Modalproblematik dort stets von zentralem Interesse geblieben ist.[119] Vor allem Foucaults diskursarchäologische Arbeiten zielten schließlich explizit auf die Erschließung und Rekonstruktion von Möglichkeitsräumen des Sagbaren. Das frühe Schlüsselkonzept der „Episteme“ etwa wird definiert als „Gesamtheit der Beziehungen (...), durch die die epistemologischen Figuren, Wissenschaften und vielleicht formalisierten Systeme *ermöglicht* werden.“[120] Die philosophische Perspektive auf Technik als Medium verfolgt eine ganz ähnliche Stoßrichtung, wo sie nach den materialen Möglichkeitsbedingungen für die Konzeptualisierung und Realisierung instrumenteller Handlungen fragt. Ergänzend zum Konzept der „Episteme“ müsste das Regelsystem, das komplementär zu den diskursiven Aussageordnungen eine Aktualisierung technischer Vollzüge ermöglicht, wohl konsequenterweise als „Techne“ bezeichnet

114 Etwa bei Gerrie 2003; Dorrestijn 2012.
115 Vgl. aber aufschlussreich Gehring 2004, S. 120ff.
116 Miller/Rose 1994, S. 78.
117 Vgl. Thomson 2012.
118 Lemke 2007, S. 62.
119 Vgl. dazu auch Hubig 2000, S. 35; sowie Gehring 2004.
120 Foucault 1973, S. 272f., (Hervorh. BS).

werden.[121] An zwei eher marginalen Stellen erwähnt Foucault eine solche „Techne“ als „reflektiertes, auf allgemeine Grundsätze, Vorstellungen und Begriffe bezogenes System von Praktiken“,[122] das zugleich als „eine Matrix praktischer Vernunft“[123] fungiere. Schon an solchen knappen Charakterisierungen wird ersichtlich, dass auch Foucault „Techniken“ nicht in instrumenteller Verkürzung als bloße Mittel verstanden wissen will, sondern ihre ermöglichende und wirklichkeitsstrukturierende Dimension im Blick hat. Letztlich wählt Foucault begrifflich jedoch einen anderen Weg, indem er nicht zwischen „Episteme“ und „Techne“, sondern zwischen „Wissen“ und „Können“ – *savoir* und *pouvoir* – unterscheidet und so die Archäologie diskursiver Ordnungen um eine Genealogie von Machtbeziehungen erweitert. In der deutschen Übersetzung weniger offensichtlich, lautet der naheliegendste Begriffskandidat zur Bezeichnung der technischen Möglichkeitsräume instrumentellen Handelns damit wohl schlicht: Macht (*pouvoir)*.

Es ist gelegentlich angemerkt worden, dass mit der Hinwendung zur Machtthematik ein auffällig technizistisches Vokabular Einzug in Foucaults Theoriesprache hält.[124] Der Versuch, Machtbeziehungen als produktive, material basierte und nicht-subjektive Kräfteverhältnisse zu begreifen, führt, wie Petra Gehring zeigt, dazu, dass diese Macht selbst „ein Stück weit als Technik beschrieben“[125] wird: Foucault spricht nun konsequent und in einem nicht-metaphorischen Sinne von „Techniken der Macht“ und „Machtmaschinerien“,[126] die Formen des Wissens und der Subjektivierung produzieren. Darüber hinaus ist auffällig, dass Foucaults Kritik tradierter Machtkonzepte gewisse Parallelen zu Heideggers Zurückweisung eines gegenständlichen und instrumentellen Denkens der Technik aufweist: So ist Macht nach Foucault bekanntlich nichts, was man besitzen, gewinnen oder delegieren kann, eben weil sie

121 Vgl. Dean 1996, S. 59; vgl. auch Seibel 2012. Dies würde vielleicht auch der Intention Stefan Riegers entsprechen, der Technik die Funktion der „Aussteuerung“ einer Episteme zuschreibt (Rieger 1999, S. 97).

122 Foucault 2004c, S. 310.

123 Foucault 1993, S. 26.

124 Gehring 2004, S. 120ff.

125 Ebd., S. 121.

126 Foucault 1976, S. 176; Als in dieser Hinsicht für Foucault einflussreich dürfte sich auch eine Arbeit von Gilles Deleuze und Félix Guattari (1974) erwiesen haben, in der es heißt: „Die Gesellschaftsmaschine ist buchstäblich, bar aller Metaphorik, eine Maschine, insofern sie (...) unterschiedliche Arten von Einschnitten vollzieht: Entnahme von Strömen, Abtrennung von Ketten, Verteilung von Teilen.“ (Deleuze/Guattari 1974, S. 180). Während in Foucaults machtanalytischem Hauptwerk *Überwachen und Strafen* (1976) explizite Bezugnahmen auf den *Anti-Ödipus* fehlen, so schreibt Foucault doch einleitend: „Auf keinen Fall vermag ich durch Hinweise oder Zitate sichtbar zu machen, was dieses Buch G. Deleuze und seiner gemeinsamen Arbeit mit F. Guattari verdankt.“ (Foucault 1976, S. 35)

kein lokalisierbarer Gegenstand ist.[127] Eher muss sie als eine Gesamtheit von Kräfteverhältnissen gedacht werden, die eine eigene Produktivität entfaltet und dabei auch das menschliche Subjekt in ihren Dienst nimmt – eben in dem sie die Möglichkeitsräume seines Handelns und seiner Erfahrung strukturiert. Die Macht, so Foucault, „operiert auf einem Möglichkeitsfeld, in das sich das Verhalten der handelnden Subjekte eingeschrieben hat: sie stachelt an, gibt ein, lenkt ab, erleichtert oder erschwert, erweitert oder begrenzt, macht mehr oder weniger wahrscheinlich".[128] Als eine „Technologie, die alle Arten von Apparaten und Institutionen durchzieht"[129] weist die Macht eine Intentionalität auf, die sich gleichwohl nicht auf einen subjektiven Willen oder Plan zurückführen lässt. Obwohl sie als materiell verfasst begriffen wird, bleibt Macht in ihrer modalen Dimension nicht greifbar, sie offenbart sich lediglich *in actu*, im konkreten Vollzug. All dies aber sind Eigenschaften, die aus Perspektive einer Philosophie technischer Medialität der Systemtechnik als Medium zugeschrieben werden können.[130]

Statt Technik und Macht aber schlicht in eins zu setzen, plädiert Foucault für eine Differenzierung zwischen drei Typen von Technik, nämlich den „Techniken zur Erzeugung, Umformung, Manipulation von Dingen", einer „Technik zur Verwendung von Zeichen" und schließlich einer „Technik zur Bestimmung des Verhaltens von Individuen".[131] Nur für letztere will er den Begriff „Macht" reserviert wissen. Man mag in dieser Differenzierung die aus der Technikphilosophie geläufige Unterscheidung von Real-, Intellektual-, und Sozialtechniken wiedererkennen – und das Interesse der Machtanalyse entsprechend in einer Genealogie von Sozial- oder Subjektivierungstechniken verorten.[132] Zugleich aber betont Foucault, dass die verschiedenen Techniktypen „immer ineinander verschachtelt sind, sich gegenseitig stützen und als Werkzeug benutzen",[133] was

127 Eine konzise Zusammenfassung von Foucaults Machtverständnis findet sich bei Deleuze 1992, S. 39ff.

128 Foucault, 1999b, S. 254.

129 Deleuze 1992, S. 40.

130 Vgl. auch die Skizze einer „negativen Medientheorie" bei Mersch 2008.

131 Foucault/Sennett 1984, S. 35. In einem späteren Text wird Foucault noch einen vierten Techniktyp in die Klassifizierung aufnehmen: Die „Technologien des Selbst, die es dem Einzelnen ermöglichen, aus eigener Kraft oder mit Hilfe anderer eine Reihe von Operationen an seinem Körper oder seiner Seele, seinem Denken, seinem Verhalten und seiner Existenzweise vorzunehmen […]." (Foucault [1982] 1993, S. 26)

132 So etwa bei Krohn 2006, S. 21ff.

133 Foucault 1999b, S. 189. In seinen Vorlesungen zur *Hermeneutik des Subjekts* verweist Foucault darauf, dass es sich bei allen Techniktypen um Formen der „Steuerung" handelt und sie entsprechend „auf demselben Tätigkeitstyp, demselben Typ konjekturalen Wissens beruhen" (Foucault 2004c, S. 311). Tatsächlich ist dieses gemeinsame Fundament die Voraussetzung dafür, dass überhaupt Substitutions-, Delegations- und Übersetzungsprozesse zwischen

im Grunde bereits verdeutlicht, dass eine Machtanalyse auch Real- und Intellektualtechniken im Blick behalten muss. Der Systemcharakter der Technik ergibt ein „Modalgefälle“,[134] in dem konkrete Formbildungen einander wechselseitig als Ermöglichungsinstanzen dienen. Die isolierte Untersuchung eines Techniktyps ist dann wenig zielführend, bestenfalls pragmatische Einschränkungen und Schwerpunktsetzungen sind denkbar. Machtanalyse wäre konsequenterweise zu verstehen als eine Untersuchung technischer Systembildungen hinsichtlich der Frage, wie sich diese auf die Modalitäten einer Steuerung sozialen Verhaltens auswirken – nicht aber als isolierte Behandlung von Sozialtechniken unter Vernachlässigung anderer Aspekte.[135] Foucaults Differenzierung scheint gleichwohl in zweierlei Hinsicht hilfreich: Zum einen kann die Unterscheidung verschiedener Techniktypen dazu dienen, Spannungsverhältnisse und Ungleichzeitigkeiten zwischen verschiedenen Systemfaktoren zu identifizieren, die eine Transformation von Modalstrukturen zur Folge haben können. Zum anderen und vor allem sensibilisiert sie für jene historischen Verdichtungspunkte, an denen es zu wechselseitigen Anpassungen und Abstimmungen kommt und die „Interrelationen auf einem spezifischen Modell basieren.“[136]

Foucault verweist schließlich darauf, dass sich im Ineinandergreifen der verschiedenen Technikformen historische „Blöcke“ identifizieren lassen, „in denen die Anpassung der Fähigkeiten, die Kommunikationsnetze und die Machtverhältnisse geregelte und aufeinander abgestimmte Systeme bilden.“[137]

verschiedenen Techniktypen stattfinden können. Foucaults Vorschlag, das „Steuern als Kunst, als zugleich theoretische und praktische Technik, die lebensnotwendig ist“ (ebd., S. 310f.) näher zu untersuchen, entspräche wohl einer Genealogie der Technik in ihrer allgemeinsten Form.

134 Hubig 2006, S. 32.

135 An diesem Punkt lässt sich auf die wiederholt gegenüber Foucault artikulierte Kritik verweisen, dass dieser in seinen Machtanalysen realtechnischen Artefakten und Infrastrukturen tatsächlich zu wenig Beachtung schenke. Friedrich Kittler etwa zeigt aufschlussreich, dass Foucaults Diskursarchäologie gerade dort verstummt, wo der Einfluss medientechnischer Transformationen auf die Archive der Aussagen offenkundig wird. Auch gegenüber den späteren Machtanalysen heißt es kritisch: „Techniken der Individualisierung, Disziplinierung, Sexualisierung usw. […] werden also Thema, nur nicht Technik selber“. (Kittler [1985] 1995, S. 519). Auch Bruno Latour plädiert für eine „Erweiterung von Foucaults Idee hin zu den vielen Techniken, die in Maschinen und den harten Wissenschaften eingesetzt werden“ (Latour 2006, S. 210). Latour kritisiert freilich bei näherer Betrachtung nicht Foucaults Vorgehen selbst, sondern eine in seinen Augen fehlgeleitete Rezeption, die „Macht“ als eine Art unsichtbare soziale Kraft interpretiert, die *hinter* den konkreten Materialisierungen wirke, statt vielmehr *in* ihnen. Macht müsse aber, so Latour, immer schon als ein auch realtechnisch verfasstes Problemfeld untersucht werden: „Die einzige Möglichkeit zu verstehen, wie Macht lokal ausgeübt wird, ist folglich, alles das in Erwägung zu ziehen, was beiseite gelegt worden ist - im Wesentlichen sind dies Techniken“ (Latour 2006, S. 209f.).

136 Foucault 1999b, S. 189.

137 Ebd.

Die technischen Systeme der Moderne zeichnen sich demnach durch eine immer raffiniertere und elaboriertere Koordination von Real-, Intellektual- und Sozialtechniken aus. Deutlich wird dies vor allem in Foucaults Studien zur Disziplinarmacht, in deren Institutionen und Arrangements die verschiedenen Techniktypen „nach durchdachten Formeln aufeinander abgestimmt sind."[138] In ihren spezifischen Ausprägungen können Machtbeziehungen nur als emergentes Resultat eines systemischen Zusammenspiels verschiedener Techniktypen verstanden werden. Entsprechend führt Foucault nun einen Begriff ein, der diese Systembildungen hinsichtlich ihrer sozialen Steuerungsmodalitäten fassen soll – und spricht von „Dispositiven" der Macht.

Als Analysekategorie tritt das „Dispositiv" bei Foucault streng genommen nicht, wie in der Sekundärliteratur gelegentlich kolportiert, an Stelle des „Diskurses", sondern an Stelle des „Archivs": Diesem kam im Rahmen der Aussageanalyse die eigenartige Doppelfunktion zu, einerseits die Gesamtheit der existierenden diskursiven Ereignisse und Dinge einer Epoche zu bilden, andererseits aber als System zu fungieren, das diese Ereignisse und Dinge erst möglich macht, insofern es „das Erscheinen der Aussagen als einzelne Ereignisse beherrscht."[139] Der Begriff des Dispositivs beschreibt nun ebenfalls einen intelligiblen und strategisch wirksamen Gesamtzusammenhang, bleibt in seiner Extension jedoch nicht auf diskursive Ereignisse beschränkt, sondern umfasst eine Vielzahl heterogener Elemente. Foucault erwähnt „Diskurse, Institutionen, architekturale Einrichtungen, reglementierende Entscheidungen, Gesetze, administrative Maßnahmen, wissenschaftliche Aussagen, philosophische, moralische und philanthropische Lehrsätze", und definiert das Dispositiv als „das Netz, das zwischen diesen Elementen geknüpft werden kann."[140] Dieses Netz lässt sich als konkrete Manifestation einer modalen Machtstruktur begreifen – als eine spezifische Realisierung des jeweils Möglichen. Zugleich aber konstituiert diese Konstellation als Struktur den Möglichkeitsraum des Erscheinens neuer Elemente und Praktiken – in diesem Sinne ist das Dispositiv selbst eine Form von modaler Macht.[141] Foucaults Rede von „Dispositiven der Macht" lässt sich folglich als Genitivus subjectivus wie als Genitivus objectivus lesen.

Als charakteristische Verbindung verschiedener Techniktypen bilden Dispositive funktionale Konstellationen, die sich nach Foucault zumeist als historische Reaktion auf einen entstandenen „Notstand" oder eine „Dringlichkeit" (*urgence*) begreifen lassen. Ihre „strategische Funktion"[142] liegt in der Aussteue-

138 Ebd., S. 190.
139 Ebd., S. 187.
140 Foucault 1978, S. 119f.
141 Vgl. Hubig 2000, S. 38.
142 Foucault 1978, S. 120.

rung von – je spezifisch identifizierten – Problemen oder Störungen. Gleichwohl sind die konkreten Formbildungen der Dispositive weder das unmittelbare Resultat eines subjektiven Willens, noch der „strategischen List irgendeines meta- oder transhistorischen Subjekts.“[143] Dispositive entstehen aus den verteilten und wechselseitigen Problemlösungs-, Anpassungs- und Konsolidierungsprozessen verschiedener Elemente und Akteure. Das resultierende Kräftenetz wirkt realitätsregulierend, ohne selbst von zentraler Stelle reguliert zu werden. In ihm sind verschiedene, teils widersprüchliche Intentionen eingeschrieben und es eröffnet stets weitere Handlungsmöglichkeiten neben den von einzelnen Akteuren intendierten. Ein Dispositiv darf folglich nicht als starrer Mechanismus verstanden werden, der lediglich einen subjektiv gesetzten Zweck erfüllt. Eher bildet es eine Struktur von Dispositionen, in der sich Mechanismen und Subjektpositionen erst identifizieren lassen.

Foucault scheint sich nun weniger für die Beschaffenheit einzelner Elemente eines Dispositivs zu interessieren, als vielmehr für die möglichen Wirkungen, die aus dem funktionalen Ineinandergreifen der Bestandteile entstehen, insofern diese „über eine Reihe von sukzessiven Verbindungen in eine Gesamtstrategie“[144] integriert sind. Gegen vergegenständlichende Interpretationen, aus deren Sicht der Dispositivbegriff schlicht eine heterogene und nahezu beliebige Ansammlung verschiedener Objekt- und Wissenstypen bezeichnet,[145] wäre also darauf zu insistieren, dass es gerade die Konzentration auf einen spezifischen *Aspekt* der zugehörigen Elemente ist, aus dem der Begriff seine Produktivität gewinnt. Die Untersuchung historischer Dispositive fragt danach, inwiefern diese spezifischen Konstellationen heterogener Elemente einen Möglichkeitsraum eröffnen, in dem temporär stabilisierte Formen des Wissens, des Handelns und der Subjektivierung in Erscheinung treten können.[146] Und insofern es sich um Dispositive der *Macht* handelt, fragt sie darüber hinaus, welche Funktion diesen Formbildungen in der Realisierung sozialer Steuerungsprozesse zukommt: welche Objekte der Steuerung sie konstituieren, welche Strategien sie ermöglichen und welche Zielsetzungen sie in Reichweite rücken. Die innerhalb von Dispositiven zum Ausdruck kommenden Formbildungen weisen ihre Eigenheiten auf, aus denen sich auf die zugrundeliegende Machtordnung einer Epoche schließen lässt.

---

143 Ebd., S. 121.

144 Ebd., S. 120.

145 Bührmann/Schneider (2008, S. 11) konstatieren ein „recht buntes Bild dessen, was in verschiedenen Forschungsfeldern als ‚Dispositiv‘ bezeichnet werden kann“, verweisen jedoch zugleich auf die problematische Tendenz, dass der „bislang recht uneindeutige konzeptionell-analytische Gehalt des Dispositivbegriffs noch weiter zu verschwimmen droht.“

146 Zu den verschiedenen „Kräftelinien“ eines Dispositivs vgl. Deleuze 1991.

Betrachtet man die Machtdispositive Foucaults hinsichtlich ihrer technischen Medialität im Sinne Hubigs,[147] so lassen sich technikphilosophische Erträge für die Ausarbeitung einer Dispositivtheorie fruchtbar machen. Die geläufige, aber häufig unscharf bleibende Unterscheidung zwischen „diskursiven“ und „nicht-diskursiven“ Praktiken, die innerhalb eines Dispositivs zum Ausdruck kommen,[148] ließe sich etwa durch die schärfer konturierte Dialektik von innerer und äußerer Medialität ersetzen. Dann lassen sich Dispositive sowohl als epistemische Möglichkeitsräume der Konzeptualisierung technischer Vollzüge, als auch als materiale Räume zur Realisierung dieser Vollzüge begreifen. Technik wäre nicht einseitig auf Seiten des Nicht-Diskursiven zu verorten, sondern beide Seiten wären in einem spezifischen Problemzuschnitt daraufhin zu untersuchen, welche Möglichkeiten einer Konzeptualisierung respektive Realisierung technischer Handlungen in ihnen zum Ausdruck kommen. Die Modellierung einer Dialektik von innerer und äußerer Medialität liefert darüber hinaus Anhaltspunkte für den Nachvollzug einer historischen Dynamik in der Entstehung und Transformation von Dispositiven. So hat Jörg Brauns auf das produktive Spannungsverhältnis hingewiesen, das zwischen den konzeptualisierten Zielsetzungen eines strategischen Dispositivs und ihren konkreten Realisierungen besteht: „Strategisches Ziel und realisierte Form eines Dispositivs stehen (...) immer in einer Differenz, die für jeden historischen Zeitpunkt eine andere ist, eine Differenz, die nicht einfach eine Unfertigkeit oder Unvollkommenheit bedeutet, sondern die reflexiv nutzbar gemacht werden kann: die Strategie verändert das Dispositiv, das Dispositiv verändert die Strategie.“[149] Weil im konkreten technischen Vollzug Widerstände, Störungen und Differenzerfahrungen auftreten, die in der Konzeptualisierung nicht berücksichtigt wurden, erweist sich der Formierungsprozess von Dispositiven als unabschließbar: Störungen machen Anpassungsleistungen erforderlich, die ihrerseits neue Störpotenziale generieren.

Foucault selbst hat auf die Unterbestimmtheit verwiesen, die Dispositiven in ihrer Eigenschaft als Regelsystemen zukommt, und in der Möglichkeiten einer potenziell subversiven „strategischen Wiederauffüllung“[150] aufscheinen. Damit wird jener Vorgang bezeichnet, in dem eine Strategie der Kontrolle nicht einfach scheitert, sondern gerade durch ihren Erfolg neue Kontrollprobleme hervorbringt – weil sie weitere Effekte neben den ursprünglich intendierten zeitigt. So erwähnt Foucault exemplarisch, wie sich als strategische Antwort auf das Problem der Kriminalität ein Dispositiv der Inhaftierung formiert, das je-

147 Zu „Dispositiv“ als technikphilosophischem Begriff vgl. auch Hetzel 2005.

148 Vgl. etwa Jäger 2001; Jäger 2006; Bührmann/Schneider 2008, S. 56ff.

149 Brauns 2003, S. 44.

150 Foucault 1987, S. 121.

doch zugleich und ungewollter Weise ein neues „Milieu der Delinquenz“[151] produziert: Wo Verbrecher auf engstem Raum zusammengeführt und eingesperrt werden, entsteht eine neue Form organisierter Kriminalität, die durch die Zusammenführung erst ermöglicht wird. Hubig weist darauf hin, dass eine solche Unterbestimmtheit „jeder Regel eignet, die immer weniger ist als die Gesamtheit ihrer Verwirklichungen (Wittgenstein); keine Regel vermag alle Praktiken zu erfassen, die unter ihr gedacht werden können; keine Kategorie leistet die Synthesis in Gänze, die sie im Blick auf ihr Bezugsfeld erstrebt, weil sie eben dieses Bezugsfeld selbst nicht mitbestimmt.“[152] Ein sozialtechnischer Kontrollmechanismus generiert so mitunter auch Irritationen und Problemfelder, die von diesem Mechanismus selbst nicht mehr angemessen reguliert und erfasst werden können. Die Folge ist dann die Herausbildung eines neuen Dispositivs, das andere Regulationsstrategien in Anschlag bringt. Foucaults Konzept der „strategischen Wiederauffüllung“ lässt folglich die Konturen eines Modells zur Erklärung historischen Wandels erkennen, zu dessen Formulierung die diskursanalytische Perspektive noch nicht in der Lage war.

Die Engführung von Foucaults Machtanalysen mit technikphilosophischen Überlegungen zeigt, dass es im Rahmen einer Dispositivtheorie nicht ausreicht, Techniken lediglich als ein Element des Dispositivs neben anderen zu betrachten, wie es einer gängigen Lesart entspricht.[153] Dies mag im Rahmen einer instrumentellen Sicht auf Technik für konkrete realtechnische Apparaturen zutreffend sein, verkennt aber den Umstand, dass ein Dispositiv in Gänze eine (macht-)technische Funktion erfüllt, insofern es Möglichkeitsräume des Denkens und Handelns strukturiert und stabilisiert. Dispositive machen einen „Bestand“ im Sinne Heideggers verfügbar und üben so eine modal verfasste Macht über die Wirklichkeit aus. Sie konstituieren intelligible Subjekte oder Gegenstände (z.B. den „Kriminellen“), die in der Bearbeitung mit entsprechenden technischen Mitteln (z.B. spezifischen Formen der Bestrafung) einem Zweck (z.B. der Resozialisierung) zugeführt werden sollen, wobei die identifizierten Gegenstände, Mittel, Zwecke und Gesamtstrategien historisch kontingent sind. Als vergleichsweise konstant erscheint hingegen die zugrundeliegende Bezugnahme, in der Probleme sozialer Steuerung und Regulation als technische Probleme „gestellt“ werden. Die Parallele zu Heidegger scheint sich auch deshalb aufzudrängen, weil – das blieb in der deutschsprachigen Rezeption weitgehend übersehen – *dispositif* im Französischen als durchaus geläufige Übersetzung des

151 Ebd., S. 122.
152 Hubig 2000, S. 45.
153 Vgl. als für die Methodologie maßgeblichen Überblick Bührmann/Schneider 2008.

Heidegerrschen „Ge-Stells“ fungiert.[154] Gleichwohl wird Heideggers pauschalisierende Diagnose von Foucault historisch wesentlich differenzierter gefasst: Durch die Geschichte existieren viele strategische Dispositive, die in ihren technischen Rationalitäten einander integrieren, sich ablösen, aber auch miteinander in Konflikt geraten können.

Auch die von Foucault in seinen Vorlesungen zur *Geschichte der Gouvernementalität* umrissene Genealogie des Regierens ist letztlich eine Geschichte solcher Dispositive – und damit eine Geschichte anonymer technischer Systembildungen im weitesten Sinne. Eine wegweisende Vorentscheidung und Pointe Foucaults bestand schließlich darin, das Problem des Regierens nicht von einer transzendenten Figur des Staates aus zu denken, sondern umgekehrt den Staat als „bewegliche[n] Effekt“[155] historisch variabler Kräfteverhältnisse zu betrachten, als eine „Funktion“ regierungstechnischer Medialität.[156] Die konkreten Formen, die ein Staat als mögliches Subjekt sozialer Regulation annehmen kann, erweisen sich aus Foucaults Sicht als abhängig von den historischen Bedingungen, in denen sich soziale Regelungsvorgänge realisieren lassen. Versteht man den Begriff des Dispositivs im hier erörterten Sinne als einen Möglichkeitsraum von Mittel-Zweck-Verknüpfungen – und „Regierung“ im Sinne Foucaults besteht aus der Konzeptualisierung und Realisierung eben solcher Verknüpfungen – so folgt daraus, dass der Entwicklungsstand der verfügbaren Mittel in hohem Maße über die konkreten Realisierungen politischer Koordination und Steuerung entscheidet. Im weiten Feld der Regierungs- und Gouvernementalitätsforschung scheint dieser Umstand jedoch nach wie vor nur unzureichend berücksichtigt. Im Folgenden wird deshalb die Frage erörtert, inwiefern sich die von Foucault beschriebene Herausbildung einer „Gouvernementalität“ präziser im Rahmen der Problematik einer spezifischen *Technizität* des Regierens fassen lässt.

---

154 So zumindest bei François Fédier, einem der maßgeblichen Heidegger-Übersetzer in Frankreich. Zur Übersetzungsgeschichte von Heidegger im englisch- und französischsprachigen Raum vgl. auch Cassin 2014, S. 146ff.

155 Foucault 2004b, S. 115.

156 Focuault 2005b, S. 340. Eine ähnliche Perspektive wird jüngst in der Kulturtechnikforschung eingenommen, wo historische Ausprägungen von Staatlichkeit auf die ihnen zugrundeliegenden technischen Operationsketten zurückgeführt werden (zum Imperium Romanum als „Effekt“ von Linien- und Grenzziehungen, vgl. Vismann 2010, S. 171).

2.3 Gouvernementalität: Regierung als Regelung

> „Ich bin mir nicht (...) sicher, ob es sich lohnt, immer wieder der Frage nachzugehen, ob man das Regieren zum Gegenstand einer exakten Wissenschaft machen kann. Interessant ist es dagegen, in der (...) Praxis des Regierens und in der Praxis anderer Formen sozialer Organisation eine technê zu erblicken, die gewisse Elemente aus Physik oder Statistik zu nutzen vermag. (...) Ich glaube, wenn man die Geschichte [des Regierens -BS] im Rahmen einer allgemeinen Geschichte der technê im weitesten Sinne behandelte, hätte man ein interessanteres Leitkonzept als den Gegensatz zwischen exakten und nicht exakten Wissenschaften."
> (Michel Foucault)[157]

Foucaults Vorlesungen zur Geschichte der Gouvernementalität haben – teils schon vor der posthumen Veröffentlichung der Transkripte und auf entsprechend dünner Materialbasis[158] – eine bemerkenswerte Rezeption erfahren. Für diese Anziehungskraft mag es verschiedene Gründe geben: Zum einen findet sich hier Foucaults einzige explizite Auseinandersetzung mit politischen Makrostrukturen und dem „Staatsproblem" vor dem Hintergrund der Machtproblematik.[159] Zum anderen handelt es sich um eine der wenigen genealogischen Untersuchungen Foucaults, die bis weit ins 20. Jahrhundert hineinreicht, insofern die Untersuchung „biopolitischer" Regierungsdispositive in ein Referat der Entstehung des Ordo- und Neoliberalismus in Deutschland und den USA mündet. Der konzeptuelle Rahmen konnte sich folglich in besonderer Weise für die Untersuchung einer „Gouvernementalität der Gegenwart"[160] anbieten. Die spezifischen Macht- und Subjektivierungstechniken neoliberaler Regierungsformen mitsamt ihren „indirekten" und vermeintlich „sanften" Führungsmechanismen wurden im Ausgang von Foucault in einer Vielzahl von Studien einer differenzierten Kritik unterzogen.[161] Zusätzlich, und in einer gewissen Distanz zu diesen eher soziologischen Gegenwartsdiagnosen, lässt sich eine zweite, etwas weiter zurückreichende Rezeptionslinie ausmachen, die stärker historisch orientiert ist

157 Foucault 2005c, S. 340f.

158 Von Foucault zur Veröffentlichung autorisiert waren lediglich die beiden Vorträge „Die Gouvernementalität" (Foucault [1978] 2010) sowie „Omnes et singulatim. Zu einer Kritik der politischen Vernunft" (Foucault [1979] 1994). Thomas Lemkes für die deutschsprachige Diskussion initiierender Überblick (Lemke 1997) stützte sich zudem auf die in Paris archivierten Transkripte und Tonbandaufzeichnungen der Vorlesungszyklen.

159 Vgl. Lemke 2007a.

160 Bröckling/Krasmann/Lemke (Hrsg.) 2000.

161 Als Auswahl: Lemke 1997; Bröckling/Krasmann/Lemke (Hrsg.) 2000; Krasmann 2003; Opitz 2004; Kessl 2005; Bröckling 2007; Gertenbach 2007; Krasmann/Volkmer (Hrsg.) 2007; Lemke 2007b; Purtschert (Hrsg.) 2008; Junge 2008; Innerhofer (Hrsg.) 2011; Vasilache (Hrsg.) 2014.

und Foucaults grundlegendes Narrativ um Detailuntersuchungen bereichert.[162] Der folgende Vorschlag einer technikphilosophisch angeregten Lesart verortet sich nicht in Konkurrenz zu diesen bestehenden Rezeptionslinien, sondern steht eher komplementär zu ihnen. Ein genauerer Blick auf die spezifische Technizität des Regierens kann der gouvernementalitätsanalytischen Perspektive zu mehr Schärfe verhelfen, zunächst einmal unabhängig davon, ob diese historisierend oder gegenwartsdiagnostisch verfährt. Über Foucault hinausgehend lässt sich so zugleich die Funktion realtechnischer Apparaturen und Systeme näher beleuchten, die eben nicht nur als Mittel, sondern auch als Medien und Modelle des Regierungsvorgangs wirksam werden.

Die Ausgangshypothese besteht darin, dass sich in Foucaults Schilderung der Emergenz einer spezifischen „Gouvernementalität" seit dem 16. Jahrhundert der Einsatzpunkt einer *technologischen* Problematisierung ausmachen lässt: Eine einsetzende Reflexion auf das Problem der systemischen Regelung menschlichen Verhaltens – im Gegensatz zum Problem der bloßen Steuerung. Wie bereits erwähnt, bezeichnet „Steuerung" gemeinhin das singuläre Zeitigen von Effekten durch den Einsatz geeigneter Mittel. „Regelung" hingegen verweist auf die höherstufige Einrichtung und den Erhalt von Systemen, in denen solche Steuerungsprozesse auf erwartbare und planbare Weise möglich werden. Die Herausbildung einer gouvernementalen „Regierungskunst" würde damit in die Nähe jener Systembildungsprozesse rücken, die Heidegger in seiner These der Entstehung eines technischen „Ge-Stells" beschrieben hatte. Zwar ließe sich, wie schon gegenüber Heidegger, einwenden, dass der Systemcharakter von Technik keine spezifisch moderne Errungenschaft darstellt. Doch scheint Foucault eher zeigen zu wollen, wie diese Systematizität am Ende des Mittelalters in den Horizont einer politischen Reflexion eintritt. Was sich im Anti-Machiavellismus des 16. Jahrhunderts erstmals artikuliert, gleichwohl erst nach dem Ende der frühneuzeitlichen Fürstenstaaten zur Blüte gelangt, ist die Erkenntnis, dass eine „gute" Regierung *nur* als Regelung funktionieren kann; als höherstufige Einrichtung von Systemen, in denen Menschen sich zunächst einmal selbst regieren. Insofern sich nun gezielte Versuche ausmachen lassen, die Regelungskapazitäten einer Regierung auf reflektierte Weise zu stärken, überschreitet das Regierungswissen eine technologische Schwelle: Aus verstreuten und unsystematisierten Praktiken formt sich ein strategisches Dispositiv. Entlang einer Neulektüre von Foucaults einschlägigen Arbeiten lässt sich diese auf den ersten Blick vielleicht ungewöhnliche Interpretation des Gouvernementalitätskonzepts zumindest plausibilisieren.[163]

162 Vgl. etwa Donzelot 1980; 1984; Ewald 1993, sowie die Beiträge in Schwarz (Hrsg.) 1994.

163 Vgl. aber zu einem ähnlich gelagerten Ansatz einer Genealogie des Regierens als Regelung die Skizze von Vogl 2004.

Foucault verortet den erstmaligen Einsatzpunkt der von ihm beschriebenen „Regierungskunst" im 16. Jahrhundert. Dort entsteht eine Reihe politischer Schriften, die zunächst vor allem in ihrer Ablehnung von Machiavellis alles überragendem *Il principe* vereint zu sein scheinen, bei näherer Betrachtung jedoch als eine eigenständige „positive Gattung"[164] verstanden werden müssen. Ihr Haupteinwand liegt darin, dass ein Fürst im Sinne Machiavellis bestenfalls „herrscht" – nicht aber „regiert". Was ist damit gemeint? In Frage steht, so Foucault, zunächst die Idee einer „Singularität" der politischen Regierung.[165] Die Anhänger der neuen Regierungskunst verweisen darauf, dass eine Gesellschaft keineswegs nur durch den Fürsten regiert wird. „Regierung" ist vielmehr ein mannigfaltiger und distribuierter Vorgang, der den gesamten Gesellschaftskörper durchzieht. Anstelle einer linearen Steuerungsbeziehung zwischen dem Fürsten und seinem Territorium setzen die Vertreter der „Regierungskunst" eine komplexe Topologie von Regelungsprozessen: „Regieren tun (...) viele: der Familienvater, der Superior eines Klosters, der Erzieher und der Lehrer im Verhältnis zum Kind oder Schüler, und daran sieht man, dass der Regent und die Praktik des Regierens (...) einem Feld mannigfaltiger Praktiken angehören. Deshalb gibt es auch viele Regierungen, und die des Fürsten, der seinen Staat regiert, ist nur eine Unterart davon."[166] Der Fürst kann keinen alleinigen Anspruch auf die Führung menschlichen Verhaltens erheben, wenn ihm auch in mancher Hinsicht eine privilegierte Position zukommen mag. Seine Funktion muss perspektivisch vielmehr darin liegen, die dem Bevölkerungskörper immer schon inhärenten Regelungsprozesse seinerseits auszusteuern und zu koordinieren.

Diese Koordination soll nun, so eine weitere Prämisse der „Regierungskunst", unter dem Vorbild der Führung einer Familie bzw. eines Haushaltes erfolgen und damit orientiert an dem, was im 16. Jahrhundert gemeinhin als „Ökonomie" bezeichnet wird. Eine gute Regierung muss eine „ökonomische Regierung" sein.[167] Was aber bedeutet in diesem Kontext „ökonomisch"? Die ökonomische Regierung der Familie, so Foucault, vollzieht sich nicht primär im Modus des Gesetzes, des Befehls oder des Verbots, sondern im Modus des „Anordnens" (*disposér*). Die eigentliche Aufgabe des Familienvaters ist – abstrakt gesprochen – Systembildung. Er soll weder erzwingen noch befehlen, sondern seinen Haushalt so einrichten, dass sich die darin lebenden Personen auf die richtige Art und Weise verhalten können. Regieren, so unterstreicht Foucault, meint eben gerade nicht mechanisches „Steuern"; der Begriff habe

164 Foucault [1978] 2010, S. 94.
165 Ebd., S. 95.
166 Ebd., S. 97.
167 Ebd., S. 99.

vielmehr den „materiellen, doch weiteren Sinn, durch Versorgung die Subsistenz zu erhalten."[168] Die gouvernementale Disposition zielt, in den Worten Heideggers, auf die „Sicherung" eines „Bestandes".[169] Dieses Regierungsverständnis sieht Foucault schon in den antiken Darstellung des Regenten als *kybernetes* angelegt, denn die Lenkung eines Schiffs erschöpft sich nicht im Bedienen des Steuerrads: „ein Schiff zu lenken heißt auch, auf die Winde und die Klippen, die Stürme und die Flauten zu achten; es bedeutet, einen Zusammenhang herzustellen, zwischen den Seeleuten, die man am Leben erhalten, dem Schiff, das man bewahren, und der Ladung, die man in den Hafen bringen muss, und deren Beziehungen wiederum zu all jenen Ereignissen wie den Winden, den Klippen und den Unwettern; dieser hergestellte Zusammenhang charakterisiert die Lenkung (*gouvernement*) eines Schiffes."[170]

Derart als Einrichtung und Regulation eines Systems verstanden, richtet sich das Regieren nicht länger nur auf die Sicherung eines Territoriums, sondern auf einen ganzen Beziehungskomplex von Menschen und Dingen. Und es zielt auf eine „Vervollkommnung, Maximierung oder Intensivierung der von der Regierung geleiteten Vorgänge."[171] Die Regierungskunst ist kein Selbstzweck, sie findet ihre Ziele in den regierten Menschen und Dingen selbst: Die Steigerung der diesen inhärenten Potenziale – etwa ihrer Gesundheit oder ihrer ökonomischen Produktivität – lässt sich jedoch nicht ohne Weiteres per Gesetz befehlen, sondern macht behutsamere Formen der Förderung erforderlich. Der Regent muss, in einem von Foucault aufgerufenen Bild La Perrières, einer Hummel gleichen, die „über den Bienenkorb [regiert], ohne dafür einen Stachel zu benötigen."[172] Nicht Kraft und Gewalt, sondern Geduld und Weisheit sind seine primären Tugenden. Vor allem erfordert die Aufgabe des Regenten eine genaue Kenntnis des Möglichen: Er muss dienliche Mittel und realistische Zwecksetzungen identifizieren; er muss erkennen, wie die Dinge sich zueinander verhalten und er muss sie in eine Ordnung bringen, die als Ordnung fortbestehen kann. In dieser Rolle ist der Regent einem „system builder"[173] im Sinne

168 Foucault 2004a, S. 181.

169 Dass „disposer" in diesem Zusammenhang einmal mit „verfügen" (in Foucault 2010, Übers. Hans-Dieter Gondek), ein anderes Mal mit „anordnen" (in Foucault 2004a, Übers. Claudia Brede-Konersmann/Jürgen Schröder) übersetzt wird, zeigt, dass die weite Konnotation des französischen Begriffs nur unzureichend wiedergegeben kann. „Disposer" kann sowohl „verfügen", als auch „zur Verfügung stellen" bedeuten, wobei in letzterer Konnotation die Nähe zu Heideggers „Ge-Stell" offensichtlicher wird.

170 Foucault [1978] 2010, S. 101. Zum Schiff als Modell einer „regelnden" Regierung vgl. auch Wolf 2008.

171 Foucault [1978] 2010, S. 104.

172 Z.n. ebd., S. 105.

173 Hughes 1989, S. 52.

Thomas Hughes' vergleichbar, der heterogene Komponenten in einen produktiven Zusammenhang bringt. Seine primäre Aufgabe besteht in der höherstufigen Regelung von Regelungsbeziehungen, in einem „Führen der Führungen."[174]

Die von Foucault angeführten Merkmale der neuen Regierungskunst verweisen also allesamt auf die Problematik einer Einrichtung von Systemen als Möglichkeitsräume sozialer Koordination und (Selbst-)Steuerung. Inwiefern aber lässt sich diese Neukonzeptualisierung des Regierens als Vorgang betrachten, der sich quasi entkoppelt von parallelen Entwicklungen im Bereich der Naturwissenschaften und Realtechniken vollzieht? Ist, mit anderen Worten, die spezifische Form von Regelung, die in den Regierungsdiskursen des 16. Jahrhunderts anklingt, ein genuin politisches Problem? Foucault scheint zu dieser Sichtweise zu tendieren, wenn er die Entstehung der Regierungskunst mit dem Auseinandertreten von *principia naturae* und *ratio status*, Naturprinzipien und Staatsräson im 16. Jahrhundert in Verbindung bringt. Demnach seien erst mit der Loslösung des politischen Wissens von der Naturphilosophie die Möglichkeiten der Herausbildung eines für die Moderne charakteristischen, autonomen Regierungswissens geschaffen: „Natur und Staat: Wir haben hier, endlich konstituiert oder endlich geteilt, die beiden großen Bezugssysteme der Wissensformen und Techniken, die dem modernen abendländischen Menschen gegeben sind."[175] Weil mit der naturwissenschaftlich-technischen Revolution der Neuzeit die Natur nicht länger als ein von Gott regierter Staat, sondern als ein von abstrakten Vernunftprinzipien durchzogenes System von Kausalitäten erscheine, verliere, so Foucault, die politische Rationalität zugleich ihr Vorbild in der Natur:[176] Die „Entgouvernementalisierung des Kosmos"[177] habe im Umkehrschluss dazu geführt, dass ein nun genuin politisches Regelungswissen sich eine eigene Rationalitätsgrundlage hätte schaffen müssen.

Ob sich die These einer Autonomie des politischen Wissens tatsächlich aufrecht erhalten lässt, scheint bei näherer Betrachtung jedoch zweifelhaft. Sicherlich kann man Foucault ohne Weiteres darin zustimmen, dass die im 16. Jahrhundert entstehende Regierungskunst ihre eigenen Gegenstands- und Interventionsfelder konstituiert, eigene Zwecksetzungen identifiziert und zu deren Realisierung auch eigene Strategien in Anschlag bringt. Und man mag in der nun zu sich selbst findenden Staatsräson die ersten Anzeichen einer Ausdifferenzierung der Politik als einem „autopoietisch" geschlossenen Funktionssystem der Gesellschaft erkennen.[178] Gleichwohl aber erscheint die Annahme einer

174 Foucault 1987, S. 255.
175 Foucault 2004a, S. 346.
176 Instruktiv dazu auch Blumenberg 2009, S. 18ff.
177 Foucault 2004a, S. 343.
178 Luhmann 2000; vgl. auch Balke 2006, S. 273.

gegenüber anderen Wissensordnungen losgelösten Eigenlogik des Regierens nicht nur vor dem Hintergrund von Foucaults eigenen diskursarchäologischen Erträgen problematisch. So hatte Heidegger darauf verwiesen, dass die Naturwissenschaften als epistemische Technik einen entscheidenden Beitrag zur Formierung eines Regelungswissens bilden, welches in den technischen Systembildungen der Moderne instrumentalisiert wird. Und tatsächlich ist auffällig, wie auf der anderen Seite des nach Foucault für das moderne Wissen konstitutiven Bruchs zwischen *principia naturae* und *ratio status* ebenfalls über Regelungsprobleme nachgedacht wird: Auch die Experimentalsysteme der Naturwissenschaften müssen schließlich als höherstufig geregelte Steuerungszusammenhänge verstanden werden, in denen isolierte Messgrößen vor externen Störungen abgeschirmt werden, um eine gesicherte Einsicht in Kausalzusammenhänge möglich zu machen. Bereits Francis Bacon brachte dieses systemische „Stellen" der Natur im Modus des Experiments auf die Formel „vexatio naturae artis"[179] – „Verzerrung" der Natur durch Technik.

Wie bereits argumentiert, bildet Technik keinen eigenständigen Wissens- und Handlungskontext, sondern muss als eine mediale Struktur verstanden werden, die als Ermöglichungsinstanz eine konstitutive Rolle für verschiedenste Handlungs- und Wissensräume spielt. Politisches und naturwissenschaftliches Wissen bleiben in der Konzeptualisierung und Realisierung dieser Vollzüge gleichermaßen auf diese Medialität verwiesen, deren spezifische Strukturiertheit sich mitunter in isomorphen Formbildungen und Problematisierungen niederschlagen kann. In einer heute klassischen wissenschaftshistorischen Studie haben etwa Steven Shapin und Simon Schaffer gezeigt, wie noch im 17. Jahrhundert die technische Frage der Systemgestaltung einen Diskursraum[180] eröffnet, in dem politisches und naturwissenschaftliches Denken aufeinandertreffen: Die Experimentalanordnung des Naturforschers Robert Boyle wird von diesem zugleich als Idealbild eines politischen Systems betrachtet: In ihr existieren keine Störungen, Dispute sind mit rationalen Verfahren entscheidbar und Irrtümer lassen sich durch Fakten falsifizieren. Umgekehrt aber sollte kein geringerer als Thomas Hobbes diese naturwissenschaftlichen Versuchsanordnungen einer politisch motivierten Kritik unterziehen.[181] Shapin und Schaffer zeigen, wie die Frage nach der Produktion eines gesicherten naturwissenschaftlichen

179 Bacon, z.n. Hubig 2006, S. 19.

180 Shapin und Shaffer sprechen von einem „intellectual space" (1985, S. 332), in dem politisches und naturwissenschaftliches Wissen aufeinandertreffen.

181 Foucault selbst hatte an anderer Stelle in der politischen *Inquisitio* des Mittelalters die „juristisch-politische Matrix" ausgemacht, in der die empirischen Naturwissenschaften als eine auf die Sicherung von Tatsachen zielende Befragungstechnik entstehen konnten. (Foucault 2002, S. 673f.; vgl. dazu ausführlich Siegert 2003, S. 22ff.)

Wissens unweigerlich mit der Frage nach der Konstitution einer gesicherten sozialen Ordnung verknüpft bleibt. Auch nach dem Auseinandertreten von Naturwissenschaft und Staatsräson sind beide hinsichtlich der Frage nach der Sicherung ihrer jeweiligen Steuerungsvollzüge miteinander verbunden. Auch die Diskurse über die Möglichkeiten politischer Regelung bleiben darauf verwiesen, wie Regelung historisch überhaupt gedacht und realisiert werden kann – und mithin auf einen Horizont technischer Medialität.

Wenngleich Foucault an der Idee eines fundamentalen Bruchs zwischen naturwissenschaftlichem und politischem Wissen im 16. Jahrhundert festzuhalten scheint, so finden sich doch auch in seinen Vorlesungen wiederkehrende Verweise auf parallel verlaufende Formbildungen und Dynamiken in beiden Wissensfeldern. So konstatiert Foucault etwa, dass die Herausbildung einer gouvernementalen Vernunft nicht nur „nicht weniger bedeutsam“ gewesen sei als die mit den Namen „Kepler, Galileo, Descartes“[182] verbundenen Revolutionen, sondern sich auch „genau zur selben Zeit“[183] vollzogen habe. Die neu entstehende gouvernementale Wissensordnung, die zunächst in „ketzerischer“ Weise als „Politik“ bezeichnet wurde, habe sich dabei durch „eine bestimmte Weise des Denkens, des Räsonnierens, des Berechnens“[184] ausgezeichnet, die für das Regierungswissen leisten sollte, was die *mathesis* zur gleichen Zeit für die Naturwissenschaften bewirkte: Eine Systematisierung des Wissens über verfügbare Methoden, Mittel und Gegenstände.[185] Obwohl Foucault bestrebt scheint, solche Parallelentwicklungen in vermeintlich getrennten Feldern sichtbar zu machen, zeigt er sich doch vergleichsweise ratlos, wenn es um deren Erklärung geht. So erwähnt er in einem Exkurs zu Leibniz, dass dieser das Problem einer Dynamik von Kräfteverhältnissen gleichermaßen als physikalisches wie als politisches Problem diskutiert, fügt aber sogleich hinzu: „Ich gestehe, daß ich [den Grund dafür] strenggenommen nicht weiß, ich glaube jedoch, daß es unerläßlich ist, das Problem (...) zu stellen.“[186]

Das „Problem“ auf das Foucault nicht mehr zurückkommen sollte, ist offenkundig jenes einer anhaltenden Korrespondenz zwischen politischem und naturwissenschaftlich-technischem Wissen. Es stellt sich mit besonderer Dringlichkeit angesichts der wiederkehrenden Bezugnahmen eines Regierungswissens auf realtechnische Systeme, wo das Problem des Regierens als Regelungsproblem gestellt wird. Tatsächlich scheint evident, dass auch das politische Wissen

182 Foucault 2004a, S. 415.
183 Ebd., S. 414.
184 Ebd., S. 415.
185 Vgl. Ebd.
186 Ebd., S. 429.

der Frühen Neuzeit durch jene „tiefe mechanische Bestimmung“[187] geprägt ist, die Foucault als charakteristisches Merkmal der klassischen Episteme bestimmt hatte. Wo etwa Descartes nicht nur die *res extensa* der Natur als mechanisches System von Hebeln und Pumpen entwarf, sondern im gleichen Zuge auch den menschlichen Körper als Maschine begreifen wollte, da wurde, wie Canguilhem attestiert, „das politische Bild des Befehlens – eine magische Kausalität der Worte oder Zeichen – durch das technologische Bild der ‚Steuerung‘, einer sachlichen Kausalität des Apparats, des mechanischen Zusammenspiels“[188] ersetzt. Und an eben dieses technische Bild anknüpfend konnte sodann Thomas Hobbes in seiner Staatsphilosophie *more geometrico* den politischen Körper des *Leviathan* ebenfalls als „Automaten“ entwerfen, der nach dem Vorbild des menschlichen Körpers errichtet war: „For what is the heart, but a spring; and the nerves, but so many strings; and the joints, but so many wheels, giving motion to the whole body?“[189]

Wenn Foucault also festhält, dass die Regierungskunst mit dem Anbruch der Neuzeit ihr Vorbild in der Natur verliert und sich ein „Modell suchen muß“,[190] so verpasst er an dieser Stelle die Frage, inwiefern die Konzeptualisierung einer gouvernementalen „Disposition“ ein solches Modell in realtechnischen Systemen finden kann. Dabei ist es in der Frühen Neuzeit nicht länger das platonische Staatsschiff, auf das ein Regierungssystem Bezug nimmt. Die Frage nach der Einrichtung eines reibungslos funktionierenden Systems orientiert sich nun vielmehr zunehmend an einer die gesamte Epoche prägenden Vorrichtung: dem Uhrwerk. Die komplizierten automatischen Uhrwerksmechanismen, wie sie etwa im Straßburger Münster besichtigt werden konnten, galten zu ihrer Zeit nicht nur als höchste Errungenschaften menschlicher Ingenieurskunst. Sie standen zugleich Modell für einen idealtypischen Staatsentwurf. Denn was, so fragte Hobbes, waren Staaten anderes als jene „engines that move themselves by springs and wheels as doth a watch“?[191] Als Manifestation eines hochkomplizierten, störungsfrei ablaufenden technischen Systems wurde das Uhrwerk zum Vorbild einer fürstlich angeordneten Disposition von Menschen und Dingen, die mit akkurater Gleichförmigkeit, Präzision und Effizienz ineinandergriff, um produktive Wirkungen zu zeitigen.

Verschiedentlich wurde in historischen Studien die Strahlkraft des Uhrwerk-Modells für politische Diskurse herausgearbeitet, die mit Hobbes beginnt und ihren Höhepunkt im aufgeklärten Absolutismus des 18. Jahrhunderts er-

187 Foucault 1974, S. 334.
188 Canguilhem [1952] 2007, S. 196.
189 Hobbes [1651] 1962, S. 19.
190 Foucault 2004a, S. 344.
191 Hobbes [1651] 1962, S. 19.

reicht.[192] Die kameralistischen und merkantilistischen Entwürfe des Fürstenstaates zeichneten das Bild eines Regierungssystems, das „vollkommen einer Maschine ähnlich seyn [musste], wo alle Räder und Triebwerke auf das genaueste in einander passen.“[193] Bewerkenswert ist nun, dass die Konjunktur des Uhrwerks als Modell politischer Systembildung nahezu exakt mit jener Epoche zusammenfällt, in der Foucault die Entstehung eines Dispositivs der „Disziplinarmacht“ ausmacht.[194] Foucault selbst betont verschiedentlich die „mechanischen“ Charakterzüge dieser Machtmodalität, die darauf zielt, die individuellen Körper in eine reibungslos funktionierende „Machtmaschinerie“[195] zu integrieren. Die Disziplinarmacht strukturiert einen hierarchisch geordneten Raum, isoliert und zergliedert die Menschen und Dinge, um sie sodann mit technischer Präzision wieder zusammenzufügen. Sie formt Menschen zu den Zahnrädern eines Uhrwerks, sie „fabriziert (...) unterworfene und geübte Körper, fügsame und gelehrige Körper.“[196] Und sie setzt nicht zuletzt auf eine akribische temporale Koordination von Abläufen, deren Realisierung wiederum durch die Verfügbarkeit realer Uhrwerksmechanismen gewährleistet wird. Otto Mayr erwähnt, wie sich das Uhrwerk in dieser Hinsicht nicht lediglich als Mittel des Regierens, sondern als Ermöglichungsinstanz einer spezifischen Form sozialer Organisation erweist: „Mit dem automatischen Schlagen der Stundenglocken, die meilenweit zu hören waren, wurde es möglich, das öffentliche Leben der gesamten Stadt einem gemeinsamen Zeitplan zu unterwerfen. Die Aktivitäten der Bürger konnten auf eine immer enger ineinandergreifende Weise koordiniert werden. In Entwürfen von utopischen Gemeinschaften wurde es üblich, im Zentrum der Stadt in beherrschender Stellung eine Uhr anzubringen.“[197] Die Techniken der Zeitmessung dienen einer Regierung als Mittel und Medium. Darüber hinaus wird in den erwähnten Texten von Hobbes oder Justi deutlich, wie dem Uhrwerk der paradigmatische Status eines *Modells* sozialer Organisation zukommen kann. Dies ist insofern wenig verwunderlich, als eine unter die technischen Dispositionen des Uhrwerks gestellte Gesellschaft ihre höchste Effizienz logischerweise dann erreicht, wenn sie selbst wie ein Uhrwerk funkti-

---

192 Vgl. dazu ausführlich Stollberg-Rilinger 1986, S. 75ff; Mayr 1987, S. 127ff.

193 Justi [1765] 1970, S. 86f.

194 Vgl. Foucault 1976.

195 Ebd., S. 176, wo es weiter heißt: „Eine ‚politische Anatomie‘, die zugleich eine ‚Mechanik der Macht‘ ist, ist im Entstehen.“

196 Ebd.

197 Vgl. Mayr 1987, S. 34f.; Auch Lewis Mumford hat die Herausbildung einer „mechanical civilization“ auf die beginnende Regulation des klösterlichen und städtischen Lebens durch Turmuhren datiert: Mit der Uhr entstanden standardisierte und gegenüber natürlichen Einflüssen invariante Zeiteinheiten, die eine engere Koordination und Rhythmisierung des gesellschaftlichen Zusammenlebens möglich machten, vgl. Mumford 1934 S. 12ff.

oniert. Unter dem technischen Interesse der Systembildung gilt dessen Organisationsstruktur dem politischen Diskurs der Frühen Neuzeit schlichtweg als *state of the art*. Konsequenterweise erscheint der Regierungsapparat dort als ausgedehnter Komplex mechanischer Ursache-Wirkungs-Ketten, an dessen Spitze der Fürst in Form einer „Triebfeder" situiert ist, „die alles in Bewegung setzt."[198]

Interessant erscheint in diesem Kontext gleichwohl eine Beobachtung Foucaults, wonach die Entfaltung jener genuinen „Regierungskunst", die sich im 16. Jahrhundert erstmals abzuzeichnen beginnt, in der Frühen Neuzeit noch weitgehend „blockiert" gewesen sei.[199] Zwar konstatiert Foucault für diesen Zeitraum eine umfassende Systematisierung und Rationalisierung politischer Technologien, stellt jedoch zugleich fest, dass diese nach wie vor völlig auf die Macht des Souveräns hin ausgerichtet blieben und sich in diesem Sinne an einem tradierten, hierarchisch-linearen Steuerungsdenken orientierten. Tatsächlich findet diese instrumentalistische Verkürzung im Modell des Uhrwerk-Staates ihre Entsprechung: Kausalzusammenhänge erweisen sich dort als strikt gekoppelt und die einzelnen Elemente verfügen über keinerlei Freiheitsspielräume, sondern bilden vollständig passive Empfänger einer linearen Befehlskette, die in der fürstlichen Triebfeder ihren Ausgang nimmt. Zwar erfüllt das Uhrwerk die rudimentären Kriterien für ein „System", insofern es durch eine materiale Disposition das verlässliche Funktionieren eines Mechanismus gewährleistet und gegen Störungen sichert. Avanciertere Formen der Regelung, etwa eine dynamische Aussteuerung von Kontingenzen, sind hingegen nicht vorgesehen. Vielmehr kennt ironischerweise gerade das Modell des Uhrwerk-Staates keine Zeitlichkeit – und fügt sich auch darin vollständig in das Denken der klassischen Episteme. War das System durch disziplinierende Formung aller Elemente einmal bis zur Perfektion eingerichtet, sollte, so schrieb der Kameralist Johann Friedrich von Pfeiffer, selbst der Regent nicht mehr unnötig „an der Staatsuhr klimpern."[200] Aus der mechanisch-rationalistischen Philosophie hervorgegangen, blieb die Vorstellung eines Uhrwerk-Staates eine vollkommen statische Modellierung, in der den Regierten lediglich die Rolle befehlsempfangender „Zahnräder" zukommen konnte.

Gegen Ende des 18. Jahrhunderts begannen die Grenzen dieser mechanischen Regierungsrationalität immer deutlicher hervorzutreten. Foucaults Schilderungen der nun einsetzenden Transformationen tragen dabei Züge jenes Vorgangs, der bereits als „strategische Wiederauffüllung" thematisch wurde. Das Dispositiv der Disziplinierung beginnt nun – auch und gerade dort, wo es funk-

198 Justi [1765] 1970, S. 87.
199 Foucault [1978] 2010, S. 107.
200 Pfeiffer, z.n. Stollberg-Rilinger 1986, S. 141.

tioniert – zunehmend Abweichungen sichtbar zu machen, die sich im Rahmen eines mechanischen Steuerungsparadigmas dem gouvernementalen Zugriff zu entziehen scheinen. So ist es die umfassende staatliche Erfassungs- und Verwaltungsarchitektur der Disziplinarregime selbst, die neue Einsichten in die Erfolge und Misserfolge der Regierungsanstrengungen ermöglicht. Wie Foucault rekonstruiert, tritt nun aus dem Konglomerat demografischer Daten ein neues gouvernementales Zielobjekt hervor, das zugleich als „Problem“ begriffen werden muss: die „Bevölkerung“.[201] Problematisch ist diese Bevölkerung vor allem deshalb, weil sie – anders als etwa die imaginierte juristische Gemeinschaft der Vertragstheorien – über eine eigene „Naturalität“[202] verfügt. Gerade aufgrund dieser Naturalität aber wird das Zielobjekt Bevölkerung von einer mechanisch-disziplinierenden Regierungsrationalität systematisch verfehlt. Die nun erhobenen Statistiken zu Geburten- und Sterberaten, Epidemien, Unfällen oder ökonomischen Beziehungen zeigen vielmehr der Bevölkerung eigene Regelmäßigkeiten, die sich weder durch Recht noch durch Disziplinierung beherrschen lassen. Ihre „Naturalität“ lässt sich im bereits erwähnten Sinne reflexionsbegrifflich fassen: Sie ist das, was „im singulären Akt technischer Realisierung als nicht disponibel erscheint.“[203]

Mit der Emergenz der statistischen Größe „Bevölkerung“ aus den „policeylichen“ Techniken demografischer Erfassung treten jedoch nicht nur die Grenzen einer disziplinierenden Steuerung von Menschen zu Tage, es wird zugleich ein neues gouvernementales Problemfeld konstituiert, dass komplexere Formen der Regulation erforderlich macht. Die Bevölkerung tritt nun als eigentliches Zielobjekt der Regierungsmacht hervor: Ihre biologische und ökonomische Produktivität, ihre Gesundheit und ihre Reichtümer gilt es im Sinne der Regierungsrationalität zu steigern. Foucault spricht bekanntlich von einer „Biomacht“, die sich auf den gesellschaftlichen *bios* in seiner Lebendigkeit richtet, letztlich also das „Leben“ selbst zu instrumentalisieren sucht.[204] Die sich nun konstituierenden „Sicherheitsdispositive“ machen dessen problematische „Naturalität“ zum Gegenstand umfassender Technisierungsbestrebungen, in der Absicht, die Bevölkerung „als Produktionsmaschine [zu] benutzen (...), um Reichtümer, Güter und andere Individuen zu produzieren.“[205] Die strategische Funktion dieser technischen Dispositive liegt darin, die dem Bevölkerungskörper inhärenten Dynamiken und Schwankungen nicht etwa zu unterdrücken oder zu bekämpfen, sondern sie zu antizipieren, zu registrieren, auszusteuern, zu kanalisie-

201 Foucault [1978] 2010, S. 109.
202 Foucault 2004a, S. 108.
203 Hubig 2011a, S. 8.
204 Vgl. Foucault 1977; vgl. auch Gehring 2006.
205 Foucault 1999a, S. 184.

ren, nutzbar zu machen, behutsam zu dämpfen oder zu steigern. Zugleich mahnt die nun entstehende „politische Ökonomie", die mit dem Modell des familiären Haushaltes bricht und in veränderter Gestalt zur Leitwissenschaft der neuen Gouvernementalität avanciert, beständig an die „Vernunft der minimalen Regierung":[206] Der ökonomische Liberalismus warnt vor den schädlichen Folgen eines Übermaßes an Intervention und verweist den Souverän auf die grundsätzliche Unmöglichkeit einer allumfassenden politischen Steuerung. Eine Maximierung ökonomischer Produktivität der Bevölkerung lässt sich vielmehr nur erreichen, wo man die Beziehungen und Ströme in ihrem Inneren gewähren lässt, zugleich aber sicherstellt, dass sie gewähren können.

Unter technologischen Gesichtspunkten zeichnet sich die Regierungsrationalität der liberalen Sicherheitsdispositive also dadurch aus, dass sie ihre Regelungsanstrengungen auf ein nicht vollständig transparentes Feld natürlicher Schwankungen und Kreisläufe richtet, dessen Realität sie anzuerkennen beansprucht. Die Bevölkerung lässt sich in ihrer Naturalität nicht nach Belieben formen oder gestalten, sie existiert einfach und kann bestenfalls im Modus einer behutsamen Rahmung, Beeinflussung und Anreizung regiert werden. Statt mit einem Gefüge passiver Zahnräder hat es das Regierungswissen folglich mit einem aktiven, aber schwer greifbaren Kollektivsubjekt zu tun, dessen Produktivität durch ein zu viel an Intervention eher gelähmt als gesteigert wird. Die resultierende Regierungsform ist eine, die sich unter technischen Gesichtspunkten tatsächlich nur noch als dynamisches Regelsystem modellieren lässt, das zur Registrierung von Abweichungen und Störungen in der Lage ist und mit diesen im Modus einer flexiblen und situationsabhängigen Aussteuerung umgehen kann. Auch für ein solches System ließen sich bereits am Ende des 18. Jahrhunderts realtechnische Beispiele finden: Es war vor allem der Fliehkraftregler der Watt'schen Dampfmaschine, der eben jene Funktion exemplifizierte, die Adam Smith der „unsichtbaren Hand" des Marktes zuschrieb, nämlich für einen dynamischen Ausgleich variabler Kräfteverhältnisse und damit für eine Selbstregulation des Gesamtsystems zu sorgen.[207] Bei dem Elektrophysiker André-Marie Ampère kulminierten die Wissenschaften vom Menschen 1843 in eine allgemeine Regelungslehre als „art de gouverner en general", die dann bereits (oder wieder) den Namen „cybernétique" annehmen sollte.[208] Nun regierte ein

---

206 Foucault, 2004b, S. 50.

207 Otto Mayr (1987, S. 197ff.) hat diese Funktionsanalogie detailliert nachgezeichnet. Adam Smith selbst verweist in einer Fußnote auf den Regelungsmechanismus der Dampfmaschine. In bemerkenswerter Verwechslung hält Smith den Schwimmregler („buoy") jedoch für einen „Jungen" („boy"), der je nach Dampfdruck die Verbindung zwischen Boiler und Zylinder reguliert (Smith [1776] 1977, S. 23).

208 Ampère 1834, S. 140; vgl. auch Vogl 2004: 67f.

idealer Staat nach dem Vorbild eines dynamischen Rückkopplungsmechanismus: Er akkumulierte Informationen über die Bevölkerung, intervenierte in Abhängigkeit von den gemessenen Resultaten behutsam in bestehende Kreisläufe und versuchte diese an der „Koordinate eines Wohlstands“[209] entlang auszurichten.

Wenn Foucault die Ansicht vertritt, dass ein spezifisch „gouvernementales“ Regierungswissen erst mit dem Aufkommen des Liberalismus zur vollen Blüte gelangt, dann wohl auch deshalb, weil das Problem des Regierens nun explizit als Problem der dynamischen „Regelung“ in all ihren Dimensionen gestellt werden kann. Dies hängt in erster Linie damit zusammen, dass der Gegenstand „Bevölkerung“ per Definition kein *steuerbarer* Gegenstand ist. Vielmehr bildet dieser aufgrund seiner „Lebendigkeit“ eine unablässige Quelle von Unabwägbarkeiten und Kontingenzen – Kontingenzen, die sich zwar auf vielfältige Weise antizipieren und „sichern“ lassen, über deren Verlauf aber nie mit Gewissheit bestimmt werden kann. Die soziale „Produktionsmaschine“ wird von einer „Mechanik des Lebenden durchkreuzt“,[210] die sich einem direkten gouvernementalen Zugriff entzieht und der auf ihrer eigenen Realitätsebene begegnet werden muss. An Stelle der Frage nach der perfekten Einrichtung eines statischen Systems, dessen Ordnung sich auf alle Zeiten als beste aller Möglichen erweisen soll, tritt die Frage nach der „Regulierung einer kontingenten Ereignismasse“[211] – das Regieren wird zu einem unabschließbaren Prozess, der kontinuierliche Aufmerksamkeit, beständiges Registrieren und flexibles Reagieren erfordert. Die Disziplinardispositive brachten ein Modell strikt gekoppelter Kausalität in Anschlag und beanspruchten, Individuen technisch zu möglichst folgsamen Funktionselementen zu formen. Die Sicherheitsdispositive hingegen rechnen bereits mit der Aussichtlosigkeit des Unterfangens, erkennen aber ohnehin größere Produktivitätspotenziale darin, den regierten Individuen eine bestimmte Form von „Freiheit“ zur Verfügung zu stellen, diese Freiheit aber zugleich auf spezifische Weise zu kontrollieren.[212] Mit der Hegemonie der „Sicherung“ wird folglich explizit auf eine Regierung des *Möglichen* abgestellt – und damit auf die Einrichtung von Systemen, in denen unter spezifischen Moda-

209 Vogl 2004, S. 67.
210 Foucault 1977, S. 166.
211 Vogl 2004, S. 72.
212 „Anders gesagt, das Gesetz verbietet, die Disziplin schreibt vor, und die Sicherheit hat – ohne zu untersagen und ohne vorzuschreiben, wobei sie sich eventuell einiger Instrumente in Richtung Verbot und Vorschrift bedient – die wesentliche Funktion, auf eine Realität zu antworten, so daß diese Antwort jene Realität aufhebt, auf die sie antwortet – sie aufhebt oder einschränkt oder bremst oder regelt.“ (Foucault 2004a, S. 76)

litäten eine Art „Selbstregierung“ stattfinden kann. In diesem Sinne bedeutet „Regieren“ nun: „dem Rechnung tragen, was geschehen kann.“[213]

Die Einrichtung solcher Systeme ist eine komplizierte und aufwändige Angelegenheit. Foucault zeigt detailliert, dass der Aufstieg liberaler Gouvernementalität keineswegs mit einem „Rückzug“ des Staates verwechselt werden darf. Dieser ist nun vielmehr als wachsamer „Regler von Interessen“[214] gefordert, der Kontingenzen antizipieren und mögliche Spielräume ihres Auftretens regulieren kann. Foucault beschreibt

> „das Bild, die Idee oder das programmatische Thema einer Gesellschaft, in der es eine Optimierung der Systeme von Unterschieden gäbe, in der man Schwankungsprozessen freien Raum zugestehen würde, in der es eine Toleranz gäbe, die man den Individuen und den Praktiken von Minderheiten zugesteht, in der es keine Einflußnahme auf die Spieler des Spiels, sondern auf die Spielregeln geben würde und in der es schließlich eine Intervention gäbe, die die Individuen nicht innerlich unterwerfen würde, sondern sich auf ihre Umwelt bezöge.“[215]

Die Sicherheitsdispositive bilden jene technische Medialität, in der eine solche Gesellschaftsordnung denkbar geworden ist – auch weil sie die Instrumente bereitstellen, durch welche sie sich vermeintlich einrichten lässt. Die Techniken, die zur Einrichtung dieser Ordnung verfügbar sind, durchlaufen selbstredend einen kontinuierlichen Entwicklungs- und Verfeinerungsprozess, und mit ihnen auch die Konzeptualisierungen eines gelingenden Regierungshandelns. Gleichwohl lassen sich übergreifende strategische Zielsetzungen ausmachen, an denen politische Techniken und Technologien im Horizont der Sicherheitsdispositive ausgerichtet werden. Mindestens drei Charakteristika dieser Zielsetzungen scheinen im Kontext der vorliegenden Untersuchung bedeutsam:

So liegt erstens eine wesentliche strategische Funktion von Sicherheitsdispositiven in der geordneten Gewährleistung von Zirkulationen. Die Produktivität der Bevölkerung entsteht in Übertragungen und Transaktionen, die durch eine Regierung nicht eingeschränkt werden dürfen, sondern gesichert werden müssen. Das liberalistische Diktum des *laissez-faire* ist in einem aktivischen Sinne zu verstehen: Es gilt Bedingungen herzustellen, unter denen Ströme zirkulieren können. Eine Regierungstechnik muss den Subjekten „die Möglichkeiten zur Freiheit bereitstellen“[216] und in eben diesem Sinne erscheint die spezifische Form liberal-ökonomischer „Freiheit“ ihrerseits als „Korrelat der Einset-

213 Ebd.
214 Ebd., S. 497.
215 Foucault 2004b, S. 359.
216 Ebd., S. 97.

zung von Sicherheitsdispositiven."[217] Die Sicherheitstechniken zielen auf die Strukturierung eines Zirkulationsraumes, ohne jedoch die sich darin entfaltenden Zirkulationen selbst determinieren zu wollen oder zu können. Zugleich erzeugt die „freie" Selbstregulation der Bevölkerung unablässig Kontingenzen, die ihrerseits höherstufig geregelt werden müssen. Foucault erkennt diesbezüglich ein gouvernementales Schlüsselproblem in der Unterbestimmtheit jener Ströme, die in den eingerichteten Kanälen zirkulieren.[218] Eine einmal eingerichtete Handelsstraße transportiert nicht nur Waren, sondern auch Verbrecher oder Krankheiten. Die technische Herausforderung liegt folglich darin, wünschenswerte von bedrohlichen Zirkulationen zu unterscheiden, erstere zu stärken und letztere zu bremsen.

Zweitens stützt sich die Regulation von Bevölkerungen auf Wissensformen, die in hohem Maße verwissenschaftlicht und technisiert sind. Foucault betont wiederholt die zentrale Rolle der statistischen Technologien, aber auch die der einsetzenden Human- und Sozialwissenschaften für die Herausbildung der Sicherheitsdispositive. Sie bringen nicht nur neuartige Einsichten in die Verfasstheiten und Regelmäßigkeiten des epistemischen Objekts „Bevölkerung" hervor, sondern produzieren dabei zugleich eine „Lawine von Zahlen",[219] die sich als Wahrscheinlichkeitsverteilungen, Risikokalküle oder Zeitreihen lesen und in Berechnungen oder Projektionen einbeziehen lassen. Die Regierungswissenschaft, die nun eben keine bloße „Kunst" mehr ist, hat in ihrer Entstehung „von einer mathematischen Unterstützung profitiert (...), die zugleich eine Art Integrationskraft im Inneren der zu der Zeit akzeptablen und akzeptierten Rationalitätsfelder gewesen ist."[220] Die einsetzende Mathematisierung des Sozialen ist nicht lediglich ein Nebeneffekt des erwachten Interesses an der „Bevölkerung". Vielmehr erscheint diese Bevölkerung umgekehrt als Produkt statistisch-technischer Dispositive, die sie erst sichtbar und lesbar werden lassen. Ein verwissenschaftlichter Wille zum Wissen wird zur treibenden Kraft liberaler Gouvernementalität, weil gerade angesichts der Notwendigkeit zur Antizipation und Stabilisierung kontingenter Zukünfte kein noch so kleines Detail unwichtig erscheint. Die Statistik, die ihre Verwurzelung in der Staatswissenschaft im Namen trägt, bildet zugleich eine entscheidende Schnittstelle in Richtung jener ökonomischen Rationalität, unter der nun regiert werden soll, und die ebenfalls eine tendenziell mathematische ist. Mit der Quantifizierung des Sozialen kann das Regierungshandeln selbst in eine „Kostenkalkulation" einbezogen werden,

217 Ebd., S. 78.
218 Ebd., S. 37.
219 Hacking 1982; zur Geschichte der Statistik in Politik und Sozialwissenschaften vgl. auch Keller 2001; Desrosières 2005.
220 Foucault 2004b, S. 92.

in der sich seine Erfolge am Verhältnis von Aufwand und Ertrag bemessen lassen.

Drittens erwächst im Horizont der Sicherheitsdispositive ein technisches Interesse an Regelkreisen und Selbstregulationsprozessen, weil das Problem der Regierung nun eben als das einer höherstufigen Sicherung solcher Kreisläufe konzipiert wird – als Regelung von Regelungen. Vor allem in den Diskursen der politischen Ökonomie werden Mechanismen thematisch, durch die sich eine biologisch-ökonomische Bevölkerung immer schon selbst reguliert – zirkuläre Verknüpfungen von Zeitserien (etwa von Angebot und Nachfrage), in denen gesteuerte Größen zugleich als steuernde in Erscheinung treten. Die konstatierte Selbstregulierung von Bevölkerungen durch „unsichtbare Hände" ist aus gouvernementaler Perspektive durchaus erstrebenswert, bedarf aber ihrerseits der Kontrolle, wenn sie produktive Effekte zeitigen soll. Die Notwendigkeit eines Umgangs mit den teilweise opaken und aleatorischen, da von „natürlichen" Faktoren abhängigen Schwankungen im Inneren des Bevölkerungskörpers stellt vielfältige technische Anforderungen an ein Regierungssystem. So lässt sich die Regulation von Bevölkerungen nur „in einem multivalenten und transformierbaren Rahmen"[221] bewältigen, im Modus einer adaptiven und hochgradig zeitkritischen Regulation von Kontingenzen. Sie soll Schwankungen nicht beseitigen, sondern sie in einem Rahmen halten, der als sozial und ökonomisch akzeptabel betrachtet wird. Und sie findet ihre dafür nötigen Richtwerte nicht in starren Normen, sondern in dynamischen, empirisch gewonnenen Normalisierungen.[222] Das Regierungshandeln öffnet sich in Richtung einer ungewissen Zukunft, die bestenfalls als Wahrscheinlichkeitsverteilung möglicher Ereignisse begriffen werden kann, auf deren Eintreten flexibel, aber zeitnah reagiert werden muss.

Mit der geordneten Ermöglichung von Zirkulationen, der Produktion eines mathematisierten Bevölkerungswissens und der Regulation kontingenter Ereignisströme sind damit spätestens zu Beginn des 19. Jahrhunderts drei gouvernementale Problemfelder umrissen, die das Regierungswissen bis weit ins 20. Jahrhundert hinein und darüber hinaus beschäftigen werden. In technologischer Hinsicht konstituieren diese Problemfelder zugleich die Schnittstellen, an denen kybernetische Theorie und Technologie mit Gouvernementalität verschaltbar werden kann. Politische Rationalität wird jedoch durch Technikeinsatz nie lediglich verlängert, sondern immer auch verändert: Die informationsverarbeitenden Verfahren und Apparaturen, mit denen die Kybernetik nach 1945 ein neues technisches Zeitalter einläuten sollte, fungierten nicht nur als Mittel, um politischen Regelungsprozessen zu größerer Effizienz zu verhelfen. Vielmehr evo-

221 Foucault 2004a, S. 40.
222 Ebd., S. 88ff.

zierten sie eine Transformation technischer Möglichkeitsräume, in der neue Zwecksetzungen, Gegenstände und Strategien des Regierens denkbar werden konnten. Wo Regierungsvorgänge als technische Vorgänge konzipiert wurden, stand mit den neuen Maschinen auch ein Ensemble an Modellen zur Verfügung, unter denen sich gouvernementale Regelungsbestrebungen evaluieren und optimieren ließen. Im folgenden Kapitel wird die Genese eines Dispositivs der Kybernetik nachgezeichnet, wobei insbesondere die spezifischen Strategien der formalen Modellierung technischer Vollzüge einer näheren Betrachtung unterzogen werden.

3. Kybernetik als Dispositiv

> „It became clear to me almost at the very beginning that these new concepts of communication and control involved a new interpretation of man, of man's knowledge of the universe, and of society."
> (Norbert Wiener)[223]

Am 8. März 1946 versammelte sich eine Gruppe renommierter Wissenschaftler im New Yorker Beekman Hotel zu einer Konferenz unter dem sperrigen Titel „Circular Causal Systems and Feedback Mechanisms in Biological and Social Systems". Vorausgegangen war eine Einladung von Frank Fremont-Smith, dem medizinischen Direktors der Josiah Macy Jr. Foundation, die das Treffen finanzierte. Gemeinsam mit dem Neurophysiologen Warren S. McCulloch, der den Konferenzvorsitz hielt, hatte Fremont-Smith die einzelnen Teilnehmer sorgfältig ausgewählt und dabei auf ein ausgewogenes Verhältnis der Disziplinen wert gelegt.[224] Angereist war eine wissenschaftliche Elite aus Mathematikern, Physiologen, Psychologen und Sozialwissenschaftlern, unter ihnen Norbert Wiener, John von Neumann, Arturo Rosenblueth, Rafael Lorente de Nó, Margaret Mead, Gregory Bateson, Paul F. Lazarsfeld und Kurt Lewin. Die disziplinäre Heterogenität der Teilnehmer schlug sich in den diskutierten Themen nieder: Von Neumann sprach über Fortschritte in der Entwicklung des Digitalcomputers, Lorente de Nó im Anschluss über neuronale Verschaltungen im menschlichen Gehirn. Norbert Wiener berichtete von rückgekoppelten Maschinensystemen, Arturo Rosenblueth von homöostatischen Mechanismen in der Biologie. Der Philosoph F.S.C. Northrop diskutierte ethische Implikationen wissenschaftlicher Weltbilder, Bateson sprach über Theorieprobleme der Ethnologie und zuletzt schloss erneut von Neumann mit einem Referat seiner gemeinsam mit Oskar Morgenstern entwickelten ökonomischen Spieltheorie.[225]

Die auf den ersten Blick ungewöhnliche Themenvielfalt war nicht aus der Not heraus geboren, sondern in gewisser Weise selbst Programm. Das Interesse der Teilnehmenden galt weniger fachspezifischen Debatten, als vielmehr der Frage, welche übergreifenden Gemeinsamkeiten sich aus den verschiedenen

223 Wiener 1956, S. 325.
224 Vgl. die Teilnehmerlisten in Pias (Hrsg.) 2004, Dok. 20/21.
225 Vgl. McCulloch [1947] 2004, S. 335.

disziplinären Zugängen und Problemstellungen ableiten ließen. War es denkbar, dass Computer und Gehirne, Maschinen, Organismen und Gesellschaften mit analogen Struktur- und Funktionsprinzipien operierten? Und ließ sich dann eine allgemeine Theorie dieser Prinzipien entwickeln, die für sachtechnische, biologische, psychische und soziale Zusammenhänge gleichermaßen Gültigkeit beanspruchen konnte? Solche transdisziplinären Fragestellungen knüpften unmittelbar an die amerikanische Wissenschafts- und Technologiepolitik des Zweiten Weltkriegs an, wo das anwendungsorientierte Überschreiten von Fachgrenzen mit unbestreitbaren praktischen Erfolgen praktiziert worden war. Gleichwohl war unter Kriegsbedingungen die Frage offen geblieben, inwiefern sich die konkreten technischen Apparaturen, Verfahren und Modelle, die den militärischen Forschungslabors entsprungen waren, in eine kohärente Theorie abstrakter „Systeme" integrieren ließen. Was die Wissenschaftler nach Kriegsende zusammen brachte, war ein theoretisches Experiment: Allgemeine Modelle technischen Prozessierens sollten entworfen und in unterschiedlichsten Wissensfeldern zur Anwendung gebracht werden.

Das Treffen in New York gab den Auftakt zu einer Reihe von insgesamt zehn zwischen 1946 und 1953 stattfindenden „Macy-Konferenzen". Die breite wissenschaftshistorische Rezeption hat wenig Zweifel daran gelassen, dass diese Konferenzen rückblickend als Signatur einer technisch-diskursiven Epochenschwelle verstanden werden können: Aus den leidenschaftlichen und kontrovers geführten Diskussionen zeichneten sich die ersten, schemenhaften Umrisse einer Wissensordnung ab, die bis in ihre elementaren Bestandteile von den neuartigen Computer- und Informationstechnologien geprägt war.[226] Dass man in der Kulmination einzelner, bislang weitgehend unvermittelter Stränge der Technisierung und wissenschaftlichen Modellierung tatsächlich eine Art Meta- oder Universalwissenschaft auszumachen glaubte, verdeutlichte nicht zuletzt der Umstand, dass die Konferenzen ab 1949 auf Anregung Heinz von Foersters unter dem sehr viel prägnanteren Titel „Cybernetics" weitergeführt wurden. Norbert Wieners Monografie gleichen Titels hatte im Jahr zuvor erstmals den Versuch unternommen, die konvergierenden Entwicklungen zu bündeln und auf einen Leitbegriff zu bringen. In Anlehnung an den altgriechischen „Steuermann" (*kybernetes*) sollte „Cybernetics" eine allgemeine Theorie von „Communication and Control" bezeichnen, die von Organisations-, Steuerungs- und Regelungsprozessen in Maschinen, Organismen und Sozialstrukturen gleichermaßen handelte.[227] Wiener hatte seine „Kybernetik" als technologisches Wissen von nahezu unbegrenzter Geltung entworfen. Und er zeigte sich überzeugt, dass

226 Zu den Macy-Konferenzen und zur Entstehungsgeschichte der Kybernetik vgl. u.a. Heims 1993; Hayles 1999; Dupuy 2000; Pias 2004a; Becker 2012.

227 Wiener [1948] 1968.

seine Arbeit als Vorbote einer umfassenden technischen Revolution gesehen werden musste: „Wenn das 17. und das frühe 18. Jahrhundert das Zeitalter der Uhren war und das späte 18. und das 19. Jahrhundert das Zeitalter der Dampfmaschinen, so ist die gegenwärtige Zeit das Zeitalter der Kommunikation und der Regelung."[228]

Der Enthusiasmus, mit dem Wiener und andere den Anbruch dieser neuen Epoche ausriefen, war zum wesentlichen Teil den realen technischen Errungenschaften des Zweiten Weltkrieges geschuldet, deren gravierende Konsequenzen auch für nichtmilitärische Zusammenhänge sich immer deutlicher abzuzeichnen begannen. Fortschritte auf den Gebieten der Nachrichtenübertragung, der Rechentechnik und der Automatisierung hatten Anfang der 1940er Jahre einen gänzlich neuen Typus von Maschine hervortreten lassen, der nicht primär Materie oder Energie, sondern Informationen prozessierte. In einem sehr spezifischen Sinne waren solche informationsverarbeitenden Systeme zu „intelligentem" Verhalten in der Lage: Die kybernetische Maschine war eine „offene Maschine",[229] die über Rezeptoren und Effektoren verfügte, Veränderungen registrierte und mit adaptivem Verhalten auf diese reagieren konnte. Unter Kriegsbedingungen hatten man sich von solchen Technologien einen sehr konkreten Nutzen erwartet: Wiener etwa forschte an automatisierten Feuerleitsystemen für Flugabwehrgeschütze, die aus Radardaten den Kurs eines feindlichen Bombers in die Zukunft extrapolieren und auf Veränderungen der Flugbahn mit entsprechenden Anpassungen reagieren sollten.

Aus Sicht der Kybernetik waren solche militärischen Anwendungen jedoch lediglich als Exemplifizierungen eines allgemeinen technischen Prinzips zu erachten. Was die Konzeptualisierung und Konstruktion rückgekoppelter Maschinen verdeutlichte, war die Möglichkeit der Einrichtung technischer Systeme, die zu einem flexiblen Umgang mit Kontingenzen in der Lage waren. Unter kybernetischen Bedingungen sollte etwa der automatisierte Abschuss eines Flugzeugs auch dann gelingen, wenn dessen zukünftiger Kurs sich nicht mit Sicherheit vorhersagen, sondern bestenfalls in Wahrscheinlichkeiten angeben ließ. Möglich wurde dies durch Systeme, die nicht gegen Überraschungen abgeschottet, sondern im Gegenteil für diese empfänglich gemacht wurden: Kursabweichungen wurden laufend als Informationen registriert und zurück in die Maschine gespeist, wo die gemessene Abweichung zur Korrektur weiterer Berechnungen verwendet werden konnte. Die Fähigkeit zur automatisierten Aussteuerung offener Zukünfte verlieh der Kybernetik in Wieners Worten den Charakter einer „manichäischen" Wissenschaft: Sie ermöglichte eine technische

228 Ebd., S. 63.
229 Simondon [1958] 2012, S. 11; vgl. auch Hörl 2008.

Regelung aktiver, dynamischer und sogar strategisch agierender Zielobjekte.[230] Das versetzte die unter Kriegsbedingungen arbeitenden Forscher nicht nur in die Lage, die komplexen Verhaltensformen feindlicher Piloten als technische Probleme zu konzeptualisieren, sondern war als eine sehr viel grundsätzlichere Lösung für eine sehr viel allgemeinere Problemlage zu verstehen. Die Kybernetik ließ Verfahren denkbar werden, mit denen die technische Sicherung einer „Ordnung" auch nach dem Zusammenbruch deterministischer Weltbilder gewährleistet werden konnte. Nicht als fixierte, prästabilisierte Harmonie, sondern im Modus dynamischer, prozessualer Regelung. Wenn sich im Sinne Foucaults eine „Dringlichkeit" des kybernetischen Dispositivs ausmachen ließ, dann lag sie wohl gerade in der Antwort auf die Frage, wie sich kontingente Zukünfte mit technischen Verfahren wenn schon nicht beherrschen, so doch auf geregelte Weise „kontrollieren" ließen.[231]

Einige Teilnehmer der Macy-Konferenzen waren selbst aktiv in die Entwicklung von Prototypen involviert, die in zunächst eher rudimentärer Form verdeutlichten, zu welchen Leistungen die informationsverarbeitenden und mitunter auch lernfähigen kybernetischen Systeme in der Lage waren. Neben Wieners nur in Ansätzen realisiertem Entwurf eines selbstregelnden Feuerleitsystems gehörte dazu etwa der von W. Ross Ashby im Mai 1947 vorgestellte „ultrastabile" Homöostat, eine elektromechanische Konstruktion, die Spannungsschwankungen durch eine automatische Anpassung interner Zustandsvariablen kompensieren und so ein Gleichgewicht unter wechselnden Umweltbedingungen aufrechterhalten konnte.[232] Als nicht weniger beeindruckend erwies sich die 1951 auf einer Macy-Konferenz vorgestellte „maze-solving machine" von Claude E. Shannon, in der eine mechanische Maus dabei zu beobachten war, wie sie sich im Trial-and-Error-Verfahren eigenständig den Weg aus einem Labyrinth bahnte.[233] Solche spielerischen Illustrationen technologischer Konzepte standen jedoch schon bald im Schatten einer alles überragenden Universalmaschine: Dem digitalen Computer, der geradezu sinnbildlich für die Media-

230 Zur Kybernetik als „manichäischer Wissenschaft" vgl. Wiener [1954] 1989, S. 11; S. 34f.; S. 190ff.; vgl. auch Galison 1997a.

231 Vgl. Tiqqun 2007, S. 21. James R. Beniger (1986) hat die Ursprünge der „Control Revolution" bis ins 19. Jahrhundert zurückverfolgt, wo vor dem Hintergrund einer technisch evozierten Beschleunigung die Notwendigkeit zur flexiblen Koordination und Kontrolle logistischer Abläufe thematisch wurde.

232 Weil die Leistung des Apparats lediglich darin bestand, stets eigenständig zu seiner Ausgangskonfiguration zurückzufinden, hatte Grey Walter den Homöostaten *als machina sopora* (Schlafmaschine) bezeichnet (vgl. Pickering 2010, S. 164). Wiener hingegen adelte Ashbys Erfindung als „one of the great philosophical contributions of the present day" (Wiener [1954] 1989, S. 38).

233 Vgl. Shannon [1951] 2004.

lität des kybernetischen Dispositivs einstehen konnte, und an dessen Entwicklung einige der Konferenzteilnehmer, allen voran Wiener und von Neumann, entscheidend beteiligt waren.[234]

Gleichwohl die Diskurse der Kybernetik erst vor dem Hintergrund realtechnischer Entwicklungen ihre Plausibilität erhielten, war in ihnen doch stets der Anspruch zu erkennen, mehr als nur eine Theorie von Maschinen zu entwerfen. Wieners provokante These lag schließlich gerade darin, dass „die Arbeitsweisen des lebenden Individuums und die einiger neuerer Kommunikationsmaschinen völlig parallel verlaufen".[235] Aus diesem Grund sollten sich die aus der Operationsweise informationsverarbeitender und rückgekoppelter Maschinen gewonnenen Erkenntnisse potenziell auch für biologische, psychologische, anthropologische oder soziologische Fragestellungen nutzbar machen lassen. Aus den technischen Funktionsdiagrammen ließen sich, so die Annahme, Rückschlüsse auf analoge Vorgänge in Organismen oder Sozialsystemen ziehen. Weil die Kybernetik als eine universelle Theorie der Kommunikation und Kontrolle entworfen wurde, versprach sie Einsichten in eine allgemeine Technizität, die sich an Maschinen ablesen, dann aber vermeintlich auch in Natur oder Gesellschaft aufspüren ließ. In eben dieser Identifikation allgemeiner Mechanismen und der Erörterung ihrer möglichen Konsequenzen für verschiedensten Wissenschaftsdisziplinen verortete McCulloch die eigentliche Intention der Macy-Konferenzen:

> „Our meetings began chiefly because Norbert Wiener and his friends in mathematics, communication engineering, and physiology, had shown the applicability of the notions of inverse feedback to all problems of regulation, homeostasis, and goal-directed activity from steam engines to human societies. Our early sessions were largely devoted to getting these notions clear in our heads, and to discovering how to employ them in our dissimilar fields."[236]

So sehr die Kybernetik also in der Auseinandersetzung mit konkreten Maschinen und Schaltkreisen wurzelte, so sehr bezog sie ihre Produktivität erst aus der Abstraktion von jeder konkreten Materialität. In ihrem Interesse für verallgemeinerbare, möglicherweise gar universelle Funktions- und Strukturprinzipien propagierten die Macy-Teilnehmer nicht nur ein neues Modell von Wissenschaft, sondern vor allem eine „Wissenschaft der Modelle", wie Abraham Moles erläuterte: „Mit voller Absicht läßt die Kybernetik die Frage offen, ob der untersuchte Mechanismus aus ‚lebenden Zellen' besteht, aus einer Gesamtheit che-

234 Zur Verortung des Digitalcomputers im Diskurs der Kybernetik vgl. Becker 2012.
235 Wiener [1950] 1952, S. 26.
236 McCulloch [1952] 2003, S. 719.

mischer Reaktionen, aus einer Gruppe kollektiv handelnder Individuen, aus Verzahnungen oder Relais. Sie ist auf die Analogie solcher Organismen gerichtet, nicht auf ihre Unterschiede, deren Untersuchung den jeweiligen Fachrichtungen überlassen bleibt."[237] Tatsächlich hatte Norbert Wiener selbst 1945 eine Diskussion über den epistemologischen Status wissenschaftlicher Modelle angestoßen und damit die Entwicklung der Kybernetik in Richtung einer Modellwissenschaft im doppelten Sinne vorgezeichnet. Ein wegweisender Aufsatz, den Wiener gemeinsam mit Arturo Rosenblueth veröffentlicht hatte, beschrieb Modellbildung als basale wissenschaftliche Tätigkeit, die das Ziel verfolgte, „to obtain an understanding and a control of some part of the universe".[238] Zweck einer jeden Modellierung war es demnach, realweltliche Komplexität via Abstraktion in eine Form zu bringen, in der die für eine technische Instrumentalisierung wesentlichen Aspekte eines Gegenstandes hervortreten konnten.

In einer heute geläufigen Differenzierung unterschieden Wiener und Rosenblueth zwischen „materialen" und „formalen" Modellen: Als materiales Modell wurde eine gegenständliche Instantiierung begriffen, die exemplarisch für ein komplexeres oder unzugängliches System einstehen konnte.[239] Als formale Modelle hingegen galten schematische Repräsentationen, die durch Abstraktion aus den konkreten Instantiierungen gewonnen wurden.[240] Der Modellierungsvorgang ließ sich als Wechselspiel zwischen den von materialen Modellen gezeitigten Effekten und ihrer Repräsentation in formalen Modellen begreifen, die ihrerseits wieder empirisch überprüft und erweitert werden konnten. Modelle, sowohl in materialer als auch in formaler Gestalt, bildeten deshalb für Wiener und Rosenblueth das eigentliche Medium des wissenschaftlichen Fortschritts. Dass Modellierung notwendigerweise mit vereinfachten, unvollständigen Repräsentationen realer Komplexität operierte – und tatsächlich sollte man der Kybernetik eine „verkürztes" Verständnis sozialer Prozesse immer wieder zum Vorwurf machen –, war aus Sicht der Autoren kein Nachteil, sondern die eigentliche Quelle wissenschaftlicher Kreativität. Zwar ließ sich unter dem Kriterium der Akkuratheit konstatieren, dass „the best material model for a cat

237 Moles z.n. Pias, 2004a, S. 21f. Zur Kritik an der kybernetischen Vernachlässigung von Materialität vgl. auch Hayles 1999. Zu „Dematerialisierung" als kybernetischer Utopie vgl. Mersch 2013, S. 11ff.

238 Rosenblueth/Wiener 1945, S. 316.

239 In diesem Sinne etwa ließ sich im Rahmen genetischer Experimente eine Fruchtfliege aufgrund ihrer höheren Reproduktionsgeschwindigkeit als Modell für komplexere Organismen begreifen, vgl. ebd., S. 318.

240 In diesem Sinne ließ sich aus den Experimenten mit Fruchtfliegen ein theoretisches Wissen extrahieren, das dann als formales Modell zur Bildung von Hypothesen in Bezug auf andere Organismen genutzt werden konnte.

is another, or preferably the same cat"[241] – aber als Modell einer Katze war dieselbe Katze ebenso nutzlos wie jene Landkarten im Maßstab 1:1, die Lewis Caroll oder Jorge Luis Borges in ihren literarischen Gedankenexperimenten beschrieben hatten.

Kybernetische Theoriebildung war in eben diesem von Rosenblueth und Wiener beschriebenen Sinne als Modellierung zu begreifen, in deren Rahmen die Struktur- und Funktionsdiagramme von Maschinen als heuristische Schablonen zur Erschließung weiterer Realitätsbereiche Verwendung finden konnten. In dieser Rückprojektion, die Katherine Hayles einmal als Zusammenspiel von „Platonic backhand" und „Platonic forehand" beschrieben hat, wurde die „noisy multiplicity"[242] realweltlicher Vorgänge auf ein abstrakt-formales Modell gebracht, welches dann in einem zweiten Schritt seinerseits zur Grundlage eines ontologischen Weltentwurfs werden konnte: einer Welt aus Informationsflüssen und Regelkreisen. Aus diesem abduktiven (und damit notwendigerweise unsicheren)[243] Schluss gewann die gesamte kybernetische Hypothese ihre Produktivität: Im technizistischen Zugriff verwischten tradierte Grenzen von Technik und Natur, Maschine und Mensch, weil der einzig gangbare Weg zur „wissenschaftlichen" Beschreibung des Menschen in einer technomorphen Beschreibung ausgemacht wurde:

> „We believe,", schrieben Wiener und Rosenblueth, „that men and other animals are like machines from the scientific standpoint because we believe that the only fruitful methods for the study of human and animal behavior are the methods applicable to the behavior of mechanical objects as well. Thus, our main reason for selecting the terms in question was to emphasize that, as objects of scientific enquiry, humans do not differ from machines."[244]

Erst vor dem Hintergrund dieser funktionalistischen Einebnung konnte die Kybernetik den Anspruch erheben, tatsächlich eine universelle Wissenschaft der Kommunikation und Kontrolle zu formulieren. Sie verortete den Menschen als Element innerhalb einer umfassenden Sphäre „technischer Existenz"[245] und beanspruchte zugleich, diese Existenzweise auf allgemeine Gesetzmäßigkeiten zu bringen. Diese Gesetzmäßigkeiten sollten in Computer, Gehirn oder Gesellschaft lediglich auf spezifische Weise verwirklicht sein, letztlich jedoch unabhängig von ihren materialen Implementierungen Gültigkeit behaupten. Dass

241 Ebd., S. 320.
242 Hayles 1999, S. 12.
243 Zur basalen Rolle abduktiver Schlüsse im Rahmen einer technischen Rationalität vgl. Hubig 2006, S. 204ff.
244 Rosenblueth/Wiener 1950, S. 326.
245 Bense [1949] 1998.

Gehirn und Computer nicht in einem gegenständlichen Sinne identisch waren, war den Protagonisten der Kybernetik folglich durchaus bewusst, allein: Darauf kam es ihnen nicht an. Was zählte, war vielmehr, dass sich beide als Instantiierungen ein und desselben Typs von Technizität betrachten ließen. Weil Gehirn und Computer als „Spezies“ derselben „Gattung“ – der informationsverarbeitenden Systeme[246] – begriffen werden konnten, ließen sich in der kybernetischen Hypothese Erkenntnisse aus der Konstruktion von Computern etwa für die Modellierung neurophysiologischer Prozesse nutzbar machen.[247]

Es ist wichtig, diese für die Produktivität der Kybernetik essentiellen Analogiebildungen nicht als lediglich metaphorische Bezugnahmen misszuverstehen.[248] Wo Gehirne als Computer, Organismen als Regelkreise oder Gesellschaften als Kommunikationssysteme gefasst wurden, ging es nicht um eine semantische Anreicherung der beschriebenen Gegenstände, sondern im Gegenteil um eine pragmatische Reduktion auf technische Struktur- und Funktionsprinzipien. Wenn etwa die Teilnehmer der Macy-Konferenzen von der technischen Störung einer Rechenmaschine auf mögliche Ursachen für die Entstehung psychischer Neurosen schließen konnten, ging es ihnen dabei nicht um eine vage „Ähnlichkeit“, sondern um eine funktionale Analogie, aus der sich eine wissenschaftliche Hypothese ableiten ließ.[249] Ein bislang unzureichend erklärtes Phänomen sollte einer rationalen Untersuchung zugänglich gemacht werden, in dem es versuchsweise mit einer bekannten Struktur überblendet wurde. Der Rückgriff auf realtechnische Schemata erlaubte es, Unbekanntes durch Bekanntes zu ersetzen, wodurch sich notwendig ein asymmetrischer Geltungsanspruch

246 Vgl. zu dieser Taxonomie Newell/Simon, 1972, S. 870.

247 Die diesem Vorgehen inhärente Gefahr einer Naturalisierung der Modelle wurde zumindest rückblickend auch von den Macy-Teilnehmern selbst reflektiert: „It seems to me, in looking back over the history of the group“, erinnerte Ralph Gerard, „that we started our discussion in the ‚as if‘ spirit. […] We explored possibilities for all sorts of ‚ifs.‘ Then, rather sharply it seemed to me, we began to talk in an ‚is‘ idiom. We were saying much the same things, but now saying them as if they were so.“ (Gerard z.n. Heims 1993, S. 29)

248 In dieser Hinsicht erweist sich die wissenschaftshistorische Rezeption bislang als zu ungenau, weil oft nicht trennscharf zwischen „Metapher“ und „Modell“ unterschieden wird. Galison (1997, S. 317) etwa spricht von einer „metaphorischen Ausweitung des automatischen Luftkriegs“; Kay (2002, S. 45) interessiert sich im Anschluss an Lakoff/Johnson für die „metaphorische Natur der Information in der Informationstheorie und ihre metaphorischen Anwendungen auf biologische Phänomene“; weitere Beispiele finden sich u.a. in Edwards 1997; Keller 1998; Hayles 1999; Gerovitch 2002; Eriksson 2011; Guilhot 2011. Dagegen weist der Wissenschaftstheoretiker Klaus Henschel zurecht darauf hin, dass „ein Verzicht auf saubere begriffliche Abgrenzung von Metapher, Analogie und Modell mit einem herben Verlust von Auflösungsschärfe einhergeht.“ (Hentschel, 2010, S. 15.)

249 Vgl. die Diskussionen im Anschluss an Lawrence Kubies Vortrag „The Neurotic Potential and Human Adaptation“ auf der sechsten Macy-Konferenz in Pias 2003, S. 66ff.

ergab: Der umgekehrte Weg – vom Unbekannten zum Bekannten – wäre wenig zielführend.[250]

Die kybernetischen Modellierungsstrategien waren so von vornherein auf Operationalisierbarkeit angelegt. Unter einem pragmatischen Interesse zielten sie darauf, ein provisorisch gesichertes Wissen zu etablieren, das sich zur Konzeptualisierung technischer Handlungen im weitesten Sinne nutzbar machen ließ.[251] Der Geltungsanspruch der Modelle blieb dabei nicht auf den Umgang mit Maschinen beschränkt, sondern umfasste Steuerungs- und Regelungsprozesse, die in verschiedensten, auch biologischen oder sozialen Systemen ausgemacht werden konnten. Der Anspruch einer kybernetischen „Metawissenschaft" lag darin begründet, dass diese über gar keinen eigenen Gegenstand verfügte, sondern eine Technizität adressierte, die in den verschiedensten Gegenstandsfeldern prozessierte: „Cybernetics embraces all sciences", brachte es ein russischer Kybernetiker auf den Punkt, „ – not entirely, but only in the part related to control processes."[252] Weil Kommunikations- und Kontrollströme nicht nur in realtechnischen Systemen, sondern vermeintlich ebenso in Organismen oder Gesellschaften zirkulierten, positionierte sich die Kybernetik quer zu den etablierten Disziplinen und schlug eine „Brücke zwischen den Wissenschaften",[253] in dem sie ihre Modelle als gemeinsames „medium of communication"[254] zur Verfügung stellte.

Wenn sich diese kybernetischen Modelle ausgehend von den initiierenden Macy-Konferenzen tatsächlich in einem rasanten Tempo in die verschiedensten wissenschaftlichen Disziplinen einschrieben und diese zum Teil von Grund auf

---

250 Vgl. zu einer phänomenologischen Sicht auf die „Geltungsasymmetrie" technischer Modellierungen auch Becker 2013.

251 Aus diesem Grund weisen Wissenschaftstheoretiker wie Eric Winsberg die Ansicht, es handele sich bei Modellen lediglich um „Fiktionen" (die dann nicht von Metaphern zu unterscheiden wären) entschieden zurück. Am Beispiel eines maßstabsgetreuen Stadtplans argumentiert Winsberg, dass dieser weder als Fiktion noch als „Metapher" einer Stadt betrachtet werden könne. Vielmehr ermöglicht er auf verlässliche Weise Orientierung und ist in diesem Sinne ein technisches Medium der Raumerschließung: „[W]hen we offer a non-fictional representation, we offer it for the purpose of being a ‚good enough' guide to the way some part of the world is, for a particular purpose" (Winsberg, 2009, S. 181; zu Modellen als Medien wissenschaftlicher Erkenntnis vgl. auch Morgan/Morrison (Hrsg.) 1999). Insofern die Orientierung gelingen kann oder nicht, lässt sich der Stadtplan als formales Modell unter pragmatischen Gesichtspunkten (und nur unter diesen) falsifizieren. Dagegen wäre es in den meisten Fällen verfehlt, einen Stadtplan dafür zu kritisieren, dass er aus Papier besteht, die Stadt hingegen nicht oder dass er suggeriere, die Stadt ließe sich wie ein Stadtplan zusammenfalten. Was zählt ist, dass der Plan als Teil eines Handlungsvollzugs „funktioniert".

252 Kraizmer z.n. Gerovitch, 2002, S. 202.

253 Frank 1961.

254 Von Foerster z.n. Pias 2004a, S. 13.

transformierten,[255] so war darin also keinesfalls die Zweckentfremdung einer ursprünglich „rein technischen“ Theorie auszumachen. Kybernetik war auf eine mögliche Verallgemeinerbarkeit immer schon angelegt, ja bezog ihre Attraktivität in wesentlichem Maße aus der Möglichkeit, die formalen Modelle in unterschiedlichsten Kontexten zur Anwendung zu bringen. Weniger eine Theorie neben anderen, fungierte die Kybernetik eher als ein strategisches Dispositiv, als Matrix der Problematisierung, und als Möglichkeitsraum der Theoriebildung und Operationalisierung. Das kybernetische Dispositiv erlaubte es, heterogene Zusammenhänge einer einheitlichen technischen Betrachtung zu unterziehen und damit zugleich Einblicke in die Verfasstheit und mögliche Gestaltbarkeit von Systemstrukturen zu gewinnen. Weit wichtiger als die Frage nach der „Wahrheit“ der entsprechenden Modellierungen war dabei von vornherein die Frage ihrer „Nützlichkeit“ im konkreten Anwendungskontext.

Claus Pias hat in einem instruktiven Überblick zur Entstehungsgeschichte der Kybernetik verdeutlicht, wie das Dispositiv der Kybernetik aus dem Ineinandergreifen von drei technischen Modellierungen entstehen konnte, jeweils verknüpft mit spezifischen Schlüsseltexten aus den frühen 1940er Jahren, die allesamt von Teilnehmern der Macy-Konferenzen verfasst waren:[256] So hatte erstens Claude Shannon ein mathematisches Modell digitaler Informationsübertragung entworfen, das sich auf Kommunikationsprozesse jeglicher Art verallgemeinern ließ. Zweitens modellierten Warren McCulloch und Walter Pitts neuronale Aktivität in einem logischen Kalkül und ermöglichten damit eine analoge Beschreibung von Gehirn und Computer. Und drittens beschrieb Norbert Wiener gemeinsam mit Arturo Rosenblueth und Julian Bigelow das Modell eines durch Feedback kontrollierten Verhaltens, das ebenfalls für Maschinen und Organismen Gültigkeit beanspruchen sollte. Diese drei formalen Modelle der *Kommunikation*, der *Kalkulation* und der *Kontrolle,* die sich in ihren Geltungsansprüchen wechselseitig ermöglichten und stabilisierten, bildeten das Fundament aller weiteren kybernetischen Technisierung. Ihr Ineinandergreifen konstituierte ein Dispositiv, in dem ein neuer Typ von Technizität hervortreten konnte: Nicht zufällig waren „Communication“, „Calculation“ und „Control“ jene Funktionen, die im digitalen Computer zu einer einzigen universellen Maschine verschaltet wurden.[257] Im Folgenden soll die heuristische Unterscheidung in drei technische Problemfelder zunächst für eine eingehendere Auseinandersetzung mit den entsprechenden Modellierungen genutzt werden. In den späteren Kapiteln wird daran anknüpfend die Frage aufgeworfen, wie ky-

255 Vgl. zur Kognitionswissenschaft Dupuy 2000; zur Molekularbiologie Kay 2002. Zur „Universalisierung“ der Kybernetik und ihrer Strategien vgl. Bowker 1993.

256 Vgl. Pias, 2004a, S. 13ff.

257 Vgl. Edwards 1997, S. 66.

bernetische Theorie und Technologie in Verfahren politischer Steuerung und Regelung wirksam werden konnte.

3.1 Kommunikation

> „Kurz, die neuere Untersuchung der Automaten, ob aus Metall oder aus Fleisch, ist ein Zweig der Nachrichtentechnik, und ihre Hauptbegriffe sind jene der Nachricht, Betrag der Störung oder ‚Rauschen' – ein Ausdruck, übernommen vom Telefoningenieur –, Größe der Information, Kodierverfahren und so fort."
> (Norbert Wiener)[258]

Die Formalisierung eines mathematisch präzisen Konzepts der Kommunikation bildete eine erste Säule des kybernetischen Dispositivs. Kybernetische Systeme – ob Maschinen oder Organismen – wurden stets als Kommunikationssysteme begriffen, die sich durch Kapazitäten zum Versenden, Empfangen und Verarbeiten von Informationen auszeichneten. Auch wenn Norbert Wiener zeit seines Lebens eine Mitautorschaft beanspruchen sollte, blieb die Entwicklung einer entsprechenden Theorie im Wesentlichen mit den Leistungen Claude E. Shannons verbunden. Shannon war seit 1941 als Mathematiker und Ingenieur bei den AT&T Bell Laboratories tätig und dort mit technischen Problemen der Signalübertragung befasst gewesen. Seit Längerem hatte er die Ausarbeitung einer allgemeinen Theorie der Kommunikation ins Auge gefasst, mit der sich der Informationsgehalt einer Nachricht unabhängig vom spezifischen Trägermedium mathematisch bestimmen lassen sollte: „Off and on", hieß es in einem auf den 16. Februar 1939 datierten Brief an seinen ehemaligen Arbeitgeber Vannevar Bush, „I have been working on an analysis of some of the fundamental properties of general systems for the transmission of intellegence [sic!], including telephony, radio, television, telegraphy etc."[259] Shannon dürfte sich der Doppeldeutigkeit seiner Formulierung bewusst gewesen sein: „Off and on" meinte eben nicht nur „hin und wieder", sondern bezeichnete darüber hinaus genau jene elementare Differenz von „Aus" und „An", auf die in seinen Augen eine allgemeine Theorie der Kommunikation zu gründen war.

Eine zusätzliche Pointe erhielt dieses Wortspiel, weil sich die technische Behandlung des Kommunikationsproblems gerade nicht mit Ambivalenzen und Doppeldeutigkeiten der Sprache befassen konnte, sondern auf eine nüchterne Analyse der effizienten Übertragung von Signalströmen beschränkt blieb. Interpretation war nicht die Sache eines Ingenieurs, die „semantischen Aspekte (...)

258 Wiener [1948] 1968, S. 67.
259 Shannon z.n. Siegert 2003, S. 10.

irrelevant für das technische Problem".[260] Eine mathematische Theorie der Kommunikation hatte sich nicht für die „Bedeutung" der Botschaften zu interessieren, sondern für die Ökonomie ihres Transports: Wie ließ sich die maximale Übertragungskapazität eines Kanals mit mathematischer Präzision bestimmen? Wie ließen sich darin Signale mit kleinstmöglichem Aufwand und größtmöglicher Effizienz übertragen? Und wie ließen sich mögliche Störquellen eliminieren oder kompensieren, um eine exakte Reproduktion der Nachricht zu gewährleisten? Aus einer technischen Perspektive bestand das Ausgangsproblem mit anderen Worten schlicht darin, „an einer Stelle entweder genau oder annähernd eine Nachricht, die an einer anderen Stelle ausgewählt wurde, wiederzugeben."[261]

Die mathematische Perspektive machte es erforderlich, sämtliche „psychologischen"[262] Aspekte des Kommunikationsvorgangs zu ignorieren und stattdessen ein quantitatives und objektiv bestimmbares Maß der Übertragung einzuführen. Zu diesem Zweck definierte Shannon Kommunikation als einen Prozess, bei dem ein Sender aus einem Vorrat möglicher Nachrichten eine Auswahl traf, die anschließend durch einen Kanal geleitet und auf Empfängerseite reproduziert wurde. Kommunikation war folglich nur als Selektion denkbar, was bedeutete, dass die elementare Maßeinheit als Aktualisierung einer möglichen Differenz bestimmt werden musste. Im einfachsten Fall hatte man es mit der Wahl zwischen zwei Alternativen zu tun, und damit mit jenen „binary digits", die John W. Tukey in einem folgenreichen Neologismus als „bits" abgekürzt hatte.[263] Die Kapazität eines Kanals ließ sich dann anhand der Anzahl zweiwertiger Unterscheidungen messen, die in einer festgelegten Zeitspanne übertragen werden konnten. Die Modellierung der Kanalkapazität als logarithmischer Funktion zur Basis 2 war nicht nur unter mathematischen Gesichtspunkten attraktiv, sondern hatte auch den technischen Vorzug, dass durch eine binäre Kodierung „ein Signal mit hoher Qualität selbst dann erhalten werden [kann], wenn Rauschen und Störungen so stark sind, daß lediglich die Anwesenheit jedes Pulses erkennbar ist."[264] Aus rein pragmatischen Gründen sollte Kommunikation fortan also nicht nur diskret, sondern binär konzeptualisiert werden: In einem endlichen und klar spezifizierten Zeichensystem ließ sich jede Nachricht auch als eine Kette zweiwertiger Unterscheidungen schreiben, als Sequenz von 0en und 1en, „off and on".

260 Shannon, [1948] 2000a, S. 9.
261 Ebd.
262 Auf diese Notwendigkeit hatte Ralph Hartley, ein Kollege Shannons bei den AT&T Bell Laboratories, bereits 1928 hingewiesen, vgl. Hartley 1928, S. 536.
263 Vgl. Shannon [1948] 2000a, S. 10.
264 Shannon [1948], 2000b, S. 235.

Die mathematische Theorie der Kommunikation war damit als eine statistische Theorie definiert, die nicht mit Gewissheiten, sondern mit Wahrscheinlichkeiten zu rechnen hatte. Das Spezifikum einer Nachricht lag gerade darin, dass auf Empfängerseite nicht schon vorher bekannt war, welche der Aktualisierungen vom Sender aus dem Vorrat möglicher Zeichen ausgewählt wurde. Im einfachsten Fall einer binären Unterscheidung hatte man es mit zwei gleichwahrscheinlichen Alternativen zu tun, die über einen je identischen Informationsgehalt verfügten. Je unwahrscheinlicher eine mögliche Selektion, desto höher ihr Informationswert im Falle einer tatsächlichen Aktualisierung. Wo hingegen gar keine Überraschungen möglich waren, konnte von Kommunikation im Grunde keine Rede sein: „Die Übertragung von Information", so hieß es lapidar bei Wiener, „ist nur als eine Übertragung von Alternativen möglich. Wenn nur *ein* Zustand übertragen werden soll, dann kann er höchst wirksam und mit geringstem Aufwand durch das Senden von überhaupt keiner Nachricht übertragen werden."[265] Erst wo eine unvermeidliche, aber präzise definierte Ungewissheit auf Seiten des Empfängers ins Spiel kam, begann der Einzugsbereich mathematisch-statistischer Kommunikationstheorie.

Insofern der Informationsgehalt einer Botschaft also am „Grad unserer Überraschung"[266] zu bemessen war, hatte es Shannons mathematische Theorie laufend mit Kontingenzen zu tun, die aber ihrerseits für den Akt der Kommunikation selbst konstitutiv waren. Diese Ungewissheiten blieben genau so lange unproblematisch, wie sie im Rahmen eines klar strukturierten Raums von Möglichkeiten auftraten, in dem sich das Erscheinen einer Nachricht zwar nicht mit Gewissheit vorhersagen, aber statistisch beschreiben und berechnen ließ: „Das System muß so konstruiert werden, daß es für jede mögliche Auswahl funktioniert und nicht nur für diejenige, die tatsächlich getroffen wurde, da diese zum Zeitpunkt der Konstruktion unbekannt ist."[267] Eine andere Form der Ungewissheit hingegen galt es um jeden Preis zu vermeiden: Störungen in Form eines „Rauschens", welches die Nachrichten im Übertragungsprozess so veränderte oder verzerrte, dass die vom Empfänger dekodierte Nachricht unter Umständen nicht mehr mit der vom Sender ausgewählten identisch war. Shannon widmete einen nicht unbeträchtlichen Teil seiner mathematischen Kommunikationstheorie der Erörterung von Strategien, um „Information so zu übertragen, daß das Rauschen optimal bekämpft werden kann."[268] Bei entsprechender Kanalkapazität war es etwa möglich, durch das Mitsenden von Redundanzen oder Prüfsum-

265 Wiener [1948] 1968, S. 31.
266 Kittler 2009, S. 163.
267 Shannon [1948] 2000a, S. 9.
268 Ebd., S. 42.

men über einen „Korrekturkanal“ die Fehlerrate auf einen Bruchteil zu reduzieren.[269]

Die mathematische Theorie der Kommunikation unterschied folglich zwei Quellen der Kontingenz, von denen die eine als „Rauschen“ ausgeschlossen und technisch eliminiert werden sollte, während die andere als „Information“ auf spezifische Weise herzustellen war. Das erforderte die Einrichtung eines Kanals, in dem nicht das konkrete Auftreten, aber der Auswahlbereich möglicher Nachrichten im Vorfeld festgelegt und technisch standardisiert wurde: Nur wenn Sender und Empfänger mit dem gleichen Code operierten, das gleiche Alphabet oder Zahlensystem verwendeten, ließ sich die Selektion der einen Seite auf der anderen auch als Information lesen. Die technische Formatierung des Mediums musste jeglicher konkreten Formbildung vorausgehen: „Language must be designed (or developed) with a view to the totality of things that man may wish to say.“[270] Dieser systemische Blick war für das kybernetische Kommunikationsverständnis maßgeblich: Er zielte auf die Herstellung einer Konnektivität zwischen Sender und Empfänger durch die Strukturierung eines Raumes, in dem eine geordnete und gegen Störungen gesicherte Übertragung kontingenter Selektionen möglich wurde.

In dieser für ein technisches Dispositiv charakteristischen Verschränkung von Ermöglichung und Ausschluss ließ die Kommunikationstheorie eine spezifische Form von „Freiheit“ als kontrollierter und technisch produzierter Wahlfreiheit hervortreten. Was sich auf Seiten des Empfängers als Ungewissheit niederschlug, resultierte schließlich aus den Entscheidungsspielräumen des Senders, eine beliebige Nachricht aus dem Vorrat auswählen zu können. Ein Kommunikationsmedium zeichnete sich dadurch aus, diese Spielräume zugleich zu eröffnen und zu strukturieren. Weil der Informationswert einer Nachricht im Regelfall mit der Größe des Entscheidungsspielraums anstieg, schloss ein der Kybernetik zugewandter Philosoph daraus, dass „Information jederzeit äquivalent dem Grad der Freiheit ist, der im Prozeß der Kommunikation bei Auswahl einer Mitteilung zur Verfügung steht.“[271] Je höher die Anzahl möglicher Alternativen des Senders, desto größer war dessen Wahlfreiheit und desto höher umgekehrt der Informationsgehalt auf Empfängerseite im Falle einer tatsächlich erfolgenden Selektion.

Weil sich mit wachsender Unwahrscheinlichkeit einer Nachricht ihr Informationsgehalt erhöhte, konnte Shannon seine mathematischen Formeln in Analogie zu den Entropiegleichungen Ludwig Boltzmanns formulieren, mit denen sich der Grad an Zufälligkeit in einem thermodynamischen System bestimmen

269 Ebd., S. 44.
270 Shannon/Weaver 1949, S. 27.
271 Günther 1963, S. 34.

ließ.[272] In strukturschwachen Systemen mit hoher Entropie waren einzelne Ereignisse weniger vorhersehbar und hatten entsprechend einen höheren Informationswert. Weil das aber umgekehrt bedeutete, dass mit jeder getätigten Selektion Ungewissheit reduziert und Struktur aufgebaut wurde, ließ sich „Information" als „negative Entropie", und damit nicht nur als Maß von „Freiheit", sondern zugleich als Maß der Organisiertheit eines Systems verwenden, wie vor allem von Wiener betont wurde: „Genau so wie Entropie dazu neigt, sich in einem geschlossenen System spontan zu vermehren, neigt Information dazu, abzunehmen. Genau so wie Entropie ein Maß der Unordnung ist, ist Information ein Maß der Ordnung."[273] Das bedeutete nicht weniger, als dass der Erhalt von Ordnung an die Produktion von Informationen gekoppelt wurde, welche ihrerseits nur durch gezielte Anstrengung zu erreichen war. Angesichts des drohenden entropischen Kältetods des Universums zögerte Wiener nicht, in der Erzeugung und Sicherung von Kommunikationsbeziehungen eine dringliche Menschheitsaufgabe von geradezu geschichtsphilosophischer Dimension zu erkennen. Mit eindringlichem Pathos wurde der Dämon der Entropie der ordnungsbildenden Kraft der Kommunikation gegenübergestellt: „We are swimming upstream against a great torrent of disorganization which tends to reduce everything to the heat-death of equilibrium and sameness described in the second law of thermodynamics. (...) we live in a chaotic moral universe. In this, our main obligation is to establish arbitrary enclaves of order and system".[274]

Plausibel wurde diese Interpretation nicht zuletzt im Kontext biologischer Überlegungen, die in ähnlicher Weise eine Organisiertheit lebender Systeme gegenüber den entropischen Verfallstendenzen der Natur abzugrenzen pflegten. In einer für die Entwicklung der Genetik maßgeblichen Abhandlung mit dem Titel „Was ist Leben?" hatte Erwin Schrödinger nicht nur erstmals die Idee eines „genetischen Codes" umrissen, sondern „Leben" zugleich als antientropisches Phänomen definiert: „Das, wovon ein Organismus sich ernährt, ist negative Entropie."[275] Die strukturerhaltende Kraft des Lebens fiel damit mit jener physikalischen Größe in eins, die Shannon als „Information" bezeichnet hatte und deren Gehalt sich mathematisch präzise bestimmen ließ. In der mathematischen Kommunikationstheorie ließen sich so die formalen Bedingungen ausmachen, unter denen nicht nur der Erhalt einer abstrakten „Ordnung", sondern in gewisser Weise der Erhalt des Lebens selbst gewährleistet werden konnte: Durch die Herstellung von Konnektivität, den Ausschluss von entropischem Rauschen und die geordnete Produktion von Differenz.

272 Shannon [1948] 2000a, S. 26ff.
273 Wiener [1950] 1952, S. 118.
274 Wiener 1956, S. 324.
275 Schrödinger [1944] 1989, S. 126.

Binnen kürzester Zeit war so aus einer nüchternen Studie zur Signaloptimierung eine allgemeine Theorie der Übertragung, Organisation und Strukturbildung von nahezu metaphysischem Ausmaß entstanden. Eine Theorie der „Freiheit", der „Ordnung" und in letzter Instanz eine Theorie des „Lebens" selbst. Entscheidend für diese Verallgemeinerbarkeit war die Hypothese, dass „Information" eben nicht nur in technischen Kommunikationskanälen zirkulierte, sondern neben Materie und Energie eine dritte und eigenständige physikalische Größe bezeichnete, die überall dort anzutreffen war, wo im weitesten Sinne von „Organisation" die Rede sein konnte: „Von den verschiedenen Betrachtungsweisen der Welt", so Wiener, „ist eine der interessantesten die, sie sich aus *Schemata* [*patterns*] zusammengesetzt zu denken. Ein *Schema* ist im wesentlichen eine Anordnung. Es ist charakterisiert durch die Ordnung der Elemente, aus denen es gebildet ist, und nicht durch die innere Natur dieser Elemente."[276] Was den kybernetischen Blick auszeichnete, war eben dieses Interesse an *pattern recognition* – einer Erkenntnis von diskreten Mustern und Organisationsstrukturen in verschiedensten Wirklichkeitsbereichen, die nun in einer einheitlichen Theorie als Informationsordnungen beschrieben werden konnten. „Die Welt", schrieb Max Bense unter dem unmittelbaren Eindruck von Shannons Theorie, „ist also als Inbegriff aller Signale, bzw. als Inbegriff aller Signalprozesse zu betrachten."[277]

Die kybernetische Perspektive war dabei nicht unbedingt naturalisierend zu verstehen,[278] sondern resultierte primär aus einem Interesse an der Konzeptualisierung operativer Strukturen und Prozesse. Auch wenn die Unterstellung einer diskret verfassten Welt der Signalströme letztlich nicht mehr als ein „human artifact for the sake of description"[279] darstellen mochte, konnte sie unter technologischen Gesichtspunkten eine eigene Produktivität entfalten. In der Hypostase der Information erschienen mannigfaltige Phänomene als in basale Differenzen zerlegbar, um sodann in einer vereinheitlichten Formensprache auf neue Weise rekombinierbar zu werden.[280] Als normierte Informationsordnungen wurden verschiedenste Typen von „Systemen" einer technischen Verarbeitung, Verschaltung und Manipulation zugänglich. Tradierte Grenzziehungen zwischen ontologischen Entitäten begannen zu verschwimmen, wo diese nicht hinsichtlich ihrer materialen Verfasstheit, sondern unter Aspekten ihrer systemi-

276 Wiener [1950] 1952, S. 15.

277 Bense, 1969, S. 20.

278 Wenngleich, wie bereits erwähnt, Tendenzen einer solchen Naturalisierung immer wieder auszumachen waren. Vgl. mit Blick auf den Informationsbegriff kritisch: Janich 2006, 213ff.

279 So John von Neumann 1950 mündlich im Rahmen einer Macy-Konferenz in Pias (Hrsg.) 2004, S. 182.

280 Zur „kybernetischen Ökonomie des Digitalen" vgl. Pias 2004b.

schen Organisation und Ordnung betrachtet wurden. Wo Information gleichermaßen in Nervengewebe wie in Silizium eingeschrieben war, erschien letztlich auch der Mensch nur als eine „ziemlich spezielle Art von Gerät".[281] Umgekehrt musste „Kommunikation", nachdem sie von allen semantischen Aspekten befreit und als Übertragung diskreter Differenzen reformuliert wurde, nicht länger eine dem Humanen oder Organischen vorbehaltene Domäne sein. Zwar definierte Wiener den Menschen als „ein Tier, welches spricht", er wies aber zugleich darauf hin, „daß Sprache nicht eine ausschließlich dem Menschen vorbehaltene Eigenschaft ist, sondern eine, die er bis zu einem gewissen Grade mit den von ihm entwickelten Maschinen teilt."[282] Weil Mensch und Maschine aus Sicht der Kybernetik gleichermaßen im Medium des Digitalen operierten, sollten sie sich als wechselseitig aneinander anschließbar erweisen.

Wenn der Einfluss von Shannons Theorie nicht nur auf die Entwicklung der Signal- und Computertechnik, sondern auch für eine kybernetische Epistemologie im Allgemeinen kaum überschätzt werden kann, dann weil sie zugleich größtmögliche Verallgemeinerbarkeit und mathematische Präzision versprach. Warren Weaver, dem eine wichtige Rolle in der Popularisierung der Theorie zukam,[283] unterstrich die Weite der potentiellen Anwendungsfelder, die von einer solchen Präzisierung profitieren konnten. Die mathematische Theorie der Kommunikation sei „so general that one does not need to say what kinds of symbols are being considered – whether written letters or words, or musical notes, or spoken words, or symphonic music, or pictures. The theory is deep enough so that the relationships it reveals indiscriminately apply to all these and other forms of communication."[284] Auch soziale Zusammenhänge ließen sich folglich als Informationsordnungen erfassen und beschreiben. Gerade die aus behavioristischer Sicht notorisch unscharfen Konzepte der Geistes- und Sozialwissenschaften konnten, so die Erwartung, von der mathematischen Exaktheit einer allgemeinen Theorie der Kommunikation profitieren.

Dass diese Erwartungen nicht gänzlich aus der Luft gegriffen waren, zeigte nicht zuletzt die intensive Rezeption von Shannons Theorie in Linguistik (Jakobson), Ethnologie (Levi-Strauss), Psychoanalyse (Lacan) oder Ästhetik (Ben-

281 Wiener [1950] 1952, S. 81.

282 Ebd., S. 78.

283 Shannon hatte seine Untersuchungen zunächst 1948 im hauseigenen *Bell Systems Technical Journal* unter dem Titel „A Mathematical Theory of Communication" veröffentlicht. Nur ein Jahr später folgte eine Buchpublikation, die mit einer kleinen, aber suggestiven Änderung als „*The* Mathematical Theory of Communication" (Shannon/Weaver 1949) erschien. Weaver, Direktor der Rockefeller Foundation, hatte Shannons Text dort eine ausführliche Einleitung vorangestellt, in der er die Anwendungsmöglichkeiten der mathematischen Theorie in allgemeinverständlicher Form darzulegen suchte.

284 Shannon/Weaver 1949, S. 25.

se). Vorübergehend war so mit der mathematischen Kommunikationstheorie tatsächlich ein Medium der Kommunikation entstanden, eine Art „trading zone“,[285] in der verschiedene Wissenschaftsdisziplinen in Dialog traten, um ihre begrifflichen Grundlagen einer Revision zu unterziehen. Wenngleich manche Kritiker in der Vernachlässigung semantischer Aspekte eine technizistische Verkürzung auszumachen glauben, so lagen die eigentlichen Machteffekte des neuen Modells der Kommunikation doch eher in der freigesetzten Produktivität. Eine Neuperspektivierung nicht zuletzt auch sozialwissenschaftlicher und gouvernementaler Problemstellungen war möglich geworden. Shannon selbst waren solche Verwendungen im Übrigen eher fremd geblieben: Wenige Jahre nach Veröffentlichung seiner Theorie protestierte er vehement gegen die in seinen Augen allzu losen Übertragungen und Adaptionen.[286] Zu diesem Zeitpunkt hatte sich die Rezeption jedoch bereits weitgehend verselbstständigt: “The comprehensiveness of the theory is undoubted“, konstatierte eine populärwissenschaftliche Einführung von 1959: „It applies to all possible relationships between identifiable elements in all possible systems. It can be used for social situations of every kind.“[287]

3.2 Kalkulation

> „What is a number that a man may know it; and a man, that he may know a number?“
> (Warren McCulloch)[288]

„Können Maschinen denken?“ – Diese Frage eröffnete 1950 einen in der Zeitschrift *Mind* publizierten Aufsatz mit dem Titel „Computing Machinery and Intelligence“.[289] Und die Antwort lautete, dem Verfasser Alan Turing zufolge, zunächst einmal: Es kommt darauf an. Die Frage sei nämlich im Grunde nicht seriös zu beantworten, so lange keine exakte Definition dessen existierte, was mit dem schwammigen Begriff des „Denkens“ überhaupt gemeint sein könnte.

---

285 Vgl. zum Begriff Galison 1997b, S. 781ff.; zur Informationstheorie als „trading zone“ auch Siegert 2007, S. 6.

286 1956 schrieb Shannon in einem Editorial mit dem Titel „The Bandwagon“: “Starting as a technical tool for the communication engineer, it has received an extraordinary amount of publicity in the popular as well as the scientific press. In part, this has been due to connections with such fashionable fields as computing machines, cybernetics, and automation; and in part, to the novelty of its subject matter. As a consequence, it has perhaps been ballooned to an importance beyond its actual accomplishments.” (Shannon 1956, S. 3)

287 George 1959, S. 58.

288 McCulloch 1974, S. 5.

289 Turing [1950] 1987a.

Wie sollte eine Maschine etwas reproduzieren, von dem niemand sagen konnte, was es war? Einstweilen war für Turing das interessantere Problem, ob sich eine Apparatur entwickeln ließ, die einen Denkvorgang soweit imitieren konnte, dass ein menschlicher Konversationspartner von ihrer Intelligenz überzeugt sein musste.[290] Weil eine solche Maschine um 1950 zumindest in den Horizont des Möglichen gerückt war, zeigte sich der Autor überzeugt, dass man „in ca. 50 Jahren (...) widerspruchslos von denkenden Maschinen reden kann, ohne mit Widerspruch rechnen zu müssen."[291] Auch das war Teil einer kybernetischen Epistemologie des „Als-ob": Nicht der möglichst exakten Reproduktion eines tatsächlichen Denkvorgangs galt das Interesse (dieses Problem erschien Turing vielmehr „bedeutungslos"[292]),sondern einer Simulation, die den Ansprüchen eines Beobachters genügen konnte.

Die mögliche Überblendung von automatisierter Rechentechnik und menschlichem Denken bildete eine zweite zentrale Hypothese des kybernetischen Dispositivs. Demnach ließen sich die ersten digitalen Großrechner als „Denkmaschinen" begreifen, und umgekehrt das Gehirn als biologische Computerarchitektur. Plausibel erschien diese Analogie angesichts der rasanten Fortschritte auf dem Feld der Computertechnik, die nicht zuletzt durch Turings eigene Arbeiten ermöglicht worden waren. Mit dessen Beschreibung einer Universalmaschine, die nicht nur eine spezielle, sondern sämtliche möglichen Rechnungen durchführen konnte, avancierte diese Maschine zum Medium mathematischer Rationalität schlechthin: Kein logischer Gedanke, der nicht auch von einem Computer gedacht werden konnte. Zwar existierte bis zu diesem Zeitpunkt bereits eine reichhaltige Tradition metaphorischer Assoziation von Gehirn und technischem Artefakt[293] und ebenso hatte bereits die rationalistische Philosophie des 17. Jahrhunderts eine enge Beziehung von idealer Vernunft und mathematischer Berechenbarkeit postuliert.[294] Dass aber tatsächlich eine *funktionale* Äquivalenz von technischem Prozessieren und menschlichem Denken ausgemacht werden könnte, war doch einigermaßen unerhört und nicht nur in Turings Augen „häretisch".[295] Erst in einer Rechentheorie, die von allen materiellen Implementierungen abstrahierte und ein idealtypisches Medium mathematischer Operativität entwarf, wurde es möglich, in diesem Medium zugleich einen Raum des Denkens selbst auszumachen.

290 Ebd., S. 149ff.
291 Ebd., S. 160.
292 Ebd., S. 160.
293 Vgl. Boden 2006.
294 Vgl. Krämer 1991.
295 Vgl. Turing 1987b; Zum Übergang von struktureller Analogie zu funktionaler Äquivalenz vgl. Borck 2005, S. 292.

Turings 1936 veröffentlichte, bahnbrechende Arbeit „On Computable Numbers, with an Application to the Entscheidungsproblem“ bildete den Ausgangspunkt für alle weiteren Versuche, die Frage nach dem Denken als Frage nach der Technik zu stellen. Die dort vorgenommene Beschreibung einer hypothetischen Maschine, die mit wenigen basalen Operationen alle berechenbaren Zahlen berechnen konnte (und damit eine exakte Definition von „Berechenbarkeit“ erst zur Verfügung stellte), nahm schließlich ihren Ausgangspunkt in der Abstraktion von einer menschlichen Tätigkeit: Wenn vor 1950 von „Computern“ die Rede war, so waren damit die (zumeist weiblichen) Angestellten in Militär und Industrie bezeichnet, die händisch Geschossflugbahnen berechneten oder Kostenkalkulationen überprüften. Turings Versuch einer Formalisierung dieser Tätigkeiten setzte nun mit der Frage an, inwiefern ein Mensch, „ausgestattet mit Papier, Bleistift, Radiergummi und strikter Disziplin unterworfen“ sich nicht auch „mit einer Maschine vergleichen“[296] ließ. Eine solche Maschine musste mit einem Schreib/Lese-Kopf ausgestattet sein, diskrete Symbole von einem Speicherband lesen und abhängig von ihren internen Zuständen Transformationsregeln ausführen können (ein bestehendes Symbol löschen, ein neues Symbol schreiben, das abzutastende Band um ein Feld nach links oder rechts verschieben und/oder den internen Zustand aktualisieren).[297] Turing konnte nicht nur zeigen, dass sich mit diesen elementaren Operationen jede algorithmisch lösbare Rechenaufgabe lösen ließ, sondern auch, dass die dafür jeweils notwendigen Verhaltensregeln mit auf dem Speicherband kodiert werden konnten.[298] Damit war eine einzige Rechenmaschine denkbar geworden, die alle anderen simulieren konnte: „Die Bedeutung der universalen Maschine ist klar. Wir brauchen nicht unzählige unterschiedliche Maschinen für unterschiedliche Aufgaben. Eine einzige wird genügen.“[299]

Diese universale Maschine fungierte nicht nur als theoretische Grundlegung des modernen Computers, sondern sollte fortan auch als ein spezifisches Modell des Denkens einstehen können. Da die Maschine in der Lage war, die kognitiven Leistungen eines menschlichen „Computers“ zu imitieren, ließ sich zumindest so lange von einer funktionalen Äquivalenz ausgehen, wie man dem Menschen jene „strikte Disziplin“ unterstellte, die für die technische Ausführung charakteristisch war: „Ein Gehirn oder eine Maschine in eine Universalmaschine zu verwandeln“, räumte Turing ein, „ist das Extrem von Disziplinie-

296 Turing 1987c, S. 91; S. 20.
297 Vgl. ebd., S. 21.
298 Grundlegend zum Entstehungskontext der Turingmaschine und der „Mechanisierung“ der Mathematik: Heintz 1993.
299 Turing, 1987d, S. 88.

rung.“[300] Setzte man diese voraus, ließ sich auch das menschliche Denken als schrittweises Abarbeiten eines „Regelbuch[s]“ und einer „Befehlsliste“[301] konzeptualisieren. Wo sich diese Regeln und Befehle mathematisch formalisieren ließen, konnten sie an Turings universale Maschine übertragen werden. Und insofern diese in der Ausführung zu identischen Ergebnissen kam, ließ sich nicht länger bestreiten, dass sie das Denken selbst zumindest erfolgreich imitierte. Das war der epistemologische Zirkelschluss, in dem Gehirn und Computer gleichermaßen als nur unterschiedliche Instantiierungen eines abstrakten Typs von Maschine verstanden werden konnten.

Dass dabei auch gravierende Unterschiede zwischen menschlichem und maschinellem Denken existierten, wollte der Mathematiker Turing nicht bestreiten. Schon Kurt Gödels Unvollständigkeitssatz hatte die Existenz logischer Aussagen nachgewiesen, die sich weder beweisen noch widerlegen ließen, und vor denen folglich auch die universale Maschine kapitulieren musste. Als Einwand gegen die grundlegende Möglichkeit einer technischen Intelligenz ließ Turing diesen Einwand jedoch nicht gelten: Eine Maschine, die sich vergeblich an unentscheidbaren Problemen abarbeitete, sei im Grunde kaum von der Zunft der Mathematiker zu unterscheiden, die über Jahrhunderte mit ungewissem Ausgang über ihren Theoremen brüteten.[302] Und ganz grundsätzlich war Unfehlbarkeit ja keineswegs eine notwendige Bedingung für die Vorhandenheit von Intelligenz – sonst hätte man auch nicht länger von „intelligenten“ Menschen sprechen dürfen. Nobody was perfect, und so wie der menschliche Rechner im Wettkampf mit der Maschine Geschwindigkeits- oder Gründlichkeitsdefizite aufwies, so unterlag eben die Maschine hinsichtlich jener menschlichen Intuition, die dabei helfen konnte, gelegentlich auch Unentscheidbares zu entscheiden. Diese Differenzen durften aber gerade nicht über die Schnittmenge von „mathematischen Funktionsanalogien“[303] hinwegtäuschen, die in Turings Augen zwischen Gehirn und Computer auszumachen waren.

In seinem Entwurf einer Universalmaschine hatte Turing die Frage materieller Implementierung konsequent ausgespart. Die Analogie zwischen Gehirn und Maschine basierte so gesehen auf einer doppelten Abstraktion: Einerseits sah sie von den tatsächlich im Gehirn ablaufenden neuronalen Prozessen ab und konzipierte das Denken als einen nach algorithmischen Regeln ablaufenden Rechenvorgang. Andererseits wurde die Imitation dieses rechnenden Denkens mit einer idealtypischen, von allen realtechnischen Friktionen befreiten Maschi-

300 Ebd., S. 110.
301 Turing, 1987a, S. 155.
302 Turing 1987b, S. 9.
303 Turing 1987a, S. 156.

ne erörtert. Diese „Papiermaschine“[304] diente einem formalen mathematischen Beweis und war nicht als Bauanleitung gedacht, weshalb etwa Fragen nach realen Grenzen der Verarbeitungs- und Speicherkapazitäten nicht problematisiert wurden – das Band in Turings Maschine war schlicht von unbegrenzter Länge. Ob und wie sich das abstrakte Gedankenexperiment in ein materiales Rechensystem überführen ließ, war aus Sicht des Mathematikers zunächst von sekundärem Interesse. Turings Programm war „die Konstruktion eines Gehirns ohne Körper“[305] und erst in dieser Abstraktion von jeglicher konkreten Materialität konnte sich das Modell der universalen Maschine für Neurophysiologen und Ingenieure gleichermaßen als produktiv erweisen.

Eine Einladung Warren McCullochs zu den Macy-Konferenzen in New York hatte Turing, der in Großbritannien lebte, ausgeschlagen.[306] Gleichwohl bildete das Modell der universalen Rechenmaschine einen zentralen Referenzpunkt der dortigen Diskussionen: „We considered“, lässt die abschließende Zusammenfassung der letzten Tagung verlauten, „Turing's universal machine as a ‚model‘ for brains, employing Pitts' and McCulloch's calculus for activity in nervous nets.“[307] Es war Warren McCulloch selbst, der gemeinsam mit dem jungen Mathematiker Walter Pitts eine Theorie des Denkens und der Wahrnehmung entworfen hatte, die bei Turings Überlegungen ihren Ausgangspunkt nahm. McCulloch und Pitts hatten eine formal-logische Modellierung neuronaler Aktivität unternommen, die auf die Entmystifizierung jenes „Geistes“ hinauslief, dessen gespenstische Konnotationen der Neurologe und Nobelpreisträger Charles Sherrington wenige Jahre zuvor hervorgehoben hatte: „Mind, for anything perception can compass, goes (...) in our spatial world more ghostly than a ghost. Invisible, intangible, it is a thing not even of outline; it is not a ‚thing‘.“[308] Für McCulloch, der unter dem Einfluss des logischen Positivismus an der Columbia University Philosophie und Psychologie studiert hatte, war eine solche Position inakzeptabel. An ihre Stelle setzte er eine Rechentheorie des Bewusstseins, die sich nun auf jene präzise Definition von „Berechenbarkeit“ stützen konnte, die Turing in „On Computable Numbers…“ vorgeschlagen hatte.

Während Turing die Frage der Berechenbarkeit zu einer Frage der Maschine erklärte, erprobten McCulloch und Pitts eine Umkehrung der Perspektive und

304 Zum Begriff vgl. Dotzler 1996.

305 Bolz, 1994, S. 12. Jedoch war Turing später in die Entwicklung von Rechenmaschinen wie der „Automatic Computing Engine“ (ACE) am britischen *National Physical Laboratory* involviert (vgl. Hodges 1983, S. 318ff).

306 Vgl. den Brief von Turing an McCulloch in Pias (Hrsg.) 2004, Dok. 63.

307 McCulloch [1953] 2003, S. 723.

308 Sherrington [1940] 1955, S. 266.

fragten nach physiologischen Dispositionen, die einem menschlichen Gehirn denselben Typus mathematischer Rationalität verfügbar machten. Insofern ein Mensch ebenfalls zum Rechnen und logischen Schlussfolgern in der Lage war, musste er über neuronale Mechanismen verfügen, die jene von Turing dargelegten Operationen durchführen konnten. Die Beschreibung dieser Mechanismen in einem 1943 veröffentlichten Aufsatz mit dem Titel „A Logical Calculus of Ideas Immanent in Nervous Activity"[309] umfasste 19 Seiten und gerade einmal drei noch dazu hoch ungewöhnliche Literaturverweise: Referenziert wurden *Die logische Syntax der Sprache* von Carnap, die *Grundzüge der theoretischen Logik* von Hilbert und Ackermann, sowie die *Principia Mathematica* von Russell und Whitehead. Weder psychologische noch biologische Untersuchungen sollten das Fundament der Erörterung bilden, sondern ein logischer Atomismus Russell'scher Prägung.

Einleitend umrissen McCulloch und Pitts den neurowissenschaftlichen Forschungsstand, nach dem sich ein Nervennetz als System von Neuronen, die durch Synapsen miteinander verbunden waren, begreifen ließ. Durch die Synapsen wurden reizende oder hemmende Signale übertragen, die bei Überschreitung eines Schwellwertes ein Neuron dazu brachten, seinerseits ein Signal abzugeben. McCulloch und Pitts beschrieben diese neuronale Aktivität als einen „all-or-none' process":[310] eine Zelle konnte nur entweder feuern oder andernfalls stumm bleiben. Analog zu Shannons mathematischer Theorie der Kommunikation war die basale psychische Größe als ereignishafte Aktualisierung einer zweiwertigen Differenz zu betrachten. Was bei Shannon „Bit" heißen sollte, erhielt von McCulloch die Bezeichnung „Psychon": Es sollte „für die Psychologie das sein, was ein Atom für die Chemie ist oder ein Gen für die Genetik."[311] Neuronen ließen sich folglich als digitale Schaltstellen begreifen, die binäre Unterscheidungen prozessierten. Jede Zelle empfing in diskreten Zeitabständen Impulse von ihren Nachbarzellen, die bei Überschreiten eines Schwellwertes als Steuerungsanweisung interpretiert wurden.

Die Pointe des Ansatzes von McCulloch und Pitts bestand darin, die neuronalen Operationen als „factually equivalent"[312] zu einem mathematischen Aussagenkalkül zu betrachten. Derart ließen sich die Zustandsvariablen einer Nervenzelle in der Notation Boole'scher Algebra auch als „wahr" (an/1) oder

---

309 McCulloch/Pitts 1943.

310 Ebd. S. 118.

311 McCulloch [1964] 2000a. S. 234. Dass Neuronen nur zwei Zustände kannten und sich ihre Aktivität folglich in einem binären Schema beschreiben lassen musste, war eine These, die bereits aus früheren Arbeiten Santiago Ramòn Cajals und dessen Schülers Rafael Lorente de Nó – ebenfalls Teilnehmer der Macy-Konferenzen – hervorging.

312 McCulloch/Pitts 1943, S. 117.

„falsch“ (aus/0) abbilden. Als symbolische Netze logischer Relationen modelliert, konnten kognitive Vorgänge auch mit Verfahren der Logik beschreiben und bearbeitet werden: „Thus in psychology, introspective, behavioristic or physiological, the fundamental relations are those of two valued logic.“[313] In einer eigenwilligen, an Carnap orientierten Notation skizzierten die Autoren logische Diagramme möglicher neuronaler Verknüpfungen und zeigten dabei, dass vier Operatoren[314] und eine Zeitvariable *t* ausreichten, um jede mögliche Proposition zu realisieren. Sah man von den Einschränkungen hinsichtlich begrenzter Speicher- und Verarbeitungskapazitäten ab, so ließ sich ein neuronales Netz als funktionsäquivalent zu Turings Universalmaschine betrachten: „It is easily shown: first, that every net, if furnished with a tape, scanners, connected to afferents, and suitable efferents to perform the necessary motor-operations, can compute only such numbers as can a Turing machine; second, that each of the latter numbers can be computed by such a net; (...) If any number can be computed by an organism, it is computable by these definitions, and conversely.“[315]

Jede innerhalb des menschlichen Gehirns entstehende „Idee“ war dann auf neuronaler Ebene als Effekt einer logischen Schaltung zu betrachten. Wenn Psychologie damit auch nicht gänzlich überflüssig geworden war, so musste sie im Lichte dieser Erkenntnis doch zumindest als Schaltalgebra reformuliert werden – oder in unwissenschaftliche Metaphysik zurückfallen: „[T]o psychology, however defined, specification of the net would contribute all that could be achieved in that field.“[316] In dieser Konzeptualisierung der Psyche als digitalem Schaltkreis wurde jene Abstraktion, die Turing gegenüber dem Denken unternommen hatte, um zu den formalen Spezifikationen einer idealtypischen Maschine zu gelangen, auf die neuronale Aktivität des Gehirns zurückgespiegelt. Dass es sich dabei um eine Idealisierung handelte, wurde von McCulloch und Pitts, die ihr neuronales Modell bewusst als „as impoverished as possible“[317] entworfen hatten, nicht bestritten. Bereitwillig räumten sie etwa ein, dass die Annahme einer über die Zeit konstanten Struktur der Nervennetze nicht der Realität entsprach. Zugleich hielten sie solche Abweichungen jedoch für vernachlässigbare Details, welche die grundlegende Hypothese einer funktionalen Äquivalenz von Gehirn und Rechenmaschine nicht schmälern konnten. Die

313 Ebd., 1943, S. 131.

314 Disjunktion, Konjunktion, Negation und der temporale Operator der „Präzession“ *(precession)*, vgl. ebd., S. 121.

315 Ebd., S. 129.

316 Ebd., S. 131.

317 McCulloch 1974, S. 11; vgl. auch Kay 2004; Piccinini, 2004, S. 191f.

logische Entzauberung des Geistes war damit vollbracht: „‚Mind‘ no longer goes ‚more ghostly than a ghost‘."[318]

Bei McCulloch und Pitts fungierte nun also das neuronale Netz eines Organismus als universelle logische Maschine. Aspekte, die über diese formale Modellierung hinausgingen, wurden bewusst vernachlässigt, so dass das Gehirn als eine „allenfalls (...) schlampige Instantiation der wahren Ideen einer reinen und schönen Schaltlogik"[319] erscheinen musste. Als produktiv erwies sich diese Abstraktion jedoch, weil sie weitere Übertragungen denkbar werden ließ: Die Verwendung Boole'scher Algebra zur Modellierung und Realisierung logischer Schaltungen war keineswegs auf neuronale Aktivität beschränkt, sondern ließ sich ebenso als Anregung verstehen, ein „denkendes" Netz auch realtechnisch zu implementieren.[320] Ein weiterer Teilnehmer der Macy-Konferenzen, der ungarische Mathematiker John von Neumann, sollte mit diesem Vorhaben ernst machen und in seinem 1945 in Princeton verfassten „First Draft of a Report on the EDVAC" ein Design für einen Elektronenrechner auf Digitalbasis vorschlagen. Von Neumann war durch einen Hinweis von Wiener auf den Aufsatz von McCulloch und Pitts gestoßen[321] und hatte die Möglichkeit erkannt, die dort beschriebenen Mechanismen durch den Einsatz realtechnischer logischer Gatter zu imitieren: „Following W.S. MacCulloch [sic!] and W. Pitts (...) we ignore the more complicated aspects of neuron functioning (...). It is easily seen, that these simplified neuron functions can be imitated by telegraph relays or by vacuum tubes."[322]

Von Neumann war in Los Alamos mit Berechnungen eines Zündmechanismus für die Wasserstoffbombe betraut und in diesem Zusammenhang auf den digitalen Elektronenrechner ENIAC aufmerksam geworden, den John Mauchly und Presper Eckert an der Universität von Pennsylvania entwickelten.[323] Durch die Verwendung von Vakuumröhren lag dessen Geschwindigkeit deutlich über der von vergleichbaren Rechenapparaten, wie dem von Howard Aiken in Har-

318 McCulloch/Pitts 1943, S. 132.

319 Pias 2004a, S. 13.

320 Claude Shannon hatte in seiner Masterarbeit „A Symbolic Analysis of Relay and Switching Circuits" 1937/38 ein Verfahren beschrieben, mit dem die Boole'sche Algebra zum Entwurf digitaler Schaltkreise genutzt werden konnte. Das Verfahren sollte ursprünglich der Optimierung elektromechanischer Analogrechner, wie etwa dem „Differential Analyzer" des Massachusetts Institute of Technology dienen. Das Modell neuronaler Netze ging mithin von nahezu identischen Prämissen aus wie Shannons Schaltalgebra. McCulloch zufolge waren ihm jedoch Shannons Überlegungen zum damaligen Zeitpunkt unbekannt – anders als die Arbeiten Turings, auf die er explizit Bezug nahm (vgl. Cordeschi 2002, S. 153).

321 Vgl. Boden 2006, S. 195. Ausführlicher zum Einfluss des McCulloch/Pitts-Modells auf von Neumann vgl. Schmidt-Brücken 2012, S. 214ff.

322 Von Neumann 1945, S. 5.

323 Zu Details vgl. Hagen 2004.

vard betriebenen MARK I. Von Neumann sah gleichwohl eine Schwäche des ENIAC darin, dass seine Programmierung hardwareseitig erfolgte und er entsprechend für jede Rechenaufgabe aufwändig neu verkabelt werden musste. Dahingegen sollten im Nachfolgemodell EDVAC, das von Neumann konzipierte, die Steuerungsinstruktionen gemeinsam mit den Daten in codierter Form in einem internen Speicher abgelegt werden. Erst durch diesen Schritt hin zur Speicherprogrammierung, der die bis heute geläufige „von Neumann-Architektur" begründete, wurde der Computer im eigentlichen Sinne programmierbar und Turings Vision einer Universalmaschine auch realtechnisch umgesetzt.

Zum Entwurf einer solchen Maschine griff von Neumann auf das Modell neuronaler Schaltungen zurück, das McCulloch und Pitts vorgeschlagen hatten. Der skizzierte Digitalcomputer sollte über einen arithmetischen Teil, einen Kontrollteil und einen Speicher verfügen, die jeweils mit den „associative neurons in the human nervous system"[324] korrespondierten. Von Neumann verwendete nun konsequent eine biologische Terminologie und sprach von „control organs" oder „memory organs", die durch eintreffende Reize aktiviert oder gehemmt wurden. Wenn, McCulloch und Pitts folgend, das Gehirn als logische Maschine begriffen werden konnte, ließen sich umgekehrt reale Rechenapparaturen auch nach neurophysiologischen Theorien entwerfen. Der durch von Neumann vollzogene Schritt hin zur Speicherprogrammierung ließ die Analogie von Computer und Bewusstsein noch plausibler erscheinen: Das „stored program"-Prinzip machte es denkbar, dass Computer flexibel zwischen verschiedenen Instruktionssequenzen wechseln konnten, also nicht mehr auf eine einzige Tätigkeit festgelegt waren. Mit der Möglichkeit zur internen Speicherung von Steuerungsbefehlen gewann die Maschine an Autonomie: Wo sie nicht mehr als reine Rechenapparatur, sondern als symbolverarbeitendes Medium fungierte, konnte sie potenziell deutlich komplexere Aufgaben ohne menschliche Eingriffe lösen.

In den analogen Konzeptualisierungen von Gehirn und Computer zeigten sich Anfang der 1940er Jahre die produktiven Wirkungen der kybernetischen Modellierungen. Ein idealtypisches Funktionsmodell wurde als Hypothese zwischen theoretischer Mathematik, Neurophysiologie und Ingenieurswissenschaft hin- und hergespiegelt und produzierte dort sowohl ein spezifisches technisches Steuerungswissen, wie auch eine Einebnung und wechselseitige Anschlussfähigkeit der verschiedenen Problembereiche. Die von Turing aufgeworfene Frage, ob Maschinen denken konnten, war nicht einfach „bedeutungslos", sondern vielmehr tautologisch geworden, wo das Denken selbst als maschineller Prozess verstanden wurde. Gehirn und Digitalcomputer wurden als je spezifische Instan-

324 Von Neumann 1945, S. 3.

tiierungen eines logischen Diagramms begriffen, als material unterschiedliche, aber strukturell und funktional analoge „Verkörperungen des Geistes".[325] Das formalisierte und auf mechanische Regeln gebrachte Denken ließ sich an Maschinen übertragen, die dann zugleich als Modelle menschlicher Rationalität einstehen konnten: Der Computer, formuliert Käte Meyer-Drawe treffend, erscheint „in dem Maße antropomorph, in dem sich der Mensch technomorph versteht."[326] In dieser Technomorphizität verwischten etablierte Grenzziehungen zwischen Organismus und Maschine und es entstanden zugleich neue Perspektiven auf den Menschen als möglichem Subjekt und Objekt eines technischen Bewirkens.

3.3 Kontrolle

> „Nachrichten können gesendet werden, um das Universum zu erkunden, aber sie können genauso gut mit der Absicht gesendet werden, das Universum zu kontrollieren."
> (Norbert Wiener)[327]

Während Claude Shannons mathematische Theorie der Kommunikation ein allgemeines Modell der Übertragung von Informationen entworfen hatte, wurde bei McCulloch und Pitts die Entstehung von „Ideen" auf basale logische Interaktionsprozesse zwischen Neuronen zurückgeführt. Ein dritter, grundlegender Technisierungsschritt, mit dem Verhaltensweisen lebender Organismen in maschinelle Prozesse überführbar gemacht werden sollten, betraf das Problemfeld einer „rückgekoppelten" Selbstkontrolle. Durch ihre Fähigkeiten zur Rezeption und Verarbeitung von Informationen waren Lebewesen schließlich in der Lage, ihr zweckgerichtetes Verhalten flexibel an veränderte Bedingungen anzupassen. Das galt für eine Pflanze, die sich entlang des Laufs der Sonne ausrichtete, ebenso wie für eine Katze, die eine flüchtende Maus verfolgte, oder einen Menschen, der Pläne abarbeitete und dabei auf wechselnde Umweltanforderungen reagierte. Indem die Kybernetik diese Verhaltensform durch einen Mechanismus der „Rückkopplung" oder des „Feedback" erklärte, ließ sie Maschinen denkbar werden, die solche Verhaltensformen imitierten und zu einem eigenständigen Ansteuern variabler Zielsetzungen in der Lage waren.

Im Grunde ließ sich die realtechnische Verwendung rudimentärer Rückkopplungsmechanismen bis zu den Schwimmreglern antiker Bewässerungssys-

325 McCulloch [1964] 2000b.
326 Meyer-Drawe 1996, S. 28.
327 Wiener z.n. Galison 1997a, S. 311.

teme zurückverfolgen.[328] Später kam solchen Reglern eine wichtige Funktion bei dem Betrieb von Dampfmaschinen zu, wo überschüssiger Dampfdruck bei Bedarf durch ein Sicherheitsventil abgelassen und so eine Explosion des Kessels verhindert werden konnte. James Clerk Maxwell hatte die Funktion eines solchen technischen Reglers bereits 1868 mathematisch beschrieben und untersucht. Den sogenannten „governor" definierte er als „a part of a machine by means of which the velocity of the machine is kept nearly uniform, notwithstanding variations in the driving-power or the resistance."[329] Damit war ein technischer Mechanismus beschrieben, der durch die Korrektur von auftretenden Abweichungen einen definierten Gleichgewichtszustand aufrecht erhalten konnte. Zugleich beschränkte sich Maxwell jedoch auf die theoretische Modellierung von Differentialgleichungen zur Beschreibung der Geschwindigkeitsregulation. Erst in der Kybernetik trat die Vorstellung einer abstrakten Beschreibung von Rückkopplungssystemen hervor, aus denen ein allgemeines Diagramm des „Verhaltens" – gültig für Lebewesen und Maschinen – gewonnen werden sollte.[330]

Im Mai 1942 stellte der Neurophysiologe Arturo Rosenblueth auf einer Konferenz Ergebnisse seiner Zusammenarbeit mit Norbert Wiener und Julian Bigelow vor. Rosenblueth sprach von „teleologischen" Verhaltensformen, die sich einer linear-mechanistischen Modellierung bislang zu entziehen schienen: Gemeint war ein Typus von Aktivität, bei dem das Verhalten an einem in der Zukunft liegenden, beweglichen Ziel ausgerichtet war. Zwar war unbestritten, dass sich solche Vorgänge bei Organismen beobachten ließen, sie waren jedoch ausgehend von den Prämissen der Newton'schen Physik nicht zufriedenstellend zu modellieren, weil sie in gewisser Weise unterstellten, dass die „Wirkung" des Verhaltens (das in der Zukunft liegende Ziel), der „Ursache" (des auf das Erreichen dieses Ziels gerichteten Verhaltens) zeitlich vorausging. Erklären ließ sich das Phänomen bislang folglich nur im Rekurs auf problematische, da im behavioristischen Sinne „unwissenschaftliche" Konzepte wie „Geist", „Wille" oder eben „Teleologie".

Rosenblueth hingegen berichtete von Versuchen, den diesem „intelligenten" Verhalten zugrunde liegenden Mechanismus zu formalisieren und einen bislang als „natürlich" verstandenen Prozess als „technisches" Problem zu behandeln. Das implizierte einmal mehr eine Verschränkung von Physiologie und Maschinentechnik, weshalb Rosenblueth, der mit Walter Cannon das biologische Phänomen der „Homöstase" von Organismen erforscht hatte, mit Norbert Wiener und seinem Assistenten Julian Bigelow, die in Cambridge an der Auto-

328 Vgl. Mayr 1969.

329 Maxwell 1868, S. 270.

330 Vgl. auch Galison 1997a, S. 318.

matisierung der militärischen Luftabwehr arbeiteten, kooperieren konnte. Wiener war ein regelmäßiger Gast in den von Rosenblueth an der Harvard Medical School ausgerichteten Diskussionsrunden, die sich Problemstellungen widmeten, welche „im Niemandsland zwischen den verschiedenen anerkannten Disziplinen vernachlässigt wurden."[331] Mit einer ähnlichen Intention wie bei den wenige Jahre später beginnenden Macy-Konferenzen wurde hier Möglichkeiten ausgelotet, im Dialog verschiedenster Fachgebieten zu allgemeinen Struktur- und Funktionsmodellen zu gelangen. Wiener sprach von einer „Erforschung dieser weißen Felder auf der Karte der Wissenschaften"[332]

Das technische Problem, mit dem sich Wiener und Bigelow unter Kriegsbedingungen konfrontiert sahen, lag in der Weiterentwicklung von Feuerleitsystemen zur Extrapolation der Flugkurven feindlicher Bomber.[333] Da ein vom Boden abgefeuertes Geschütz eine gewisse Zeitspanne zurücklegte, bevor es am Zielpunkt eintraf, musste der Schütze gewissermaßen in die Zukunft des Flugzeugs zielen. Mit wachsender Geschwindigkeit und Manövrierfähigkeit der Bomber war er dabei zunehmend auf technische Unterstützung angewiesen. Letztlich ergab sich, so Wiener, die Notwendigkeit, „alle notwendigen Rechnungen in die Regelungsapparatur selbst einzubauen"[334] und damit den Vorgang der Antizipation eines Bewegungsverlaufs zu automatisieren. Mit Hilfe des von Vannevar Bush betriebenen „Differential Analyzer", einem für die Lösung von Differentialgleichungen konzipierten Analogrechner, entwickelten Wiener und Bigelow ein Verfahren, dem Verlauf einer Flugkurve zu folgen und den potenziellen Kurs statistisch zu extrapolieren. Es ging mit anderen Worten um die „Untersuchung eines mechanisch-elektrischen Systems (...), das für die Übernahme einer spezifisch menschlichen Funktion entwickelt wurde – (...) für das Vorhersagen der Zukunft."[335]

Gemessene Abweichungen vom erwarteten Kurs sollten dabei in weitere Berechnungen mit einbezogen werden, so dass das Leitsystem seine Prognosen laufend selbst korrigierte. In diesem kontinuierlichen Abgleich von Soll- und Ist-Wert, aus dessen Differenz eine Korrektur des eigenen Verhaltens hervorging, lag das Grundprinzip eines Feedback- oder Rückkopplungsmechanismus. Der „Output" eines Systems löste eine Veränderung der Gesamtsituation aus, die dann als „Input"-Information wieder ins System gespeist wurde, wo das Verhalten angepasst und ein entsprechend veränderter „Output" produziert wurde. Ein rückgekoppeltes Verhalten ließ sich folglich nicht linear, sondern nur

331 Wiener [1948] 1968, S. 21.

332 Ebd., S. 22.

333 Eine detaillierte Darstellung dieser frühen Forschungen findet sich bei Galison 1997a.

334 Wiener [1948] 1968, S. 24.

335 Ebd., S. 26.

zirkulär modellieren: Jede Wirkung produzierte eine neue Ursache, die neue Wirkungen nach sich zog. Wo ein Schütze der Flugbahn eines feindlichen Flugzeugs folgte, und nach jedem Fehlschuss die registrierte Abweichung zu korrigieren suchte, war in den Augen von Wiener und Bigelow ein solcher Feedbackmechanismus am Werk, aber ebenso auf Seiten des feindlichen Piloten, der auf das registrierte Geschützfeuer mit Ausweichbewegungen reagierte. Im Versuch der Formalisierung dieses Verhaltens ließen Wiener und Bigelow die Grenzen zwischen Mensch und Maschine verschwimmen. In behavioristischer Abstraktion interessierten Schütze und Pilot lediglich hinsichtlich jener Aspekte, die für das Verhalten des Gesamtsystems relevant waren, oder wie Wiener formulierte: „Es ist wichtig, ihre Charakteristiken zu kennen, um sie mathematisch in die Geräte einbeziehen zu können, die sie bedienen.“[336] In mathematischer Hinsicht unterschieden sie sich aber nicht grundlegend von den Maschinen, die sie steuerten, und deren Beweglichkeit oder Schubkraft ebenso Auswirkungen auf das finale Verhalten hatten. Pilot und Flugzeug verschmolzen zu einem Feedbacksystem, Schütze und Geschütz zu einem zweiten.

Im Juli 1942 präsentierten Wiener und Bigelow einen Prototypen ihres „Anti-Aircraft-Predictor“ vor den Verantwortlichen des *National Defense Research Council*, Warren Weaver und George R. Stibitz, Die Maschine war zur statistischen Extrapolation von Zeitreihen in der Lage und verfügte über einen Feedback-Mechanismus zur eigenständigen Fehlerkorrektur. Verblüfft von der daraus resultierenden Autonomie der Maschine beschrieb Stibitz das Verhalten des Systems als „unheimlich“, und notierte in sein Arbeitsjournal: „Man muß zugeben, daß ihr statistischer Prädiktor Wunder vollbringt (...). Ob es sich um nützliches oder nutzloses Wunder handelt, darüber ist sich W[arren] W[eaver] noch nicht im klaren.“[337] So sehr die Demonstration des Feedback-Mechanismus beeindruckte, so zahlreich waren die Hürden auf dem Weg bis zur Anwendungsreife: Zum Jahresende wurde die Entwicklung zugunsten einer einfacheren Apparatur eingestellt, die ohne Rückkopplungsmechanismus operierte. Zu diesem Zeitpunkt war Wiener jedoch längst überzeugt, dass seine Formalisierung von „Feedback“ in ihren Implikationen weit über militärische Anwendungen hinaus reichte.

Vielleicht waren es die Diskussionen an der Harvard Medical School, durch die Wiener auf die Frage stieß, inwiefern das Modell eines rückgekoppelten Regelungsmechanismus auch für eine Beschreibung biologischer und physi-

336 Ebd., S. 26.

337 Stibitz z.n. Galison 1997a, S. 296. Galison verweist zudem auf Stanley Cavells philosophische Untersuchungen zum „Unheimlichen“, das gerade durch die Ungewissheit entstehe, „ob man es mit einem unbelebten Objekt oder mit einem lebendigen Geist zu tun hat.“ (ebd., S. 296)

ologischer Prozesse Verwendung finden konnte. In jedem Fall erkundigte sich Wiener bei Rosenblueth, ob bei Lebensformen ein Äquivalent zu einer spezifischen Form technischer Störung existierte, die er bei seinen Versuchen mit Feedback-Maschinen beobachtet hatte. Wiener war aufgefallen, dass der Rückkopplungsmechanismus unter bestimmten Umständen seine Eigenaktivität permanent überkorrigierte, was sich in einer unkontrollierten (bzw. „überkontrollierten") Oszillation ausdrückte – daraus war die Notwendigkeit entstanden, die eintreffenden Signale angemessen zu „dämpfen". Tatsächlich verwies Rosenblueth auf einen aus der Neurophysiologie bekannten pathologischen Zustand, den sogenannten „Intentions-Tremor", der sich bei Patienten häufig nach einer Verletzung des für die Bewegungskoordination zuständigen Kleinhirns beobachten ließ und sich in einem ebenso unkontrollierten Zittern äußerte. Wiener sah in dieser Analogie eine „überaus treffende Bestätigung unserer Hypothese", nach der Feedbackmechanismen auch in Organismen am Werk waren – und der „Intentions-Tremor" entsprechend durch eine Schädigung der für die Signaldämpfung zuständigen Rezeptoren im Gehirn hervorgerufen wurde.[338]

Ende 1942 beschlossen Rosenblueth, Wiener und Bigelow, ihre Hypothese eines allgemeinen, für Maschinen und Organismen gültigen Modells der zirkulären Rückkopplung in einer gemeinsamen Publikation zu konkretisieren. Der gerade einmal sechseinhalbseitige Aufsatz „Behavior, Purpose, Teleology",[339] der 1943 in der Zeitschrift *Philosophy of Science* veröffentlicht wurde, galt in der Folge nicht selten als eigentliches Gründungsdokument des kybernetischen Denkens.[340] Systematisch wurde dort eine Klasse von Verhaltensweisen beschrieben, die für eine an linearer Kausalität orientierte Verhaltensforschung bis dahin außer Reichweite geblieben war. Teleologisches Verhalten, so machten die Autoren deutlich, war nicht dem Menschen und nicht einmal den biologischen Lebensformen vorbehalten. Seine Erklärung erforderte auch keinen Rekurs auf ominöse Instanzen wie „Geist" oder „Bewusstsein". Das Vorhandensein von wie auch immer gearteten Rezeptoren, Effektoren und einem Regelungsmechanismus genügte, um auch eine Maschine auf das eigenständige Verfolgen von Zielen programmieren zu können.

Im Einklang mit der behavioristischen Perspektive plädierte der Text dafür, Organismen und Objekte als „Black Boxes" zu betrachten, sich also nicht mit Spekulationen über ihre interne Organisation aufzuhalten, sondern sie hinsichtlich objektiv messbarer Reize und Reaktionen zu untersuchen. Einmal mehr wurde hervorgehoben, dass Fragen nach Materialität, Substanz oder „Wesen" der Untersuchungsgegenstände vernachlässigbar waren. Was zählte, war ledig-

338 Wiener [1948] 1968, S. 28.
339 Wiener/Rosenblueth/Bigelow 1943.
340 So etwa bei Bowker 1993, S. 109; Mindell 2002, S. 283.

lich ein abstraktes „Verhalten", das im weitestmöglichen Sinne definiert wurde als „any change of an entity with respect to its surroundings."[341] Das tradierte behavioristische Vokabular von „Stimulus" und „Response" wurde nun jedoch durch ingenieurswissenschaftlich konnotierte Begriffe von „Input" und „Output" ersetzt. Damit wurde die Intention unterstrichen, die teleologische Verhaltensweise als einen Verhaltens*mechanismus* zu denken. Das Diagramm dieses Mechanismus sollte das Fundament abgeben, um zielgerichtet agierende „Entitäten"[342] in einem einheitlichen technischen Vokabular beschreibbar zu machen.

Von diesem theoretischen Anspruch ausgehend entwarfen die Autoren eine hierarchische Taxonomie von Verhaltensformen, aus der als vorläufiger Endpunkt eine spezifische Form kybernetischer Aktivität hervorging. In einem ersten Schritt wurde „aktives" von „passivem" Verhalten unterschieden und letzteres als für die Untersuchung irrelevant verworfen. Eine erste Voraussetzung war somit, dass die beschriebenen Entitäten über einen intrinsischen Antrieb verfügten, der als Quell von Energie oder Begierde fungierte.[343] Die daraus hervorgehende Aktivität ließ sich in einem zweiten Schritt in „zielgerichtete" und „zufällige" Bestandteile unterscheiden – erneut interessierten nur erstere. Von zielgerichtetem Verhalten konnte die Rede sein, wenn eine Entität ihre Aktivität an einem angestrebten, in der Zukunft liegenden Zustand ausrichtete. Die objektive Nachweisbarkeit solcher Verhaltensformen in Organismen betrachteten die Autoren als gegeben: „[T]he purpose of voluntary acts is not a matter of interpretation, but a physiological fact."[344] An Stelle der seit Kant geläufigen Gegenüberstellung von „mechanistischer" und „teleologischer" Naturerklärung sollten nun aber „teleologische Mechanismen" und Prozesse zirkulärer Kausalität thematisch werden. Explizit ging es dabei nicht um die metaphysische Setzung eines höchsten oder finalen Zwecks, sondern um subjektive Zielsetzungen, die lokale Verhaltensweisen anleiten konnten.[345] Eine lediglich auf konditionierte Reflexe fokussierte Verhaltensforschung konnte diese Ebene der bewussten Zielverfolgung nicht erreichen, weil sie dem Untersuchungsobjekt die dafür notwendige Eigenständigkeit gar nicht zugestand. Aber spätestens seit der Entwicklung von Maschinen, die wie Wieners AA-Prädiktor als „intrinsically pur-

341 Wiener/Rosenblueth/Bigelow 1943, S. 18.

342 Die etwas hilflose Rede von „Entitäten" im Aufsatz von Rosenblueth, Wiener und Bigelow musste als Versuch verstanden werden, eine neutrale Bezeichnung zu finden, die auf Lebewesen und Maschinen gleichermaßen angewandt werden konnte. In späteren Texten der Kybernetik sollte dann meist von „Systemen" die Rede sein.

343 Ebd.

344 Ebd., S. 19.

345 Ebd., S. 23.

poseful“[346] begriffen werden konnten, schien eine technische Konzeptualisierung zielgerichteten Verhaltens in Reichweite gerückt.

In einem nächsten Präzisierungsschritt wurden die zu untersuchenden Verhaltensformen auf jene Vorgänge beschränkt, bei denen ein Mechanismus der Rückkopplung zum Einsatz kam. Das Interesse galt dabei primär einem „negativen“ Feedback, das eintreffende Signale nicht lediglich eskalierend verstärkte, sondern sie zur dämpfenden Korrektur des Verhaltens verwendete: „[T]he signals from the goal are used to restrict outputs which would otherwise go beyond the goal.“[347] Während selbstverstärkende, „positive“ Rückkopplungen als mögliche Ursache für Funktionsstörungen ausgemacht wurden, lag im negativen Feedback der Schlüssel zu einer kontrollierten Ansteuerung auch beweglicher Ziele. Nötig war dazu eine Sensorik, die Signale über die Position des Ziels aufnahm, sowie ein Regler, der die Differenz von gemessenem und erwünschtem Zustand erfasste und korrigierend auf den durch Effektoren eines Systems erzeugten „Output“ einwirkte. In einem zirkulären Vorgang konnte so eine schrittweise Annäherung an das Ziel erreicht werden.

Eine noch avanciertere Form rückgekoppelten Verhaltens zeigten jene Entitäten, die in der Lage waren, aus vergangenen Bewegungsmustern eines Ziels auf dessen zukünftige Position zu schließen: „A cat starting to pursue a running mouse does not run directly toward the region where the mouse is at any given time, but moves toward an extrapolated future position.“[348] Auch hier zeigte sich ein Einfluss der technischen Arbeiten von Wiener und Bigelow, denn wie der AA-Prädiktor verdeutlichte, war auch diese Fähigkeit zur Zukunftsprognose kein Privileg lebender Organismen: „Examples of both predictive and non-predictive servomechanisms may (...) be found readily.“[349] Je mehr Zeitvariablen im Rahmen eines Rückkopplungsvorgangs berücksichtigt wurden, desto komplexer das daraus resultierende Verhalten: Der Steinwurf auf ein sich bewegendes Ziel musste nicht nur die zukünftige Zielposition, sondern auch die Flugbahn des Steines mit einberechnen, aber natürlich waren auch Gleichungen mit weiteren Unbekannten denkbar. Menschen und andere Organismen stießen hier schnell an Grenzen. Die Perspektive von Rosenblueth, Wiener und Bigelow legte gleichwohl nahe, dass sich kognitive und perzeptorische Kapazitäten technisch verstärken ließen.

Mit der schrittweisen Formalisierung zielgerichteter Aktivität als einem durch einen teleologischen Mechanismus ausgesteuerten Prozess wurde in „Behavior, Purpose, Teleology“ ein allgemeines Verhaltensmodell entworfen, das

346 Ebd., S. 19.
347 Ebd.
348 Ebd., S. 20.
349 Ebd.

noch recht offensichtliche Spuren seiner militärischen Verwurzelung trug. Zugleich wurde aber deutlich, dass die Produktivität des Modells weder auf Kriegsbedingungen, noch auf eine Maschinensteuerung beschränkt bleiben musste: Einmal als technischer Vorgang formalisiert, ließ sich der Feedbackmechanismus auf den Menschen rückprojizieren, um Aufschlüsse über die Dispositionen seines Verhaltens zu erlangen, wie es Wiener und Rosenblueth am Beispiel des „Intentions-Tremors" gezeigt hatten. Im Rahmen einer einheitlichen behavioristischen Analyse erschienen die vielfältigen Differenzen zwischen Mensch und Maschine, deren Existenz die Autoren bereitwillig einräumten, vernachlässigbar: „The broad classes of behavior are the same in machines and in living organisms."[350]

Im Diagramm eines durch negative Rückkopplung ausgesteuerten Regelkreises, das die Ikonografie der Kybernetik über Jahrzehnte prägen sollte, wurde ein idealtypischer Mechanismus entworfen, der als epistemische Schablone auf die verschiedensten Gegenstandsbereiche angewendet werden konnte: „Cybernetics", konstatiert der Wissenschaftshistoriker Andrew Pickering, „(...) took computer-controlled gun control and layered it in an ontologically indiscriminate fashion across the academic disciplinary board – the world, understood cybernetically, was a world of goal-oriented feedback mechanisms (...)."[351] Von der biologischen Homöostase einzelner Mikroorganismen über die zielgerichteten Handlungen von Menschen oder Maschinensystemen bis hin zu globalen Gleichgewichtsdynamiken in Ökonomie oder Politik, schien der kybernetische Regelkreis als Paradigma für ein fundierteres technologisches Verständnis unterschiedlichster Problemlagen einstehen zu können.

Zugleich begann sich im abstrakten Modell eines rückgekoppelten kybernetischen Systems eine technologische Norm der Subjektivierung abzuzeichnen, die spezifische Dispositionen und Eigenschaften hervorhob und zu unabdingbaren Voraussetzungen für eine gelingende Realisierung zielgerichteten Verhaltens erklärte. Wie Rosenblueth, Wiener und Bigelow gezeigt hatten, war das idealtypische kybernetische Subjekt als ein „aktives" Subjekt zu verstehen, das im Rückgriff auf angemessen konfigurierte Sensorik, Regler und Effektoren in der Lage war, sein zielgerichtetes Verhalten durch negative Rückkopplungen selbst zu regulieren. Im teleologischen Verhaltensmodell sollten Störungen nicht mehr aus dem Handlungsvollzug ausgeschlossen, sondern als produktive Irritation in diesen integriert werden. Das kybernetische Subjekt herrschte nicht nach Belieben über seine Umwelt, sondern registrierte deren wechselnde Anforderungen und „regierte" sich daraufhin selbst – durch eine nach Innen gerichte-

350 Ebd., S. 22.
351 Pickering 1995, S. 31.

te, adaptive Selbstkorrektur. Gerade auf diese Weise erreichte es dann im Idealfall sein Ziel: „Perfekte Regelung macht gelingende Steuerung möglich“,[352] hieß es in W. Ross Ashbys populärer *Einführung in die Kybernetik.*

Als formales Modell eines technischen Regelvollzugs ließ das Feedback-Diagramm aber auch neue Pathologien und Störpotenziale hervortreten, die aus einer Einschränkung der zur Regelung notwendigen Kapazitäten resultierten: Eine unzureichende Dämpfung der aus der Umwelt empfangenen Signale oder ungenügende Fähigkeiten zur Differenzierung mussten nun ebenso also defizitär erscheinen wie eine zu langsame Verarbeitung der eintreffenden Informationen. Unter dynamischen Bedingungen von *moving targets* operierten kybernetische Subjekte, wie Wiener argumentierte, nicht länger im Horizont einer geradlinigen Newtonschen *Zeit,* sondern in dem einer irreversiblen Bergsonschen *durée.*[353] Wo sich Zielkoordinaten permanent veränderten, war jedes Verhalten hochgradig zeitkritisch, weil eine verspätete Reaktion eine gegenüber dem intendierten Effekt gegenteilige Wirkung zeitigen konnte. Auch Fragen nach „Erinnerung“, „Gedächtnis“ oder „Speicher“ eines Systems wurde tangiert, wo die Vorhersage zukünftiger Ereignisse aus den Erfahrungen der Vergangenheit extrapoliert werden sollte.

„Feedback“, so Wieners Definition, bezeichnete „die Steuerung eines Systems durch Wiedereinschalten seiner Arbeitsergebnisse in das System selbst.“[354] Deshalb durfte, wo im kybernetischen Kontext von „Kontrolle“ die Rede war, darunter gerade keine lineare, hierarchische Form der Steuerung eines Objekts durch ein Subjekt verstanden werden. Vielmehr stand die Dichotomie von Subjekt und Objekt selbst zur Disposition, wo den untersuchten „Objekten“ zugestanden wurde, dass sie eigenen Zielsetzungen folgten und dazu eine eigene strategische Rationalität in Anschlag brachten. Von einer „Ontologie des Feindes“ hat Peter Galison einmal mit Blick auf diesen „manichäischen“ Charakter der Kybernetik gesprochen – und damit an das Ausgangsproblem Wieners erinnert, die strategische Flugbahn eines feindlichen, aus Pilot und Flugzeug bestehenden Mensch-Maschine-Systems in ein technisches Kontrollproblem zu verwandeln. Man konnte in dieser Perspektive gleichwohl auch Züge einer fast schon respektvollen Anerkennung erkennen:[355] „The scientist“, hieß es zumindest bei Wiener hinsichtlich des aktiven und strategischen Charakters, den die Kybernetik ihren konzeptualisierten Entitäten unterstellte, „is (...) disposed to regard his opponent as an honorable enemy.“[356] Letztlich zeigte sich in der for-

352 Ashby [1956] 1974, S. 290.
353 Vgl. Wiener [1948] 1968, S. 53ff.
354 Wiener [1950] 1952, S. 65.
355 In diese Richtung weist etwa die Lesart von Pickering 2007.
356 Wiener [1954] 1989, S. 36.

malen Modellierung aber schlicht ein Interesse für die nüchterne technische Frage, wie Systeme ihr fortlaufendes Funktionieren durch dynamische Aussteuerung von Schwankungen gewährleisten konnten. Das galt für Maschinen, die beständige Rückkopplungen zur Selbstkorrektur nutzten, ebenso wie für Organismen oder Sozialsysteme, deren Überleben an die Effektivität und Effizienz homöostatischer Regelungsvorgänge geknüpft war.

3.4 Eine Technologie des Regierens?

> „Ich spreche von Maschinen, aber nicht nur von Maschinen, deren Hirne von Erz und deren Sehnen von Stahl sind."
> (Norbert Wiener)[357]

Aus dem Ineinandergreifen der drei skizzierten Formalisierungen begannen sich nach 1945 die Grundrisse eines kybernetischen Dispositivs abzuzeichnen. Kommunikation, Kalkulation und Kontrolle waren als drei ineinander verwobene Problemfelder konstituiert, die nun auf neuartige Weise einer rationalen Analyse und Bearbeitung zugänglich wurden. Die technischen Modellierungen schienen ein fundierteres Verständnis entsprechender Phänomene und Vorgänge zu eröffnen, auch und gerade dort, wo sie sich nicht in Maschinen, sondern in biologischen oder sozialen Systemen abspielten. In ihrer Eigenschaft als Kommunikationssysteme, als Rechenmaschinen oder als Feedbackregler ließen sich auch Menschen als Funktionselemente von Systembildungen konzeptualisieren, ihre Beziehungen und Interaktionen in gewissen Grenzen antizipieren, planen und gestalten. Kybernetische Theorie und Technologie war überall dort anwendbar, wo Entitäten oder Zusammenhänge als „Systeme" begriffen werden konnten, die Informationsströme empfingen, sie verrechneten und die Resultate zur Grundlage einer Aussteuerung des eigenen Verhaltens machten. Weil diese Merkmale streng funktionalistisch gedacht und nicht an eine konkrete materiale Verfasstheit geknüpft waren, implizierten sie eine Einebnung von Differenzen und zielten auf die Herstellung von Kompatibilität: Wo Menschen und Apparaturen gleichermaßen als Instantiierungen eines abstrakten Typs von Maschine begriffen werden konnten, ließen sich beide wechselseitig miteinander verschalten und als Bestandteile eines Zusammenspiels von Kommunikations- und Regelungsströmen begreifen.

Nahezu unweigerlich musste so die Frage aufkommen, inwiefern das kybernetische Steuerungs- und Regelungswissen auch für eine Planung und Organisation von Sozialbeziehungen relevant sein könnte. Schon im Laufe der ersten

357 Wiener [1950] 1952, S. 194.

Macy-Konferenz hatte Gregory Bateson von seinen ethnologischen Forschungen in Neu-Guinea berichtet, wo er in den intrinsischen Dynamiken von Gruppenkonflikten zirkulär verlaufende Kommunikations- und Regelungsprozesse erkannt hatte. Die von Bateson als „schismogenetisch" bezeichneten Vorgänge, bei denen sich soziale Spannungen wechselseitig verstärken, gelegentlich aber auch durch eine komplementäre Anpassung auf einem vorübergehend stabilen Niveau einpendeln konnten, zeigten eben jene Merkmale einer teleologischen Verhaltensweise, deren maschinelle Automatisierung Wiener ins Auge gefasst hatte: Sie waren „reaction[s] of individuals to the reactions of other individuals."[358] Eine präzisere Modellierung dieser Interaktionen unter technischen Gesichtspunkten konnte sich folglich auch in sozialwissenschaftlichen Kontexten als produktiv erweisen. Auf Anregung von Bateson und dem Soziologen Paul F. Lazarsfeld widmete sich die Macy-Gruppe auf ihrem zweiten Treffen in einer gesonderten Sitzung diesen „Teleological Mechanisms in Society".

Ob aus den kybernetischen Modellen tatsächlich brauchbare Anwendungen für politische Problemstellungen erwachsen konnten, war unter den Konferenzteilnehmern jedoch umstritten. Warren McCulloch äußerte als Vorsitzender Zurückhaltung und warf die Frage auf, „whether we were not unduly extending our theory of feedback (...) into domains of which we were ignorant as to what the significant variables were."[359] Auch Norbert Wiener hatte schon früh darauf hingewiesen, dass ausreichend lange und stabile Zeitreihen, die sich zur mathematischen Extrapolation eigneten, in der Gesellschaft nur schwer auszumachen waren. Darüber hinaus waren die Sozialwissenschaften auf problematische Weise mit ihrem Gegenstand verknüpft, weil eine Prognose gesellschaftlicher Entwicklungen auf diese Entwicklungen selbst Einfluss nehmen konnte. Aus diesen Gründen galten Wiener soziale Zusammenhänge als „bad proving ground"[360] für kybernetische Theorien.

Wirklich konsequent war Wieners Position in der „sozialen Frage" freilich nicht. Gerade in seinen populärwissenschaftlichen Arbeiten hatte er wiederholt angedeutet, dass Erkenntnisse aus der Kybernetik auch für eine Untersuchung von Gesellschaftsordnungen nützlich sein könnten. So glaubte Wiener etwa, den Unterschied von Faschismus und Demokratie an der Organisation sozialer Kommunikationskanäle ablesen zu können, weil in unfreien Gesellschaften Übertragungsprozesse notwendig hierarchischer und beschränkter verlaufen mussten.[361] Je stärker und selbstbewusster die Kybernetik als Universaltheorie auftrat, desto eher schien sie in der Lage, auch Soziologie oder Anthropologie

358 Bateson 1958, S. 175.
359 Vgl. McCulloch [1947] 2004, S. 339.
360 Wiener 1956, S. 92.
361 Vgl. Wiener [1950] 1952, S. 27.

zu integrieren, vor allem wo diese Disziplinen sich selbst zunehmend auf eine Untersuchung von Kommunikationsvorgängen kaprizierten. Rückkopplungsprozesse ganz eigener Art zeichneten sich ab, wo sich die kybernetische Transformation des Humanen in den Wissenschaften vom Menschen niederzuschlagen begann und das Feld des „Sozialen" unter der Hand veränderte: „[T]he social sciences", so Wieners eigennützige Definition, „are the study of the means of communication between man and man or, more generally, in a community of any sort of being."[362]

In jedem Fall lag die Entwicklung operationalisierbarer sozialwissenschaftlicher Modelle im Interesse der Macy Foundation, die als Financier der Kybernetik-Konferenzen in Erscheinung getreten war. Die Stiftung hatte sich seit den 1930er Jahren der philanthropischen Förderung von „Health Care" im weitesten Sinne verschrieben, darunter aber in erster Linie ein sozialpsychologisches Unterfangen ausgemacht.[363] Die schon zu Beginn des 20. Jahrhunderts einsetzenden biopolitischen Diskurse über Pflege und Erhalt der „mentalen Hygiene" von Gesellschaften, zu deren wissenschaftlicher Förderung die Stiftung beitragen wollte, hatten mit den Erfahrungen der Weltkriege spürbar Fahrt aufgenommen.[364] Häufig schon bei der frühkindlichen Erziehung ansetzend, sollte pädagogisches, psychologisches und soziologisches Wissen demnach zu einer Festigung sozialen Zusammenhalts, aber auch zur Produktivitäts- und Effizienzsteigerung demokratischer Gesellschaften nutzbar gemacht werden. Nach Kriegsende diente die Idee einer Förderung der mentalen Gesundheit von Individuen und Bevölkerungen in den USA nicht zuletzt auch als liberales Gegenprogramm zur kommunistischen Weltrevolution. Die Macy-Führungskräfte und Konferenzteilnehmer Lawrence Frank und Frank Fremont-Smith waren 1948 ebenso wie Margaret Mead an der Gründung einer „World Federation for Mental Health" beteiligt.[365] Die kybernetischen Modelle sollte in Franks Augen entscheidende Impulse für eine wissenschaftliche Fundierung dieser sozialtechnischen Anstrengungen vermitteln: „When the social sciences accept these newer conceptions (...) and learn to think in terms of circular processes, they will probably make amazing advances."[366]

Von der Entwicklung einer kohärenten kybernetischen Sozialtheorie konnte gleichwohl im Rahmen der Macy-Treffen noch keine Rede sein. Stattdessen ließ sich, wie der Medienhistoriker Erhard Schüttpelz konstatiert, auf den Kon-

362 Wiener 1948, S. 202.
363 Vgl. zur Macy-Stiftung Dupuy 2000, S. 82f.
364 Vgl. als Überblick Richardson 1989.
365 Vgl. Heims 1993, S. 170.
366 Frank, z.n. Dupuy 2000, S. 83. Zu einer biopolitischen Kontextualisierung der Kybernetik vgl. auch Becker 2012, S. 132ff.

ferenzen eher eine „lange Serie von Absagen, Mißverständnissen, Enttäuschungen und Sendepausen“[367] hinsichtlich sozialwissenschaftlicher Problemstellungen beobachten. Die ersten Sitzungen versuchten wenig mehr als eine Klärung einschlägiger kybernetischer Grundbegriffe – schon das gelang bei weitem nicht immer. Auch im späteren Verlauf schienen die Teilnehmer bemüht, den Anspruch auf Wissenschaftlichkeit der noch jungen Disziplin nicht gleich wieder durch allzu spekulative Übertragungen zu unterlaufen. „Gesellschaft“ schien als ein Gegenstand äußerster Komplexität kaum für eine auf Präzision bedachte Grundlagenforschung geeignet. Andererseits aber war das kybernetische Projekt im Grunde gar nicht anders zu deuten denn als Versuch, die „konjekturalen“ Wissenschaften vom Menschen auf eine technisch-rationalistische Grundlage zu stellen.[368] Die ganze populäre Wirkungsmacht der Kybernetik war an das Versprechen geknüpft, die Kluft zwischen den „zwei Kulturen“ von *sciences* und *humanities* durch ein übergeordnetes Ensemble von Begrifflichkeiten überbrücken zu können. Gerade auf Grund ihrer größtmöglichen Abstraktheit fungierten die kybernetischen Modelle als „to whom it may concern messages“:[369] Sie ließen sich selektiv aufgreifen und experimentell in verschiedensten Zusammenhängen zur Anwendung bringen. So kam es in Folge der Macy-Konferenzen und mit der einsetzenden Popularisierung zu einem „Ausschwärmen“[370] kybernetischer Hypothesen, in dessen Rahmen nahezu keine sozialwissenschaftliche Disziplin von den neuen Modellierungen unberührt blieb. Dass die von Wiener oder McCulloch eingeforderte Präzision dabei nicht selten über Bord ging, war ein gerne entrichteter Preis angesichts der Erwartung, dass sich mit der Kybernetik gänzlich neue Forschungsperspektiven und Anwendungsfelder eröffnen könnten.

Schließlich schien unübersehbar, dass in der kybernetischen Behandlung von Kommunikation, Kalkulation und Kontrolle letztlich „elementare soziale Situationen“[371] beschrieben wurden. Die Konzepte der Kybernetik ließen sich als Kategorien in Anschlag bringen, unter denen gesellschaftliche Prozesse identifiziert werden konnten, sich andererseits aber auch neue Strategien und Techniken ausmachen ließen, um steuernd und regelnd in diese Prozesse einzugreifen. So weit das kybernetische Denken auch noch davon entfernt war, konkrete Lösungen für soziale Probleme vorzustellen, so nahe lag die Versuchung, auch die Frage nach einer „guten Regierung“ des Menschen unter veränderten Prämissen zu stellen. So formierte sich innerhalb des kybernetischen Dispositivs

367 Schüttpelz 2004, S. 118.
368 Vgl. Lacan 1980, S. 375.
369 Schüttpelz 2004.
370 Pias 2004a, S. 15.
371 Schüttpelz 2004, S. 121.

zunächst ein gouvernementales Problemfeld, in dem Lösungen überhaupt erst als solche erscheinen konnten. Der Verweis auf die „Wissenschaftlichkeit" der kybernetischen Perspektive hatte dabei zwar eine nicht zu unterschätzende legitimatorische Funktion, die Frage nach ihrer „Wahrheit" war jedoch von eher nachgeordneter Bedeutung. Dass sich die Modelle in jedem Fall mit der empirischen Wirklichkeit in Übereinstimmung bringen ließen, war zumindest keine Voraussetzung dafür, dass sie Wirkungen entfalten konnten. Dafür reichte die von McCulloch beschriebene „experimentelle Epistemologie"[372] und der Wille, aus ihr Direktiven für ein politisches Steuerungshandeln zu gewinnen.

Zunächst und ganz grundsätzlich war es die kybernetische Herausforderung der Anthropologie, die unverkennabr auch über eine gewisse gouvernementale Brisanz verfügte. Aus den kybernetischen Modellen ging ein grundlegend verändertes Menschenbild hervor. Wenn dieses kaum mehr von einer Maschine zu unterscheiden war, dann weil die Kybernetik gerade jene Aspekte des Humanen hervorhob, an deren Technisierung sie parallel arbeitete. Wiener definierte den Menschen anhand seiner Fähigkeit zur Kommunikation, bei McCulloch und Pitts wurde Schaltalgebra zur Grundlage aller Kognition, und unter dem Modell des Regelkreises erschienen Organismen als feedbackgesteuerte Kontrollsysteme. Es war folglich ein und derselbe Abstraktionsvorgang, in dem einerseits der Mensch auf neuartige Weise „technisch" erschien, während andererseits Maschinen „menschliche" Züge annehmen konnten.

Epistemisch gravierend war diese Entwicklung, weil sie mit einer nachhaltigen Dezentrierung jenes „Menschen" einherging, der dem modernen Diskurs als „empirisch-transzendentale Dublette"[373] gedient hatte. „Wo zuvor das Leben, die Sprache oder die Arbeit ihre Einheit im Menschen fanden", so beobachtet Claus Pias im Anschluss an Foucault, „treffen sie sich nun, über seine Grenzen hinweg, in Regelkreisen von Information, Schaltalgebra und Feedback."[374] In dieser Neubestimmung wirkte die kybernetische Anthropologie impulsgebend etwa für den ethnologischen Strukturalismus eines Claude Lévi-Strauss, der von einer „Mathematik des Menschen"[375] schwärmte und in expliziter Referenz auf Wiener ein subjektloses „es denkt" an Stelle des cartesianischen Cogito setzen wollte. Das war nicht allzu weit entfernt von Gregory Batesons „Ökologie des Geistes", in der sich Menschen, Schneeflocken, Ameisenkolonien und elektrische Schaltkreise als miteinander wechselwirkende Informationssysteme

372 McCulloch 1964.

373 Foucault 1974, S. 384; vgl. zur These eines kybernetischen „Tod des Menschen" in diesem Sinne auch Pias, 2004a, S. 16f.

374 Pias 2004a, S. 16.

375 Lévi-Strauss [1954] 1967; zum Verhältnis von Kybernetik und Strukturalismus siehe auch Bexte 2007 sowie Geoghegan 2011.

in einem umfassenden kybernetischen Milieu begreifen ließen.[376] Folgerichtig sah der Philosoph Gotthard Günther in der „Enthmythologisierung von Subjektivität" das eigentliche Großereignis des kybernetischen Dispositivs: Wo wesentliche menschliche Fähigkeiten – Sprache, Rationalität, Selbstreferenz – in Maschinensystemen operationalisiert geworden waren, da konnte es kein humanes Privileg auf Subjektivität mehr geben. Die Wirklichkeit entpuppte sich als Netz aus „vielen[n] kleine[n] Ichzentren",[377] die nicht notwendig menschlicher Natur sein mussten.

Dieser kybernetisch induzierte „Tod des Menschen" im foucaultschen Sinne sollte aber keineswegs mit dessen Verschwinden als gouvernementalem Problem und Zielobjekt verwechselt werden. Vielmehr konstituierte das kybernetische Dispositiv eine ihm korrespondierende „Menschenfassung",[378] mitsamt den ihr eigenen Schnittstellen und Zugriffspunkten einer möglichen Intervention, Förderung und Führung. Die Modellierung des Menschen als Instanz, Schaltstelle und Produkt eines umfassenden technischen Regelzusammenhangs ging mit spezifischen Anforderungen und Erwartungen einher, die nicht zuletzt auch ex negativo in nun als pathologisch wahrgenommenen Abweichungen zum Ausdruck kam: In den Störungen eines Neurotikers, dessen Psyche sich an jenen mathematischen Paradoxien und Entscheidungsproblemen aufrieb, die auch einen Computer zum Absturz bringen konnten. In Form des Nervenkranken, der durch eine falsche Konfiguration seiner neuronalen Regelkreise nicht mehr zu zielgerichteter Bewegung in der Lage war. Oder in Form des Autisten, dem aufgrund der Defizite seiner kommunikativen Sensorik die Teilnahme an der sozialen Gemeinschaft verwehrt blieb.[379]

Der idealtypische Mensch, wie er ausgehend von kybernetischen Diagrammen modelliert wurde, musste hingegen ein durch und durch kommunikatives Wesen sein, das sich primär durch seine Fähigkeit zur Aufnahme, Verarbeitung und Weitergabe von Informationsströmen auszeichnete. Wo man von allen realweltlichen Reibungen und Störungen abstrahierte, prozessierte der kybernetische Mensch Informationen nach dem Vorbild einer logischen Schaltung und traf seine Entscheidungen mit mathematischer Effizienz. Und nicht zuletzt zeichnete er sich durch aktive und selbstregulierte Verhaltensweisen aus,

---

376 Bateson [1972] 1981.

377 Günther 1965, S. 1300.

378 Zum Begriff Seitter 1985. Zur subjektivierenden Macht von Dispositiven vgl. auch Deleuze 1991 sowie Agamben 2008.

379 Wenngleich der Autismus einen durchaus schillernden Platz im (post-)kybernetischen Denken einnehmen sollte. In einigen IT-Unternehmen sind Asperger-Autisten aufgrund ihrer häufig überdurchschnittlichen mathematischen Fähigkeiten heute begehrte Mitarbeiter. Zur Kultur- und Wissensgeschichte der psychiatrischen Figur des „autistischen Kindes" und ihrer Situierung in einem Dispositiv der Kommunikation vgl. Göhlsdorf (2014).

durch die er in kontinuierlich lernender Anpassung seine Zielsetzungen verfolgte. Diese Hervorhebung und Formalisierung einer für den Selbsterhalt konstitutiven, rationalen *Aktivität* des Menschen machte zunächst einmal deutlich, wie dieser *nicht* regiert werden konnte: Die sozialtechnischen Modelle, wie sie bislang etwa in der tayloristischen Arbeitslehre, darüber hinaus aber auch in bestimmten Spielarten eines „social engineering" zum Ausdruck gekommen waren, setzten im wesentlichen elaborierte Modelle der Fremdsteuerung an Stelle subjektiver Selbstregulationsmechanismen. Dort wurde das regierte Subjekt im Rahmen sozialtechnischer Systembildungen als ein im Wesentlichen passives Element gedacht. Die Kybernetik hingegen überführte in Technologie, was einer liberalen Gouvernementalität als Einsicht längst evident war: Dass Subjekte sich immer schon selbst regierten, bevor ihr Verhalten einer höherstufigen Regelung zugänglich wurde.[380] Gleichwohl kamen in der kybernetischen Formalisierung neue Möglichkeiten zum Vorschein, diese Formen subjektiver Selbstregelung einer wissenschaftlichen Analyse zugänglich zu machen und sie in gouvernementalen Dispositiven zu instrumentalisieren.

Hier zeigten sich erste Anzeichen einer durchaus spannungsreichen Oszillation zwischen den in Anschlag gebrachten *Modellen* der Subjektivität und einer gouvernementalen *Norm* der Subjektivierung: Die kybernetische Menschenfassung war nicht lediglich als neutrale Beschreibung zu verstehen, sie wirkte unmittelbar produktiv, als „eine Maschine, die Subjektivierungen produziert."[381] So wurden Kommunikation, mathematische Rationalität und Selbstregulation in der kybernetischen Epistemologie zwar als „natürliche" Qualitäten des Menschen begriffen. Zugleich aber dienten sie als Kategorien der Identifikation von Defiziten, Abweichungen und Störungen, die es zu beheben galt, wenn ein reibungsloses Funktionieren der menschlichen Systeme gewährleistet werden sollte. Das zeigte sich etwa dort, wo Wiener den Menschen einerseits als eine durch Rückkopplung gesteuerte „Lernmaschine" begriff, andererseits aber das Lernen zu einer Schlüsselqualifikation erhob, die es zu fördern galt.[382] Oder dort, wo Kommunikation zu einem unverzichtbaren Wesensmerkmal des Menschen erhoben wurde, zugleich aber der „demokratische" Imperativ entstand, ihn zum Sprechen zu bringen. Der Mensch trat im kybernetischen Dispositiv als technisches System hervor, das auf bestimmte Weise funktionierte, aber auch so *zu funktionieren hatte*, wenn er im Rahmen einer gouvernementalen Konstellation als produktives Subjekt in Erscheinung treten sollte.

---

380 Damit war im Grunde die von Günther beschriebene „Entmythologisierung der Subjektivität" auf eine gouvernementale Perspektive gemünzt worden, in der nun statt einem singulären Regierungsapparat viele kleine „Regierungs-Zentren" entstehen konnten.

381 Agamben 2008, S. 35.

382 Wiener [1950] 1952, S. 63ff.

Es war jedoch nicht nur die Ebene der Konzeptualisierung des zu regierenden Menschen, auf der das Dispositiv der Kybernetik politische Impulse vermittelte. Auch am anderen Pol der gouvernementalen Beziehung – dem Regierenden als Subjekt der Steuerungsbeziehung – zeichneten sich Konsequenzen ab. In Frankreich, wo Wieners *Cybernetics* zeitgleich mit der amerikanischen Erstauflage erschienen war, verfasste der Philosoph und Dominikanermönch Do minique Dubarle eine ehrfurchtsvolle Rezension, in der er konstatierte, dass diese „naissance d'une nouvelle science" in letzter Instanz auf die Errichtung einer omnipotenten „machine à gouverner" hinauslaufen müsste.[383] Für Dubarle war die Aussicht einer hyperrationalen Aussteuerung individueller und kollektiver sozialer Verhaltensweisen auf globaler Ebene das zugleich faszinierendste wie beängstigendste Versprechen der kybernetischen Hypothese:

> „Une des perspectives les plus fascinantes ainsi ouvertes est celle de la conduite rationnelle des processus humains, de ceux en particulier qui intéressent les collectivités et semblent présenter quelque régularité statistique, tels les phénomènes économiques ou les évolutions de l'opinion. Ne pourrait-on imaginer une machine à collecter tel ou tel type d'informations, les informations sur la production et le marché par exemple, puis à déterminer en fonction de la psychologie moyenne des hommes et des mesures qu'il est possible de prendre à un instant déterminé, quelles seront les évolutions les plus probables de la situation? Ne pourrait-on même concevoir un appareillage d'état couvrant tout le système de décisions politiques, soit dans un régime de pluralité d'Etats se distribuant la terre, soit dans le régime apparemment beaucoup plus simple, d'un gouvernement unique de la planète ? Rien n'empêche aujourd'hui d'y penser. Nous pouvons rêver à un temps ou une machine à gouverner viendrait suppléer – pour le bien ou pour le mal, qui sait ? – l'insuffisance aujourd'hui patente des têtes et des appareils coutumiers de la politique."[384]

383 Dubarle 1948.

384 „Eine der faszinierendsten sich eröffnenden Perspektiven ist die einer rationalen Steuerung menschlicher Prozesse, insbesondere hinsichtlich der Kollektivitäten, die gewisse statistische Regelmäßigkeiten aufzuweisen scheinen, etwa ökonomischer Phänomene oder einer Evolution von Meinungen. Könnte man sich nicht eine Maschine vorstellen, die diese oder jene Art von Informationen sammelt, Informationen über die Produktion oder den Markt beispielsweise, um dann auf Basis der Psychologie eines durchschnittlichen Menschen und angesichts der Möglichkeiten, die er zu einem bestimmten Zeitpunkt ergreifen kann, die wahrscheinlichsten Entwicklungen der Situation zu bestimmen? Könnte man sich nicht ebenso einen Staatsapparat vorstellen, der alle politischen Entscheidungssysteme umfasst, sei es als pluralistisches Regime von Staaten, die die Erde unter sich aufteilen oder, scheinbar noch viel einfacher, als einheitliche Regierung des Planeten? Nichts hindert heute daran, das zu denken. Wir können von einer Zeit träumen, in der eine Regierungsmaschine – zum Guten oder zum Schlechten, wie soll man es wissen? – die offenkundige Unzulänglichkeit der gewohnten Köpfe und Apparaturen der Politik ersetzen wird." (Ebd., Übers. BS)

Wiener hatte diese Bedenken zur Kenntnis und durchaus ernst genommen: In seiner populärwissenschaftlichen Einführung *The Human Use of Human Beings* ging er ausführlich auf Dubarles Bedenken ein, nicht um ihnen zu widersprechen, sondern um ihre Dringlichkeit zu unterstreichen. Dass aus Schachautomaten eines Tages Staatsmaschinen werden konnten, war für Wiener eine „erschreckende“, aber keineswegs abwegige Perspektive.[385] Einer solchen Gefahr ließ sich in seinen Augen nicht durch Maschinenstürmerei, sondern nur durch eine philosophische Reflexion begegnen, die Aufgabe einer technisch aufgeklärten humanistischen Ethik bleiben musste: „[D]er Mensch, der das Problem seiner Verantwortung blindlings auf die Maschine abwälzt, sei sie nun lernfähig oder nicht, streut seine Verantwortung in alle Winde und wird sie auf den Schwingen des Sturmwinds zurückkommen sehen.“[386] Wiener hatte *The Human Use of Human Beings* mit einem starken humanistischen Impetus geschrieben. Wiederholt unterstrich er die grundsätzliche Wertambivalenz kybernetischer Technologie und stilisierte er sich in der Rolle des Ingenieurs, der lediglich Mittel zur Verfügung stellen und für ihre „menschenwürdige“ Verwendung plädieren konnte: „Die Stunde drängt, Gut und Böse pochen an unsere Tür; wir müssen uns entscheiden.“[387]

Damit war nicht ausgeschlossen, dass der Einsatz kybernetischer Regierungstechniken die Dinge nicht auch zum Guten wenden konnte. Der britische Kybernetiker W. Ross Ashby etwa, selbst gelegentlicher Gast der Macy-Konferenzen, zeigte sich überzeugt, dass eine dem Menschen kognitiv überlegene Maschine zur Bearbeitung von politischen oder ökonomischen Problemen eingesetzt werden konnte und sollte. Dass eine solche Maschine unter Umständen Entscheidungen treffen könnte, die für Menschen nicht nachvollziehbar waren, erschien hier weniger als Problem, denn vielmehr als Ausdruck mangelhafter menschlicher Kapazitäten zur Verarbeitung komplexer Zusammenhänge. Angesichts dieser Defizite hielt er Bescheidenheit und ein Grundvertrauen für angebracht – auf dass der Mensch von der Maschine das Regieren lernen könne:

> „Such a machine might perhaps be fed with vast tables of statistics, with volumes of scientific facts and other data, so that after a time it might emit as output a vast and intricate set of instructions, rather meaningless to those who had to obey them, yet leading, in fact, to a gradual resolving of the political and economical difficulties by its understanding and use of principles and natural laws which are to us yet obscure.“[388]

---

385 Vgl. Wiener [1950] 1952, S. 191.
386 Ebd., S. 194.
387 Ebd.
388 Ashby 1948, S. 383.

Auch Wiener hielt es bei aller Sorge vor den möglichen Verwerfungen eines kybernetischen Regierungsautomaten für denkbar, dass die Technik den Weg zu einer „menschlicheren“ Form politischen Zusammenlebens weisen könnte. Das Modell zirkulärer Kausalität setzte Selbstregulation und wechselseitige Adaption an Stelle linearer Steuerung, und war damit in Wieners Augen auch in politischer Hinsicht ein Fortschritt. Schon bei einem einfachen Regler wie dem Thermostaten – ein durch die kybernetische Literatur häufig anzutreffendes Beispiel – war schließlich gar nicht mehr ersichtlich, ob er die Raumtemperatur regulierte oder nicht vielmehr von dieser reguliert wurde. In der politischen Substitution hierarchischer Steuerung durch Kreislaufmodelle schien so gewissermaßen eine Aufhebung der Differenz von Regierenden und Regierten möglich. Auch Gotthard Günther sah mit der angestrebten Überwindung der Subjekt/Objekt-Dichotomien der abendländischen Metaphysik zugleich eine damit verknüpfte Herrschaftsordnung an ihr Ende geraten: Weil informationsverarbeitende Systeme statt dem strikten Abarbeiten von Kausalketten ein flexibles Management von Kontingenzen ermöglichten, setzten sie an Stelle mechanischen Zwangs die Potenziale einer kybernetischen „Freiheit“.[389]

Die technischen Modelle verdeutlichten, dass die Gewährleistung dieser Freiheit nicht lediglich als humanistisches Zugeständnis an eine Autonomie des Individuums zu verstehen war, sondern in unmittelbarem Zusammenhang mit Überlegungen zu einer Effizienzsteigerung des Regierungsvorgangs stand. Ein Staat, der seine Bevölkerung erfolgreich regulieren wollte, durfte sich nicht auf die Durchsetzungskraft seiner „Effektoren“ verlassen. Stattdessen musste er permanent Informationsströme registrieren, sie verarbeiten und flexibel auf Zustandsänderungen reagieren können. Voraussetzung dafür war eine entsprechende Sensibilität von „Sinnesorganen“,[390] sowie die Fähigkeit, die empfangenen Signale zeitnah auszuwerten und korrekt zu interpretieren. Wo die aus der kybernetischen Menschenfassung hervorgehenden Subjekte regiert werden sollten, musste sich die Regierungsapparatur selbst in ein kybernetisches System verwandeln – andernfalls liefen alle Steuerungsversuche ins Leere.

All diese Überlegungen waren weit davon entfernt, sich zu einer kohärenten kybernetischen Regierungstheorie zu fügen. Aber doch wurden in ihnen Diagramme gouvernementaler Maschinen zeichenbar, welche, wie Rainer Becker treffend beobachtet, „mit epistemischen Möglichkeiten zukünftiger Produktivierung imprägniert“[391] waren. Die technische Transformation des Regierens vollzog sich auf einer medialen Ebene, sie tangierte die Möglichkeitsbedingungen von Politik überhaupt. Was die frühe Diskussion über die Gefahren

389 Günther 1963, S. 34.
390 Wiener [1948] 1968, S. 125.
391 Becker 2012, S. 32.

und Chancen einer politischen Kybernetik deutlich machte, war eher die große Varietät von Interpretationsspielräumen hinsichtlich konkreter Formbildungen. Auf dem politischen „Betriebssystem“ des kybernetischen Dispositivs konnten verschiedenste Programme zum Laufen gebracht werden. Ein totalitärer Kontrollautomat schien ebenso denkbar geworden wie ein hochsensibles Regelungssystem, das durch ein subtiles und minimalinvasives Vorgehen Subjekte in der Ausübung ihrer Freiheit unterstützte und koordinierte. Wo die Grenze zwischen beiden Idealtypen verlief und wo die neuen Freiheiten in einen neuen Totalitarismus umschlagen würden, war nicht immer klar zu erkennen und blieb auch in der Folge umstritten. Was sich an der Schwelle zum kybernetischen Zeitalter zu verändern begann, war gleichwohl das diskursive Tableau, auf dem über solche Fragen erst gestritten werden konnte.

4. Kybernetische Gouvernementalität

„What is cybernetics that a government should not understand it?"
(Stafford Beer)[392]

Auf den Macy-Konferenzen fand die Diskussion der kybernetischen Modelle gewissermaßen unter Laborbedingungen statt.[393] Die elitäre Beschränkung des Teilnehmerkreises sollte eine offene und ungehemmte Gesprächskultur gewährleisten, ein freies Assoziieren jenseits akademischer Grenzziehungen möglich machen. Keine Hypothese durfte vorschnell als abwegig verworfen, keine Übertragung durch engstirniges Disziplinendenken verhindert werden. Zugleich zeigt ein Blick in die erhaltenen Protokolle der Konferenzen, dass bei aller Kollegialität ein strenges Diskussionsklima vorherrschte: Gelegentlich aufkeimende Einwände, welche die Technizität der Modellierungen selbst zu gefährden schienen, wurden in teils barschem Tonfall zurückgewiesen.[394] Eine kybernetische Epistemologie des „Als-ob" zielte auf die konzeptuelle Grundlegung einer von allen materialen Reibungen abstrahierenden Wissenschaft als Technologie. Biologische, psychische oder soziale Zusammenhänge waren als idealtypische Steuerungs- und Regelungsprozesse zu beschreiben, ohne sie vorschnell mit realweltlichen Komplikationen zu kontaminieren. Auch die Beteiligten mit philosophischem, ethnologischem oder sozialwissenschaftlichem Hintergrund hatten sich diesem Interesse an funktionalistischer Abstraktion verpflichtet. Historisierend-reflexiv verfahrende Ansätze, die den strengen Kriterien einer objektiven Wissenschaft vermeintlich nicht genügten, blieben außen vor. Dass selbst zur Sitzung über „Teleologial Mechanisms in Society" ein Vertreter der zu „unscharfen" politischen Theorie gar nicht erst eingeladen wurde, war in dieser Hinsicht bezeichnend.

Umgekehrt aber sollte das hinter den Türen des New Yorker Beekman Hotels generierte Wissen natürlich nicht an diesen Türen halt machen. Vor allem Wiener hatte früh die Notwendigkeit erkannt, die grundlegenden Einsichten der noch im Entstehen begriffenen Wissenschaft breitenwirksam zu publizieren.

392 Beer 1973, S. 3.

393 Zu den Macy-Konferenzen als „Diskurslabor" vgl. Hagner/Hörl 2008, S. 16.

394 Dass die vorausgesetzte Zustimmung zu grundlegenden Prämissen einer kybernetischen Perspektive mit ganz eigenen Denk- und Sprechverboten einherging, zeigt Pias 2004b.

Nachdem schon die 1948 erschienene, mathematisch anspruchsvolle Monografie *Cybernetics* auf reges öffentliches Interesse gestoßen war, geriet die Kybernetik spätestens mit dem Erscheinen von Wieners populärwissenschaftlicher Einführung *The Human Use of Human Beings* in aller Munde. In den USA war schon bald eine kaum mehr zu überblickende Schwemme an Populärliteratur und Zeitungsartikeln erschienen, in denen die Konsequenzen der anbrechenden technologischen Revolution erörtert wurden. In der amerikanischen Öffentlichkeit, wo technischer und sozialer Fortschritt traditionell eng zusammengedacht wurden,[395] bestand kaum ein Zweifel daran, dass der technische Durchbruch mit gravierenden gesellschaftlichen Umwälzungen einhergehen würde. Und bei aller vereinzelten Sorge vor den möglichen negativen Folgen einer bevorstehenden „Automatisierung"[396] der Gesellschaft überwog die Überzeugung einer Kompatibilität von zukunftsträchtiger Technologie und „American Way of Life". Es waren schließlich gerade die Wissenschaftler und Ingenieure in den militärischen Forschungslabors, die in den Augen vieler Amerikaner den Krieg zu Gunsten der USA entschieden hatten. Nach weitverbreiteter Ansicht war der nicht mehr zu bremsende Aufstieg der Nation zur politischen und ökonomischen Supermacht in wesentlichen Aspekten technologischer Provenienz.

Wenn der amerikanische Sozialwissenschaftler Edward Shils bereits 1955 das „Ende der Ideologie" verkündete, so verwies er damit auf die breite Präferenz für einen kapitalistischen Wohlfahrtsstaat, die sich in der amerikanischen Öffentlichkeit abgezeichnet hatte. Unter führenden Politikern und konservativen Intellektuellen galt das Modell des individualistischen Liberalismus als weitgehend alternativlos: Spätestens mit Beginn des Kalten Krieges hatte sich die beste aller Welten als amerikanisch erwiesen.[397] Für Shils lag ein wesentliches Merkmal der anbrechenden „postideologischen" Ära im Triumph einer „wissenschaftlichen" Perspektive, auch und gerade im Hinblick auf soziale und politische Zusammenhänge. Die Loslösung von normativ-kritischen oder historisch-reflektierenden Positionen, die nun häufig in einem pejorativen Sinne als „philosophisch" gebrandmarkt wurden, sollte einen nüchternen und gleichsam „neutralen" Blick auf das gesellschaftliche Zusammenleben ermöglichen. Der Logische Positivismus des Wiener Kreises, der Behaviorismus B.F. Skinners oder der pragmatische „Operationalismus" Percy William Bridgmans konnten in dieser Hinsicht als Leitbilder dienen. Die wissenschaftliche Perspektive schien zudem eng mit Demokratie und liberaler Marktwirtschaft verknüpft, wo sie die Rationalität des Diskurses durch einen freien „Wettbewerb der Ideen" gewährleistet sah. Statt Tradition, sozialem Status oder politischer Macht sollte nach

395 Für die erste Hälfte des 20. Jahrhunderts vgl. Jordan 1994.
396 Vgl. früh und einflussreich Burnham 1941; vgl. auch Diebold 1952; George 1959.
397 Vgl. auch den Überblick bei Heideking/Mauch 2008, S. 285ff.

dem Ende der Ideologien lediglich der zwanglose Zwang des erfolgreicheren Arguments den Ausschlag geben. Wo Demokratie als rationalste Form sozialer Organisation und umgekehrt wissenschaftliche Rationalität als demokratischste Organisation des Wissens begriffen wurde, fielen politische und szientistische Vernunft zusammen. Der Faschismus, so konstatierte der Macy-Teilnehmer Kurt Lewin, war wenig mehr als die diabolische Inkarnation einer unwissenschaftlichen, nämlich auf Emotionalität und Unterwerfung setzenden Sozialordnung gewesen. Eine freie Gesellschaft hingegen ließ sich nur auf den Prinzipien der Vernunft errichten: „To believe in reason means to believe in democracy because it grants to the reasoning partners a status of equality.“[398]

Zumindest unter den politischen Eliten bestand nach Kriegsende kaum mehr ein Zweifel daran, dass der im wissenschaftlichen und technischen Fortschritt verwurzelte Liberalismus amerikanischer Prägung zugleich die normativ wünschenswerteste Form sozialer Ordnung darstellte – und als solche bewahrt werden musste. Ungleich umstrittener war hingegen, ob er als Ordnung tatsächlich bewahrt werden konnte. Die frühen ökonomischen und technischen Erfolge der Sowjetunion wurden von vielen Amerikanern mit Argwohn und Sorge betrachtet. Zwar galt die sozialistische Planwirtschaft zweifellos als das weniger freiheitliche, nicht unbedingt aber als das weniger effiziente ökonomische System. Nicht wenige Beobachter teilten die heimliche Bewunderung des Ökonomen Holland Hunters, wenn er konstatierte, die sowjetische Industrialisierung sei unter sozialistischen Vorzeichen „mysterious in its contours and awesome in its results“ verlaufen.[399] Es schien keineswegs undenkbar, dass die Sowjetunion aus der Einschränkung marktwirtschaftlicher Freiheiten einen Produktivitätsvorteil zog, der sich zur technologischen und militärischen Dominanz ausweiten konnte. Die sowjetischen Demonstrationen technischer Potenz, vom überraschend frühen Test einer Atombombe bis zum erfolgreichen Start des Sputnik-Satelliten im Jahr 1957, sorgten in der amerikanischen Öffentlichkeit regelmäßig für eine spürbare Verunsicherung. Zugleich ließ sich in der beständigen Systemkonkurrenz die entscheidende Triebkraft für sozialtechnische Optimierungsversuche auch auf amerikanischer Seite erkennen.[400]

Selbst prominente Befürworter des Wirtschaftsliberalismus warnten eindringlich davor, dass die Einrichtung und der Erhalt eines freien Marktes kein Selbstläufer werden würde, sondern große politische Anstrengungen erforder-

398 Lewin 1948, S. 83.

399 Hunter 1955, S. 281.

400 Ein wissenschafts- und technikhistorischer Überblick über das keineswegs nur militärische Wettrüsten zwischen den Supermächten findet sich bei Wolfe 2013. Warren McCulloch räumte freimütig ein, dass auch die Kybernetik als Teil eines „struggle against post Hegelian ideologies“ verstanden werden könne (McCulloch [1947] 2004, S. 337).

lich machte. Joseph Schumpeter hatte in seiner heute klassischen Streitschrift *Capitalism, Socialism, and Democracy* die Frage „Kann der Kapitalismus überleben?“ bereits 1942 mit einem lapidaren „Nein, meines Erachtens nicht“[401] beantwortet. Schumpeter verwies auf selbstzerstörerische Tendenzen, die nicht – wie Marx glaubte – aus den Krisen, sondern gerade aus den Erfolgen des Kapitalismus resultieren würden. Auf den Zusammenbruch des kapitalistischen Wirtschaftssystems musste in Schumpeters Dramaturgie notwendig ein Sozialismus folgen, der zur Bändigung der destruktiven Marktkräfte in der Lage war. Ein solcher aber führte, wie Friedrich von Hayek kurz darauf argumentierte, die Gesellschaft unweigerlich auf einen „Weg zur Knechtschaft“, weil der Eingriff in das freie Spiel ökonomischer Beziehungen nicht ohne eine Beschränkung individueller Freiheitsrechte zu haben war.[402] Gleichwohl existierte in Hayeks Augen auch im Liberalismus ein „weites und unumstrittenes Gebiet für die Betätigung des Staates“[403], insofern diesem die Aufgabe zukam, die Bedingungen für einen freien Markt einzurichten und zu sichern. So sehr sich alle steuernden Interventionen verbaten, so sehr benötigten noch die radikalsten Formen ökonomischer Freiheit „einen klug durchdachten und seinen Erfordernissen fortlaufend angepaßten (...) Rahmen.“[404]

Was es auf nicht immer widerspruchsfreie Art und Weise technisch zu realisieren galt, war folglich eine Art „planning for freedom“, wie es Karl Mannheim schon 1940 als integralen Bestandteil einer „militant democracy“ eingefordert hatte.[405] Mannheim verwies auf den Bedarf an avancierten Sozialtechniken, um die für eine produktive demokratische Marktwirtschaft notwendige Abwesenheit von direkter ökonomischer Steuerung selbst planvoll herzustellen. Dieses Vorgehen musste sich als schwieriger Balanceakt erweisen: Foucault verweist wiederholt auf die Prekarität solcher Sicherungsbestrebungen und diagnostiziert dem Liberalismus ein „problematisches, ständig wechselndes Verhältnis zwischen der Produktion der Freiheit und dem (...), was, indem es sie herstellt, sie auch zu begrenzen und zu zerstören droht.“[406] Im US-amerikanischen Nachkriegskontext erwies sich dieser Punkt als umso sensibler, weil bei aller technischen Notwendigkeit über jeglichen sozialen Planungsversuchen das Damoklesschwert eines wahlweise kommunistischen oder faschistischen Totalitarismus schwebte. Die geordnete Einrichtung einer freien Gesell-

401 Schumpeter [1942] 2005, S. 105. Zu den verschiedenen Krisendiagnosen des Liberalismus in den USA Anfang der 1940er Jahre vgl. Amadae 2003, S. 15ff.

402 Hayek [1944] 2004.

403 Ebd. S. 37.

404 Ebd.

405 Mannheim 1940, S. 239ff.

406 Foucault 2004b, S. 97f.

schaft schien mit den holistischen Steuerungsutopien totalitärer Systeme nicht zu vereinen. Sie machten vielmehr einen neuen Typ von Sozialtechnik erforderlich, der sich mit Karl Popper als „piecemeal engineering“ oder „Ad-Hoc-Technik“[407] bezeichnen ließ: Eine inkrementelle und dynamische Anpassung an sich ständig ändernde Bedingungen.

Es war diese gouvernementale Dringlichkeit einer geordneten Hervorbringung und Sicherung „freier“ Beziehungen, die einen Rückgriff auf die in kybernetischer Technik exemplifizierten Funktionsmodelle als vielversprechend erscheinen ließ. Was das Dispositiv der Kybernetik in Aussicht stellte, war die Möglichkeit der Einrichtung von Systemen, die zu einem Management kontingenter Informationsströme in der Lage waren. Die Kybernetik „vereinte (...) eine Reihe von heterogenen Diskursen, welche gemeinsam das praktische Problem der Beherrschung von Unsicherheitsfaktoren erforschten. Ihnen allen lag, so unterschiedlich ihre Anwendungsbereiche auch waren, ein und derselbe Wunsch zugrunde: daß eine Ordnung wiederhergestellt werden und, mehr noch, auch halten möge.“[408] Zwar ist eine solche Sicherung ein keineswegs nur für die Kybernetik charakteristisches Merkmal technischer Systembildungen. Was sich aber in den zukunftsoffen und flexibel agierenden Maschinen abzeichnete, war die Option, Kontingenz nicht lediglich auf die Außenseite der technischen Vollzüge zu verbannen, sondern als integralen Bestandteil eines Rückkopplungsmechanismus produktiv zu machen.[409] Kybernetik zielte so gesehen auf die Kontrolle von Vorgängen, denen eine „Freiheit“ in einem sehr spezifischen Sinne immer schon zugestanden wurde. Das prädestinierte sie als Modell für eine technische Konfiguration liberaler Gouvernementalität.

In der Formalisierung von Kommunikation, Kalkulation und Kontrolle ließ sich Kybernetik als eine gegenüber tradierten Steuerungstechniken potenziell avanciertere Form des Regierens in Anschlag bringen. Wenn kybernetische Modelle und Maschinen tatsächlich schon bald in verschiedensten sozialwissenschaftlichen und politischen Kontexten zur Anwendung kamen, so war dies jedoch nicht als eine schlichte „Technisierung“ von zuvor außertechnischen Zusammenhängen zu betrachten (wie es ein Teil der historischen Rezeption

407 Popper [1945] 1975, S. 320.

408 Tiqqun 2007, S. 21.

409 Insofern kybernetische Technik auf eine Regelung von Kontingenzen zielt, erweist sie sich immer als Systemtechnik: Statt um linear-kausale Steuerung von Ereignissen geht es ihr um die Strukturierung von Möglichkeitsräumen, was sich an den in Kapitel 3 diskutierten Modellen ohne Weiteres nachvollziehen lässt: Shannons Kommunikationsmodell befasst sich nicht mit der Übertragung einer, sondern aller möglichen Nachrichten. Die Turing-Maschine dient nicht der Realisierung einer spezifischen Rechnung, sondern gibt ein Medium für die Ausführung sämtlicher Rechnungen ab. Die von Wiener und Rosenblueth beschriebenen Regelkreise dienen nicht dem Ansteuern einer einzigen, sondern aller möglichen Zielpositionen.

nahelegt, vgl. Kap 2.1). Vielmehr handelte es sich um eine Transformation gouvernementaler Technizität, in deren Rahmen das auch schon zuvor technisch konzipierte Problem des „Regierens" unter veränderten Modalitäten gestellt werden konnte. Eine durch Kommunikationsströme und Regelkreise gesteuerte Gesellschaft entsprach einem gänzlich anderen Typ von „Maschine" als jene der Mechanik entlehnten Systeme, die vom Rationalismus der Frühen Neuzeit bis zur tayloristischen Arbeitslehre als Vorbilder sozialtechnischer Organisation ins Spiel gebracht wurden. Dass aber soziale Probleme überhaupt unter technischen Gesichtspunkten betrachtet und bearbeitet werden konnten und dass sich folglich auch die Wissenschaften vom Menschen und seiner Regierung „am Leitbild zweckrationaler Verfügbarkeit von ‚Sozialem'"[410] auszurichten hatten, war keine genuin kybernetische Hypothese, sondern vielmehr eine für die von Lutz Raphael beschriebene „Verwissenschaftlichung des Sozialen" schlechthin charakteristische Perspektive.[411]

Die Sozialhistorikerin Dorothy Ross hat herausgearbeitet, wie sehr sich die amerikanischen Sozialwissenschaften im 20. Jahrhundert über alle disziplinären Ausdifferenzierungen hinweg eine „engineering conception"[412] zu eigen machten, in der Mensch und Gesellschaft als Gegenstände technischer Manipulation ins Auge gefasst wurden. In ökonomischen, psychologischen, soziologischen und politikwissenschaftlichen Forschungen ließ sich schon um 1900 ein übergreifendes Interesse erkennen, ein durch wissenschaftliche Methoden gesichertes Wissen über Gesellschaft zu produzieren, das zugleich als *instrumentelles* Wissen verstanden werden konnte, also für eine Steuerung und Regulation der beobachteten Prozesse Verwendung finden konnte. Tatsächlich formierte sich nahezu zeitgleich mit der Institutionalisierung der Sozialwissenschaften in den USA eine „Social Engineering"-Bewegung, die sich ihrerseits an „höchsten, rigorosen Standards naturwissenschaftlicher Präzision, Exaktheit, Objektivität und universaler, weil rationaler Nachvollziehbarkeit"[413] orientierte. Alarmiert von den Krisen des Laissez-faire-Kapitalismus propagierten die zumeist linksprogressiv eingestellten Sozialreformer die planvolle Einrichtung einer liberalen Marktwirtschaft als effizienter Maschine, die nach technischen Kriterien der Stabilität und Effizienz zu bewerten war. Beflügelt durch die Weltwirtschafts-

410 Raphael 1996, S. 170.

411 Zum Vorschlag, die Verwissenschaftlichung des Sozialen vor allem als Technisierung des Sozialen zu untersuchen vgl. den Aufsatz von Thomson (2010), der aber in ein instrumentelles Technikverständnis zurückfällt. Ein verstärktes Interesse an den spezifisch technischen Aspekten der Sozialwissenschaften findet sich auch in den jüngeren Beiträgen zur Geschichte des „Social Engineering" in Etzemüller (Hrsg.) 2009 und Brückweh et al. (Hrsg.) 2012.

412 Ross 2008, S. 219; vgl. zu den Sozialwissenschaften als „science of control" auch schon Ross 1991, S. 429.

413 Hochgeschwenger 2009, S. 177.

krise von 1929 erreichte die Utopie des Social Engineering schon in den Zwischenkriegsjahren ihren Höhepunkt – zu einer Zeit also, als von „Kybernetik" noch keine Rede sein konnte.[414]

Auch das Motiv eines technischen Staates, der mit maschineller Präzision seinen Steuerungs- und Regelungsaufgaben nachging, war in den USA um die Mitte des 20. Jahrhunderts längst zu einem festen Bestandteil politischer Diskurse geworden. Dass „Politik" und „Technik" nicht wechselseitig exklusiv gedacht werden konnten, sondern letztere vielmehr die Aufgabe hatte, erstere zu ermöglichen und zu stabilisieren, war spätestens seit Woodrow Wilsons Grundlegung einer eigenständigen „science of administration" am Ende des 19. Jahrhunderts eine geläufige Position.[415] Zwar unterschied Wilson streng zwischen „politischer" und „administrativer" Ebene des Staates, jedoch in erster Linie um die Notwendigkeit einer von allen parlamentarischen Querelen losgelösten Optimierung des Verwaltungsvorgangs hervorzuheben. Wilson, der die deutschen und französischen „Policeywissenschaften" im Blick hatte, plädierte für eine objektive Evaluation und Optimierung der gouvernementalen „Maschinerie" jenseits des „hurry and strife of politics".[416] Ein reibungslos operierendes technisches Gefüge war Voraussetzung einer jeden Politik – und gleichzeitig von politischer Einflussnahme so weit wie möglich frei zu halten, weil seine ideale Einrichtung keine Frage von Meinungen, sondern von objektiver Wissenschaft sein musste: „[O]ne rule of good administration for all governments alike."[417]

Durchaus also wurde das Problem der Einrichtung und Aufrechterhaltung sozialer Ordnung bereits vor der Kybernetik als technisches Problem verstanden. Die Adaption kybernetischer Modelle und Theorien muss als Aktualisierung bestehender sozialtechnischer Zusammenhänge betrachtet werden, nicht aber als ein dem politischen Denken fremder Perspektivwechsel von sozialen zu technischen Kategorien. Ebenso wenig genügt es, in der Applikation technischer Modelle lediglich eine „ideologische" Verzerrung politischer Rationalität auszumachen: In der frühen historischen Rezeption der Kybernetik wird diese Ansicht gelegentlich vertreten, wo nach dem Vorbild einer „externalistischen" Wissenschaftsgeschichte soziale Gründe „hinter" der Attraktivität kybernetischer Regierungsmodelle ausgemacht werden. Wenn etwa Steve Heims die

414 Vgl. dazu ausführlich Jordan 1994. Philanthropische Stiftungen wie die Macy Foundation, vor allem aber die „Big Three" aus Rockefeller Foundation, Carnegie Corporation und Ford Foundation, waren wichtige Förderer einer sozialtechnischen Perspektive und blieben auch nach 1945 für die Weiterentwicklung einer an konkreter Problemlösung orientierten Sozialwissenschaft von tragender Bedeutung. Zur Rolle der Stiftungen vgl. die Beiträge in Arnove (Hrsg.) 1980 sowie in Krige/Rausch (Hrsg.) 2012.

415 Vgl. Wilson 1887.

416 Ebd., S. 209f.

417 Ebd., S. 218.

Kybernetik als „Social Science for Postwar America“[418] bezeichnet, so scheint er darunter weniger eine Sozialwissenschaft, als vielmehr einer „soziale Wissenschaft“ zu verstehen, die als Produkt der von übertriebenem Planungsoptimismus und antikommunistischen Ressentiments geprägten Kultur der Nachkriegsjahre zu betrachten ist. Heims sieht aus den Macy-Konferenzen eine unter dem Deckmantel naturwissenschaftlicher Autorität operierende „technocratic ideology“[419] hervorgehen. Den Sozialwissenschaften sei, auch angesichts ihrer wachsenden Abhängigkeit von staatlicher Förderung, wenig anderes übrig geblieben, als sich den politischen Steuerungs- und Planungsambitionen mehr oder weniger bedingungslos zu fügen. Aus Heims' Perspektive läge die Aufgabe des kritischen Historikers darin, die ideologischen Verkürzungen zu entlarven und die Situierung der nur vermeintlich „objektiven“ Wissenschaft in den für sie bestimmenden, soziokulturellen Kontexten freizulegen.[420]

Auch wenn der von Heims und anderen favorisierte „contextual approach“[421] wichtige Einsichten eröffnen kann, scheint er für eine machtanalytische Untersuchung kybernetischer Regierungstechniken wenig geeignet. Die Attraktivität der Kybernetik für ein gouvernementales Regelungswissen ist für eine „externalistische“ Wissenschaftsgeschichte nämlich immer schon erklärt – aber nicht durch die kybernetischen Techniken selbst, sondern durch äußere Faktoren, die eine genauere Betrachtung der eigentlichen Machtmechanismen überflüssig werden lassen. Die technischen Regierungsmodelle erscheinen dann als Symptom, nicht aber als ihrerseits wirkmächtiges, weil ermöglichendes Dispositiv. Und nicht selten werden sie – auch das ein Erbe der ideologiekritischen Tradition – darüber hinaus als fehlgeleiteter Ausdruck eines „falschen Bewusstseins“ von den wahren Tatsachen betrachtet.[422] Aus machtanalytischer Perspektive hingegen interessieren weniger die möglichen Ursachen „hinter“

418 Heims 1993.

419 Ebd., S. 163

420 Mit einem ähnlich entlarvenden Gestus tritt eine beliebte Variation der ideologiekritischen Perspektive auf, die hinter der „Kybernetisierung“ des Sozialen in erster Linie eine „Militarisierung“ auszumachen glaubt. So warnt Peter Galison (1997, S. 319) davor, dass sich die militärische „Ontologie des Feindes“, die menschliches Verhalten „in die Bestandteile von Verfolgung, Flucht und Irreführung“ zerlege, in sozialwissenschaftlichen oder philosophischen Adaptionen unkritisch fortschreiben könnte.

421 Heims, 1991, S. 13

422 Die ideologiekritische Perspektive operiert folglich mit einem repressiven Machtverständnis. Sie beschreibt die Kybernetik als eine unter spezifischem Interesse erfolgende Reduktion sozialer Mannigfaltigkeit auf abstrakte Zusammenhänge technischen Bewirkens und verweist darauf, dass eine solcher Zuschnitt die Realität nur unzureichend erfassen kann. Damit verpasst sie jedoch die komplementäre Frage, inwiefern diese Reduktion spezifische Formen (sozial-)technischen Bewirkens erst konzeptualisierbar und realisierbar werden lässt – und vor allem die Frage, wie diese Formen beschaffen sind.

den untersuchten Phänomenen, als vielmehr die Art und Weise, in der ein technisches Dispositiv durch die Strukturierung von Räumen möglichen Wissens und Handelns Produktivität entfaltet.

Einem Vorschlag Evelyn Fox Kellers folgend, ließe sich in der politischen Adaption der Kybernetik zunächst schlicht der Versuch einer „Antwort auf die zunehmende Unzulänglichkeit konventioneller Machtausübung“[423] erkennen. Das hieße erstens anzuerkennen, dass es ein gouvernementales Wissen ständig mit technischen Problemen zu tun hat, deren Technizität nicht lediglich das Resultat einer ideologischen Projektion darstellt; und zweitens, dass die Kybernetik tatsächlich Lösungen für einige dieser Probleme versprach – dass sie also einfach deshalb adaptiert wurde, weil sie unter pragmatischen Gesichtspunkten als potenziell *nützlich* gelten konnte. Gleichwohl ist ein technisches Dispositiv nicht lediglich als Reservat instrumenteller „Lösungen“ zu begreifen, sondern als Medium, das spezifische Lösungen und Probleme erst ins Licht setzt. Die Signifikanz der Kybernetik ist folglich schon darin zu erkennen, dass in ihren Modellen ein anderer Blick auf gouvernementale Zusammenhänge möglich wird, der dann mitunter jene „Unzulänglichkeit“, von der Fox Keller spricht, erkennbar werden lässt. Nach 1945 war keineswegs ausgemacht, auf welche Weise kybernetische Techniken politisch produktiv werden konnten. Statt fertiger Anwendungen entstanden zunächst eher Suchräume und Hypothesen, die es experimentell zu erkunden und zu erproben galt.

Der Einsatz kybernetischer Modelle in gouvernementalen Zusammenhängen, der in den folgenden Kapiteln näher untersucht wird, erfolgte nirgends nach einem kohärenten Plan oder einer übergreifenden Strategie. Er vollzog sich an verschiedensten institutionellen Orten, in unterschiedlichsten Disziplinen und Kontexten, und unter hochgradig kontingenten Bedingungen. Ein einheitliches „Projekt“, ein „Programm“ oder eine „Ideologie“ lässt sich schwerlich ausmachen – vielleicht führt schon die Suche danach in eine Sackgasse. Gilles Deleuze und Félix Guattari haben zum Begriff der „Ideologie“ angemerkt, dass er „alle tatsächlich funktionierenden gesellschaftlichen Maschinen verdeckt (...); man verkennt die Machtorganisationen, die sich keineswegs in einem Staatsapparat lokalisieren lassen, sondern überall Formalisierungen (...) bewirken, deren Segmente sie verbinden.“[424] Die Kybernetisierung der Gouvernementalität erfolgte nicht im Sinne einer offiziellen „Staatswissenschaft“, ihre Machteffekte lassen sich eher auf molekularer Ebene aufspüren, wo einzelne Technologien an Bestandteile eines heterogenen Regierungswissens anknüpften und dieses von innen heraus zu transformieren beginnen. In den konkreten politischen Anwen-

423 Keller 1998, S. 112.
424 Deleuze/Guattari 1992, S. 97.

dungen lösten sich einzelne Linien der Technisierung aus ihrem ursprünglichen Zusammenhängen, um sich in verschiedenste gesellschaftliche Felder einzuschreiben, wo sie sich zugleich immer wieder kreuzten, wechselseitig stützten und ermöglichten.

Die nachstehenden drei Untersuchungen orientieren sich an der zuvor vorgenommenen Unterscheidung technologischer Problemfelder, die innerhalb des kybernetischen Dispositivs auf neue Weise adressierbar geworden waren (vgl. Kap. 3): „Kommunikation", „Kalkulation" und „Kontrolle" ließen sich schließlich nicht lediglich als basale Funktionen eines neuen Typus von Maschine lesen, sondern auch als Operationen, die in gouvernementalen Systembildungen eine wesentliche Rolle spielten. Im Folgenden wird nachvollzogen, wie aus den kybernetischen Modellen neue Konzeptualisierungen und Problematisierungen menschlichen Verhaltens hervorgingen, die auch als politische Herausforderungen erschienen: Wo die zu regierenden Individuen und Bevölkerungen als Kommunikationsapparate und -netze, als mit mathematischer Rationalität ausgestattete Nutzenmaximierer oder als feedbackgesteuerte Regelungsmechanismen begriffen wurden, zeichneten sich veränderte Möglichkeitsräume regierungstechnischer Vollzüge ab und entstanden neue Interventionsfelder, Strategien und Zielsetzungen einer „guten Regierung" unter den Vorzeichen kybernetischer Medialität.

5. Bedeutungslose Botschaften

„Information ist tatsächlich ‚der Stoff, aus dem die Träume sind.'"
(Karl W. Deutsch)[425]

Irgendwann zwischen 1946 und 1952, so konstatiert der Medienhistoriker Erhard Schüttpelz, habe sich „Kommunikation" zu einem „absoluten Begriff" entwickelt, der zumindest vorübergehend beanspruchen konnte, eine Reihe konkurrierender Grundbegriffe wie „Geschichte", „Kultur", „Sprache" oder „Gesellschaft" zu integrieren. Die Quintessenz dieser damals einsetzenden diskursiven Verschiebung ließ sich demnach auf die schlichte Formel bringen: „‚Alles ist eigentlich…' (Kommunikation)".[426] Die kybernetische Perspektive, die aus den Macy-Konferenzen hervorgegangen war, hatte an dieser Entwicklung einen wesentlichen Anteil. Wie Norbert Wiener oder Warren Weaver im Anschluss an Shannons mathematische Kommunikationstheorie hervorhoben, existierte kein soziales oder natürliches Phänomen, das sich nicht auch als *pattern* lesen lies, als räumlich oder zeitlich ausgedehntes Muster aus elementaren Differenzen. „Information" beschrieb aus Sicht der Kybernetik kein abgrenzbares Gegenstandsfeld, sondern einen *Aspekt* der Welt: Ihr Geordnetsein. Wo immer *patterns* aufeinander einwirkten und verändert aus dieser Beziehung hervorgingen, würden Informationen übertragen und fände folglich Kommunikation statt.

Wenn der Begriff der Kommunikation um 1950 auch und gerade in den Wissenschaften vom Menschen eine inflationäre Verbreitung erfuhr, so erlangte er damit zugleich eine allgemeinere Bedeutung zurück, die ihm historisch schon einmal zugekommen war. Im aufklärerischen europäischen Denken nämlich bezeichnete der Begriff schlicht Übertragungen innerhalb eines Komplexes zirkulierender Menschen und Dinge. „Kommuniziert" wurden folglich nicht nur Gedanken oder Worte, sondern auch Krankheiten, Energieströme oder Gefühlswallungen. Noch bis ins späte 19. Jahrhundert wurde die Distribution und

425 Deutsch [1963] 1969, S. 135 (Übers. mod.).

426 Schüttpelz 2005, S. 494. Das Konzept des „absoluten Begriffs" stammt ursprünglich von Wilhelm Schmidt-Biggemann (1991). Auch der britische Kulturwissenschaftler John Hartley attestiert der Kommunikationswissenschaft um 1950 den Aufstieg zur „master discipline" (2002, S. 32).

Zirkulation von Zeichen nicht streng von anderen Formen des Transports unterschieden.[427] Sie vollzog sich tatsächlich auch nicht in einem eigenen Medium: Vor dem Zeitalter elektrischer Kommunikationstechnik wurden Menschen, Güter und Briefe mit denselben Postkutschen transportiert.[428] Erst mit den entsprechenden Infrastrukturen zur Signalübertragung erhielt der Begriff „Kommunikation" seine moderne Bedeutung im Sinne eines eigentümlich „immateriellen" Verkehrs von Zeichen oder Ideen.

Wenn „Kommunikation" aber seit dem 19. Jahrhundert lediglich das bedeuten sollte, was in den Medien Telegraf, Funk oder Radio möglich geworden war, so war damit zugleich ein gouvernementales Problemfeld entstanden, das eigene Modalitäten der Regulation eröffnete und strukturierte. Die Möglichkeit einer vom materiellem Güter- und Personentransport entkoppelten Übertragung von Signalen schuf die Bedingungen für eine zeitnahe Beeinflussung räumlich entfernter Vorgänge und damit für neue Formen eines Regierens auf Distanz – „long distance control"[429] in Echtzeit. Umgekehrt garantierte die Verfügbarkeit elektrischer Kommunikationstechniken eine fortlaufende Aktualisierung des gouvernementalen Wissens über jene entfernten Vorgänge und schuf so Grundlagen für eine flexible Anpassung von Steuerungsmechanismen an sich verändernde Umstände. Schon das Telegrafennetz Napoleons reichte bis nach Mainz, Amsterdam und Triest und führte die Leitungen im Pariser Louvre zusammen.[430] Die Einrichtung von Kanälen und Relais sowie die Platzierung von politischen Entscheidungsträgern an strategischen Knotenpunkten innerhalb des Netzwerks – das, was der Politikwissenschaftler Christoper Hood als „nodality" eines Regierungssystem bezeichnet[431] – wurden zur zentralen technischen Herausforderung einer politischen Regierung.

Kommunikation als politische Technologie umfasste aber nicht allein die Übertragung von Zeichen oder Signalen als Mittel sozialer Steuerung. Gerade im liberalistischen Kontext betraf Kommunikation weniger die Realisierung zweckgerichteter Übertragungen zwischen Regierung und Bevölkerung, sondern das Problem des „Gemeinsamen" (*communis*) schlechthin. Weil der Austausch von Botschaften eine Überschreitung von Individualität implizierte, erschien er als Grundlage für die Herausbildung einer Gemeinschaft und ihrer kollektiven Artikulationen.[432] Von Samuel Morses Idee der telegrafisch geschaf-

427 Vgl. Peters 2009, S. 81.
428 Kittler 1998, S. 343.
429 Law 1986.
430 Vgl. Roesler 2007.
431 Hood 1983, S. 21.
432 John Dewey brachte diesen Zusammenhang auf die Formel: „Consensus demands communication." (Dewey [1916] 1944, S. 5.)

fenen „one neighborhood" bis zu Marshall McLuhans „global village" gaben die Transformationen nachrichtentechnischer Infrastrukturen immer wieder Anlass für sozialutopische Zukunftsentwürfe – Kommunikation stiftete dort Zusammenhalt und Zugehörigkeit. Zugleich schien ihre Eigenart darin zu bestehen, diese Stabilität nicht durch Homogenisierung, sondern durch eine Erzeugung von Differenzen zu erreichen: Es war gerade die Diversität der Meinungen und Bedürfnisse, die geordnete Konkurrenz der Zeichen und Übertragungen, aus denen eine liberale Gesellschaft ihre Produktivität gewann. Die Idee einer verfassungsrechtlich verbürgten Freiheit der Kommunikation ist bis heute – insbesondere in den USA – untrennbar mit dem Idealbild einer liberalen Marktwirtschaft und ihrer freien ökonomischen Zirkulation verknüpft.

Schon an der Schwelle des 20. Jahrhunderts trug „Kommunikation" durchaus noch Spuren eines „absoluten Begriffs". Bei Charles Horton Cooley, einem heute nahezu vergessenen Pionier der amerikanischen Kommunikationsforschung, wurde sie bereits als Medialität thematisiert, die allen sozialen Artikulationen vorausliegt, als Grundlage von Moral und Subjektivität wie von Ökonomie und Politik, und somit in letzter Instanz als Inbegriff von Geschichtlichkeit schlechthin: „Society is a matter of the incidence of men upon another; and since this incidence is a matter of communication, the history of the latter is the foundation of all history."[433] Die Einsicht in die kommunikative Verfasstheit des Sozialen wurde von Cooley zugleich mit einem politischen Reformeifer verknüpft, der durch die gezielte Sicherung und Amplifikation von Kommunikationsvorgängen eine produktivere und „freiere" Gesellschaft herbeiführen sollte.[434] Damit war eine Ambivalenz aufgerufen, die für die politische Rationalität des 20. Jahrhunderts charakteristisch bleiben sollte: Kommunikation galt einerseits als ein der Gesellschaft immer schon inhärentes und für diese konstitutives (Natur-)Phänomen, gleichzeitig aber als eine modernisierende Kraft, die im Sinne des Gemeinwohls mit technischen Mitteln gesteigert werden konnte und musste.

Wenngleich Kommunikationsprobleme in vielerlei Hinsicht immer schon als politische Probleme verstanden werden konnten, so ließ sich eine umfassende gouvernementale Reflexion auf technische Modalitäten der „Kommunikation" doch erst im frühen 20. Jahrhundert ausmachen. Offensichtlich waren auch diese Überlegungen mit einer medientechnischen Transformation – der Entstehung eines Dispositivs der „Massenmedien" – verbunden, die neue Formen der kommunikativen Beeinflussung und Kontrolle von Bevölkerungen möglich werden ließ. Gewissermaßen als Korrelat der regierungstechnischen Kommuni-

433 Cooley [1897] 1998, S. 71.
434 Zu Cooleys politischen Ambitionen vgl. auch Simonson 2012.

kationsapparatur trat nun ein neues Zielobjekt hervor und damit ein Problemkomplex, den es zu bearbeiten galt: Die „öffentliche Meinung".[435] Sie erschien als jenes Wesensmerkmal der „bürgerlichen Gesellschaft",[436] das explizit über Kommunikationsprozesse anzusteuern war und auch angesteuert werden musste, wo eine Zustimmung der dieser Gesellschaft zu Regierungsentscheidungen erreicht werden sollte. Die öffentliche Meinung, selbst wenig mehr als ein Agglomerat sozialer Kommunikationsprozesse, war eine jener gouvernementalen Realitäten, die ein guter Souverän zunächst einmal anzuerkennen hatte, auf deren Zustand er aber mit technischer Hilfe einwirken konnte.

So wurde bereits der Eintritt der USA in den Ersten Weltkrieg von einer bis dahin beispiellosen Kommunikationsoffensive begleitet, um die tief gespaltene Bevölkerung von der Dringlichkeit der weltpolitischen Lage zu überzeugen.[437] Das von Präsident Woodrow Wilson 1917 ins Leben gerufene *Committee on Public Information* (CPI) rekrutierte nicht nur in Zeitungen, an Schulen und Universitäten für die Streitkräfte, sondern produzierte zudem eine Reihe zielgruppenspezifischer Kurzfilme, die den potenziellen zivilen Beitrag aller amerikanischen Bevölkerungsgruppen zur Kriegsanstrengung hervorhoben.[438] Die noch ganz ohne pejorativen Anklang als „Propaganda" bezeichneten Überzeugungsversuche glichen jedoch eher einer Regierungs*kunst* denn einer strengen Wissenschaft: Ein systematisiertes Wissen über die verwendeten Techniken war im Grunde nicht existent, ganz zu schweigen von Verfahren, um deren Wirksamkeit zu überprüfen. Erst nach Kriegsende und wesentlich als Folge einer Reflexion auf die dort gemachten Erfahrungen begannen sich die Konturen eines gouvernementalen Forschungsfeldes abzuzeichnen. Die Monografien der ehemaligen CPI-Mitarbeiter Walter Lippmann und Edwards Bernays können im Rückblick, gemeinsam mit Harold Laswells Dissertation über *Propaganda Techniques in the World War* (1927), als eigentliche Gründungsschriften der amerikanischen Kommunikationswissenschaft betrachtet werden.[439] Ihr erklärtes Ziel lag in der Untersuchung einer Interventionsebene des Regierens, die, in

435 Vgl. einflussreich Lippmann 1922.

436 Foucault datiert den Eintritt der „bürgerlichen Gesellschaft" in den Nexus des politischen Wissens auf das späte 18. Jahrhundert (vgl. Foucault 2004b, S. 404ff).

437 Wie sich bei Howard Zinn nachlesen lässt, sympathisierte noch 1917 ein nicht unwesentlicher Teil der amerikanischen Bevölkerung mit der deutschen Seite. Auch fehlten der US-Armee sechs Wochen nach Kriegseintritt noch rund 900.000 Freiwillige (vgl. Zinn 1980 S. 355).

438 Die in Kinosälen im ganzen Land ausgestrahlten Filme trugen Titel wie „Labor's Part in Democracy's War", „Woman's Part in the War", „The American Indian Gets into the War Game" oder „Our Colored Fighters" (vgl. Glander 2000, S. 6).

439 Lippmann 1922; Lippmann 1927; Bernays 1928. Die Entstehungsgeschichte der amerikanischen Kommunikationswissenschaften findet sich aus verschiedenen Perspektiven untersucht bei Rogers 1994; Peters 1999; Glander 2000.

Lippmanns Worten, bislang „out of reach, out of sight, out of mind" geblieben war:[440] der Möglichkeit, Bevölkerung im großen Stil durch koordinierte und massenmedial verstärkte Kommunikationskampagnen zu beeinflussen.

Auch ihrem Selbstverständnis nach waren die Protagonisten der „Propaganda" als Sozialingenieure im Dienste des Staates zu begreifen. Die sich ausbreitenden Massenmedien galten ihnen als Werkzeug, mit dem ein handwerklich gedachtes „manufacturing"[441] oder „engineering"[442] der öffentlichen Meinung erreicht werden konnte. Lippmann forderte eine Systematisierung der im Krieg eingesetzten Kommunikationstaktiken zu einer „self-conscious art (...) of popular government", die zukünftig auf „analysis rather than rule of thumb"[443] zu gründen war. Vor allem in Kontrast zu tradierten Formen des Überwachens und Strafens schien das Steuerungsinstrument „Kommunikation" eine der liberalen Führungsrationalität angemessenere, da „sanftere" Form des Regierens in Aussicht zu stellen; in jedem Fall war es, wie Lasswell nüchtern konstatierte, „cheaper than violence, bribery and other possible control techniques."[444] Zwischen einer liberal-demokratischen Grundordnung und einer gezielten Manipulation der öffentlichen Meinung bestand aus Sicht der frühen Propagandaforschung kein Widerspruch. Im Anschluss an die Massenpsychologie Freuds und LeBons verwies die Mehrzahl der Studien vielmehr auf die Notwendigkeit, die tumben Bevölkerungs-„Massen" erst an demokratische Selbstverantwortung heranzuführen. Vor allem Lippmanns *The Phantom Public* (1927) geriet zu einer fulminanten Kritik der vermeintlich naiven Ideen einer vernunftgesteuerten „Volkssouveränität". Gerade in ihrer Beeinflussbarkeit offenbarte die Masse in Lippmanns Augen ihre Irrationalität, was wiederum die Regierung in die Pflicht nahm, die öffentliche Meinung durch „systematic intelligence and information control"[445] in vernünftige Bahnen zu lenken.

Während der Begriff „Propaganda" langsam, aber sicher einen negativen Beiklang anzunehmen begann,[446] ließen sich in den 1930er Jahren erste institu-

440 Lippmann 1922, S. 29.
441 Ebd., S. 248.
442 Bernays 1947.
443 Lippmann 1922, S. 248.
444 Lasswell/Casey/Smith [1935] 1969, S. 43.
445 Lippmann 1922, S. 408.
446 Nachdem der ehemalige CPI-Direktor George Creel 1920 ein euphorisches (und in vielerlei Hinsicht überzogenes) Pamphlet unter dem Titel *How We Advertised America* (Creel [1920] 1972) veröffentlicht hatte, mehrten sich kritische Stimmen, die in der staatlichen Propaganda in erster Linie eine schädliche Manipulation der öffentlichen Meinung sahen. Gerade angesichts der mehr als 100.000 Kriegstoten wuchs der Eindruck, die Regierung habe ihre eigene Bevölkerung hinsichtlich der wahren Risiken einer militärischen Intervention getäuscht. Nach Kriegsende war das CPI derart unbeliebt, dass Präsident Wilson sich gezwungen sah, die Behörde aufzulösen. Um öffentliche Intellektuelle wie John Dewey formierte sich eine lautstar-

tionelle Sedimente eines Forschungsfelds erkennen, das fortan schlicht als „Communications Research" bezeichnet wurde. Das Zentralorgan der neuen Disziplin, die Zeitschrift *Public Opinion Quarterly*, erschien erstmals 1937 und diskutierte unter anderem Verfahren, um jenes titelgebende Phänomen der „öffentlichen Meinung" empirisch messbar zu machen und damit in den Rang eines wissenschaftlichen Objekts zu erheben. Die von George Gallup seit 1935 durchgeführten standardisierten Meinungsumfragen gehörten ebenso zu diesem Ensemble neuer Messtechniken wie der als „Little Annie" bekannt gewordene „Program Analyzer" von Frank Stanton und dem späteren Macy-Konferenzteilnehmer Paul F. Lazarsfeld: Die an einen Seismografen erinnernde Vorrichtung erlaubte es, Stimmungsschwankungen von bis zu zehn Probanden über den Verlauf einer Radio- oder Filmvorführung zu messen und hatte nicht nur beim Militär, sondern auch „among the entrepreneurs of Hollywood, Broadway, and Madison Avenue" für einiges Aufsehen gesorgt.[447] Mit der Möglichkeit einer Evaluation konkreter Kampagnen ließ sich die Wirksamkeit kommunikativer Sozialtechniken nun auch objektiv unter Beweis stellen.

Mit Ausbruch des Zweiten Weltkriegs erlebte die Kommunikationsforschung in den USA einen weiteren Aufschwung, teils bedingt durch eine wachsende staatliche Förderung, teils durch die Möglichkeit, den Krieg als eine Art Laborsituation für die Erprobung vorhandener Techniken zu nutzen. Das 1942 gegründete *Office of War Information* (OWI) wurde von Präsident Roosevelt mit enormen finanziellen Mitteln ausgestattet[448] und rekrutierte eine Vielzahl führender Natur- und Sozialwissenschaftler, die im interdisziplinären Verbund mit der Optimierung von Kommunikationsstrategien betraut wurden. Spätestens mit dieser Bündelung von Forschungskapazitäten war auch die Kommunikationswissenschaft zu einem unentbehrlichen Teil gouvernementaler „Big Science" geworden.[449] Ein Großteil der Macy-Konferenzteilnehmer war in der ein

ke „Anti-Propaganda"-Bewegung, die nicht nur gegen eine politische Einflussnahme, sondern auch gegen die nun verstärkt durchgeführten privatwirtschaftlichen Werbekampagnen opponierte. Die gezielte Herstellung von Konformität erschien Dewey als unvereinbar mit dem Prozess demokratischer Meinungsbildung und verfehlte in seinen Augen die eigentliche gesellschaftliche Funktion von Kommunikation: „Conformity is a name for the absence of vital interplay; the arrest and benumbing of communication." (Dewey 1930, S. 85f); für einen Überblick über die Anti-Propaganda-Bewegung in den USA vgl. Glander 2000, S. 16ff.

447 Rogers 1994, S. 277. Jeder Teilnehmer erhielt dazu ein Kabel mit einem An/Aus-Schalter, der je nach temporärem Eindruck auf „like" oder „dislike" gestellt werden konnte. Die entsprechenden Signale wurden auf einer Papierrolle festgehalten, die sich mit dem Zeitcode des Mediums synchronisieren ließ. Auf diese Weise sollte der Moment des Meinungsumschwungs möglichst exakt erfasst werden (vgl. Pias 2004c, S. 177).

448 Bis Kriegsende investierte die US-Regierung rund 133 Millionen Dollar in das OWI (vgl. Glander 2000, S. 54).

449 Vgl. Galison (Hrsg.) 1992.

oder anderen Form in diese akademisch-militärischen Netzwerken involviert: Nicht nur Wiener und Shannon waren während des Krieges mit Fragen von *communication and control* beschäftigt, sondern auch Sozialwissenschaftler wie Clyde Kluckhohn, Margaret Mead, Gregory Bateson, Kurt Lewin, Alex Bavelas oder der bereits erwähnte Lazarsfeld. Gemeinsam war ihnen eine anwendungsorientierte Perspektive auf Kommunikation als einen im Kern sozialtechnischen Problemzusammenhang, der seinerseits technische Lösungen erforderte. Die Übertragung von Informationen interessierte als Mittel der Steuerung von Maschinen und Menschen gleichermaßen.

Es war folglich nur naheliegend, dass die auf den Macy-Konferenzen diskutierten Modelle der Kommunikation auch in der soziologischen Kommunikationsforschung erprobt wurden. Wenn mit dem Einsatz der kybernetischen Perspektive tatsächlich eine Umorientierung der Forschungen zu beobachten war, so lag diese jedoch weniger in der Übernahme einer „technischen" Perspektive an sich, sondern vielmehr in der Art und Weise, in der die Technizität der Kommunikation nun thematisch und problematisch wurde. Die Debatte über die Wirkungen gouvernementaler Propaganda war schließlich bislang im Wesentlichen als eine Debatte über „Inhalte" geführt worden. Die Arbeiten der 1920er und 1930er Jahre hatten zwar die zentrale Funktion medientechnischer Dispositive für eine erfolgreiche Propagandastrategie hervorgehoben, sie behandelten aber in erster Linie die Frage, welche Botschaften für welche Zielgruppen die geeigneten waren, und wie sich der Inhalt dieser Botschaften auf Veränderungen der öffentlichen Meinung beziehen ließ. Hingegen lag der Einsatzpunkt von Shannons mathematischer Theorie, die den Nukleus des kybernetischen Kommunikationsverständnisses ausmachte, gerade in der vollständigen Vernachlässigung semantischer Fragen. Aus Sicht des Ingenieurs war die Bedeutung der Botschaften irrelevant. Entscheidend waren vielmehr die Modalitäten der Übertragung, die Kapazitäten der Kanäle, die Exaktheit der Reproduktion und die Kompensation von Störungen.

In Shannons mathematischer Formalisierung und der damit einhergehenden Abwendung von der nicht-quantifizierbaren Semantik der Botschaften hatte der Gegenstand der Kommunikation eine objektive, mit wissenschaftlichen Methoden präzise messbare Realität erlangt. Information, so lautete Wieners bekanntes Diktum, war weder Materie noch Energie, sondern eine dritte und gleichberechtigte physikalische Größe, die zum Gegenstand einer materialistischen Theorie gemacht werden konnte.[450] Darin lag eine tiefgreifende Irritation bestehender Propaganda- und Kommunikationstheorien, die den Übertragungsvorgang bislang als einen weitgehend friktionslosen und entmaterialisierten Prozess

450 Vgl. Wiener [1948] 1968, S. 166.

behandelt hatten. Selbst Gegner gouvernementaler Propaganda zweifelten nicht an deren geradezu „magischer" Wirkmächtigkeit; sie forderten lediglich die Übermittlung anderer Botschaften oder schlichtweg ein Ende staatlicher Manipulation. Dass die von elektrischen Medien übertragenen Botschaften tatsächlich umstandslos in die Köpfe der Regierten hineinprojiziert werden konnten, hatte jedoch bislang niemand ernsthaft bezweifelt. In dem Maße, in dem die Relation von Sender und Empfänger als rauschfrei und instantan gedacht wurde, war sie als Relation im Grunde gar nicht existent: „Wenn die Beziehung glückt, perfekt, optimal, unmittelbar", so Michel Serres, „dann hebt sie sich als Beziehung auf. Wenn sie da ist, existiert, so weil sie mißlungen ist."[451] Shannons Theorie zielte genau auf die Frage, wie unter den materialen Bedingungen begrenzter und störanfälliger Kanäle eine verlässliche Übertragung von Informationen sichergestellt werden konnte. Damit aber war die Strecke zwischen Sender und Empfänger einer Botschaft überhaupt erst als Problemfeld in Erscheinung getreten, das mit wissenschaftlichen Methoden untersucht, kartiert und technisch bearbeitet werden konnte.

5.1 Übertragungen, Kanäle, Systeme

> „The 19th and first half of the 20th century conceived of the world as a chaos. (...) Now we are looking for another basic outlook on the world – the world as organization."
> (Ludwig von Bertalanffy)[452]

Die Notwendigkeit, die Modalitäten des Flusses und der Verbreitung von Botschaften genauer nachzuvollziehen, war spätestens mit der empirischen Wende der Propagandaforschung und der Entwicklung verlässlicher Evaluations- und Messverfahren immer deutlicher hervorgetreten. In dem Maße, in dem sich die staatlichen Behörden den Resultaten ihrer kommunikativen Steuerungsversuche vergewissern konnten, traten Diskrepanzen zwischen erwünschten und tatsächlichen Effekten zu Tage, die sich auch als Spuren einer gestörten Übertragung interpretieren ließen. Ein mathematischer Blick auf die Reproduktion von Botschaften, wie ihn Shannon vorgeschlagen hatte, schien die Möglichkeit zu eröffnen, etwaige Abweichungen und Verzerrungen präziser zu erfassen und zu lokalisieren. Im Interesse an dieser Materialität der Kommunikation und des Rauschens kreuzten sich nachrichtentechnische Erwägungen mit einer quantita-

451 Serres 1987, S. 120.
452 Bertalanffy 1969, S.187f.

tiven empirischen Kommunikationsforschung, als deren Wegbereiter der Macy-Konferenzteilnehmer Paul Lazarsfeld auftrat.

Lazarsfeld war 1933 aus Österreich in die USA emigriert und leitete dort seit 1937 das renommierte *Office for Radio Research* der Universität Princeton.[453] In seiner heute klassischen Studie *Die Arbeitslosen von Marienthal (1932/33)* hatte der als Mathematiker ausgebildete Soziologe die sozialpsychologischen Folgen der Arbeitslosigkeit untersucht. In einer Verbindung von qualitativen und quantitativen Indikatoren hatte die Studie eine Reihe zuvor ungeahnter Korrelationen und Verhaltensmuster sichtbar gemacht. Sie zeigte etwa, dass die Bereitschaft zur politischen Revolte unter Arbeitslosen mit Dauer der Arbeitslosigkeit gerade nicht – wie weithin angenommen – anstieg, sondern vielmehr in Resignation umschlug. Während des Krieges führte Lazarsfeld für das OWI eine Serie weiterer empirischer Studien durch, die ein Stimmungsbild zur Inflation und zur Rationierung von Benzin oder Lebensmitteln, aber auch zu rassistischen und sexistischen Tendenzen in der amerikanischen Gesellschaft einholen sollten.[454] Bereits die Resultate dieser Erhebungen bestätigten, dass die vorherrschende „Magic Bullet Theory" der Propagandaforschung, nach der sich Meinungen mit medialer Zauberhand in die Köpfe der Menschen einpflanzen ließen, die Realität verfehlte. Lazarsfeld sah vielmehr die Notwendigkeit, die tatsächliche Verbreitung von Botschaften durch den Bevölkerungskörper genauer nachzuvollziehen. Das aber bedeutete, die technischen Aspekte der Kommunikation jenseits der konkret zu übermittelnden Inhalte in den Blick zu nehmen: Ob Wählerstimmen gewonnen oder Seife verkauft werden sollte, war für die Fragestellung ein zu vernachlässigender Faktor.[455]

Noch während des Krieges veröffentlichte Lazarsfeld gemeinsam mit Bernard Berelson und Hazel Gaudet die Studie *The People's Choice*, die als „großangelegtes Reiz-Reaktions-Experiment in politischer Propaganda und öffentlicher Meinung"[456] angelegt war. Im Vorfeld der Präsidentschaftswahlen von

453 1939 zog das Institut an die Columbia University in New York um und beschäftigte dort unter anderen auch Theodor W. Adorno.

454 Rassismus und Sexismus wurden von der Roosevelt-Regierung durchaus ernst genommen, zumindest dort, wo sie die militärische Schlagkraft der US-Armee zu beeinträchtigen drohten. So zeigten die Umfragen etwa, dass rund die Hälfte der afroamerikanischen Bevölkerungsteile aufgrund ihrer prekären Lebenssituation dem Kriegsverlauf weitgehend indifferent gegenüberstanden – insofern sie nicht davon ausgingen, dass eine Niederlage ihre eigene Situation noch weiter verschlechtern konnte. Auch ging aus den Umfragen hervor, dass selbst patriotisch eingestellte Frauen nicht der Ansicht waren, selbst etwas zum Kriegsverlauf beitragen zu können. Um sie vom Gegenteil zu überzeugen, lancierte das OWI die bekannte „Rosie the Riveter"-Plakatkampagne, in der mit der fiktiven „Rosie" eine idealtypische Arbeiterin – loyal, fleißig, hübsch – im Dienste der Nation porträtiert wurde (vgl. Glander, 2000, S. 53).

455 Vgl. Katz/Lazarsfeld 1955, S. 19.

456 Lazarsfeld/Berelson/Gaudet [1944] 1969, S. 35.

1940 führten Lazarsfeld und seine Mitarbeiter Befragungen mit den Einwohnern des Wahlkreises Erie County (Ohio) durch, um den Einfluss politischer Massenkommunikation auf das Wahlverhalten der Bürger zu messen. Monatlich hatten die rund 600 Probanden anzugeben, ob sich ihre Wahlpräferenzen gegenüber der letzten Umfrage verändert hatten, und worauf diese Veränderungen gegebenenfalls zurückzuführen waren. Dank dem als „Panel-Technik" bekannt gewordenen Verfahren ließ sich Meinungsbildung im Vollzug kartografieren und konnten Korrelationen zwischen verschiedenen Zeitreihen festgehalten werden. Ähnlich wie in Lazarsfelds „Little Annie"-Apparatur, wenn nun auch mit gröberer Auflösung, wurden kommunikative Stimuli (etwa von Radio- und Zeitungskampagnen) zu den Veränderungen individueller Einstellungen ins Verhältnis gesetzt.[457]

Das überraschende Ergebnis der Studie lautete, dass ein unmittelbarer Effekt der massenmedialen Kampagnen auf die Wahlentscheidung der Befragten nicht festzustellen war. Ein Großteil der Bevölkerung erwies sich den medialen Botschaften gegenüber als weitgehend indifferent oder wurde von diesen gar nicht erst erreicht. Die für ihre Wahlentscheidung relevanten Informationen bezogen die meisten Befragten vielmehr von anderen Personen aus dem persönlichen Umfeld, die als vertrauenswürdig und kenntnisreich eingeschätzt wurden. Diese Gruppe von „Meinungsführern" (*opinion leaders*) erkannte Lazarsfeld als einen entscheidenden und bislang völlig vernachlässigten Faktor sozialer Kommunikation. Meinungsführer traten als Multiplikatoren von Botschaften in Erscheinung, die einen weit größeren Einfluss auf die politische Meinungsbildung einer Bevölkerung ausübten als die in Rundfunk oder Fernsehen lancierten Kampagnen selbst. Das Modell, das Lazarsfeld aus dieser Einsicht entwickelte, beschrieb einen „zweistufigen Informationsfluß"[458] (*Two-Step-Flow of Communication*), in dem privilegierte Individuen „zwischen den Massenmedien und anderen Leuten in ihren Gruppen den Vermittler (...) spielen."[459] Als politisch interessierte Personen ließen sich die Meinungsführer durchaus mit medialen Kampagnen ansteuern, sie verbreiteten die Informationen dann jedoch nur selektiv und gefiltert an ihr weiteres Umfeld.

Gegenüber der frühen Propagandaforschung trat „Kommunikation" bei Lazarsfeld als sehr viel komplexeres Problemfeld in Erscheinung, gleichwohl als

457 Dass solche verlässlichen Zeitreihen nicht existierten, war einer der maßgeblichen Gründe für Norbert Wieners Skepsis gegenüber der Anwendung kybernetischer Modelle in den Sozialwissenschaften. Als entsprechend vorbildlich lobte er, einer Erinnerung Warren McCullochs zufolge, Lazarsfelds Arbeiten auf der zweiten Macy-Konferenz, vgl. McCulloch [1947] 2004, S. 342.

458 Lazarsfeld/Berelson/Gaudet [1944] 1969, S. 191.

459 Ebd., S. 28.

eines, das man kartieren konnte. Die über massenmediale Dispositive versandten Botschaften erzeugten nicht einfach unvermittelte „pictures in our head", wie es die CPI-Mitarbeiter um Lippmann angenommen hatten.[460] Vielmehr traten die Menschen selbst als Mittler und Relais in einer netzartigen Topologie von Kommunikationskanälen hervor. Jede Information musste sich ihren Weg durch eine verästelte Kanalstruktur bahnen und war in diesem Prozess einer Reihe von Abweichungen, Störungen, Blockaden oder Verstärkungen ausgesetzt. Die Bevölkerung erschien aus dieser Perspektive als selbstorganisierendes Netzwerk der Kommunikation, in das sich Nachrichten bestenfalls an spezifischen Kontaktpunkten einspeisen ließen, um sodann auf bestehenden Bahnen zu zirkulieren. Technische Medien und menschliche „Meinungsführer" waren gleichermaßen als Knoten in diesem Netz zu betrachten. Sie verfügten zwar über eine je eigene Konnektivität und Reichweite, erfüllten aber in der Übertragung eine äquivalente Funktion. Das Publikum der Botschaften war so gewissermaßen selbst zu einem Medium geworden, zu einer Kanalstruktur mit eigenen Kapazitäten und Störanfälligkeiten.

Die Möglichkeiten für eine gezielte Beeinflussung der öffentlichen Meinung sah Lazarsfeld trotz dieser Komplikationen gegeben. Eine erfolgreiche Propagandastrategie hatte jedoch die neuen empirischen Realitäten zu berücksichtigen: Sie benötigte eine Kenntnis nicht lediglich über die geeigneten Inhalte von Botschaften, sondern über die kommunikative Topologie der Gesellschaft, über den Einflussbereich einzelner Knotenpunkte und die Verzweigungen der Kanäle. Nur dann war für Lazarsfeld eine Form von Propaganda denkbar, „welche die allerletzten Zweifler ‚umzingelt'",[461] weil sie bis an die entlegensten Stellen des sozialen Kommunikationsnetzes vordrang. Die massenmedialen Verbreitungstechniken stießen hier notwendig an Grenzen, weil ihre Botschaften nicht zu einer individualisierten Adressierung einzelner Subjekte in der Lage waren.[462] Stattdessen galt es, diese Subjekte selbst in ihrer Funktion als Medien der Kommunikation zu begreifen: Nur eine Aktivierung der „örtlichen ‚Molekularkräfte'"[463] konnte die feingliedrige Durchdringung des Bevölkerungskörpers mit Informationen gewährleisten.

460 Lippmann 1922, S. 3.

461 Lazarsfeld/Berelson/Gaudet [1944] 1969, S. 199.

462 Die Schwäche der Massenmedien lag für Lazarsfeld darin, dass „ihre Propagandaschüsse auf die ganze Zielscheibe zielen, anstatt genau auf das Zentrum, d.h. auf ein bestimmtes Individuum" (ebd., S. 194).

463 Ebd., S. 199. Dass die Kartografie eines kommunikativen Netzwerks ein äußerst aufwändiges Vorhaben darstellte, das nach einer entsprechenden Finanzierung verlangte, lag für Lazarsfeld auf der Hand. Noch 1955 beantwortete er gegenüber einer Regierungskommission die Frage nach einem möglicherweise schädlichen Einfluss des Fernsehens auf Jugendliche mit einem

Was Lazarsfelds Ausführungen in die Nähe kybernetischer Überlegungen rückte, war sein Vorschlag, Menschen und Artefakte als gleichberechtigte Akteure in einem Netz aus Kommunikationsströmen zu behandeln: „[P]ersons", notierten Katz und Lazarsfeld kurz darauf, „could be looked upon as another medium of mass communication, similar to magazines, newspapers and radio."[464] Auch gouvernementale Kommunikation war dann nicht als linearer Übertragungsvorgang zwischen einem zentralen „Sender" und einem diffusen „Publikum" zu begreifen, sondern als Teilhabe an einem immer schon stattfindenden, dezentrierten Zirkulationsprozess, in dem überall menschliche Knotenpunkte als potentielle Mittler und Schaltstellen der Übertragung in Erscheinung traten. Im gleichen Zuge, in dem Lazarsfeld eine direkte Steuerbarkeit der Bevölkerung durch massenmediale Kampagnen zurückwies, sah er in „Kommunikation" ein Ordnungsprinzip dieser Bevölkerungen selbst: Eine Sozialstruktur ließ sich als Kanalstruktur betrachten, als ein aus heterogenen Komponenten zusammengesetztes *System* der Kommunikation.

Dieser funktionalistisch-systemische Blick auf das Problem der Kommunikation, der mit einer epistemischen Einebnung von Mensch und Maschine einherging, wurde parallel auch in der militärischen Nachrichtentechnik erprobt. Institutionen wie das Psycho-Acoustic Laboratory der Universität Harvard widmeten sich einer Optimierung von Nachrichtenflüssen in Mensch-Maschine-Systemen, wobei schnell ersichtlich wurde, dass eine rein technische Perspektive zu kurz griff, solange sie nicht auch das „human element" berücksichtigte: Noch ein mit höchster technischer Präzision übermittelter Funkspruch konnte durch die undeutliche Aussprache des Funkers oder das schlechte Gehör eines Piloten seine Wirkung verfehlen. In aufwändigen Untersuchungen arbeiteten deshalb Ingenieure, Linguisten und Psychologen gemeinsam an einer Steigerung der „articulation score" von Übertragungsprozessen.[465] Die Versuche zur Verbesserung der Performanz des Gesamtsystems setzten ebenso bei der verwendeten Radiotechnik wie auch bei dem Hörverständnis von Piloten, dem Sprechtraining der Funker und der sprachlichen Syntax an. Die Mitarbeiter des Labors, unter ihnen spätere Koryphäen wie der kybernetische Psychologe George A. Miller oder der Computerpionier J.C.R. Licklider, legten schließlich ein Lexikon mit rund 1.000 Begriffen an, die für die Funkübertragung zu verwenden seien. Aufgrund ihrer akustischen Distinktion sollten diese sich besonders für eine störungstolerante Übertragung eignen.

---

entschiedenen „vielleicht" – um hinsichtlich der Frage „what can be done?" sogleich auf die Notwendigkeit einer höheren Forschungsförderung zu verweisen (vgl. Lazarsfeld 1955).

464 Katz/Lazarsfeld 1955, S. 11.

465 Vgl. Edwards 1997, S. 216.

Spätestens mit Kriegsende hatte sich in militärischen Kreisen die Einsicht durchgesetzt, dass technische Probleme der Kommunikation nur als systemische Probleme untersucht werden konnten, an denen stets heterogene Elemente und Akteure beteiligt waren. Deutlich trat diese Sichtweise etwa in einem Forschungsprojekt hervor, das am Massachusetts Institute of Technology angesiedelt war und in dem Strategien zur Erhöhung der Reichweite militärischer Propaganda entwickelt werden sollten. Der ursprüngliche Regierungsauftrag des unter dem Codenamen „Troy" laufenden Projekts bestand darin, die technischen Sendekapazitäten des Auslandssenders „Voice of America" zu verstärken, um eine möglichst weitreichende kommunikative Durchdringung der Sowjetunion zu gewährleisten. Die Mitarbeiter des Projekts wiesen dieses Vorhaben jedoch umgehend als zu kurzsichtig zurück, weil es sich auf eine einzelne Komponente konzentrierte, statt Kommunikation als System zu betrachten. Ein der Regierung vorgelegter Bericht, der unter anderem von den Macy-Konferenzteilnehmern Clyde Kluckhohn und Alex Bavelas verfasst wurde, plädierte eindringlich für diesen Perspektivwechsel: „A rifle becomes meaningless as a mere component of military power unless combined with artillery, tanks, aircraft, and all the other necessary weapons. Like a rifle, an information program becomes a significant instrument in the achievement of our national objectives only when designed as one component in a political ‚weapon system'."[466]

Der gouvernementale Kommunikationsapparat bestand folglich nicht in einem bloßen Nebeneinander verschiedener Medientechniken, sondern musste als vielschichtiges Dispositiv verstanden werden, in dem menschliche und nichtmenschliche Techniken aneinander anschlossen und aufeinander aufbauten. Entgegen des ursprünglichen Auftrags bezogen die Mitarbeiter des „Troy"-Projekts demgemäß eine Reihe weiterer Kommunikationskanäle in ihre Untersuchungen ein. Dazu gehörten Flugblätter, Literatur und Film, aber auch Austauschprogramme mit Studenten und anderen „intelligent travelers".[467] Darüber hinaus stellte der Abschlussbericht klar, dass auf verschiedensten Wegen bereits Kommunikationsbeziehungen mit der Sowjetunion etabliert waren, etwa durch Briefpost, wissenschaftliche Publikationen oder kommerzielle Dienstleistungen. Im Rahmen eines entsprechend weiten Übertragungsmodells sei es zudem möglich, auch den Export amerikanischer Güter, etwa von Füllfederhaltern, Taschenlampen oder Medikamenten, als Form der „Kommunikation" zu identifizieren und in strategische Überlegungen mit einzubeziehen.[468]

In diesem ungewöhnlich weiten Kommunikationsverständnis kamen unverkennbar die Spuren einer kybernetischen Modellierung zum Vorschein. Wie

466 Project Troy Report to the Secretary of State, z.n. Needell 1993, S. 399.
467 Needell, 1993, S. 409.
468 Vgl. ebd., S. 410.

Warren Weavers Erläuterungen zu Shannons Theorie verdeutlichten, musste Kommunikation „in a very broad sense“ verstanden werden, „to include all of the procedures by which one mind may affect another.“[469] Die mathematische Formalisierung schien eine solche Ausweitung zu erlauben, und sie tat zugleich den wissenschaftlichen Ansprüchen an Exaktheit und Objektivität genüge. Tatsächlich ermöglichte die technizistische Abstraktion einen vereinheitlichenden Blick auf die äußerst vielfältigen Elemente eines Kommunikationssystems, in dem sich diese aneinander anschließen und miteinander vergleichen ließen. Diese Perspektive erwies sich keineswegs nur im Kontext militärischer Erwägungen als relevant, sondern sie erschloss eine ganz neue Ebene gouvernementaler Intervention: Nicht nur die massenmedialen Kanäle, sondern die Gesellschaft als Ganze ließ sich als Kommunikationssystem betrachten und adressieren. Die zu regierenden Subjekte waren immer schon in einem Milieu kommunikativer Beziehungen situiert, das als eigenständige Realitätsebene anerkannt werden musste. Wie Lazarsfelds Untersuchungen ergeben hatten, ließen sich die Übertragungsprozesse in diesem Milieu nicht von einer zentralen Stelle aus steuern – wohl aber in ihren strukturellen Verästelungen dokumentieren und beeinflussen. Was sich hier ebenso wie in den militärischen Untersuchungen zur Optimierung von Mensch-Maschine-Systemen der Kommunikation abzeichnete, war ein Übergang von einem lediglich instrumentellen zu einem systemisch-medialen Verständnis sozialer Kommunikation. Noch die frühe Propagandaforschung hatte die Übertragung von Botschaften in erster Linie für ein Mittel zur Steuerung der öffentlichen Meinung gehalten. Der systemische Ansatz hingegen ging von einer anderen, höherstufigen Ebene aus: Er interessierte sich für die Regulierung und Gestaltbarkeit der Modalitäten, in denen eine Bevölkerung ihren immer schon stattfindenden Informationsaustausch realisierte.

Kommunikation nicht als Mittel, sondern als Medium sozialer Assoziation zu denken, war eine entscheidende Weichenstellung, die auf den Macy-Konferenzen zur Kybernetik in verschiedensten Hinsichten durchexerziert wurde. Wie sich nicht die einzelne Übertragung, sondern der Raum aller möglichen Übertragungen einer technischen Untersuchung unterziehen ließ, das hatte Shannon mit mathematischer Eleganz vorgeführt. Die gouvernementale Adaption dieser Überlegungen beruhte auf der Hypothese, dass sich das Problem sozialer Ordnung in wesentlichen Aspekten als eines kommunikativer Ordnung begreifen ließ: „The essence of our message“, schrieben Gregory Bateson und Jürgen Ruesch unter dem Eindruck der Macy-Konferenzen, „is that communication is the matrix in which all human activities are embedded. In practice, communication links object to person and person to person; and scientifically speak-

469 Shannon/Weaver 1949, S. 3.

ing, this interrelatedness is understood best in terms of systems of communication.“[470] Kommunikation war nicht lediglich als Übertragung zu betrachten, die sich bei Bedarf zwischen Individuen oder anderen Entitäten vollzog. Vielmehr erschienen Individuen und Entitäten als Korrelate der sie umgebenden und durchkreuzenden Kommunikationsströme: „Der Mensch – eine Nachricht“, hatte Wiener ein Kapitel von *Mensch und Menschmaschine* überschrieben.[471] Aber zugleich sollte diesen Nachrichten nichts Geheimnisvolles mehr anhaften. Sie bewegten sich nicht in einem imaginären Äther, sondern in einem objektiv erfassbaren System. Von der Last semantischer Fragen befreit, eröffnete sich einer gouvernementalen Wissenschaft der Kommunikation ein weites Forschungsfeld, in dem sich materielle Zirkulationen kartieren, Verbindungslinien zwischen Knoten nachzeichnen sowie Störungen oder Redundanzen mit mathematischer Präzision behandeln ließen.

5.2 Topologische Vermessungen

> „Society can only be understood through a study of the messages and the communication facilities which belong to it“
> (Norbert Wiener)[472]

Auch Lazarsfeld hatte nach der Veröffentlichung von *The People's Choice* die Notwendigkeit gesehen, die konzeptualisierten Netzwerke sozialer Kommunikation detaillierter zu fassen und in weiteren empirischen Untersuchungen nachzuzeichnen.[473] Nachdem er der ersten Macy-Konferenz beigewohnt hatte, initiierte er gemeinsam mit Gregory Bateson ein außerplanmäßiges Treffen der Konferenzteilnehmer, das sich den Anwendungsmöglichkeiten kybernetischer Modelle in den Sozialwissenschaften widmete.[474] Diskutiert wurde dort unter anderem die Idee einer „zirkulären Kausalität“ von Individuum und kommunikativem Milieu, die in erster Linie von anthropologischen Untersuchungen aus dem Umfeld der von Franz Boas begründeten „Culture and Personality“-

470 Bateson/Ruesch 1951, S. 13.

471 Vgl. Wiener [1950] 1952, S. 94.

472 Wiener [1954] 1989, S. 27.

473 Lazarsfeld war auch mit Jacob L. Moreno bekannt, dessen Arbeit *Who Shall Survive?* (1934) heute als Gründungsschrift der soziometrischen Netzwerkanalyse betrachtet wird. Moreno hatte sich mit einigen seiner frühen Soziogramme an Lazarsfeld gewandt und nach den Möglichkeiten einer mathematischen Formalisierung erkundigt. Lazarsfeld skizzierte daraufhin ein probabilistisches Modell der Kantenbildung, das 1938 in Morenos neu gegründeter Zeitschrift Sociometry veröffentlicht wurde. Zur Geschichte der soziologischen Netzwerkanalyse vgl. Freeman 2004; zu Moreno vgl. Gießmann 2009.

474 Vgl. Dupuy, S. 72; von dem Treffen sind keine Mitschriften erhalten.

Bewegung geläufig war. Margaret Mead und Ruth Benedict hatten dort ebenfalls für einen systemischen Blick plädiert und nicht nur kulturelle Konfigurationen, sondern auch die in ihnen handelnden Individuen als „pattern[s] of thought and action“[475] beschrieben. Dieses Interesse für Muster, die sich im wechselseitigen Austausch von Informationen konstituierten, erwies sich als hochgradig anschlussfähig an Shannons mathematische Kommunikationstheorie. Darüber hinaus aber galt, den Erinnerungen McCullochs zufolge, das Hauptinteresse Lazarsfelds der Feldtheorie des deutschstämmigen Gestaltpsychologen Kurt Lewin.[476]

Lewin war wie Lazarsfeld 1933 in die USA emigriert und hatte dort sein bislang unveröffentlichtes Manuskript *Grundzüge der topologischen Psychologie* in amerikanischer Übersetzung publiziert.[477] Die Arbeit zeugte von Lewins Interesse, Sozialbeziehungen mathematisch zu modellieren, wobei seine Perspektive gleichermaßen an der Logik des Wiener Kreises wie an Husserls Phänomenologie geschult war. Die „topologische“ Psychologie situierte das menschliche Subjekt in einer Umwelt, die als Kräftefeld verstanden wurde und der ein impliziter „Aufforderungscharakter“ zukam. Individuelles Verhalten ließ sich demnach als mathematische Funktion von Person und Umwelt (nach der Formel $V = f(P,U)$) begreifen, so dass dieses Verhalten einer beständigen externen Beeinflussung unterlag, ohne dabei vollständig determiniert zu sein. Ein menschliches Subjekt existierte ausschließlich entlang seiner mannigfaltigen Bezugnahmen auf ein dynamisches Milieu der Anziehung und Abstoßung, dem gegenüber es sich kontinuierlich anpasste und neu ausrichtete. Lewins Arbeiten zielten folglich innerhalb der Psychologie auf eine ähnliche Verräumlichung, wie sie Lazarsfeld für die Kommunikationswissenschaften eingefordert hatte. Statt die Untersuchung bei isolierten Entitäten anzusetzen, galt es, diese Entitäten im Inneren eines vielschichtigen Netzes aus Relationen zu verorten.[478]

Auch Lewin hatte sich mit der Frage befasst, wie angesichts der vielfältigen Kräfteverhältnisse, denen subjektives Verhalten ausgesetzt war, eine gezielte Beeinflussung dieses Verhaltens realisiert werden konnte. Und auch Lewin hatte – vielleicht als Ergebnis der Diskussionen mit Lazarsfeld – die Notwendigkeit erkannt, sich den „Kanälen“ zuzuwenden, die als Möglichkeitsbedingungen sozialer Assoziation aufzufassen waren: „[W]e should consider the social life“, notierte der Psychologe nach der zweiten Macy-Konferenz und kurz vor seinem frühen Tod, „as something which flows through certain channels“.[479]

---

475 Benedict 1934. S. 46.
476 Vgl. McCulloch 1947 [2004], S. 339.
477 Lewin 1936.
478 Zu Lewins „protokybernetischen“ Arbeiten vgl. auch Innerhofer/Rothe 2010.
479 Lewin 1947, S. 146.

Lewin hob nun ebenfalls die wichtige Rolle von „gate keepers" hervor, die, analog zu Lazarsfelds „Meinungsführern", privilegierte Punkte innerhalb der sozialen Kanalstruktur besetzten. In Lewins Augen waren solche Distributions- und Filterinstanzen auf verschiedensten gesellschaftlichen Ebenen identifizierbar: Der Chefredakteur, der die Titelseite einer Tageszeitung gestaltete, konnte ebenso dazu gezählt werden wie die Hausfrau, die über die Ernährungsgewohnheiten einer Familie bestimmte. Beide „regierten" einen spezifischen Kanal durch die Modulation von Strömen, sie vollzogen „choices and discards"[480] und übten derart Einfluss auf die Umwelt anderer Subjekte (und damit auch auf deren Verhaltensspielräume) aus.

1944 hatte Lewin am Massachusetts Institute of Technology das „Research Center for Group Dynamics" ins Leben gerufen, um die Genese und Strukturbildung von Sozialbeziehungen zu erforschen. Lewins Mitarbeiter versuchten etwa Faktoren zu erkennen, welche die Entstehung einer stabilen Bindung bzw. eines Kanals zwischen einzelnen Individuen wahrscheinlicher machten (räumliche Nähe, politische Einstellung, Religion, Geschlecht etc.).[481] Ein auf der achten Macy-Konferenz von 1951 vorgestelltes Experiment untersuchte, wie sich diverse Ordnungen von Kommunikationskanälen auf die Fähigkeiten von Kleingruppen auswirkten, Probleme kollektiv zu lösen.[482] Sozialbeziehungen wurden unter topologischen Gesichtspunkten als Graphen aus Knoten und Kanten abgebildet, durch die Informationsflüsse zirkulierten. Entscheidend für die Organisation von Kommunikationsprozessen waren aus dieser Sicht Größen wie der Vernetzungsgrad (*centrality*) und die Erreichbarkeit einzelner Knoten, sowie die Dichte und Redundanz der Verbindungen des Gesamtnetzwerks. Die Rolle, die einer einzelnen Person innerhalb einer Gruppe zukam, ergab sich demnach aus der Anzahl an Relationen, die sie mit anderen Personen unterhielt. Gut vernetzte Individuen fungierten als „gate keepers", als Entscheidungsträger und Anführer der Gruppe, während eine geringere Konnektivität als Indikator von Mitläufertum und Passivität gewertet wurde.[483]

In den Untersuchungen von Lewin und seinen Mitarbeitern wurden soziale Konstellationen als Netzwerke der Kommunikation begriffen, die mit den Mitteln mathematischer Topologie und Graphentheorie formalisiert werden konnten. Dieser Entwurf des Sozialen wies Parallelen zu dem kybernetischen Modell des Gehirns auf, das von McCulloch und Pitts bekanntlich als neuronales Netzwerk konzipiert worden war. Wie der Mathematiker und Biologe Anatol Rapoport ab 1948 in einer Serie von Artikeln für die Zeitschrift *Bulletin of Mathema-*

480 White 1950, S. 383.
481 Vgl. Festinger/Schachter/Back 1950.
482 Vgl. den Vortrag von Lewins Mitarbeiter Alex Bavelas in Pias (Hrsg.) 2003, S. 349ff.
483 Vgl. Leavitt 1951.

tical Biophysics erörterte, ließen sich Überlegungen aus der Hirnforschung tatsächlich für eine Analyse von Sozialsystemen nutzbar machen, indem man Gesellschaften als „random nets" betrachtete: Jedes Individuum entsprach einer Hirnzelle, die mit einer gewissen Wahrscheinlichkeit mit anderen Zellen verknüpft war.[484] Abhängig von der Dichte der Verknüpfungen und den Schwellwerten einzelner Zellen ließen sich Diffusionsprozesse innerhalb eines solchen Netzwerks mathematisch modellieren – die Ausbreitung ansteckender Krankheiten ebenso wie die „virale" Verbreitung von Ideen oder Gerüchten.[485] In der Topologie der Kanäle einer Gesellschaft schien nun die Sozialität des Sozialen selbst zum Ausdruck zu kommen: Die kommunikativen Verbindungen wurden als Fundament eines Gemeinsamen erkannt.

Es waren einmal mehr militärische Interessen, die zur ersten Vermessung einer kommunikativen Topologie des Sozialen im großen Maßstab führen sollten. Zwischen 1951 und 1953 finanzierte die US Air Force unter dem Codenamen „Project Revere" das bis dato umfangreichste empirische Forschungsprojekt der noch jungen Kommunikationswissenschaft. Ziel des Projekts war es, die Weiterverbreitung von Nachrichten nachzuvollziehen, die per Flugblatt in den Bevölkerungskörper eingestreut wurden. Ein besseres Verständnis solcher Zirkulationsprozesse sollte gewährleisten, dass Informationen im Krisenfall mit größtmöglicher Geschwindigkeit und Sättigung an die Bevölkerung übermittelt werden konnten. Der Einsatz von Flugblättern war während des Zweiten Weltkriegs erprobt worden, in seinen Effekten aber undurchsichtig geblieben. Teilweise hatte er durchaus die erhofften Resultate erzielt, etwa in Nordafrika, wo zahlreiche Soldaten der deutschen Wehrmacht durch den Abwurf von „Safe Conduct"-Pässen zur Kapitulation gebracht werden konnten. In Frankreich hingegen blieben ähnliche Versuche ohne erkennbare Konsequenzen.[486] Möglicherweise, so die Hypothese, waren diese uneinheitlichen Ergebnisse auf Differenzen in den topologischen Strukturen sozialer Kommunikation zurückzuführen.

Die Leitung des „Revere"-Projekts unterstand Stuart C. Dodd, einem Soziologen der University of Washington. Dodd war kein Mitglied der Macy-Gruppe, aber entschiedener Anhänger einer mathematisch operationalisierbaren Gesellschaftswissenschaft, deren Grundzüge er in zwei umfangreichen Arbeiten umrissen hatte.[487] Shannons mathematische Theorie der Kommunikation erschien ihm als „major ‚break through'"[488] für die Sozialwissenschaften, weil sie

484 Vgl. Rapoport 1948; 1949; Rapoport 1953.
485 Vgl. Rapoport/Rebhun 1952.
486 Dodd 1958, S. 537.
487 Dodd 1942; 1947.
488 Dodd 1959, S. 175.

das Potenzial berge, die semantisch unscharfen Grundbegriffe einer politischen Philosophie – Freiheit, Gleichheit, Demokratie – auf ein präzises quantitatives Fundament zu stellen.[489] So wie Shannon und Wiener im Krieg an einer mathematischen Optimierung kryptografischer oder ballistischer Systeme gearbeitet hatten, wollte Dodd die Gesellschaft als Kommunikationssystem auf mögliche Effizienzsteigerungen prüfen. Umfassende empirische Untersuchungen sollten einer Kartografie sozialer Kanäle und Knoten dienen, die letztlich eine wissenschaftlich fundierte Antwort auf die Frage erlaubte: „What principles may maximize the effect of the leaflet weapon?"[490]

Dodd war davon überzeugt, dass sich kulturinvariante Aspekte sozialer Kommunikation identifizieren ließen: übergreifende Gesetzmäßigkeiten, aus denen sich allgemeingültige „formulas for spreading opinions"[491] ableiten ließen. Mit solchen Formeln sollte sich der erwartbare Verbreitungs- und Sättigungsgrad von Nachrichten, die Geschwindigkeit der Dissemination oder die Wahrscheinlichkeit möglicher Verzerrungen der Übertragung präzise prognostizieren lassen. Unabhängig von den zu übermittelnden Inhalten musste jede erfolgreiche Kommunikationsstrategie in Dodds Augen auf die Maximierung dieser vier Variablen gerichtet sein: eine möglichst weitreichende, umfassende, schnelle und fehlerfreie Vermittlung der Nachrichten.[492] In der abstrakten mathematischen Modellierung spielte, schon aus pragmatischen Gründen eines „operationalen" Forschungsdesigns, die Frage nach kulturellen Eigenheiten ebenso wenig eine Rolle wie die nicht-quantifizierbare Semantik der Botschaften. Vielmehr war sich Dodd sicher, dass sich die in Feldversuchen auf amerikanischem Boden gewonnenen Erkenntnisse auch für Informationskampagnen am anderen Ende der Welt als nützlich erweisen würden.[493]

Der erste jener Feldversuche fand am 16. Juni 1951 in der amerikanischen Kleinstadt Issaquah im Bundesstaat Washington statt. Zunächst wurden 150 der rund 900 ansässigen Haushalte telefonisch kontaktiert und dazu aufgefordert, sich den Werbeslogan eines Kaffeeherstellers („Gold Shield Coffee – Good as Gold") einzuprägen. Am nächsten Tag ließ Dodd 30.000 Flugblätter über Issaquah abwerfen, auf denen jedoch nicht der Slogan selbst, sondern lediglich ein Versprechen abgedruckt war: „1 out of every 5 housewives in Issaquah knows the new Gold Shield Coffee slogan. If you know it when we call at your

489 Zu Versuchen einer solchen „Operationalisierung" vgl. Dodd 1951.
490 Dodd 1958, S. 538.
491 Ebd.
492 Dodd 1952, S. 247.
493 Dodd 1958, S. 538.

house soon, you will get a pound of Gold Shield Coffee free!"[494] Ausgestattet mit fast einer halben Tonne Kaffee, die der Hersteller kostenlos zur Verfügung gestellt hatte, befragten Dodd und seine Mitarbeiter am Folgetag sämtliche Haushalte der Kleinstadt. Es zeigte sich, dass der Slogan sich innerhalb von 48 Stunden in 84 Prozent der Haushalte verbreitet hatte. Zusätzlich sollten die Bewohner darlegen, auf welche Weise und von wem sie von der Nachricht Kenntnis erlangt hatten. So ließ sich die Topologie eines sozialen Beziehungsnetzes sichtbar machen und im Anschluss mit topografischen Karten und Luftaufnahmen von Issaquah kontrastieren.

Während der dreijährigen Laufzeit des Projekts wurden rund 30 Experimente durchgeführt und in verschiedenen Regionen und Versuchsanordnungen insgesamt mehr als eine Million Flugblätter abgeworfen. Ermittelt werden sollten unter anderem der ideale Abwurfzeitpunkt, das optimale Verhältnis von Flugblättern und Bevölkerungsdichte, Differenzen in der Responsivität spezifischer Bevölkerungsgruppen oder verschiedene Motivationsfaktoren für die Weitergabe von Nachrichten. Dass die Inhalte der übermittelten Botschaften breit variierten – unter anderem wurde etwa vor der Gefahr eines sowjetischen Nuklearschlags gewarnt, zum Blutspenden aufgerufen oder in der besonders kreativen „Operation Krishna" die Reinkarnation Jesu in Seattle verkündet[495] – entsprach Dodds von Shannon übernommener Ansicht, dass semantische Fragen bestenfalls von sekundärem Interesse waren. Stattdessen rückte die Materialität der Kommunikation mit ihren bisweilen sehr pragmatischen Konsequenzen ins Blickfeld: Ein Feldversuch in Salt Lake City scheiterte beispielsweise daran, dass ein Großteil der abgeworfenen Postkarten von einer besonders aggressiven Blattlausart befallen wurde, die sich von der leuchtend gelben Farbe des Papiers angezogen fühlte. Der Blattlausbefall hatte nicht nur die Lesbarkeit der Karten erschwert, sondern ging auch mit potentiellen Imageeinbußen einher, wie Dodd in seinem Abschlussbericht gesondert notierte: „In ignorant or hostile lands a UN leaflet crawling with harmless plant lice could well be photographed and propagandized as germ infested."[496] Der Bericht enthielt die Handlungsempfehlung, zukünftig keine gelben Postkarten mehr zu verwenden.

Darüber hinaus waren Spezifika einzelner Kommunikationsknoten, die über einen unterschiedlichen Mobilitätsgrad verfügten oder eine variierende Bereitschaft zur Weitergabe von Informationen an den Tag legten, von Interesse. Ein eigens durchgeführtes Revere-Experiment hatte die Rolle von Kindern bei der Dissemination der Nachrichten untersucht. Schon zuvor war bei einigen

494 Einige der im Rahmen von Project Revere verwendeten Flugblätter finden sich archiviert auf http://www.psywarrior.com/Revere.html [Abruf 25.07.2015].

495 Vgl. De Fleur/Larsen 1958, S. 42.

496 Dodd 1958, S. 544.

Versuchen aufgefallen, dass Minderjährige in der Verbreitung der Flugblätter eine wichtige Rolle einnahmen und sich gewissermaßen als besonders „infektiöse“ Knoten erweisen konnten. So hatten Kinder mehr Freizeit und hielten sich häufiger im Freien auf als Erwachsene;[497] sie waren aufgrund ihrer größeren Neugier und eines höheren Bewegungsdrangs empfänglicher für die Nachrichten und ihrer Verbreitung zuträglich.[498] Nicht zuletzt unterlagen sie in geringerem Maße einer polizeilichen Kontrolle und Disziplinierung, was insbesondere für den potentiellen Einsatz in Kontexten relevant schien, in denen Besitz und Verbreitung der Flugblätter von lokalen Autoritäten unter Strafe gestellt wurden.[499]

Grundsätzlich bestätigten Dodd und seine Mitarbeiter die Hypothese Rapoports, wonach sich die Sättigungskurve einer Nachricht als logistische Funktion modellieren ließ, wie sie in analoger Form etwa auch die Ausbreitung von Bakterienpopulationen abbilden konnte. Der Verbreitungsgrad einer Nachricht wuchs in der Regel zunächst exponentiell, um dann nach wenigen Tagen beträchtlich zu verflachen. Es zeigte sich, dass rund 50 Prozent der erreichten Personen bereits in den ersten drei Stunden nach Abwurf der Flugblätter von diesen Kenntnis genommen hatten. Am Ende des Tages war eine Sättigung von etwa 80 Prozent erreicht, und wer bis zu diesem Zeitpunkt noch nicht mit der Nachricht in Kontakt gekommen war, würde mit großer Wahrscheinlichkeit auch nicht mehr von ihr erfahren. Eine ähnliche Verflachung zeigte sich auch in der Relation zwischen der Anzahl an Flugblättern und der Größe der Zielpopulation: Ab einem Verhältnis von 8:1 erbrachte eine weitere Erhöhung keine nennenswerten Steigerungen mehr.[500] In der Quantifizierung solcher Zusammenhänge glaubte Dodd die Grundlagen jener „formulas for spreading opinions“ zu erblicken, an denen sich eine wissenschaftlich fundierte Strategie politischer oder militärischer Kommunikation zukünftig auszurichten hätte.

Als gewichtiges Problem entpuppte sich hingegen die in der mündlichen Kommunikation auftretende Gefahr einer Verzerrung gerade komplexerer Nachrichten. Wo nicht einfach Flugblätter weitergereicht, sondern die darauf abgedruckten Botschaften von den Einwohnern weitererzählt wurden, schlichen

497 Beziehungsweise nahmen sie sich diese Freizeit, wie einem Bericht von Dodds Mitarbeitern Melvin De Fleur und Otto Larsen zu entnehmen ist: „School activities were frequently interrupted as children deserted classrooms and school grounds to collect leaflets.“ (De Fleur/Larsen 1954, S. 594)

498 Ein unter dem Titel „Postcards From Heaven“ veröffentlichter Artikel in der Zeitung *Newsweek* berichtete von einem Jungen, der in Salt Lake City mehr als 50 Postkarten gesammelt und den Erwachsenen für einen Dollar zum Verkauf angeboten hatte (*Newsweek*, 13.08.1951, S. 70).

499 Vgl. De Fleur/Larsen 1954, S. 594.

500 Dodd 1958, S. 543.

sich schnell Ungenauigkeiten und Fehlinformationen in den Übertragungsvorgang ein. Um das Ausmaß dieser Abweichungen zu messen, wurden im Rahmen des Projekts Versuche durchgeführt, bei denen der Inhalt einer Tonbandansprache über die Vor- und Nachteile des Sozialismus in einer Art Stille-Post-Verfahren durch eine Kette von Personen transportiert werden sollte. Das erschreckende Ergebnis lautete, dass der Informationsgehalt der ursprünglichen Nachricht nicht lediglich von Knoten zu Knoten geringer wurde, bis die Nachricht letztlich „ausstarb“, sondern dass er auf unkontrollierbare Weise mutierte: Schon nach fünf Übertragungsschritten waren kaum mehr als zehn Prozent der ursprünglichen Botschaft rekonstruierbar. An jedem Knotenpunkt wurde die Nachricht nicht nur, wie bereits Lazarsfeld vermutet hatte, von der entsprechenden Person selektiv gefiltert, sondern es wurden häufig auch neue Argumente hinzuerfunden oder bestehende bis zur Unkenntlichkeit verzerrt. Im Kontrast zu Shannons technischem Übertragungsmodell, dass durch Prüfsummen, Redundanzen und Korrekturkanäle die theoretische Möglichkeit einer verlustfreien digitalen Übertragung aufzeigte, erwiesen sich Menschen als notorisch unzuverlässige Transmissionspunkte, weil sich ihre subjektiven Dispositionen als „Rauschen“ mit der Ursprungsbotschaft vermischten.[501]

Die eigentliche Leistung der „Revere“-Studie lag jedoch zweifellos darin, einen genuinen Typ sozialer Räumlichkeit kartografiert und damit ein gänzlich neues Bild der Bevölkerung als Kommunikationsnetzwerk gezeichnet zu haben. Die Topologie sozialer Kommunikation wies zwar Bezüge zum geografischen Raum auf (etwa wo zwischen benachbarten Haushalten auch engere Kommunikationsbeziehungen bestanden), unterschied sich aber in vielerlei Hinsicht auch deutlich von diesem. Gerade im Einsatz technischer Medien wie Telefon, Briefpost oder eben dem Flugblatt gewann Kommunikation eine eigene Realität, in der die Verbreitung von Botschaften weniger an geografische Dispositionen gebunden war, sondern sich eher graphentheoretisch im Durchgang durch eine bestimmte Anzahl von Knoten nachvollziehen ließ. Mit der Größe und Bevölkerungsdichte des Einzugsgebietes ließen sich auffällige Unterschiede ausmachen: Kleinere Gemeinden waren engmaschiger vernetzt, woraus auch bei geringerer Bevölkerungsdichte ein hoher Diffusionsgrad der Nachrichten resultierte (oder, wie Dodd es formulierte: „small towns seem to gossip more“).[502] Ab einer kritischen Größe der Einwohnerzahl ließen sich hingegen keine einheitlichen Muster mehr beobachten, sondern eher ein Nebeneinander verteilter Gemeinschaften und lokaler Sub-Netze: „[F]or some communication purposes, it appears that a large city consists of a loosely integrated set of small centers or towns.“[503] Der

501 De Fleur/Larsen 1958, S. 47.
502 Dodd 1958, S. 541.
503 De Fleur/Larsen 1958, S. 51.

empirische Nachvollzug von Kommunikationsflüssen brachte eine eigene Raumordnung zum Vorschein, die dann aber auch zum Zwecke politischer Einflussnahme instrumentalisiert werden konnte. Für Dodd markierte die quantitative Erfassung und mathematische Modellierung von Kommunikations- und Distributionsmustern nicht nur den Übergang zu einer „gereiften" Sozialwissenschaft, sondern ebenso einen gewichtigen Schritt in Richtung „prediction and control"[504].

Spätestens mit der großflächigen Vermessung kommunikativer Ordnungen hatte die kybernetische „Mustererkennung" das Problemfeld sozialer Steuerung und Regulation erreicht. Während sich der Fokus von den semantischen Problemen der Botschaft auf die materiellen Bedingungen ihrer Übertragung verschob, verwandelte sich die Bevölkerung selbst in ein Kommunikationsnetzwerk, dessen inhärente Zirkulationen sich messen, vergleichen, verrechnen, auf Redundanz und Exaktheit prüfen und in ihren Verbreitungsmustern nachzeichnen ließen. Einzelne Individuen oder Institutionen konnten als „Knoten" hinsichtlich ihrer Speicher- und Übertragungskapazitäten oder in ihrer Funktion als Filter, Verstärker oder Verteiler erfasst werden – und ließen sich entsprechend adressieren und ansteuern. In den Untersuchungen von Lazarsfeld und Dodd traten dabei zwei topologisch unterscheidbare, geradezu komplementäre Modi der Einflussnahme hervor: Lazarsfeld betrachtete die „Meinungsführer" als privilegierte Knotenpunkte, von deren Multiplikationseffekten eine zielgerichtete Propaganda profitieren konnte. Dodds Vorgehen zielte hingegen auf eine immanente Durchdringung sozialer Kommunikationsordnungen, indem die Flugblätter unter Umgehung bestehender Hierarchien direkt in den Bevölkerungskörper eingestreut werden sollten. Tatsächlich hielt Dodd jenseits der übertragenen Inhalte schon die formale Ebene der Kommunikation für politisch relevant: Eine ungleiche Verbreitung von Nachrichten erwies sich als Signatur einer ungleichen Sozialordnung. Umgekehrt zeichneten sich liberale Gesellschaften durch eine möglichst freie und nicht-hierarchische Zirkulation von Informationsströmen aus. Eine gleichmäßige Verteilung von Flugblättern über den betreffenden Wohngebieten war deshalb auch als formales Bekenntnis zum demokratischen Egalitarismus zu begreifen. Um sie zu gewährleisten, ließ Dodd eigens eine spezielle „Flowdrop"-Vorrichtung in den verwendeten Flugzeugen und Ballons installieren, um abschließend festzustellen: „If one wishes to spread a message in such a democratic way, we have learned how to do it."[505] Die Botschaft der Demokratie, so schien es, ließ sich auch als Demokratie der Botschaft unter die Menschen bringen.

504 Dodd 1951, S. 548.
505 Dodd 1958, S. 540.

5.3 Information und Ordnung

„It is indeed possible to conceive all order in terms of message.“[506]
(Norbert Wiener)

In der kybernetischen Hinwendung zu Strukturdiagrammen, Verteilungsmustern und Sättigungskurven hatte die Kommunikationsforschung eine bislang weitgehend verborgene Sozialstruktur umrissen, die sich von der lokalen Verteilung der Individuen im Raum unterschied, aber nichtsdestoweniger empirisch erschlossen werden konnte. Menschen und technische Medien erschienen aus dieser Perspektive gleichermaßen als Knotenpunkte in einem Kommunikationsnetzwerk, die sich nach der Anzahl und Intensität ihrer Verbindungen oder nach ihren Kapazitäten zur Signalverarbeitung und -reproduktion beurteilen ließen. Nun hatte Shannon in seiner mathematischen Theorie der Kommunikation aber nicht nur ein objektives Maß zur Bestimmung des Informationsgehalts einer Nachricht definiert, sondern darüber hinaus durch die Gegenüberstellung von Information und Entropie angedeutet, dass Information zugleich als Maß für „Ordnung“ schlechthin einstehen konnte (vgl. Kap 3.1). Wiener hatte ausgeführt, dass Information aus Sicht der Kybernetik als anti-entropische Kraft zu interpretieren war, ihr bloßes Vorhandensein sei Ausweis von „Enklaven der Ordnung“,[507] die sich den inhärenten Verfallstendenzen der Natur zumindest temporär widersetzten. Kommunikationsströme waren immer auch als Kontrollströme im positiven Sinne zu verstehen, weil durch die Übertragung von Informationen in Systemen eine wechselseitige Koordination und Anpassung einzelner Elemente gewährleistet werden konnte. Jene technisch vermittelte Kommunikation, die Adorno abschätzig als „sozialen Kitt“[508] der Gesellschaft bezeichnet hatte, war für Wiener in einem ganz affirmativen Sinne „the cement which binds its fabric together.“[509] Die Kartierung sozialer Kommunikationsnetze, wie sie im Rahmen des „Revere“-Projekts durchgeführt wurde, hatte verdeutlicht, dass diese Kommunikations- und Kontrollstrukturen eine eigene Realität aufwiesen. Eine physische Konzentration von Menschen auf engem Raum musste etwa nicht unbedingt bedeuten, dass diese auch kommunikative Beziehungen zueinander unterhielten. Umgekehrt implizierten die Resultate der Untersuchungen, dass auch andere räumliche Verteilungen denkbar waren, ohne dass diese mit einer Verringerung des sozialen Organisationsgrades einhergehen mussten.

506 Wiener 1948, S. 203.
507 Wiener 1956, S. 324.
508 Adorno 1941, S. 39.
509 Wiener [1954] 1989 S. 27.

Von praktischer Relevanz waren solche Beobachtungen unter anderem in stadtplanerischen Debatten, in denen seit den späten 1940er Jahren die Gefahr eines sowjetischen Atomschlags gegen amerikanische Großstädte diskutiert wurde. Zunehmend war dort eine zu starke räumliche Konzentration von Bevölkerungen als Gefahr erkannt worden. Die Evaluation der Angriffe auf Hiroshima und Nagasaki durch den *US Strategic Bombing Survey* hatten verdeutlicht, dass die Raumordnung der Städte in direktem Zusammenhang mit dem Ausmaß an Zerstörung und den Opferzahlen stand: Dass in Nagasaki trotz höherer Einwohnerzahlen deutlich weniger Menschen bei der Detonation getötet wurden, war auf eine weitläufigere räumliche Verteilung der Einwohner zurückzuführen.[510] 1946 publizierte der in der Öffentlichkeit als „Vater der Wasserstoffbombe" bekannte Edward Teller einen Artikel, der eine möglichst breite Zerstreuung von Wohngebieten und Schlüsselindustrien forderte, um die potenzielle Dimension von Schäden zu reduzieren.[511] Nüchtern rechnete Teller vor, dass die mathematisch optimale Lösung in einer gleichmäßigen Verteilung der 140 Millionen Amerikaner über das gesamte Bundesgebiet im Abstand von jeweils rund einer Viertel Meile lag – ein offenkundig wenig praktikabler Vorschlag. Als durchaus realistisch erachteten Stadtplaner dagegen die Einrichtung von „Cluster Cities" mit maximal 10.000 Einwohnern, die ein Netz aus „closely-knit but not highly concentrated units"[512] bilden sollten. Die räumliche Dispersion musste keinen Zerfall der sozialen Ordnung nach sich ziehen, solange die einzelnen Einheiten über Kanäle verbunden blieben: Der entropischen Gewalt der Bombe ließ sich eine dezentrale, aber engmaschig vernetzte Struktur entgegensetzen.[513]

Am 18. Dezember 1950 veröffentlichte das populäre Magazin *LIFE* einen gemeinsam von Norbert Wiener und Karl W. Deutsch verfassten Artikel mit dem Titel „How U.S. Cities Can Prepare for Nuclear War", in dem ein am Massachusetts Institute of Technology entworfener „Civilian Defense Plan" vorgestellt wurde.[514] Im Zentrum des Textes stand die Frage, wie grundlegende Funktionalitäten des urbanen Zusammenlebens im Falle eines nuklearen Angriffs erhalten bleiben konnten. Die Autoren schlossen an die laufende stadtplanerische Diskussion über Dezentralisierung an, plädierten nun jedoch explizit für eine kybernetische Perspektive auf das Problem sozialer Ordnung. Wie Deutsch

---

510 US Strategic Bombing Survey 1946, S. 41; vgl. auch Galison 2001.

511 Marshak/Teller/Klein 1946.

512 Lapp 1949, z.n. Kargon/Molella 2004, S. 767.

513 Vgl. auch den programmatischen Text „The Dispersal of Cities as a Defense Measure" des renommierten Stadtplaners Tracy B. Augur. Ein Überblick über die Diskussion findet sich in Light 2005, S. 14ff.

514 Wiener/Deutsch/de Santillana 1950.

und Wiener verdeutlichten, lag die Besonderheit dieser Perspektive darin, die Stadt primär als eine Struktur zu betrachten, die Kommunikationsströme ermöglicht: „A city is primarily a communications center serving the same purpose as a nerve center in the body. (...) Obviously, then, a city can only function efficiently if its means of communication are ample and well laid out."[515] In der bereits geläufigen Ausweitung des Kommunikationsbegriffs wurden nicht nur Telefon- und Telegrafenleitungen, sondern auch etwa Schienen- und Straßennetze zu Bestandteilen des städtischen Kommunikationssystems erklärt. Das vorrangige Ziel, auf das alle gouvernementalen Anstrengungen hin auszurichten waren, lag darin, vielfältige urbane Zirkulationen aufrechtzuerhalten: „keep traffic rolling"[516].

Weitaus verheerender als die unmittelbare Detonation der Bombe war aus Sicht der Autoren der drohende Zusammenbruch der Kommunikationskanäle oder „Nervenbahnen" des städtischen Lebens, der bei den Überlebenden eine „disorganized panic-ridden flight"[517] auslösen musste. Eine schlichte Dezentralisierung der Bevölkerung reichte nicht aus, um die soziale Ordnung vor dem drohenden Rauschen nuklearer Zerstörung zu schützen. Aus dem kybernetischen Blickwinkel galt es vielmehr, eine stabile Konnektivität der Knoten zu gewährleisten, indem der Personen-, Güter- und Informationstransport auf Redundanz und Zirkularität umgestellt wurde: Der bombensichere Raum wurde von Wiener und Deutsch als Ensemble kreisförmiger Arrangements entworfen, die an verschiedenen Stellen durch Quer- und Ausweichstraßen miteinander verbunden waren. Wurden einzelne Kanäle beschädigt oder zerstört, waren stets alternative Routen verfügbar: „[N]o city would be completely cut off from outside aid."[518] Essentielle Einrichtungen wie Krankenhäuser, Stromgeneratoren oder Warenlager waren nicht im Zentrum, sondern entlang der den Stadtkern umschließenden „life belts" angeordnet, die von jedem Punkt der Stadt aus im Durchgang durch möglichst wenige Knotenpunkte erreicht werden konnten.

Wenngleich Wiener und Deutsch ihren ambitionierten Stadtentwicklungsplan vor dem Hintergrund einer drohenden nuklearen Katastrophe präsentierten, wollten sie ihr Vorhaben keinesfalls als militärisch motivierte Intervention missverstanden wissen. Der Imperativ zur topologischen Optimierung von Kommunikationsströmen im weitesten Sinne sollte uneingeschränkt auch für Friedenszeiten gelten. Es waren schließlich in erster Linie die allgegenwärtigen Hemmungen und Blockaden dieser Ströme, die eine unter technischen Gesichtspunkten reibungslose Organisation des städtischen Zusammenlebens ver-

515 Ebd., S. 85.
516 Ebd., S. 80.
517 Ebd. S. 77.
518 Ebd.

hinderten: „The traffic jams in streets and subways, the jams on the telephone circuits – jams which fray our nerves and squander our time – are evidence that our cities as they now exist are not nearly in their best possible form.“[519] Der kybernetische Blick war keiner Notlage geschuldet, sondern ermöglichte nach Meinung der Autoren schlicht eine effizientere Stadt der Zukunft. In ihr existierten perspektivisch keine räumlichen Fixpunkte mehr, sondern nur noch eine kybernetisch kodierte Matrix variabler Ströme, deren Zirkulation selbst den Fortbestand und die Ausdifferenzierung sozialer Organisation garantierte. Unter kybernetischen Vorzeichen galt es den Punkt zu identifizieren, bis zu dem „any particular central city can be decongested and still perform its proper functions.“[520] „Kommunikation“ trat in diesem Zusammenhang als ordnende und ordnungserhaltende Kraft in Erscheinung, die eine weitreichende Diffusion tradierter Raumstrukturen kompensieren konnte.

Eine Stadt, die keinen zentralen Angriffspunkt mehr bieten sollte, musste als eine Stadt ohne Zentrum entworfen werden. An welchem Punkt aber konnten in einer dezentralisierten Struktur Mechanismen der Souveränität ansetzen? Wie konnte die Auflösung bestehender Ordnungen unter Beteiligung verschiedenster Akteure selbst als geordneter Prozess ablaufen und kontrolliert werden? Ein ab 1951 im Regierungsauftrag durchgeführtes Forschungsprojekt zur Dezentralisierung urbaner Infrastrukturen widmete sich solchen Fragen und verwies auf die Notwendigkeit, durch verbindliche Standards und Protokolle eine einheitliche Dispersion zu erreichen. Die gouvernementale Regulation sollte nicht als unmittelbare Steuerung der Stadtentwicklungsprozesse erfolgen, sondern normierende Richtlinien festlegen, mittels derer eine Ausdifferenzierung selbstorganisiert, aber trotzdem mit der nötigen Kohärenz erfolgen konnte: „Once the Federal Government sets the standards, there is reasonable expectation that intelligent implementation of the program will follow.“[521] Erst durch diese Standardisierung wurden schließlich eine Konnektivität der „Cluster Cities“ und eine Kompatibilität der zirkulierenden Ströme sichergestellt. Derart formalisiert sollte das soziale Netz beliebig wachsen oder sich veränderten Bedingungen anpassen können. Der Stadtplaner Tracy Augur hatte bereits 1948 das Bild einer „modularen“ Stadtentwicklung gezeichnet, in der sich die genormten Elemente des Systems beliebig kombinieren, erweitern und ersetzen ließen: „The key to such design is the use of smaller basic units, units that can be designed for special functions and that can be re-designed and rebuilt without too great loss if they become obsolete.“[522] Tatsächlich musste die gouvernementale Regulation

519 Ebd., S. 85.
520 Norton 1953b, S. 165.
521 Norton 1953a, S. 94.
522 Augur 1948, S. 31.

einer als Kommunikationsnetzwerk begriffenen Bevölkerung einem systemischen Ansatz folgen, der Kontingenzen auf lokaler Ebene erlaubte, aber gleichzeitig garantierte, dass diese in einem geordneten Rahmen auftraten.

Im Laufe der 1950er Jahre verebbten die teils hitzig geführten Debatten über die vermeintlich dringend notwendige Dezentralisierung urbaner Strukturen, ohne allzu tiefe Spuren in realen Stadtentwicklungsprozessen hinterlassen zu haben.[523] Dennoch hatte sich in ihnen eine Vision artikuliert, die den Einsatz kybernetischer Techniken und Modelle erstmals mit der Emergenz einer neuen räumlichen Ordnung assoziierte. Die Idee eines verteilten, aber durch eine gemeinsame kommunikative Topologie verbundenen Zusammenlebens bildete ein wiederkehrendes Motiv kybernetischer Sozialutopien. Noch Marshall McLuhans „globales Dorf“ war gerade keine „Stadt“, die nun vielmehr wie ein Relikt aus einem überkommenen industriellen Zeitalter erschien: „[T]he city as a form of major dimensions must inevitably dissolve like the fading shot in a movie.“[524] Wo sich räumliche Distanzen in Echtzeitübertragungen verflüchtigten, war eine neue Form sozialer Organisation möglich geworden: Ein normierter Raum der Kommunikation, der unabhängig von einem physischen Aufenthaltsort die Anbindung an globale Kontrollströme gewährte. In diesem Sinne hatte auch der Urbanist Melvin Webber 1964 die Stadt als „communications system“[525] beschrieben und auf eine nahende Entkopplung von sozialen und räumlichen Organisationsmustern verwiesen. Nicht räumliche Dichte, sondern „accessibility“, die Möglichkeit zur Teilhabe an Kommunikationsprozessen, sei das entscheidende Charakteristikum eines kybernetisch-posturbanen Zeitalters: „For the first time in history“, prophezeite Webber, „it might be possible to locate on a mountain top and to maintain intimate, real-time and realistic contacts with business and other societies. All persons tapped into the global communications network would have ties approximating those used in a given metropolitan region.“[526] Die kybernetische Zukunft hatte keinen Ort, sie entstand

523 Die Entwicklung der Wasserstoffbombe, deren Vernichtungskraft die der über Hiroshima und Nagasaki abgeworfenen Bomben um ein 800-faches überstieg und gegenüber der sich alle Dezentralisierungsbestrebungen als nutzlos erweisen mussten, hatte die Debatte in gewisser Weise hinfällig werden lassen. Bis dahin hatten zwar einige amerikanische Großstädte die Möglichkeiten eines planvollen „urban dispersal“ geprüft, von einer Umsetzung war man jedoch weit entfernt. Die Verantwortlichen in New York hielten das Vorhaben schlicht für nicht realisierbar. Die Verwaltung des weitläufigen Los Angeles ließ hingegen mitteilen, dass die Stadt den Kriterien ohnehin schon genüge (vgl. Light 2005, S. 24).

524 McLuhan 1964, S. 366.

525 Webber 1964, S. 84.

526 Webber z.n. Graham 1998, S. 169.

als ubiquitäres feinmaschiges Netz, als eine „Ökotechnik“[527], die von jedem Punkt der Erde aus Anschließbarkeit sicherstellen sollte.

5.4 Kanäle der Modernisierung

> „[Mass media] disciplined Western man in those empathic skills which spell modernity.“
> (Daniel Lerner)[528]

In der mathematischen Formalisierung des Informationsbegriffs wurde „Kommunikation“ als Übertragungsvorgang konzipiert, der in seiner objektiven Nachvollziehbarkeit zum Gegenstand empirischer Messungen gemacht werden konnte. Die Macy-Konferenzteilnehmer Paul F. Lazarsfeld und Kurt Lewin betrachteten soziale Situationen als netzartige Topologien der Kommunikation, deren Kartografie auch für ein politisches Steuerungswissen relevant sein musste. Gleichwohl blieben ihre Forschungen, ebenso wie die Feldversuche Stuart C. Dodds, in erster Linie deskriptiv orientiert: Der neu entdeckte Gegenstand sollte mit wissenschaftlichen Methoden untersucht und beschrieben werden, um ein genaueres Verständnis sozialer Interaktionsprozesse zu erlangen. Dagegen war im Entwurf der kybernetischen Stadt, den Wiener und Deutsch im Magazin *LIFE* vorgestellt hatten, ein eindeutig normativer Einschlag zu erkennen: Das Netzwerk der Kommunikationsströme galt es hier nicht in erster Linie zu erkunden, sondern um jeden Preis zu erhalten. Die in Shannons mathematischer Theorie fundierte Assoziation von Information und einer spezifisch „freiheitlichen“, nämlich auf die geregelte Hervorbringung von Kontingenzen gerichteten Ordnung legte nahe, Kommunikation nicht lediglich als eine soziale Tatsache zu behandeln, sondern als einen Aspekt von Sozialität, der durch gouvernementale Anstrengungen zu unterstützen, zu stärken und auszuweiten war.

Kurz nach Erscheinen des *LIFE*-Artikels hatte Wieners Mitautor Karl W. Deutsch seine überarbeitete Dissertation unter dem Titel *Nationalism and Social Communication* veröffentlicht.[529] Deutsch, der in Prag ein Jura-Studium abgeschlossen und daraufhin in England Physik und Mathematik studiert hatte, war 1939 mit einem Flüchtlingsstipendium nach Harvard gelangt. Parallel zu seiner Promotionstätigkeit unterrichtete Deutsch politische Theorie am benachbarten Massachusetts Institute of Technology, wo er mit Wiener in Kontakt getreten war. In den exklusiven Kreis von Teilnehmern der Macy-Konferenzen wurde

527 Hörl 2011, S. 42.
528 Lerner 1958, S. 54.
529 Deutsch 1953.

der junge Doktorand nicht aufgenommen, er war jedoch ein regelmäßiger Gast der interdisziplinären Kolloquien an der Harvard Medical School, wo er mit Wiener, McCulloch, Rosenblueth und Pitts über neueste Theorieentwicklungen diskutieren konnte.[530] Schon in einem frühen Aufsatz hatte Deutsch die großen Potenziale kybernetischer Modellierungen für ein Verständnis sozialer Beziehungen hervorgehoben.[531] Mit *Nationalism and Social Communication* legte er 1953 schließlich die erste politikwissenschaftliche Monografie vor, die sich explizit mit einer mathematischen Theorie der Kommunikation auseinandersetzte.

Den Ausgangspunkt der Studie bildete die Frage, wie in einer Gesellschaft ein kollektives Gefühl nationaler Zugehörigkeit entstehen konnte. Deutsch zielte auf die Grundlegung einer „operationalisierbaren" Sozialtheorie, die es durch eine Erhebung konkreter objektiver Indikatoren ermöglichen sollte, den sozialen Zusammenhalt einer nationalen Kultur zu messen und mit dem anderer Kulturen zu vergleichen. Um die notorischen Unschärfen des Kulturbegriffs zu vermeiden, knüpfte Deutsch an eine Definition des Macy-Konferenzteilnehmers Clyde Kluckhohn an: Dieser hatte „Kultur" bezeichnet als „historically created selective processes which channel men's reaction both to internal and to external stimuli."[532] Kultur war damit als Kanalsystem beschrieben, das Möglichkeitsräume individuellen Verhaltens eröffnete und zugleich strukturierte – eine Bestimmung, die, wie Deutsch umgehend betonte, hochgradig anschlussfähig an eine kybernetische Kommunikationstheorie sei. Deutsch verwies darauf, dass bislang innerhalb der Sozialwissenschaften kein übergeordneter Begriff zur Bezeichnung kultureller Zirkulationen existiert hatte: „Some parts of it we call knowledge, others we call values, still others, customs, mores, or traditions. Still other parts of it are mere gossip or just news, and still others are orders or commands."[533] Gemeinsam war all diesen Instantiierungen, dass sie als Nachrichten oder Signale im Sinne Shannons verstanden und mathematisch interpretiert werden konnten. An die Stelle eines vagens und bestenfalls qualitativen Verständnisses von Kultur konnte eine präzise formalisierte Maßeinheit treten. Die Gesamtheit kultureller Kanäle bildete ein Medium der Produktion diskreter Signalketten: „Cultures produce, select, and channel information".[534]

Für Deutsch war das Kanalsystem der Kultur mit einem Verkehrsnetz zu vergleichen, das durch Verordnungen, Hinweisschilder, Schranken oder Ampeln einen geregelten Verkehrsfluss ermöglichte. In scharfer Zurückweisung „idea-

530 Vgl. Deutsch 1980, S. 326.
531 Vgl. Deutsch 1948.
532 Cluckhohn/Kelly 1945, S. 84.
533 Deutsch 1953, S. 64.
534 Ebd., S. 66.

listischer" Kulturkonzepte insistierte er dabei auf der materialen Verfasstheit der kulturellen Signalströme: „[Communication] has material reality. It exists and interacts with other processes in the world (...) so that its recognition, transmission, reproduction, and in certain cases its recognition, can be mechanized."[535] Auf Grundlage eines quantitativen Kommunikationskonzepts ließ sich dann aber theoretisch der Informationsgehalt einer jeden kulturellen Übertragung genau bestimmen. Auch die Performanz des Gesamtsystems konnte einer objektiven Analyse unterzogen werden, etwa hinsichtlich der Geschwindigkeit und Reichweite von Übertragungen, der Kapazitäten der temporären oder dauerhaften Speicherung von Informationen sowie der Exaktheit oder Fehlerhaftigkeit ihrer Reproduktion. Mit Shannons Theorie waren all diese Aspekte zum potenziellen Gegenstand wissenschaftlicher Erhebungen geworden: „They can be described in mathematical language, analyzed by science, and transmitted or processed on a practical industrial scale."[536] Die Seinsvergessenheit der politischen Theorie lag für Deutsch im Ignorieren dieses materialen Kommunikationsdispositivs, das durch die Ermöglichung von Übertragungen einen gesellschaftlichen Zusammenhalt stiftete.

Ob und inwieweit sich aus der Bevölkerung eines Nationalstaates auch eine durch gemeinsame Werte und Normen verbundene Gemeinschaft bilden konnte, hing für Deutsch in hohem Maße von der Leistungsfähigkeit dieses kulturellen Kommunikationssystems ab, das „storage, recall, transmission, recombination, and reapplication of relatively wide ranges of information"[537] ermöglichte. Zu den Komponenten dieses Systems zählte Deutsch ein weites Feld technischer Medien, von standardisierten Symbolsystemen (Sprache und andere zeichenhafte Codes) über Institutionen der Speicherung (Gedächtnisse, Traditionen und Bräuche, Bibliotheken, Archive) bis hin zu Kanälen der Distribution (Briefpost, Telefon, Rundfunk etc.). Einzelne Individuen ließen sich anhand ihres Vernetzungsgrades kategorisieren, wobei Deutsch jene Personen, die durch eine besonders hohe Kommunikationsintensität charakterisiert waren, als „mobilisiert" bezeichnete. Der Mobilisierungsgrad einer Gesellschaft sollte an einer Reihe von Indikatoren ablesbar sein, etwa am Umfang der Mediennutzung, am Ver-

535 Ebd., S. 69.

536 Deutsch 1953, S 69.

537 Ebd., S. 70. In gewisser Weise nahm Deutschs Vorschlag, die real verfassten Modalstrukturen in den Blick zu nehmen, in denen kulturelle Formen als Aussagen erscheinen konnten, die Perspektive späterer technischer Diskursanalysen vorweg: Das kulturelle Netzwerk, das man vielleicht als „Aufschreibesystem" (Kittler [1985] 1995) bezeichnen könnte, existierte in Deutschs Augen „as an objective fact, measurable by performance tests. Similar to a person's knowledge of a language, it is relatively independent of the whim of individuals. Only slowly can it be learned or forgotten. It is a characteristic of each individual, but it can only be exercised within the context of a group" (Deutsch 1953, S. 72).

hältnis von Stadt- und Landbevölkerung oder am Grad der Alphabetisierung. Insofern die mobilisierten Bevölkerungsteile eine höhere Konnektivität aufwiesen und mehr Menschen erreichen konnten, erwiesen sie sich als konstitutive Bindeglieder kultureller und sozialer Ordnungen: „They will be the most active carriers of this nationality and the national language; in conflicts they will form the national spearhead".[538]

Vordergründig war *Nationalism and Social Communication* als nüchterne Methodenarbeit angelegt, die durch die Spezifizierung quantitativ messbarer Indikatoren eine objektive Vergleichbarkeit der kulturellen Konfigurationen verschiedener Nationalstaaten bewirken sollte. Aber doch war nicht zu verkennen, dass Deutsch mit seiner Theorie kommunikativer Mobilisierung auch eine normative Koordinate gesetzt hatte. Vor dem Hintergrund des Kalten Krieges erschien die Frage nach den technischen Grundlagen kultureller Hegemonie überaus relevant. Für eine liberale Regierung war es zu einer dringlichen Herausforderung geworden, „inclusiveness and growth"[539] ihres Kommunikationssystems zu sichern und den Mobilisierungsgrad der eigenen Bevölkerung zu erhöhen. Das galt besonders insofern, als Deutsch, wie bereits Wiener und Dodd, in einer effizienten Kommunikationsstruktur die Signatur einer freiheitlichen (und das hieß immer auch: amerikanischen) Gesellschaftsordnung erkannte.

Totalitäre oder faschistische Gesellschaften zeichneten sich für Deutsch hingegen durch eine hierarchische Organisation von Kommunikationsprozessen aus. Sie zielten nicht auf maximale Inklusion, sondern auf Isolation, Ausschluss und die Blockade abweichender Meinungen. Der Versuch einer inhaltlichen Gleichschaltung von Nachrichten musste jedoch in der Bevölkerung früher oder später zu „frustration, exhaustion or destruction"[540] führen – die gewaltsame Schließung des Systems gegenüber unerwünschten Botschaften zeitigte eigene Destabilisierungseffekte.[541] Liberale Demokratien hingegen profitierten von einer Pluralität der Kanäle und Aussagen: Sie ebneten produktive Differenzen nicht ein, sondern registrierten sie als Informationen, die für wechselseitige Adaptionsprozesse nutzbar gemacht werden konnten – hier kreuzte sich die mathematische Informationstheorie mit der Forderung nach „Freedom of Spe-

538 Ebd., 102f.

539 Ebd., S. 48.

540 Ebd., S. 58.

541 Deutsch konnte sich mit diesem Argument auf Nicolas Rashevsky beziehen, der in seiner „Mathematical Theory of Human Relations" (Rashevsky 1947) vorgerechnet hatte, dass ein zu hoher Grad an Konformität in einem Sozialsystem destabilisierend wirkte– und damit quasi einen mathematischen Beweis für die Nützlichkeit des *First Amendment* geliefert, vgl. dazu auch Deutsch [1963] 1969, S. 83.

ech".[542] Die Produktivität demokratischer Kommunikation stellte sich jedoch nicht von selbst ein, sondern erforderte gouvernementale Anstrengungen, die dafür sorgten, dass die zirkulierenden Ströme wechselseitig kompatibel, aneinander anschließbar und ineinander übersetzbar wurden. Das machte eine ganz eigene Art von „Gleichschaltung" notwendig, die sich freilich nicht auf die inhaltliche, sondern strikt auf die formale Ebene der Kommunikation zu richten hatte: Nicht, was gesagt wurde, galt es zu kontrollieren, sondern dass überhaupt etwas gesagt, verstanden und beantwortet werden konnte. Demokratische Verständigung im nationalen oder gar globalen Maßstab setzte eine einheitliche Sprache der Verständigung voraus.[543] Die eigentliche Herausforderung einer liberalen Regierung lag folglich darin, Bedingungen zu schaffen, unter denen ein geordnetes Spiel heterogener Zirkulationen möglich werden konnte. Wo ein solches kontrolliert-unkontrolliertes Kanalsystem einmal bestand, sollten totalitäre Ideologien schon auf technischer Ebene einen schweren Stand haben, weil die Prämissen der Demokratie bereits in die technische Topologie der Kommunikation eingeschrieben wurden.

Als einflussreich erwiesen sich solche Überlegungen zum Zusammenhang von technischem Kommunikationssystem und liberaler Gesellschaftsordnung vor allem in jenen wissenschaftlichen Debatten, die seit Mitte der 1950er Jahre über die Optionen einer geregelten „Modernisierung" von Entwicklungsländern geführt wurden. Aus der Blockkonfrontation zweier Welten war schließlich eine dritte hervorgegangen, die es aus westlicher Sicht gegen kommunistische Einflüsse zu verteidigen und auf den Weg kapitalistischer Marktwirtschaft zu führen galt. Innerhalb der amerikanischen Soziologie schwang sich die sogenannte „Modernisierungstheorie" vorübergehend zu einer Art Leitwissenschaft auf. Sie verfolgte das Ziel, eine positivistische Theorie der Evolution politischer Systeme zu verfassen und konnte als Gegenentwurf zu den geschichtsphilosophischen Thesen des dialektischen Materialismus verstanden werden.[544] Nicht die klassenlose sozialistische Gesellschaft, sondern eine liberale Demokratie amerikanischer Prägung wurde zum Idealtyp des „modernen" politischen Systems

542 Eine Übertragung als Information lesen zu können, setzte schließlich voraus, dass auch andere Übertragungen möglich waren. Wo hingegen lediglich die immer gleichen Propagandaparolen wiederholt wurden, ging der Informationsgehalt gegen Null. Ohne einen beständigen Zufluss neuer Informationen aber verlor ein System seine Lern- und Anpassungsfähigkeit und war damit zum Untergang verdammt. Diesen Gedanken würde Deutsch später in seinem Hauptwerk *The Nerves of Government* ([1963] 1969) unter Bezug auf das kybernetische Feedbackmodell ausarbeiten, vgl. dazu auch Kap. 7.3.

543 Nicht zufällig fanden sich im Kontext kybernetischer Sozialwissenschaft immer wieder Überlegungen zur Formulierung einer einheitlichen Weltsprache, vgl. etwa Dodd 1959.

544 Zur Geschichte der amerikanischen Modernisierungstheorie vgl. Gilman 2003.

erklärt, der zugleich den Fluchtpunkt für weniger entwickelte, „traditionelle" Nationen abgeben sollte.[545]

Für die Frage, wie sich der Übergang von „traditionellen" zu „modernen" Gesellschaften gestalten ließ und wie er gegebenenfalls beschleunigt werden konnte, erwies sich Deutschs Hervorhebung der zentralen Rolle von Kommunikationssystemen als fruchtbar. Am *MIT Center for International Studies* (CIS), wo Deutsch regelmäßig zu Gast war, griffen profilierte Kommunikationsforscher wie Ithiel de Sola Pool oder Daniel Lerner seine Überlegungen auf. Lerner, der zuvor bei Lazarsfeld am *Bureau of Applied Social Research* der Columbia University empirische Studien zum Einfluss amerikanischer Propaganda im Mittleren Osten durchgeführt hatte, war von der katalysatorischen Funktion medialer Kommunikation im Prozess soziopolitischer Modernisierung überzeugt. In seinem heute klassischen Werk *The Passing of Traditional Society*,[546] der vielleicht einflussreichsten Arbeit der frühen Modernisierungstheorie, versuchte Lerner anhand ausgewählter Indikatoren das Entwicklungsniveau verschiedener Nationen des Nahen und Mittleren Ostens zu bestimmen. Der Zusammenhang von Kommunikationstechnik und demokratischer Liberalisierung stand im Mittelpunkt der Überlegungen.

Als entscheidendes Charakteristikum moderner Gesellschaften betrachtete Lerner ein ausgeprägtes Maß an Mobilität, Flexibilität, sozialer Durchlässigkeit und funktionaler Differenzierung. Das idealtypische westlich-moderne Individuum sei säkular und sachlich, handele zielgerichtet, rational und wissenschaftlich fundiert. Seine wesentliche technische Errungenschaft – auch hier zeigte sich ein kybernetischer Einfluss – bestehe in der Fähigkeit, Umweltveränderungen zu antizipieren, zu identifizieren und in zweckmäßiger Weise auf sie reagieren zu können. In diesem rückgekoppelten Adaptionsvorgang spielten zwei Mechanismen eine Rolle: Die „Projektion" interner Strukturmuster, die dem Subjekt eine Identifikation mit der Umwelt und anderen Subjekten ermöglichten – „others are ‚incorporated' because they are like me."[547] – und komplementär dazu eine „Introjektion", verstanden als Verinnerlichung äußerer Muster, „because I am like them or want to be like them."[548] Beide Mechanismen bündelte Lerner zum Begriff der „Empathie", der zunächst wertfrei die Fähigkeit bezeichnen sollte, die eigene soziale Existenz zu anderen in Beziehung zu setzen.

545 Als traditionelle Gesellschaften begriffen die Modernisierungstheoretiker in erster Linie die Nationen der sogenannten„Dritten Welt". Der sowjetische Klassenfeind galt hingegen in diesem Schema durchaus als „modern" wenn ihm auch in der Regel eine spezifisch „pathologische" Form der Modernisierung attestiert wurde, vgl. Gilman 2003, S. 155.

546 Lerner 1958.

547 Ebd., S. 49.

548 Ebd.

Empathie entstand überall dort, wo Entitäten oder Systeme eine Assoziation eingingen, über die Informationen ausgetauscht werden konnten. Und sie war zugleich ein Modus sozialer Kontrolle, durch den die funktionierende Integration des Individuums in die Gesamtgesellschaft erreicht wurde: „We are interested in empathy as the inner mechanism which enables newly mobile persons to *operate efficiently* in a changing world.“[549]

Es war eine von Lerners zentralen Thesen, dass diese empathischen Kapazitäten nur in modernen Gesellschaften voll entwickelt und ausgeprägt waren – und dass sich umgekehrt eine Bevölkerung nur dann zu einer modernen Gesellschaft nach amerikanischem Vorbild entwickeln konnte, wenn sie entfaltet wurden. Nur dort, wo die Mitglieder einer Gesellschaft in die Lage versetzt waren, an einem wechselseitigen Informationsaustausch teilzunehmen und so einen Rationalisierungsprozess zu durchlaufen, sah Lerners darüber hinaus auch die Voraussetzungen für den Aufbau einer stabilen liberalen Regierung gegeben. Elektrischen Kommunikationstechniken kam in dieser Genese eine Schlüsselrolle zu, denn sie dienten als räumliche und zeitliche „Multiplikatoren“ empathischen Verhaltens und beförderten die individuelle Einübung in eine funktional differenzierte, rationalisierte Gesellschaftsform. Für Lerner war es undenkbar, dass sich eine moderne Sozialordnung ohne ein hochentwickeltes Kommunikationssystem herausbilden konnte.[550] Die Art und Weise, wie eine Gesellschaft ihren Informationsaustausch organisierte, sah er in hohem Maße mit anderen Faktoren wie politischer Macht oder ökonomischem Wohlstand verknüpft. Anschließend an die „Project Troy“-Studie, aus der das CIS hervorgegangen war, hob Lerner hervor, dass soziale Kommunikation als System verstanden werden musste, das einer technischen Gestaltung zugänglich war. Durch die gezielte Veränderung von Infrastrukturen oder einzelnen Systemkomponenten des Kommunikationsnetzes ließ sich Einfluss auf die politische oder wirtschaftliche Ordnung nehmen: „[A] communication system is both index and agent of change in a total social system.“[551]

Lerner glaubte also, den Grad der Modernisierung einer Gesellschaft in erster Linie am Entwicklungsstand der technischen Medien und der Intensität ihrer Nutzung ablesen zu können. Dabei hielt er die technisch vermittelte Kommunikation gegenüber den tradierten Formen mündlichen Austauschs für einen Rationalitätsfortschritt: Mit ihr werde Information exakt reproduzierbar, könne ein größeres und heterogeneres Publikum erreicht und eine höhere „Professionalität“ des Diskurses gesichert werden. Gesellschaftliche Debatten – so die vielleicht vorschnelle Übertragung technischer Objektivität auf die Inhalte der Bot-

549 Ebd., S. 59 (Hervorhebung im Original).
550 Ebd., S. 55.
551 Ebd., S. 56.

schaften – würden sachlicher, nüchterner und weniger ideologisch geführt, wo sie durch Technik vermittelt waren.[552] Die Rationalisierung der Kommunikation sollte folglich eine rationale Gesellschaft gleich mit hervorbringen. Die opaken Artikulationsformen „traditioneller" Gemeinschaften – religiöse Rituale, mystische Bräuche, lokale Traditionen – erschienen demgegenüber als ein nicht auf Regeln zu bringendes, unberechenbares und prä-kybernetisches Rauschen.

Entwicklungshilfe, so ließ sich aus Lerners Studie schließen, konnte die amerikanische Regierung auch leisten, indem sie anderen Nationen die technischen Mittel zur Intensivierung kommunikativer Beziehungen bereitstellte. Weil kommunikationstechnische Infrastruktur als eigentliches Vehikel der Modernisierung betrachtet wurde, stand am Ende der Geschichte für Lerner nicht nur eine säkulare und funktional ausdifferenzierte Weltgesellschaft nach dem Vorbild der USA, sondern auch eine soziale Ordnung, die von einem ubiquitären „global network"[553] durchzogen war. Was einem solchen technisch normierten Kommunikationssystem in den Augen Lerners seinen freiheitlichen Charakter verlieh, war die Eigenschaft, einerseits eine übergreifende und vereinheitlichende Struktur darzustellen, andererseits aber innerhalb dieser Struktur die Artikulation unterschiedlichster Botschaften zu erlauben. Das technische Nervennetz des Sozialen stand in seiner systemischen Form bereits für die „common human situation of diverse people"[554]: Es bildete die konstitutive Grundlage kommunikativer Assoziation und die Voraussetzung für die Herausbildung eines kybernetisch kodierten Gemeinsamen.

Es war gerade diese Verbindung von Homogenität und Diversität, die Vision einer „world made safe for differences"[555], die, wie der Sozialhistoriker Christopher Shannon herausarbeitet, ein normatives Grundmotiv der US-amerikanischen Gouvernementalität des Kalten Krieges darstellte. Der weltpolitische Auftrag, der an vorderster Front auch von kybernetischen Anthropologen wie Margaret Mead und Clyde Kluckhohn propagiert wurde, lag in der technischen Sicherung eines geordneten Zusammenspiels von Differenzen: „The prime problem of the century," schrieb Kluckhohn bereits 1949, „is whether world order is to be achieved through domination of a single nation that imposes its life ways upon all others or through some other means that does not deprive the world of the richness of different cultures."[556] Aus Sicht der Kybernetik zeigte die mathematische Theorie der Kommunikation, wie sich Systeme einrichten ließen, die Pluralität bewahrten und diese zugleich als „orchestrated

552 Ebd. S. 55.
553 Ebd., S. 54.
554 Ebd., S. 398.
555 Shannon 2001.
556 Kluckhohn z.n. Heims 1993, S. 186.

heterogeneity"[557] in einen geregelten Gesamtzusammenhang integrierten. Wo Kontingenzen als Aktualisierungen einer klar spezifizierten Ordnung von Möglichkeiten auftraten, ließen sie sich in einem technischen Sinne als Informationen lesen. Und nur, wo solche empirisch messbaren Informationen zirkulierten, waren auch die Bedingungen für eine rationale Regierung der entsprechenden Zusammenhänge gegeben: „Regelung", hielt ein einschlägiges kybernetisches Lehrbuch fest, „ist ohne Information nicht denkbar, der Regelungsprozeß ist über weite Strecken mit dem Kommunikationsprozeß identisch."[558]

5.5 Schluss

Die Übernahme einer mathematischen Kommunikationstheorie Shannon'scher Prägung in sozialwissenschaftliche Zusammenhänge verlief nicht überall problemlos. Deutsch selbst hatte eingeräumt, dass technische Begriffe wie Konnektivität, Redundanz oder Kanalkapazität für ungeschulte Ohren geradezu „barbarisch"[559] klingen mussten. Tatsächlich zeigten sich Kollegen wie der Harvard-Politologe Harry W. Basehart in erster Linie irritiert vom Einzug des kybernetischen Vokabulars in die Gesellschaftstheorie. In einer Rezension zu *Nationalism and Social Communication* kritisierte Basehart die Vernachlässigung psychologisch-semantischer Faktoren, die von Shannon aus der Modellierung verbannt worden waren, und bezeichnete Deutschs Ansatz als grundsätzlich „difficult to follow".[560] Auf reges Interesse hingegen stießen die neuen Konzepte im Milieu einer stärker sozialtechnisch orientierten Politikberatung. Paul Kecskemeti von der RAND Corporation, des führenden militärisch-politischen Think Tanks der Nachkriegszeit,[561] unterstrich die große Bedeutung der von Deutsch eingebrachten kybernetischen Perspektive für eine „exploration of the fascinating problems involved in the influence exercised by types of communication networks upon forms of political control."[562] Zugleich plädierte Kecskemeti dafür, noch stärker zwischen technisierten und nicht-technisierten Formen der Kommunikation zu unterscheiden. Von einer „mobilisierten" Bevölkerung im Sinne Deutschs konnte demnach nur die Rede sein, wenn sich deren kommunikative Zirkulationen tatsächlich in einem nach kybernetischen Gesichtspunkten optimierten Informationsnetzwerk vollzogen. Weil kybernetische Technologie

557 Kluckhohn 1949, S. 270.
558 Naschold/Narr, 1969, S. 102.
559 Deutsch 1953, S. 65.
560 Basehart 1954, S. 1161.
561 Zu RAND vgl. Kap. 6.
562 Kecskemeti 1954, S. 102.

eine verlustfreie Reproduktion und Distribution digitaler Informationen ermöglichte, schuf sie zugleich die Bedingungen für neuartige Formen politischer Regulation. Tradierte Formen des Regierens standen nach Kecskemeti vor dem Problem, dass Kontrollströme von einem gouvernementalen Fixpunkt aus radial verbreitet wurden, in diesem Prozess aber mit wachsender Distanz notwendig an Intensität verloren. Ein kybernetisches Kommunikationsnetzwerk hingegen sollte verlustfreie „Multiplikation" von Regierungsmacht bis in die entlegensten Bereiche einer Gesellschaft ermöglichen:

> The effect of the introduction of this type of network upon social control techniques is enormous. (...) It is easy to see that as long as only the old, ‚non-muliplicative' type of communication network exists, political authority over any large territory with a diffuse population can be exercised only in a traditional and fixedly hierarchical form. When we bear this in mind, we can understand why it was axiomatic for classical political theory that democracy is possible only in small city states, while large states must be governed monarchically or despotically (...). With the introduction of the „multiplicative" network, everything changes. Government can be divorced from tradition even in large territorial units." [563]

Das kybernetische Modell der Gesellschaft als Kommunikationsnetzwerk hatte damit binnen weniger Jahre eine bemerkenswerte Entwicklung genommen. Kecskemeti zufolge reichte es nicht aus, soziale Zusammenhänge unter den von einer mathematischen Kommunikationstheorie beleuchteten Aspekten zu betrachten. Vielmehr zeigte die konsequente Anwendung der Theorie gerade, dass die Organisation gesellschaftlicher Kommunikationsprozesse gemessen an einem technischen Optimum in vielfacher Hinsicht defizitär blieb. Aus dieser Einsicht resultierte der politische Imperativ zur Konstruktion eines möglichst reibungslos funktionierenden Netzwerks kodierter Zirkulationen, das letztlich mit dem Komplex „Bevölkerung" soweit zu überblenden war, bis sich jede Form von sozialer Interaktion auch als technischer Akt der Übertragung von Informationen lesen ließ. Ein solches Netzwerk war zu bewerten anhand seiner Reichweite, Inklusion und Konnektivität, seiner Kapazitäten der Speicherung und Verbreitung sowie seiner Resistenz gegenüber Störungen. Und insofern all diese Kriterien einer kybernetischen Theorie der Kommunikation entsprangen, konnte das zu errichtende System seinerseits nur ein kybernetisches sein. Die Hypothese, nach der sich Gesellschaft als Kommunikationsnetzwerk begreifen ließ, war in die politische Forderung umgeschlagen, ein solches Netzwerk einzurichten.

563 Ebd.

Die Anfänge der kybernetischen Problematisierung sozialer Kommunikation lagen in jenen soziologischen Studien, die einen *systemischen* Blick an Stelle des rein instrumentellen Verständnisses der frühen Propagandaforschung setzten. Lazarsfeld, Lewin und Dodd hatten eine räumlich-empirische Realität von Strömen beschrieben, die den ganzen Bevölkerungskörper durchzogen und sich in einem einheitlichen mathematischen Modell als Kommunikationsflüsse beschreiben ließen. Schon bald darauf aber wurde in Folge der kybernetischen Gleichsetzung von Information und Ordnung die Notwendigkeit zur Sicherung dieses Kommunikationssystems erkannt. Wiener und Deutsch beschrieben eindrücklich die Gefahr einer Zerstörung kommunikativer Nervenbahnen, die den Zerfall der liberalen Gesellschaftsordnung zur Folge haben musste. Umgekehrt konnte der anti-entropische Charakter von Informationsflüssen nicht nur die Stabilität sozialer Strukturen garantieren – er ließ sogar neue, dezentrale Topologien gesellschaftlicher Organisation denkbar werden. In den Arbeiten Karl W. Deutschs erschien ein funktionierendes Kommunikationssystem als Voraussetzung politischer Assoziation schlechthin, wobei zugleich betont wurde, dass die Medialität eines solchen Systems gouvernementaler Intervention und Strukturierung zugänglich war.

Die amerikanischen Modernisierungstheorien weiteten schließlich das kybernetische Kommunikationsmodell nicht nur auf globale Zusammenhänge aus, sie hoben auch hervor, dass eine möglichst ungehemmte Informationszirkulation von zentraler Bedeutung im Prozess der Modernisierung von Entwicklungsländern nach amerikanischem Vorbild sei. Die medientechnische Infrastruktur wurde als Motor eines liberalen Fortschritts begriffen, durch den „traditionelle“ Gesellschaften in rational prozessierende, untereinander kompatible Systeme verwandelt werden sollten. Diese Technisierung war zugleich als Homogenisierung zu betrachten, die jedoch auf die Formatierung einer systemisch-medialen Ebene von Kommunikation zielte und nicht als Versuch einer determinierenden Steuerung konkreter Kommunikationsakte missverstanden werden durfte. Die Systeme waren vielmehr so einzurichten, dass sie Kontingenzen zulassen konnten und diese als Informationen lesbar werden ließen. Der politische Wille zur kommunikativen Durchdringung der Individuen, zu einer Vernetzung der Städte und Lebensräume sowie zur „Mobilisierung“ und geordneten Integration einer Bevölkerung mündete so schon Ende der 1950er Jahre in die Vision eines globalen kybernetischen Netzwerks, das eine formal standardisierte und transparente Assoziation global verteilter Phänomene ermöglichen sollte.

Zum Zeitpunkt der Veröffentlichung von Daniel Lerners *The Passing of Traditional Society* hatten populäre Zeitschriften wie *LIFE* bereits von jenen futuristisch anmutenden Computernetzen berichtet, mit denen das Pentagon eine

Echtzeit-Kontrolle des amerikanischen Luftraums zu erreichen suchte.[564] Das ab 1954 am MIT entwickelte SAGE-System bestand aus insgesamt 23 über die Nation verteilten Kontrollzentren, die laufend Radar- und Wetterdaten auswerteten und diese Informationen in digital kodierter Form über Telefonleitungen verbreiteten.[565] Damit war in Ansätzen und für einen konkreten militärischen Zweck bereits realisiert, was in den Arbeiten von Wiener und Deutsch als umfassende politische Zielsetzung vorgezeichnet wurde: Eine kybernetisch kodierte Struktur, in der eine instantane Koordination dezentrierter Knotenpunkte auf Digitalbasis möglich wurde. Und zugleich waren Systeme wie SAGE kaum mehr als ein Vorbote der umfassenden kommunikativen „Verkabelung" und Vernetzung der amerikanischen Nation, die in der zweiten Hälfte des 20. Jahrhunderts prägend werden sollte. Die Systematisierung von Kommunikationsflüssen, die in den 1950er Jahren bereits als gouvernementale Notwendigkeit erkannt worden war, nahm nun zunehmend realtechnische Gestalt an: Das von Paul Baran entwickelte Verfahren des *packet switching* ermöglichte eine vollständig dezentrale Vernetzung von Computersystemen, während sich der kybernetische Traum einer technischen *lingua franca* in den standardisierten Übertragungsprotokollen des ARPANET und des daraus hervorgehenden Internet manifestierte.[566]

Die in den 1960er Jahren einsetzende Entwicklung und Ausbreitung von Computernetzen, die nach wie vor an kybernetischen Modellen orientiert blieben,[567] ließ sich dann auch als Fortschreibung einer Strategie gouvernementaler Regulation betrachten. Diese Strategie konnte auch deshalb so nachhaltig wirken, weil sie nicht als Repression, sondern als Förderung von Kommunikation auftrat. Ihre Machteffekte wirkten „zentrifugal"[568] im Sinne Foucaults, sie zielten auf eine geordnete Integration von Menschen und Dingen in ein übergreifendes Netz, auf eine kybernetische Kodierung des gesamten Gesellschaftskörpers. „[T]he purpose of networking", so wird ein Entwickler der ersten Internet-Übertragungsprotokolle von Alexander Galloway zitiert, „was to bring every-

564 „Pushbutton Defense for Air War", *LIFE*, 11.02.1957.

565 Ausführlich zu SAGE vgl. Edwards 1996, S. 75ff.

566 Zur Entstehungsgeschichte des Internet vgl. Abbate 1999; zu einem machtanalytischen Blick auf die zugrunde liegenden Netzwerkprotokolle vgl. Galloway 2004. Die Ausbreitung des Kabelfernsehens in den USA der 1960er Jahre im Lichte kybernetischer Überlegungen untersucht Light 2004, S. 163ff.

567 Paul Baran sah in seinem Entwurf eines *distributed network* schließlich nur eine weitere Instantiierung des formalen Modells neuronaler Vernetzung von McCulloch und Pitts: „McCulloch in particular inspired me. He described how he could excise a part of the brain, and the function in that part would move over to another part." (Baran z.n. Peters 2010, S. 175)

568 Foucault 2004a, S. 73.

body in."[569] Im Anschluss an Galloway ließe sich die Machtlogik kybernetischer Kommunikation als „protokollogisch" bezeichnen: Sie förderte und forderte ein Zustandekommen von Konnektivität, knüpfte dieses Zustandekommen aber zugleich an Bedingungen, die akzeptieren musste, wer an der Übertragung teilhaben wollte.[570] In der technischen Überformung entstanden geordnete Räume der Kommunikation, in dem alles gesagt werden konnte, so lange es auf spezifische Art und Weise gesagt wurde.

Die kybernetische Systematisierung von Kommunikation konnte sich im Kontext liberaler Gouvernementalität als nützlich erweisen, weil sie sehr reale und akute Probleme politischer Regulation auf neuartige Weise adressierbar machte. Shannons Informationstheorie verlieh dem Machtdispositiv der Kanalisierung, das eine geordnete Hervorbringung von Zirkulationen bezweckte, eine mathematische Fundierung, in der die Leistungsfähigkeit von Kanälen quantitativ mess- und vergleichbar gemacht werden konnte.[571] In Anbetracht des technischen Idealbilds einer friktionslosen und exakten Übertragung erschienen bestehende Strukturen sozialer Kommunikation zwar gelegentlich als defizitär, die Defizite aber ihrerseits als technisch kompensierbar. Vor allem aber war die Konzeptualisierung und Realisierung optimal prozessierender Übertragungssysteme nicht länger auf eine intuitive Regierungs*kunst* angewiesen. Vielmehr wurde das Schlüsselproblem der Zirkulation in der mathematischen Modellierung zum Gegenstand einer exakten Wissenschaft.

Dass darüber hinaus eine kybernetische Regulation von Kommunikationsbeziehungen nicht als undemokratische Herrschaft, sondern als expliziter Gegenentwurf zu totalitären Regimen verstanden werden konnte, lag, wie Karl W. Deutsch erörtert hatte, ebenfalls in den Prämissen der mathematischen Kommunikationstheorie begründet.[572] Statt deterministischer Kausalität artikulierte sie ein statistisches Modell geordneter Möglichkeiten: Ein Kommunikationssystem im Sinne Shannons war als strukturierter Raum möglicher Aktualisierungen zu verstehen, der dem Sender die Freiheit ließ, zwischen verschiedenen Alternativen zu wählen. In der Übertragung auf soziale Zusammenhänge schien das kybernetische Modell der Kommunikation die liberale Hypothese zu exemplifizieren, dass Freiheit und Ordnung sich nicht ausschlossen, sondern vielmehr wechselseitig bedingten. Ein kybernetisches Kommunikationssystem tat in diesem Sinne nichts anderes, als den angeschlossenen Individuen „die Möglichkeiten zur Freiheit bereit[zu]stellen".[573] Jede übertragene Nachricht war Aus-

569 Reid, z.n. Galloway 2004, S. 147.
570 Vgl. Galloway 2004.
571 Zur „Kanalisierung" als Machtdispositiv vgl. auch Mersch 2013, S. 23ff.
572 Vgl. Deutsch 1953, S. 65.
573 Foucault 2004b, S. 97.

druck dieser Freiheit, und zugleich Index einer zugrundeliegenden Struktur, in der Freiheit überhaupt zur Geltung kommen konnte.

Wenn kybernetisch-gouvernementale Diskurse im Laufe der 1950er Jahre soziale Strukturen als Netzwerke von Signalströmen konzipierten, so war „Kommunikation“ also auch im Feld des politischen Wissens zu einem „absoluten Begriff“ avanciert. Freilich war die Modellierung der Gesellschaft als Kommunikationsnetzwerk zugleich mit einem Impetus sozialer Steuerung verbunden, mit dem Streben nach einer unter technischen Gesichtspunkten erfolgenden Optimierung eines solchen Netzwerks. Wo im Vergleich von idealtypischer technischer Übertragung und empirischer Situation eine Differenz zu Tage trat (etwa wo sich orale Kommunikation zwischen menschlichen Subjekten als „fehleranfällig“ erwies), wurde dies nicht als Falsifizierung des kybernetischen Modells betrachtet, sondern die Notwendigkeit erkannt, formend und verstärkend in soziale Beziehungen einzugreifen. Das kybernetische Dispositiv bewirkte eine spezifische *Problematisierung* von Kommunikation, um sogleich die dafür passgenauen Lösungen anzubieten. „Alles ist eigentlich ‚Kommunikation'“ – das war um 1960 vielleicht weniger eine zutreffende Beschreibung der Gegenwart, als vielmehr ein erst anzustrebender Systemzustand.

6. Entscheidungsprobleme

> Fremont-Smith: „Professor Wiener in his Introduction in ‚Cybernetics' points out (...) that the complexity of the computing machine type of mechanism is so great and can be pushed so far now that it potentially threatens individual decision. Is that a fair statement?"
>
> Wiener: „Brings it at low levels."[574]

Der britische Kybernetiker W. Ross Ashby schloß 1956 seine einflussreiche *Einführung in die Kybernetik* mit einer Spekulation über den Einsatz kybernetischer Technologie zur „Verstärkung von Intelligenz".[575] Wenn diese Maschinen tatsächlich „Verkörperungen" eines Geistes waren, wie McCulloch behauptet hatte, so mussten sie doch perspektivisch in der Lage sein, dem Menschen das Denken zu erleichtern. Die Dampfmaschine, so Ashby, hatte eine Verstärkung der menschlichen Muskelkraft um den Faktor 10.000 bewirkt, und nun stünde eine ähnliche Amplifikation der Geisteskraft bevor: „Had the present day brain-worker an ‚intelligence amplifier' of the same ratio, he would be able to bring to his problems an I.Q. of a million."[576] Was aber war das überhaupt: Intelligenz? Ashby verwies auf einschlägige IQ-Tests, in denen „intellektuelle Fähigkeit" schlicht als „Fähigkeit zu angemessener Selektion" verstanden werden konnte.[577] Intelligenz bezeichnete folglich die Kompetenz, aus einer endlichen Menge an Lösungen die hinsichtlich der Problemstellung geeignete auszuwählen. Wo immer eine Maschine zu solch einem Verhalten in der Lage wäre, könne man ihr Intelligenz nicht absprechen.[578] Ashby war nicht allein mit der Ansicht, dass die Möglichkeit zur Konstruktion solcher Maschinen mit der Kybernetik in greifbare Nähe gerückt war. Vor allem aber zeigte er sich überzeugt, dass die Technisierung kalkulatorischer Vernunft auch für ein politisches Regelungswissen nicht ohne Folgen bleiben konnte.

---

574 Diskussion auf der 6. Macy-Konferenz, in Pias (Hrsg.) 2003, S. 29.
575 Ashby [1956] 1974, S. 390f.
576 Ashby 1956, S. 216.
577 Ashby [1956] 1974, S. 391.
578 Vgl. ebd.

Alan Turing und John von Neumann hatten den digitalen Computer schließlich nicht einfach als Rechenwerkzeug entworfen, sondern als Medium von Berechenbarkeit schlechthin. Das Modell einer logischen Universalmaschine, mit dem Turing das Hilbert'sche „Entscheidungsproblem" adressierte, diente nicht nur dem Nachweis, dass in formalen Systemen unentscheidbare Aussagen existierten. Es zeigte vielmehr im Umkehrschluss, dass alle algorithmisch entscheidbaren Probleme auch durch eine Maschine entschieden werden konnten. Das logische Schließen war nicht länger ein Privileg des menschlichen Verstandes, sondern in eine mechanische Operation überführt, die von realtechnischen Apparaturen unter Umständen schneller, zuverlässiger und präziser erledigt wurde. Diese Entwicklung sollte Konsequenzen auch für ein Regierungswissen zeitigen, das sich schließlich spätestens mit dem Ende deterministischer Welt- und Staatsbilder permanent genötigt sah, auf kontingente Entwicklungen im Modus von Entscheidungen zu reagieren. Die Verwissenschaftlichung und Mathematisierung sozialer Zusammenhänge eröffnete die Möglichkeit, souveräne Entscheidungen ihrerseits in einer mathematischen Rationalität zu fundieren. Jede politische Intervention war auch als Eingriff in eine Virtualität möglicher Ereignisse zu begreifen, deren Eintreffen sich in gewissen Grenzen statistisch prognostizieren und evaluieren ließ. Eine gute Regierung musste immer auch eine rechnende Regierung sein.

Weil sich „Entscheidung" als basale Operation von Rechenmedien und Regierungssystemen gleichermaßen verstehen ließ, konnte die Frage nach den Möglichkeiten kybernetischer „Intelligenzverstärkung" im Laufe der 1940er Jahre in den epistemischen Horizont liberaler Gouvernementalität eintreten. Die Dringlichkeit dieser Frage ergab sich einerseits vor dem Hintergrund einer als äußerst entscheidungskritisch wahrgenommenen weltpolitischen Situation, andererseits aus der immer deutlicher hervortretenden Einsicht in die Rationalitätsdefizite individueller Entscheidungsträger. Der Wissenschaftshistoriker Hunter Heyck spricht im amerikanischen Kontext von einer „Krise der Vernunft", die nach Kriegsende von psychologischen, anthropologischen und soziologischen Forschungen gleichermaßen konstatiert wurde.[579] Die „irrationalen" Prägungen der Subjektivität durch Tradition, Religion oder Familie wurden nicht länger als notwendige Kompensation entfremdender Vergesellschaftung begriffen, sondern zunehmend als Problem und Ursache gesellschaftlicher Fehlentwicklungen. Wie Heyck herausarbeitet, führte dieser Befund in der Folge zu einer Neuausrichtung sozialwissenschaftlicher Forschungsinteressen: weg von der potentiellen Irrationalität konkreter Entscheidungssubjekte, hin zur Erarbeitung von Rationalitätskriterien des Entscheidungsvorgangs selbst – unabhängig

579 Vgl. Heyck 2012, S. 101ff.

davon, ob dieser von einem Menschen, einer Organisation, oder einer Maschine prozessiert wurde.

Tatsächlich versprach die Kybernetik eine rationale Bearbeitbarkeit auch solcher Problemlagen, deren Komplexität die Grenzen menschlicher Wahrnehmungs- und Verarbeitungskapazitäten überschritt. Warren Weaver hatte 1948 die Auseinandersetzung mit „organisierter Komplexität“ als zentrale Herausforderung zukünftiger Wissenschaft und Technik hervorgehoben und sich dabei auf die durch den Digitalrechner eröffneten Möglichkeitsräume bezogen.[580] Mit Hilfe des Computers sollten Systeme mit einer Vielzahl interdependenter Variablen mathematisch modelliert und in ihrem Verhalten nachvollziehbar gemacht werden. Da diese Systeme, wie der Simulationspionier Jay Forrester betonte, zu einem „kontraintuitiven“ Verhalten neigten, liefen Menschen ohne technische Unterstützung geradezu zwangsläufig Gefahr, falsche Entscheidungen zu treffen, weil sie die Tragweite der Konsequenzen unmöglich überblicken könnten.[581] Die Verwendung von Computern war aus dieser Perspektive nicht lediglich eine bequeme Hilfestellung, sondern überlebensnotwendiger Imperativ in komplexen Entscheidungssituationen. Kein Krieg, so Weaver, könne zukünftig mehr ohne den Einsatz eines „great *Tactical-Strategic Computer*“ geführt werden.[582]

Der sprichwörtlich übermenschliche Zuwachs an Rationalität, den der Einsatz kybernetischer Technologie in Aussicht stellte, blieb jedoch an einschränkende Bedingungen geknüpft: Reale Entscheidungsprobleme mussten einer technischen Bearbeitung zugänglich gemacht, politische Problemlagen in maschinenlesbare Form übersetzt werden. Es galt objektive Kriterien und Regeln aufzustellen, nach denen sich der Rationalitätsgrad einer Entscheidung beurteilen und verbessern ließ. Subjektive Maßstäbe wie „Erfahrung“ oder „Intuition“ sollten durch eine logische Systematik ersetzt werden, die von den Vernunftdefiziten einzelner Entscheidungsträger nicht tangiert wurde. Angesprochen auf die Gefahr möglicher Fehlentscheidungen des amerikanischen Präsidenten im Angesicht der atomaren Bedrohung reagierte der Direktor der *Defense Advanced Projects Research Agency* (DARPA), Joseph Cooper, beschwichtigend: „[W]e might have the technology so he couldn't make a mistake.“[583] Das technische Dispositiv, das im Rückgriff auf mathematische Modellierungen und Verfahren eine systematische Rationalisierung von Entscheidungsprozessen in

580 Vgl. Weaver 1948.

581 Forrester 1969, S. 10f.

582 Office of Scientific Research and Development 1946, S. 198. Zur Urheberschaft von Weaver vgl. Ericksson 2006, S. 111f.

583 Cooper z.n. Edwards 1996, S. 71.

Aussicht und zugleich unter seine Bedingungen stellte, nannte sich in seinen ersten Ausprägungen schlicht und ergreifend: „Information Technology“.[584]

Tatsächlich ließ sich schon für die späten 1940er Jahre eine geradezu explosionsartige Verbreitung mathematischer, betriebswirtschaftlicher und psychologischer Forschungsliteratur konstatieren, in der die Analyse von „Entscheidungen“ in den Rang einer objektiven Wissenschaft erhoben wurde.[585] Diese Theorien bildeten die intellektualtechnische Seite eines Dispositivs, das eine Amplifikation menschlicher Intelligenz durch maschinelle „Intelligenzverstärkung“ möglich machen sollte. Der Entscheidungsvorgang wurde dort als logischer Prozess beschrieben, für dessen rationale Ausführung sich klare Regeln angeben ließen. Die grundlegende Formalisierung von Entscheidungsproblemen wies dabei in ihrer rudimentärsten Form mindestens drei Merkmale auf: Erstens wurde eine Entscheidung als Selektionsvorgang aus einer endlichen Menge an gegebenen Wahlmöglichkeiten begriffen. Entscheidung implizierte also Kontingenz, zugleich aber auch Aktualisierung innerhalb eines geordneten und begrenzten Raums von Alternativen. Zweitens ließ sich jede der Wahlmöglichkeiten mit Konsequenzen verknüpfen, also mit Ereignissen, die im Falle der Wahl einer bestimmten Alternative entweder mit Sicherheit oder einer spezifizierbaren Wahrscheinlichkeit eintreten würden.[586] Und drittens wurde vorausgesetzt, dass auf Seiten des Entscheidungssubjekts eine „Nutzenfunktion“ oder „Präferenzordnung“ existierte, die es ermöglichen sollte, die zu erwartenden Konsequenzen in eine strukturierte Rangfolge zu bringen. Als rationalste Entscheidung konnte dann schlicht jene Selektion bestimmt werden, deren Konsequenzen in Relation zu den erwarteten Kosten den höchsten Nutzenwert versprach. Das Bild des rationalen Entscheidungsträgers entsprach dem Idealtyp eines nutzenmaximierenden *Homo oeconomicus,* wenngleich dieser in kybernetischer Wendung nun zunehmend nach dem Modell eines logischen Automaten begriffen wurde, der in seiner Rationalität zum Gegenstand einer technischen Optimierung gemacht werden konnte.

584 Ronald Kline (2006) hat rekonstruiert, dass der Begriff „Information Technology“ in den 1950er Jahren zunächst ein heterogenes Organisations- und Entscheidungswissen bezeichnet. Erst deutlich später etablierte sich die heute geläufige, in erster Linie artefaktbezogene Verwendung.

585 Vgl. den wichtigen Überblicksartikel des Psychologen Ward Edwards (1954), dessen angehängte Bibliographie bereits über 200 Einträge umfasst.

586 Durchaus kannte auch frühe Entscheidungstheorie bereits das Phänomen der „Entscheidungen unter Unsicherheit“ (in Abgrenzung zu Entscheidungen unter berechenbarem „Risiko“). Wo aber keine Zuordnung von Handlungsalternativen zu Konsequenzen möglich war, konnte von „Rationalität“ keine Rede mehr sein, weshalb die Bedingungen einer Operationalisierung hier kaum gegeben waren (vgl. Simon/March, [1958] 1976, S. 129).

6.1 Games People Play

„Vom Glücksspiel ist nichts mehr da: Die Handlungen aller Spieler bestimmen das Resultat restlos."
(John von Neumann)[587]

Die Versuche einer Steigerung subjektiver Entscheidungsrationalität durch objektive Verfahren blieben jedoch nicht auf ökonomische Zusammenhänge im engeren Sinne beschränkt. So war bereits im Laufe des Zweiten Weltkriegs unter der Bezeichnung „Operations Research" eine Konglomerat mathematischer Techniken entstanden, das eine effiziente Verwendung der knappen militärischen Ressourcen sicherstellen sollte.[588] Logistische und militärstrategische Fragen wurden in die Hände von Mathematikern und Ökonomen gelegt, die ab 1942 in großer Anzahl vom amerikanischen *Office for Scientific Research and Development* (OSRD) rekrutiert wurden. Koordiniert wurde deren Arbeit durch das von Warren Weaver geleitete *Applied Mathematics Panel* (AMP), das den Auftrag erhielt, mathematische Methoden zur rechnerischen Bearbeitung militärischer Allokationsprobleme zu entwickeln. In Luft- und U-Boot-Krieg sollten auf diese Weise optimale Angriffs- und Verteidigungsstrategien identifiziert werden, die nicht mehr in militärischem Erfahrungswissen, sondern in objektiver Mathematik begründet waren. Zugleich machte gerade die mathematische Abstraktion eine perspektivische Ausweitung dieser Verfahren auf nichtmilitärische Zusammenhänge denkbar. Das erste nach dem Krieg publizierte Lehrbuch zur neuen Disziplin des „Operations Research" definierte diese entsprechend allgemein als „a scientific method of providing executive departments with a quantitative basis for decisions regarding the operations under their control."[589]

Nach Kriegsende wurde die mathematische Entscheidungstheorie zum Ausgangspunkt einer „wissenschaftlichen" Beratung von Militär und Politik, deren Ausübung über Jahrzehnte von einer einzigen Institution dominiert wurde: Der RAND Corporation in Santa Monica.[590] 1946 als Forschungsabteilung der Douglas Aircraft Company gegründet und ab 1948 mit finanzieller Unter-

587 Von Neumann 1928, S. 302.

588 Zum Operations Research vgl. McCloskey 1987; Waring 1995; Fortun/Schweber 1997; Shrader 2006; Shrader 2008. Zur Rolle mathematischer Verfahren im Operations Research vgl. McArthur 1990. Zum britischen Äquivalent des „Operational Research" vgl. Pircher 2008.

589 Morse/Kimball, 1951, S. 1.

590 Zur Geschichte der RAND Corporation vgl. Kaplan 1983; Jardini 1996; Jardini 2000; Amadae 2003, S. 27ff.; Abella 2008. Zur Bedeutung der RAND Corporation für die „quantitative Revolution" der amerikanischen Sozialwissenschaften in den 1950er Jahren vgl. Hounshell 2000, S. 252.

stützung der Ford Foundation als unabhängige Non-Profit-Beratungsinstitution weitergeführt, entwickelte sich RAND (ein Akronym von „Research and Development") schnell zum intellektuellen Zentrum einer systematischen Analyse von Entscheidungsproblemen, in der militärische und ökonomische Perspektiven verschmolzen. Das zunächst noch größtenteils unter militärischer Geheimhaltung entwickelte Wissen sollte nun zu fundierten Analysen politischer und militärischer Problemlagen eingesetzt werden und letztlich in einer allgemeinen „Wissenschaft des Krieges"[591] kulminieren. Trotz einer eher traditionellen Organisationsstruktur mit Abteilungen für Aerodynamik, Mathematik, Elektrotechnik, Nuklearforschung, Ökonomie und Sozialwissenschaften pflegte man im ersten amerikanischen „Think Tank"[592] einen informellen Führungsstil, flache Hierarchien und ein „flexible work environment catering to idiosyncrasies and eccentricity."[593] Als finanzkräftige „Universität ohne Studenten" rekrutierte die Institution binnen kürzester Zeit eine imposante Anzahl renommierter Wissenschaftler, deren Aufgabe fortan darin bestehen sollte, im Ausgang von Mathematik und Logik „über das Undenkbare nachzudenken".[594]

RAND stand nun geradezu sinnbildlich für den Versuch, politische Entscheidungen auf eine mathematisch-ökonomische Rationalitätsgrundlage zu stellen. Hier wurden die militärischen Techniken des Operations Research zu umfassenderen „Systemanalysen" ausgearbeitet, die rationale Entscheidungen auch in den von Weaver beschriebenen Situationen „organisierter Komplexität" ermöglichen sollten. Die quantitative Erfassung und mathematische Modellierung eines Geflechts wechselwirkender Faktoren sollte auch in auf den ersten Blick undurchsichtigen Situationen die jeweils optimale Lösung hervortreten lassen. Die Eigenheiten der ökonomischen Perspektive auf militärische Konflikte traten schon in frühen Auftragsarbeiten für die U.S. Air Force, die sich bezüglich der Entwicklung neuer Flugzeugmodelle beraten ließ, zu Tage. War die Entwicklung von Waffensystemen bislang nach der Devise „highest, farthest, fastest"[595] und weitgehend ohne Rücksicht auf entstehende Kosten erfolgt,

591 Vgl. Jardini 1996, S. 43.

592 Zur Kulturgeschichte der Think Tanks als Institutionen militärischer und politischer Beratung vgl. Brandstetter/Pias/Vehlken (Hrsg.) 2010.

593 Amadae 2003, S. 39.

594 So, mit Blick auf den drohenden Atomkrieg, das Diktum des populären RAND-Physikers und „Futurologen" Herman Kahn (1962), dem Stanley Kubrick später in der Figur des *Dr. Strangelove* ein filmisches Denkmal setzen sollte. Alex Abella (2008, S. 307f.) zählt insgesamt sechsundzwanzig Nobelpreise für Ökonomie, Physik und Chemie, die an RAND-Mitarbeiter und Berater gingen, sowie einen Friedensnobelpreis für den zeitweiligen RAND-Berater Henry Kissinger.

595 Kaplan 1983, S. 89.

schlug eine RAND-Arbeitsgruppe um Edward Paxson[596] vor, ein nüchternes Effizienzkalkül zur Ermessensgrundlage zu nehmen. Zu diesem Zweck wurden Kriterien definiert, anhand derer sich der „Nutzwert" eines Militärschlags analog zu einem Geldwert berechnen ließ. Letztendlich lautete die entscheidende Frage dann schlicht, wie viel „Ertrag" in Form von Zerstörungskraft ein spezifisches Angriffssystem pro investierter Million Dollar erwirtschaften konnte. Auf einem Analogrechner berechnete das Team um Paxson über 400.000 mögliche Systemkonfigurationen und gelangte zu dem Resultat, dass eine Vielzahl günstiger Propellermaschinen den zwar hochwertigeren, aber teureren Flugzeugtypen mit Düsenantrieb vorzuziehen sei.[597]

Auf Seiten der Air Force sorgte dieser Vorschlag für erhebliche Irritationen. Das Votum für die Produktion eines günstigeren Flugzeugtyps mit geringerer Performanz hatte billigend eine höhere Abschussrate in Kauf genommen. Dass einzelne Bomberpiloten für ein effizienteres Gesamtsystem mit ihrem Leben bezahlen mussten, stellte für Paxson jedoch kein Ausschlusskriterium dar, sondern war als eine von unzähligen Variablen in die Gesamtrechnung einbezogen worden.[598] Ein anderes Vorgehen war aus Sicht der Systemanalyse auch gar nicht denkbar, weil die Verabsolutierung eines Wertes alle weiteren Effizienzrechnungen erübrigt hätte. Um die Vergleichbarkeit verschiedener Szenarien zu gewährleisten, galt es vielmehr alle Faktoren des Problemzusammenhangs in eine mathematisch operationalisierbare Form zu bringen. Diese Anforderung betraf keinesfalls nur den Ausnahmezustand militärischer Eskalation, sondern schlug sich ebenso in vergleichbaren Untersuchungen zur Optimierung von Verkehrsinfrastrukturen nieder, die Anfang der 1950er Jahre von den RAND-Ökonomen Martin Beckmann und Bartlett McGuire durchgeführt werden. Ihre einflussreichen *Studies in the Economics of Transportation*[599] betrachteten den Straßenverkehr als ökonomisches Problem und gingen von der Hypothese aus, dass jeder Autofahrer für sich die ertragreichste Route auswählte. Auch hier wurde das Risiko eines tödlichen Unfalls als Variable in die Gesamtrechnung mit einbezogen, um die hypothetischen Kosten einer Fahrtstrecke bestimmen zu können: „Valuation of life in money terms is implicit in all economic relationships that involve danger to human life", erörterten die Autoren: „Since the strict enforcement of the ‚safety first' principle would mean

596 Paxson, der zuvor in dem von Weaver geleiteten *Applied Mathematics Panel* gearbeitet hatte, war einer der wenigen RAND-Mitarbeiter, die keiner festen Abteilung zugeordnet waren. Stattdessen versah ihn das Management mit dem Titel „The Systems Analyst" und erteilte ihm die Erlaubnis, nach Bedarf Mitarbeiter aus den verschiedenen Abteilungen für seine Zwecke auszuborgen, vgl. Kaplan 1983, S. 87.

597 Vgl. Paxson 1950. Zu dem Bericht siehe auch Abella, 2008, S. 60ff.

598 Vgl. Abella 2008, S. 62.

599 Beckmann/McGuire/Winsten 1956.

in effect a standstill of most economic activitiy, a compromise is made which puts certain high, but finite, values on human life and health."[600] Beckmann und McGuire ließen keinen Zweifel daran, dass eine mathematische Analyse von Entscheidungssituationen nur dann sinnvoll durchzuführen war, wenn keiner der möglichen Einflussfaktoren von der Quantifizierung ausgeschlossen wurde.

Neben den mathematischen Optimierungsverfahren und ihrer Fokussierung auf die möglichst effiziente Allokation knapper Ressourcen war es vor allem die ökonomische Spieltheorie, die den Weg für eine Technisierung von Entscheidungsproblemen ebnen sollte. John von Neumann und Oskar Morgenstern hatten 1944 in ihrer *Theory of Games and Economic Behavior* eine bahnbrechende Untersuchung veröffentlicht, die das strategische Verhalten ökonomischer Akteure mit konfligierenden Interessen zum Gegenstand hatte. Während die Techniken des Operations Research in erster Linie auf eine interne Optimierung von Systemen zielten, bezog die Spieltheorie die Existenz eines rational-strategischen Gegenübers in eine mathematische Modellierung ein. Auch die Entscheidungstheorie betrat damit das Feld der „manichäischen" Wissenschaften im Sinne Wieners (vgl. Kap. 3). Von Neumann wollte die Spieltheorie zunächst als Beitrag zu einer Mathematisierung der Wirtschaftswissenschaften verstanden wissen, die fundiertere Einsichten in das Verhalten ökonomischer Akteure einer Marktwirtschaft eröffnen sollte.[601] Das berühmte *minimax*-Theorem etwa, nach dem Akteure in Mehrpersonenspielen danach strebten, ihren im äußersten Fall zu erwartenden Verlust zu minimieren, war ein Versuch, den Gleichgewichtstheoremen der klassischen Wirtschaftswissenschaft eine differenziertere und weniger „atomistische" Alternative gegenüberzustellen.[602] Hinter der Frage nach dem optimalen Spielzug unter Berücksichtigung möglicher Züge der Gegenspieler verbarg sich für von Neumann nichts weniger als „das Hauptproblem der klassischen Nationalökonomie: was wird, unter gegebenen äußeren Umständen, der absolut egoistische ‚homo oeconomicus' tun?"[603]

Vom Mainstream der amerikanischen Wirtschaftswissenschaften wurde die Spieltheorie zunächst jedoch kaum rezipiert.[604] Stattdessen schwang sie sich unter den Bedingungen des Kalten Krieges zu einer Art militärstrategischen Leitwissenschaft auf. Nicht zuletzt im Umfeld der RAND Corporation erkannte

600 Beckmann/McGuire 1953, S. 4.

601 Von Neumann und Morgenstern verfolgten das erklärte Ziel „to find the mathematically complete principles which define „rational behavior" for the participants in a social economy, and to derive from them the general characteristics of that behavior." (Von Neumann/Morgenstern 1944, S. 31).

602 Vgl. Israel 2005, S. 164ff.

603 Von Neumann 1928, S. 295.

604 Sie sollte dann jedoch in den späten 1970er Jahren einen bemerkenswerten Aufstieg erfahren, vgl. Giocoli 2003, S. 341ff.

man die Möglichkeit, die nukleare Blockkonfrontation als ein nach rationalen Regeln ablaufendes „Spiel" zu modellieren und die spieltheoretischen Modelle für diese Zwecke zu instrumentalisieren. An den *Contributions to the Theory of Games,* die eine Gruppe von RAND-Mitarbeitern 1948 publizierte, war vor allem auffällig, wie sehr die Theorie auf das vergleichsweise enge Feld der sogenannten Zweipersonen-Nullsummenspiele zugeschnitten war, wohingegen die Diskussion um Mehrpersonenspiele und die Frage nach möglichen Koalitionsbildungen, die den Großteil der ursprünglichen *Theory of Games and Economic Behavior* ausmachte, kaum Erwähnung fand.[605] Zudem zeigte sich ein merkliches Interesse an der Berechnung optimaler Entscheidungsstrategien für spezifische Konfliktsituationen, deren Existenz durch von Neumann und Morgenstern zwar für bestimmte Spielarten nachgewiesen wurde, zu deren Identifikation sie aber keinen Algorithmus bereitgestellt hatten. „We are", konstatierte der RAND-Mathematiker Olaf Helmer, „badly in need of simplified procedures for computing the optimum (...) strategies."[606] Vor allem aus einer politischen Dringlichkeit heraus ergab sich die Notwendigkeit, den mathematischen Rahmen der Spieltheorie zur Entwicklung einer normativen Entscheidungsanalyse zu nutzen, die eine größtmögliche Rationalität von Entscheidungen in komplexen strategischen Situationen ermöglichen sollte.

Im Laufe der 1950er Jahre war eine Vielzahl der bei RAND beschäftigten Mathematiker mit der Weiterentwicklung spieltheoretischer Modelle und ihrer Übertragung auf militärische Konfliktsituationen befasst. Zu diesen Modellen zählten etwa die berühmten, Jahrzehnte später mit dem Wirtschaftsnobelpreis ausgezeichneten Gleichgewichtstheoreme John F. Nashs, die eine Art Pattsituation beschrieben, in der keiner der involvierten Spielteilnehmer seinen Nutzen durch eine einseitige Veränderung der Strategie weiter erhöhen konnte. Als populärstes Beispiel für ein solches Nash-Gleichgewicht konnte das sogenannte „Gefangenendilemma" gelten, dass von den RAND-Mitarbeitern Merril Flood und Melvin Dresher 1950 erstmals untersucht wurde.[607] Es beschrieb eine Zweipersonen-Spielkonfiguration, in der beide Spieler vor die Wahl gestellt wurden, entweder zu kooperieren oder den anderen Spieler zu verraten, wobei sie ihre Entscheidung ohne Kenntnis der jeweils anderen Entscheidung treffen mussten. Die höchste Auszahlung konnte ein Spieler erzielen, wenn er selbst die Option „Verrat" wählte, während sein gegenüber sich für „Kooperation" entschied (und damit leer ausging). Die zweithöchste Auszahlung wurde erreicht, wenn beide Spieler Kooperation wählten, wohingegen eine beidseitige Ent-

605 Vgl. Erickson 2006, S. 126.

606 Helmer z.n. ebd.

607 Die Bezeichnung „Gefangenendilemma" wurde von Flood und Dresher nicht benutzt, sondern ging auf den Mathematiker Albert W. Tucker zurück.

scheidung für „Verrat" den Parteien einen vergleichsweise geringen Nutzen einbrachte. Trotzdem war, wie Flood und Dresher zeigten, aus streng egoistischer Perspektive der beidseitige Verrat das einzig rationale Resultat – es gab schlicht keine Spielsituation, in der ein Spieler sich durch die einseitige Entscheidung zur Kooperation einen Vorteil verschaffen konnte. Es schien, als konnte diese Konstellation geradezu sinnbildlich für die nukleare Eskalationsspirale des Wettrüstens mit der Sowjetunion einstehen: Weil Abrüstung wechselseitiges Vertrauen voraussetzte, das in der Modellierung nicht vorgesehen war, blieb Aufrüstung für beide Seiten die einzig „rationale" Option.[608]

6.2 Mittel und Medien der Entscheidung

> „[Political] action (...) becomes a routine problem of technical administration." (Charles R. Dechert)[609]

In ihren abstrakten Formalisierungen von Optionsräumen, Nutzenkalkülen und Präferenzordnungen schufen die mathematischen Optimierungs- und Spieltheorien eine epistemische Grundlage, auf der gouvernementale Entscheidungsprobleme durch den Einsatz von Rechentechniken bearbeitbar und lösbar werden konnten. Vor allem aber wurden komplexe realweltliche Problemlagen mitsamt den an ihnen beteiligten Akteuren nun in eine übergreifende Matrix kalkulatorischer Vernunft verschoben: Die im Rahmen spieltheoretischer Berechnungen auftretenden Agenten fungierten selbst als Rechenapparate, die ausgehend von einer vorliegenden Datenkonfiguration ihre verfügbaren Optionen prüften und optimale Auszahlungen ermittelten.[610] Im Zusammenfallen von menschlichem Entscheidungssubjekt und Algorithmus wurden alle nicht-mathematisierbaren Faktoren aus der Modellierung getilgt, um anschließend bestenfalls noch als „Störungen" oder „Verunreinigungen" einer idealtypischen Spielsituation auftreten zu können. In der rationalsten aller Welten hingegen fungierten alle Spieler als Maschinen. Als politisches Bild mochte diese Konfiguration an Max Webers (Alp-)Traum einer „mechanischen" Bürokratie staatlicher Verwaltung erinnern, in der alle subjektiven Befindlichkeiten aus der gouvernementalen Regulation verbannt waren.[611] Vor allem aber zeigte sich in den spieltheoreti-

608 Die aus dem Gefangenendilemma zu gewinnende Einsicht, dass eine Maximierung subjektiver Rationalität nicht notwendig zu einem rationalen Gesamtresultat führen musste, nahm der Mathematiker und Friedensaktivist Anatol Rapoport in den 1960er-Jahren zum Anlass für eine kritische Revision der Spieltheorie, vgl. Rapoport/Chammah 1965.

609 Dechert 1966, S. 27.

610 Vgl. Pias, 2002a, S. 194.

611 Vgl. ebd., S. 195.

schen Konstellationen eine sehr spezifische Form von Stabilität, die ganz ohne die Hilfe einer übergeordneten Instanz allein aus dem ebenso berechnenden wie berechenbaren Egoismus der Spielenden entstand. Wie aus den Arbeiten von Nash, Flood, Dresher und anderen ersichtlich wurde, führte das nutzenmaximierende Verhalten Einzelner zur Emergenz eines systemischen Gleichgewichts, das genau so lange Bestand hatte, wie keiner der involvierten Akteure von seinem streng rationalen Verhalten abwich.

Auch die mathematischen Modellierungen menschlicher Entscheidungssubjekte bewegten sich im Rahmen einer kybernetischen Epistemologie des „Als-ob". Aus der Abstraktion von realen Entscheidungssituationen wurde ein Kalkül der Nutzenmaximierung gewonnen, welches im Anschluss auf die betreffenden Subjekte zurückprojiziert wurde, so dass diese letztlich nicht mehr von algorithmischen Entscheidungsmaschinen zu unterscheiden waren. Ob sich diese Projektion in jedem Fall mit der empirischen Wirklichkeit zur Deckung bringen ließ, war von nachrangiger Bedeutung. Viel wichtiger erschien die aus ihr hervorgehende Möglichkeit, das Maschinenmodell des *Homo oeconomicus* im Rahmen einer Konzeptualisierung politischer oder ökonomischer Systembildungen zu instrumentalisieren. Für die Verfechter einer spieltheoretischen Mathematisierung von Entscheidungen hob dieser pragmatische Nutzen die Nachteile eines mangelnden Realismus allemal auf. Leonard Savage, der mit seinem Konzept des subjektiven Erwartungsnutzens eine Erweiterung der Spieltheorie formuliert hatte, räumte freimütig ein, seine Modellierung korrespondiere „not even roughly with reality."[612] Jedoch hielt er unter technischen Gesichtspunkten die Annahme für geboten, „that, if two individuals in the same situation, having the same tastes and supplied with the same information, act reasonably, they will act in the same way."[613] Mit seinem Pragmatismus stand Savage keineswegs allein: Schon ein Jahr zuvor hatte Milton Friedman in einem für die Wirtschaftswissenschaften wegweisenden Text gewarnt, dass Zugeständnisse in Richtung einer „realistischen" Perspektive die Gefahr bargen, die mühsam gewonnenen mathematischen Modelle „utterly useless" zu machen.[614]

Was mit der abstrahierenden Reduktion auf die mathematische Struktur von Entscheidungsprozessen gewonnen wurde, war jedoch der unbestreitbare Vorzug, eine Vielzahl strategischer Problemstellungen der Bearbeitung durch modernste Rechentechniken zugänglich machen zu können. Die RAND Corporation hatte bereits 1948 einen Reeves Electric Analog Computer (REAC) akquiriert, der zur Simulation von Flugmanövern ebenso wie für die Projektion

612 Savage 1954, S. 7.
613 Ebd.
614 Friedman 1953, S. 32; zur Problematisierung dieser ökonomischen „Theoriefiktion", vgl. Ortmann, 2010, S. 253ff.

von Planetenumlaufbahnen Verwendung fand und auf dem Ed Paxson die Berechnungen für seine Bomberstudie durchgeführt hatte. Durch den Zukauf von sechs IBM 604-Tabelliermaschinen avancierte der Think Tank in den folgenden Jahren zur „world's largest installation for scientific computing".[615] Gleichwohl schienen die komplexen Systemanalysen eine noch größere Rechenleistung zu erfordern. 1950 begannen RAND-Ingenieure mit der Entwicklung eines eigenen Digitalrechners, der an John von Neumanns in Princeton entworfene Rechnerarchitektur angelehnt war (vgl. Kap 3.2). Zu Ehren des ungarischen Mathematikers, der als freiberuflicher Berater für RAND tätig war, erhielt der Computer den Namen JOHNNIAC. Nicht zufällig fiel der intensive Einsatz des Großrechners von 1953 bis 1966 mit der „goldenen Ära"[616] der RAND Corporation und ihrem Aufstieg zur weltweit führenden Institution für Politikberatung zusammen, wie ein ehemaliger Angestellter rückblickend rekapitulierte:

> „[D]uring the JOHNNIAC era an unprecedented symbiosis arose between the machine and RAND mathematics. The machine was pursued to allow computations on a large enough scale to test a number of mathematical applications notions; in turn, the presence of the machine inspired mathematicians to pose, formulate, and test mathematical applications concepts which would have been irrelevant and not pursuable in the absence of a machine of JOHNNIAC power. The notion of ‚experimental mathematics' at RAND was allowed by and prospered in the JOHNNIAC era."[617]

Zu einem nicht unbeträchtlichen Teil erstreckte sich die „experimentelle Mathematik" von RAND auf die Formalisierung politischer Problemlagen, in denen Regierungen oder Nationen als Entscheidungssysteme modelliert wurden, um ihr mögliches Verhalten in Szenarioanalysen einbeziehen zu können. In einer Art Diskursanalyse *avant la lettre* versuchte etwa der russischstämmige Psychoanalytiker Nathan C. Leites für RAND durch intensive Lenin- und Stalin-Lektüre den „Operational Code" zu entschlüsseln, nach dem innerhalb des sowjetischen Regierungsapparates Entscheidungen getroffen wurden.[618] Seine Untersuchung zielte auf die Offenlegung eines abstrakten Verhaltensreglements, das in verschiedensten konkreten Entscheidungssituationen seine Gültigkeit bewahren sollte.[619] In Leites' Augen eignete sich das sowjetische Regierungs-

615 Gruenberger 1968, S. 2.
616 Vgl. Augenstein 1993, S. 6.
617 Ebd.
618 Vgl. Leites 1951.
619 „[T]here is reason to assume that these rules are pervasive in Bolshevik policy calculations, whether they refer to domestic or foreign policy, propaganda, or military policy" (ebd., S. XIII).

system gerade aufgrund des „characteristic ‚all or none' pattern of Bolshevik thought"[620] in besonderer Weise für ein technisches *reverse engineering*: Weil zukünftige Ereignisse aus Sicht des von der sowjetischen Staatsdoktrin vertretenen ökonomischen Determinismus entweder unausweichlich oder unmöglich seien, erwies sich das Regime als Maschine, die jede Entscheidung „on the basis of an intensive and repeated process of calculation"[621] traf. Auch wenn der Bericht auf mathematische Formalisierungen verzichtete, zeigte sich deutlich, wie darin Annahmen über die Operationsweise von Regierungen mit der medialen Struktur von Rechenmaschinen kompatibel gemacht wurden. So ging Leites davon aus, dass das sowjetische Regierungssystem zu jedem Zeitpunkt mit „complete control over his feelings"[622] ausgestattet war, also auch in Extremsituationen niemals in unberechenbare affektive Verhaltensmuster wie etwa blinde Wut oder Panik verfiel. Die universelle mathematische Rationalität des Regierens blieb unantastbar, wenngleich galt, dass „the Politburo may simulate feelings"[623] wo immer es sich (aus rationalen Gründen) davon einen Vorteil erhoffte.[624]

---

620 Ebd., S. 1.
621 Ebd., S. 14.
622 Ebd., S. 20.
623 Ebd., S. 23.
624 Leites Bericht hatte von intensiven Diskussionen mit der Macy-Konferenzteilnehmerin Margaret Mead profitiert, die zur gleichen Zeit im Auftrag der US Navy an einem ähnlichen Forschungsprojekt zur Analyse sowjetischer Menschenführungstechniken arbeitete. Die Anthropologin Mead hatte einen breiteren, interdisziplinären Problemzugang gewählt, der neben offiziellen Parteipublikationen auch Zeitungen, Filme und Lyrik in die Untersuchung einbezog, um ein umfassenderes Bild des „sowjetischen Charakters" zu gewinnen. Mead verteidigte in ihrer Studie den „diagrammatischen" Charakter der behavioristischen Methode, die nicht auf ein umfassendes Bild der menschlichen Persönlichkeit zielte, sondern ein abstraktes System von Regelmäßigkeiten in individuellen und kollektiven Verhaltensweisen in den Blick nahm: „[S]uch diagrammatic statements have proved useful for special purposes: to predict the behavior of members of one culture as compared with another and to comprehend and allow for large-scale changes which are taking place in contemporary cultures." (Mead 1951, S. 5). Unterdessen arbeitete auch ein weiterer Macy-Teilnehmer, Clyde Kluckhohn, am in Harvard eingerichteten *Russian Research Center* an der Entwicklung eines „Working Model of the Soviet Social System" (Bauer/Inkeles/Kluckhohn 1956). Kluckhohns Studie setzte nicht auf Ebene einer kommunistischen Staatsideologie an, sondern bestand aus quantitativen Interviews mit russischen Emigranten, aus denen Aufschlüsse über das sowjetische Alltagsleben, die Funktion staatlicher Institutionen und die psychologischen Charakteristika der Bevölkerung gewonnen werden sollten. Die stark von Parsons' soziologischer Systemtheorie beeinflusste Studie kam zu dem Ergebnis, dass sich die Rationalität des sowjetischen Sozialsystems zwar in konkreten Ausprägungen, nicht aber in ihrer fundamentalen Struktur von der amerikanischen unterscheide. In beiden Fällen handele es sich um fortschrittliche Industrienationen, die aus systemischer Sicht mehr Gemeinsamkeiten als Unterschiede aufwiesen. (vgl. Bauer/Inkeles/Kluckhohn 1956, S. 239ff.). Einen Überblick über die sozialwissenschaftlichen Studien zur Sowjetunion nach dem Zweiten Weltkrieg bietet Engerman 2009.

Sichtbar wurde in derartigen Untersuchungen nicht nur ein neu erwachtes Interesse an der „Programmierung“ der sowjetischen *Black Box* hinter dem Eisernen Vorhang. Die technisch-abstrakten Systemmodelle fremder Staaten ließen sich auch als gespiegelte Selbstbeschreibung US-amerikanischer Regierungsrationalität betrachten. So sehr sich das Sowjetsystem nämlich laut der Studien in seiner konkreten Präferenzstruktur oder den vorherrschenden Verhaltensnormen von den USA unterscheiden mochte, so sehr entsprach es als *System,* das ausgehend von einer bestehenden Informationslage ein algorithmisches Verfahren der Entscheidungsfindung durchlief, dem Idealtyp der amerikanischen Regierungsmaschine. Nur aufgrund dieser unterstellten Isomorphie ließen sich Konflikte zwischen beiden Nationen überhaupt in einem spieltheoretischen Kalkül modellieren. In der Vermutung, dass selbst das kommunistische Politbüro nach der kapitalistischen Logik egoistischer Nutzenmaximierung handelte, zeichnete sich zudem schon jene für die frühe Spieltheorie charakteristische Paranoia ab, die immer mit der potentiell verheerendsten Aktion des Gegners rechnete: „The party must take posession of every no man’s land; otherwise, the enemy will.“[625]

Bereits Präsident Truman hatte einer verschiedentlich kolportierten Anekdote zufolge während des Koreakriegs ein Team von Analysten um von Neumann und Morgenstern damit beauftragt, den drohenden Krieg zwischen China und den USA anhand einer spieltheoretischen Entscheidungsmatrix zu erörtern. Einem Mitarbeiter Morgensterns zufolge wurde ein ENIAC-Computer zur Berechnung einer 3000 mal 3000 Felder großen Auszahlungsmatrix eingesetzt. Weil der Computer als optimale Lösung eine sofortige Beendigung des Konflikts empfahl, entschied Truman gegen den Willen des Oberbefehlshabers McArthur, den amerikanischen Truppen das Überqueren der Grenze zwischen China und Korea zu untersagen.[626] Dass sich aus dem mathematischen Kalkül friedfertige Lösungen als optimale abzeichneten, war freilich eher die Ausnahme als die Regel. RAND-Chefstrategen wie Albert Wohlstetter oder Herman Kahn, aber auch John von Neumann selbst erlangten im Laufe der 1950er Jahre zweifelhafte Berühmtheit dafür, am Ende aller Berechnungen den nuklearen Erstschlag als rationalste, weil aus egoistischer Perspektive gewinnbringendste Entscheidung zu befürworten.

625 Leites 1951, S. 68.

626 Vgl. Leinfellner 1997. Günther Anders, der die Entmachtung des Generals McArthur durch den Computer als historische Parabel auf die „prometheische“ Beschämung des Menschen heranzog, bezeichnete den Einsatz des ENIAC im Koreakrieg als „offenes Geheimnis“ (Anders 1956, S. 59). Claus Pias hingegen äußert vorsichtige Zweifel und betrachtet die Anekdote als „apokryph“ (Pias 2002a, 261): Weder in den gesammelten Schriften noch in den Biographien von Neumanns fänden sich belastbare Belege für die erwähnte (möglicherweise allerdings klassifizierte) Auftragsarbeit im Koreakrieg.

Dass die nukleare Eskalation am Ende ausblieb, mochte auch der Tatsache geschuldet sein, dass im Ineinandergreifen von Spieltheorie und Computertechnik eine Verlagerung des Konflikts in die Virtualität der Simulation möglich geworden war. Wo der von mancher Seite geforderte atomare Erstschlag nämlich alle weiteren Berechnungen erübrigt hätte, da öffnete sich mit der computergestützten Mathematisierung von Kriegsführung und Diplomatie ein gesicherter epistemisch-technischer Raum, in dem hypothetische Angriffs- oder Verteidigungsstrategien nahezu konsequenzlos evaluiert werden konnten. Spätestens mit der Wasserstoffbombe war nicht nur die militärische Zerstörungskraft ins nahezu Unermessliche gewachsen, es hatte sich zugleich der Charakter des Krieges grundlegend verändert: Der atomare Konflikt konnte nicht länger im Rückgriff auf das empirische Erfahrungswissen verdienter Generäle geführt werden, er erforderte aber gleichwohl ein Höchstmaß an Rationalität und Voraussicht. Unter diesen Umständen erwies sich der Rückgriff auf Mathematik, Computertechnik und die Kompetenzen der militärstrategisch oft gänzlich unbewanderten akademischen „Defense Intellectuals" als naheliegende Option. Von einem alteingesessenen General der U.S. Air Force mit dem Vorwurf militärischer Unerfahrenheit konfrontiert, erwiderte ein erst 30jähriger RAND-Mitarbeiter, der gerade einen verantwortungsvollen Posten im Pentagon angetreten hatte: „General, I have fought just as many nuclear wars as you have."[627]

Was durch den Einsatz modernster Rechen- und Simulationstechnik ins Licht gerückt werden sollte, war gerade jene kontraintuitive „organisierte Komplexität", die zuvor jenseits des menschlichen Fassungsvermögens geblieben war. Computermodelle, welche die Interaktion einer Vielzahl wechselwirkender Variablen binnen weniger Sekunden berechnen und in die Zukunft extrapolieren konnten, schienen geradezu prädestiniert für die Aufgabe, im iterativen Durchlauf den Raum möglicher Entscheidungsoptionen und ihrer jeweiligen Konsequenzen zu kartieren. Der Computer fungierte in diesem Zusammenhang nicht länger nur als Recheninstrument, sondern als Medium zur experimentellen Erschließung einer Virtualität optionaler Zukünfte.[628] An die Stelle einer Politik der „konkreten Situation" (Carl Schmitt) trat die rechnerische Erkundung einer „Realität des Möglichen",[629] in der hypothetische Handlungen mit hypothetischen Konsequenzen verknüpft waren. Zugleich erschien die entworfene Struktur möglicher Entscheidungen und Konsequenzen als geschlossener Raum eines logischen Kalküls, in dem alle verfügbaren Alternativen mit rationalen Methoden vergleichbar gemacht werden konnten. Ein 1949 veröffentlichtes RAND-Memorandum unterstrich die politische Relevanz eines solchen Vorgehens auch

627 Enthoven, z.n. Kaplan 1983, S. 254.

628 Zur Erzeugung einer „zweiten Natur" in Computersimulationen vgl. Galison 2001, S. 44f.

629 Großklaus 1995, S. 142.

jenseits militärischer Dringlichkeiten: „Policy making rests in part on anticipations of the future – predictions of the conditions which policy must face, and of the consequences of and responses to alternative lines of action."[630] Wo alle relevanten Faktoren quantifiziert und in eine mathematisch verwertbare Form gebracht werden konnten, blieb lediglich noch die durch kybernetische „Intelligenzverstärker" angezeigte Optimaloperation zu realisieren.

Im Laufe der 1950er Jahre wurden die zuvor händisch prozessierten Plan- und Simulationsspiele zunehmend auf den nun immer weiter verbreiteten Computersystemen implementiert. Auf dem UNIVAC-System der Johns Hopkins University in Baltimore errechnete ein Simulationsprogramm mehrere tausend Verteidigungsszenarien für einen möglichen Luftangriff auf die USA. Wenig später begannen auch erste Managementhochschulen mit der Nutzung von Computern, um Wirtschaftsstudenten gewissermaßen „spielerisch" mit den Techniken des Operations Research vertraut zu machen. Auf dem Feld der Internationalen Beziehungen entwickelte Harold Guetzkow, der mit Ashby ein Jahr am *Center for the Advanced Study in the Behavioral Sciences* in Palo Alto verbracht hatte, 1957 die „Inter-Nation Simulation" (INS): Bei diesem rudimentären Computerspiel, das nicht der Unterhaltung, sondern der wissenschaftlichen Forschung und Lehre diente, interagierte ein menschlicher Souverän mit virtuellen Staaten und Bevölkerungen. Zwei Jahre später präsentierte Oliver Benson an der Universität von Oklahoma sein vollständig computerbasiertes „Simple Diplomatic Game", das die konflikthaften Interaktionen zwischen neun „actor nations" und neun „target nations" auf einem IBM 650 simulierte.[631] Insofern solche prozessierenden Computermodelle nach Guetzkow als „operating representation of central features of reality"[632] zu verstehen waren, sollte im Umgang mit ihnen ein politisches Handeln auf Probe möglich werden.

Die verschiedenen Planspiele und Computersimulationen einte die Ambition, das Eintreten zukünftiger Ereignisse durch rechnerische Extrapolation zumindest in Grenzen antizipierbar zu machen. Diese Entdeckung der „Zukunft" als einem rational gestaltbaren und planbaren Gegenstandsfeld wirkte prägend auf akademische, aber auch auf populärkulturelle Diskurse der Nachkriegsjahre. Alexander Schmidt-Gernig hat das Aufkommen einer „Futurologie" als populärwissenschaftlicher Disziplin in den 1960er und 1970er Jahren auf den Einfluss kybernetischer Gesellschaftsmodelle zurückgeführt, in denen sich mathematische Prognosen nicht nur als möglich, sondern nach Ansicht vieler Vertreter auch als überlebensnotwendig erwiesen.[633] Eine ähnliche Entwicklung be-

630 Kaplan/Skogstad/Girshick 1949, S. 1.
631 Ausführlich zu den hier genannten Beispielen vgl. Pias 2002a, S. 260ff.
632 Guetzkow 1963, S. 25.
633 Schmidt-Gernig 2002, S. 251.

schreibt der Wirtschaftssoziologe Martin Giraudeau in einer vergleichenden Analyse ökonomischer Ratgeberliteratur der 1940er und der späten 1950er Jahre: Auch im unternehmerischen Denken wurde das Problem der „Zukunft“ nicht länger „meditativ“ kontempliert, sondern „methodisch“ in strategische Planungen einbezogen. Während in der Literatur zuvor ein Imperativ zur hermeneutischen Erinnerung dominierte, der Lehren aus vergangenen Fehlern ermöglichen sollte, zeichnete sich nach 1950 ein deutlicher Trend ab, mit Hilfe von Szenarioanalysen ein Feld möglicher Zukünfte zu kartieren, zwischen denen sich das Management entscheiden konnte und musste. Die Virtualisierung der Zukunft ging einher mit dem Eindruck ihrer wachsenden Plan- und Gestaltbarkeit: „The future was now to be made.“[634]

Was seit den späten 1940er Jahren in den mathematischen Formalisierungen von Operations Research und Spieltheorie hervortrat, waren Versuche, das Problem der „Entscheidung“ einer technischen Bearbeitung und Optimierung zugänglich zu machen. Verlässlichkeit, Effizienz und Rationalität von Entscheidungsverfahren sollten erhöht und zugleich von subjektiven Unabwägbarkeiten befreit werden. Diese Technisierungsdynamik war in wesentlichen Aspekten durch die kybernetische Modellierung des „Denkens“ als „Rechnen“ geprägt, wie sie McCulloch und Pitts im Anschluss an Turing unternommen hatten (vgl. Kap 3.2). Das Subjekt der Entscheidung wurde als mathematisch agierender *Homo oeconomicus* konzipiert, der in einem geschlossenen Raum von Handlungsalternativen höchstmögliche Auszahlungen errechnete. In der Übertragung auf politische Zusammenhänge erschien auch das Regierungshandeln als eine nach klar spezifizierten Regeln erfolgende Aktualisierung aus einem geschlossenen Raum möglicher Optionen. Erst vor dem Hintergrund dieses Problemzuschnitts konnten kybernetische Techniken dem politischen Wissen als Mittel und Medium dienen, und etwa durch Verfahren der Computersimulation eine intelligible Struktur virtueller Ereignisse entwerfen, mit denen je nach getroffener Entscheidung zu rechnen war. In den ersten Jahren computerinduzierter Euphorie schienen nicht wenige Verfechter von Systemanalyse und Spieltheorie noch einmal dem „ältesten Traum des ältesten Souveräns“[635] verfallen: Sie imaginierten einen Regierungsraum, der sich mit technischer Hilfe als vollständig überschaubar, geordnet und regelhaft erweisen sollte und in dem die Bedingungen geschaffen waren, unter denen sich jeder regelnde Eingriff als Bester aller möglichen erweisen konnte.[636]

634 Giraudeau 2012, S. 55.
635 Foucault 2004a, S. 48.
636 Claus Pias verweist auf die bemerkenswerte Parallele zwischen dem Leibniz'schen Gott (als Maschine zur Berechnung maximaler Kompossibilität) und der „Rechenmacht von *God's own Country*“ (Pias, 2002b, S. 43).

Der Technikhistoriker Paul Edwards beschreibt diese Vorstellung einer geschlossenen, rationalen und berechenbaren Weltstruktur als Signatur einer durch Kybernetik und Kalten Krieg gleichermaßen geprägten Epoche.[637] Das Leitbild einer „Closed World" habe sich in informationstechnischen Systemen, kognitionswissenschaftlichen Modellierungen und der „Containment"-Strategie amerikanischer Außenpolitik gleichermaßen exemplifiziert. In kybernetischen „Metaphern" sei eine solche Struktur nicht nur repräsentierbar geworden, es sei zugleich der Eindruck ihrer vollständigen Kontrollierbarkeit entstanden. Im Versuch, die technizistischen Verkürzungen dieser Weltsicht zu problematisieren, kontrastiert Edwards sie im Anschluss an Northrop Frye mit einer „Green World": einer offenen und kontingenten Natur-Welt jenseits der Grenzen von rationaler Gestaltbarkeit und technischer Disponibilität. Die Existenz eines solchen Außens, in dem „magical, natural forces–mystical powers, animals, or natural cataclysms"[638] walten, sei innerhalb des „Closed World Discourse" des Kalten Krieges systematisch verdrängt worden.

Wenn Edwards dem technizistischen Weltbild der Kybernetik eine (reflexionsbegrifflich zu verstehende) „Natur" entgegensetzt, so verweist er damit auf Ausschlüsse und Verunmöglichungen, die mit der Formierung eines Dispositivs einhergehen. Jedoch scheint es sich bei den kybernetischen Modellierungen weniger um eine naive „Sinnverdeckung", als vielmehr um einen „selbst auferlegte[n] Sinnverzicht"[639] zu handeln. Verkürzungen wurden bewusst in Kauf gewonnen, weil die Schematisierungen auf der Innenseite des Dispositivs zugleich produktive Potenziale zeitigten. So sehr sich die „Closed World"-Metapher von Edwards also auch als treffende Beschreibung einer spezifischen epistemisch-politischen Konfiguration erweist, so sehr läuft seine Kritik Gefahr, die Machtwirkungen zu verkennen, die sich gerade nicht repressiv, sondern in erster Linie produktiv äußern. Das betrifft auch die Frage, inwiefern die von Edwards beschworene „Natur" als Jenseits technischer Disponibilität eben doch als zu bearbeitendes *Problem* innerhalb der kybernetischen Dispositive auftauchen konnte. Wie im Folgenden deutlich wird, wurde in den Diskussionen über eine mathematische Rationalisierung von Entscheidungen die Einsicht in bestehende Grenzen der Berechenbarkeit nicht einfach „verdrängt". Als produktive Irritation gab sie vielmehr einen Anstoß für die Weiterentwicklung der technischen Modelle.

637 Vgl. Edwards 1996.
638 Ebd., S. 13.
639 Blumenberg 1981, S. 42.

6.3 Grenzen und Organisation von Rationalität

„A computer program containing magical instructions does not run."
(Herbert Simon/Alan Newell)[640]

Im Februar 1952 stieß ein junger Politikwissenschaftler, der in Chicago bei Charles Merriam und Harold Laswell studiert, dort aber auch Rudolf Carnaps Vorlesungen zum logischen Empirismus gehört hatte, als Berater zur RAND Corporation. Herbert A. Simon hatte nicht nur die behavioristischen Positionen der „Chicago School" verinnerlicht, sondern sich auch ein fundiertes mathematisches Wissen angeeignet, das er in politik- und verwaltungswissenschaftliche Theorie einzubringen versuchte.[641] Auch mit der Kybernetik hatte sich Simon intensiv auseinandergesetzt und in ihr einen derart gravierenden Einschnitt erkannt, dass er die Zeit vor der Veröffentlichung von Wieners einschlägiger Monografie humorvoll als „era B.C." („before cybernetics") zu bezeichnen pflegte.[642] Seine heute klassische Dissertationsschrift *Administrative Behaviour. A Study of Decision-Making Processes in Administrative Organization* hatte sich mit der Rationalität von Entscheidungsprozessen in Verwaltungsorganisationen auseinandergesetzt. Simon war mit den mathematischen Optimierungs- und Spieltheorien vertraut und hatte ihr Potenzial für eine Formalisierung sozialer und ökonomischer Zusammenhänge wiederholt hervorgehoben.[643] Zugleich offenbarte sich in seinen empirischen Erhebungen jedoch eine klaffende Lücke zwischen den idealtypischen Entscheidungsmodellen und der tatsächlichen Alltagspraxis administrativer Institutionen.

Simon kam zu dem Schluss, dass die bestehenden Entscheidungsmodelle zwar nicht notwendig falsch waren, aber doch von unrealistischen Grundannahmen ausgingen. Die Verfechter mathematischer Optimierung waren schließlich davon ausgegangen, dass Entscheidungssubjekte mit technischer Unterstützung in einen Zustand von geradezu übermenschlicher Allwissenheit versetzt werden konnten: Der idealtypische *Homo oeconomicus,* wie er in den entsprechenden Modellen gezeichnet wurde, verfügte stets über alle für seine Entschei-

640 Simon/Newell 1971, S. 148.

641 Simons frühes Interesse für eine formal-logische Analyse von Verwaltungsstrukturen bezeugte schon eine 1937 bei Carnap eingereichte Seminararbeit mit dem Titel „The Logical Structure of a Science of Adminstration" – eine offenkundige Anspielung auf Carnaps Schlüsselwerk „Der logische Aufbau der Welt" (vgl. Dasgupta 2003, S. 689).

642 Vgl. Crowther-Heyck 2005, S. 66.

643 In einer Rezension der *Theory of Games and Economic Behavior* schrieb Simon: „The student of the *Theory of Games* will learn from it the directions his own mathematical education must take if he is to make contributions to formal social theory. He will come away from the volume with a wealth of ideas for application and for development of the theory into a fundamental tool of analysis for the social sciences." (Simon 1945, S. 560)

dung relevanten Informationen, er konnte diese Informationen blitzartig erfassen und verrechnen und so eine zweifelsfrei optimale Strategie der Nutzenmaximierung identifizieren. Die mathematischen Entscheidungstheorien hatten ihren Subjekten mit anderen Worten „capacities of computation resembling those we usually attribute to God“[644] zugeschrieben. Tatsächlich aber verfügten nicht einmal die leistungsfähigsten der kybernetischen „Intelligenzverstärker“ über solche göttlichen Kapazitäten. Simon hatte 1954 gemeinsam mit den RAND-Mathematikern Alan Newell (einem ehemaligen Assistenten Oskar Morgensterns) und John Clifford Shaw begonnen, Entscheidungsprozesse auf dem JOHNNIAC-Computer zu simulieren. Dabei ließ sich beobachten, dass schon bei vergleichsweise einfach zu automatisierenden deduktiven Verfahren, etwa der Berechnung aller möglichen Zugkombinationen eines Schachspiels, innerhalb kürzester Zeit ein exponentieller Komplexitätszuwachs zu verzeichnen war: Nach gerade einmal vier wechselseitigen Spielzügen ergaben sich bereits 288 Milliarden mögliche Positionsmuster. Das war selbst für modernste Rechner wie den JOHNNIAC nicht mehr in angemessener Zeit zu bewältigen. Noch im selben Jahr notierte Simon in einem Brief an den renommierten Psychologen und Entscheidungstheoretiker Ward Edwards: „[We] need models of rational choice, that provide a less God-like and more rat-like picture of the chooser“.[645]

Keineswegs wollte Simon die Nützlichkeit der Analogie von Computer und menschlichem Gehirn bestreiten. Er verwies lediglich darauf, dass ein menschlicher Entscheidungsprozess als Vorgang der Informationsverarbeitung den gleichen Einschränkungen unterlag, die im Einsatz von Rechenmaschinen zu Tage traten. 1955 erschien Simons Aufsatz *A Behavioral Model of Rational Choice,* der das Ziel formulierte „to replace the global rationality of economic man with a kind of rational behavior that is compatible with the access to information and the computational capacities that are actually possessed by organisms, including man, in the kinds of environment in which such organisms exist.“[646] Schritt für Schritt wurden die bestehenden Axiome der klassischen Entscheidungstheorie nun mit jenen Differenzen konfrontiert, die Simons empirische Untersuchungen zu Tage gefördert hatten: Weder war in Verwaltungsentscheidungen die Gesamtheit möglicher Handlungsalternativen im Vorfeld bekannt, noch existierte ein verlässliches Wissen über die Konsequenzen einer jeden Entscheidung. Diese Informationen mussten vielmehr in einem aufwändigen Prozess beschafft werden. Kapazitäten zur Speicherung und Verarbeitung waren eng begrenzt und Berechnungen brauchten Zeit, die in Entscheidungssi-

644 Simon 1957, S. 3.
645 Simon z.n. Heyck, 2012, S. 99.
646 Simon, 1955, S. 99.

tuationen kostbar war, weil Umweltfaktoren sich kontinuierlich änderten. Zuletzt blieb auch die Annahme einer konsistenten und transitiven Präferenzordnung eine Illusion, weil in den meisten Fällen mehrere, unter Umständen sogar miteinander inkompatible Zielsetzungen vorlagen.[647] Unter diesen Einschränkungen war es weder möglich noch zielführend, nach „optimalen" Ergebnissen zu suchen, man musste sich vielmehr mit „befriedigenden" (*satisficing*) Lösungen abfinden. Nicht mehr Maximierung, sondern „Machbarkeit" (*feasibility)* lautete deshalb Simons pragmatische Devise.[648]

Das von Simon vertretene Modell einer „begrenzten Rationalität" (*bounded rationality*), das ihm mit einiger Verspätung einen Wirtschaftsnobelpreis einbringen sollte, zielte folglich nicht auf die Zurückweisung komputationaler Intelligenz *per se*, sondern problematisierte in behavioristischer Erdung realtechnische Grenzen der Informationsverarbeitung wie etwa Ausführungszeit, Programmlänge oder Speicherplatz.[649] Gerade weil Menschen und Computer beide als „species belonging to the genus IPS [Information Processing System]"[650] betrachtet werden konnten, unterlagen sie den selben Einschränkungen: Ihre Zeit- und Rechenkapazitäten waren begrenzt. Die Umwelt eines Entscheiders erwies sich als keineswegs so wohlgeordnet und rational, wie es die frühen Formalisierungsversuche nahegelegt hatten. Vielmehr sah er sich mit einem uneinholbaren Komplexitätsgefälle konfrontiert und stand vor dem Problem, die zu analysierenden Zusammenhänge überhaupt erst „within the range of its computing capacities"[651] zu bringen. Dazu war eine Filterung und Reduktion von realweltlicher Komplexität nötig, die in Simons Augen nur durch den Aufbau interner Systemkomplexität erreicht werden konnte. Die Frage nach der Rationalität einer Entscheidung wurde damit zur Frage der richtigen Organisation des Entscheidungssystems: „[T]he rational individual is, and must be, an organized and institutionalized individual."[652] Wenn im Rahmen des Operations Research von „Systemanalysen" die Rede war, so waren damit in erster Linie quantitative Untersuchungen von miteinander wechselwirkenden Umweltfaktoren gemeint. Simon schlug hingegen vor, den systemischen Blick auf das Subjekt der Selektion selbst anzuwenden: Entscheidungen wurden demnach nicht von einer zentralen, mit vollständiger Rationalität ausgestatteten Instanz gefällt, sondern entstanden als Produkt eines komplexen Zusammenspiels von Selektions- und

647 Ebd., S. 104ff. Vgl. dazu auch schon Simon 1947, S. 80f.
648 Simon 1955, S. 108.
649 Vgl. Coy, 2005, S. 57.
650 Newell/Simon 1972, S. 870.
651 Simon 1955, S. 100.
652 Simon 1947, S. 102.

Filterungsmechanismen, deren interne Organisation einer genaueren Untersuchung bedurfte.

Simons Überlegungen zeigten, dass eine perfekte Entscheidungsrationalität in den meisten Fällen nicht oder nur annäherungsweise erreicht werden konnte. Darüber hinaus verdeutlichten sie, dass der zu erreichende Grad an Rationalität von den Organisationsstrukturen des Entscheidungssystems selbst abhing. Als Modell einer solchen organisierten Rationalität konnte einmal mehr der Computer einstehen. Nachdem der JOHNNIAC-Rechner bei den Versuchen einer algorithmisch-deduktiven Optimierung schnell an seine Grenzen gestoßen war, erprobten Simon und Newell eine Programmierung alternativer Problemlösungsverfahren, die zugleich ein realistischeres Bild menschlichen Entscheidungsverhaltens liefern sollte. Auch ein menschlicher Schachspieler berechnete schließlich nicht 288 Milliarden mögliche Züge im Voraus: Was gute von schlechten Spielern unterschied, war weniger ihre blanke Rechenleistung, als vielmehr die Struktur einer „Heuristik“, die Komplexität reduzierte, in dem sie einen Großteil der möglichen Alternativen ohne eingehende Prüfung verwarf. Die wenigen verbleibenden Möglichkeiten wurden dann in einem iterativen Verfahren durchlaufen, bis eine subjektiv zufriedenstellende (wenn auch nicht notwendig optimale) Lösung erreicht war. In diesem inkrementellen Durchspielen ausgewählter Optionsketten erkannten Simon und Newell die Grundstruktur auch ganz alltäglicher Entscheidungsprozesse:

> „I want to take my son to nursery school. What's the difference between what I have and what I want? One of distance. What changes distance? My automobile. My automobile won't work. What's needed to make it work? A new battery. What has new batteries? An auto repair shop. I want the repair shop to put in a new battery, but the shop doesn't know I need one. What is the difficulty? One of communication. What allows communication? A telephone…“[653]

In einer Verlängerung dieser Sequenz lässt sich die Differenz zu den klassischen Optimierungsmodellen deutlich machen: Für Simons heuristischen Entscheider wäre bei der Suche nach der Telefonnummer der Werkstatt der nächste naheliegende Schritt, ein Telefonbuch heranzuziehen oder einen Bekannten um Rat zu fragen. Ein „optimierendes“ System würde hingegen schlicht alle existierenden Nummernkombinationen anrufen, bis die gewünschte Werkstatt am Apparat wäre.[654]

1956 stellten Simon und Newell die erste lauffähige Version ihres Computerprogramms *Logic Theory Machine* vor, in dem das beschriebene heuristische

653 Newell/Shaw/Simon 1958, S. 12.
654 Vgl. Crowther-Heyck 2005, S. 226.

Verfahren zur Beweisführung von Theoremen der *Principia Mathematica* benutzt wurde.[655] Statt aus den im Speicher des JOHNNIAC abgelegten Axiomen, Operatoren und Ableitungsregeln im Stile eines *brute force*-Verfahrens schlicht alle logisch möglichen Theoreme zu generieren, setzte das Programm am anderen Ende an und erzeugte aus dem zu beweisenden Theorem eine Reihe von Propositionen oder „Subproblemen". Diese Subprobleme wurden von verschiedenen Programmroutinen daraufhin überprüft, ob sie strukturelle Ähnlichkeiten zu bereits bewiesenen Theoremen aufwiesen und entsprechend leichter zu beweisen waren. War das nicht der Fall, wurde ein Teil der Propositionen verworfen, während aus anderen auf einer nächsten Stufe weitere „Subprobleme" generiert wurden. Dieser Vorgang wurde fortgesetzt, bis ein Beweis gefunden war (oder das Programm kapitulierte).[656] Dieses als „chaining" bezeichnete Suchverfahren ließe sich in Form einer Baumstruktur darstellen, bei der sich aus einem Wurzeltheorem immer weitere Verzweigungen entfalteten.[657] Falsche Ergebnisse wurden aussortiert, während ein Theorem bei gelungener Beweisführung für eine weitere Verwendung im Speicher abgelegt werden konnte. Bis Jahresende war es dem Programm gelungen, die ersten 25 Theoreme der *Principia* zu beweisen und in einem Fall sogar zu einem eleganteren Lösungsweg zu gelangen. Russell, von Simon über diese Entwicklungen unterrichtet, reagierte amüsiert: „I am delighted to know that *Principia Mathematica* can now be done by machinery. I wish Whitehead and I had known of this possibility before we both wasted ten years doing it by hand. I am quite willing to believe that everything in deductive logic can be done by a machine."[658]

Die ersten erfolgreichen Anwendungen der *Logic Theory Machine* konnten nicht nur als eigentliche Geburtsstunde einer „Künstlichen Intelligenz" gelten, sie lieferten Simon zugleich das operationale Modell für eine mögliche Organisationsstruktur von Entscheidungssystemen. Die Zergliederung von Problemen in eine hierarchische Sequenz aus Routinen und Subroutinen, bei der einzelne Lösungsschritte an untergeordnete Instanzen delegiert wurden und die Ergebnisse an eine Steuerungsroutine zurückflossen, sah Simon als probates Mittel, um der Überforderung einer zentralen Entscheidungsinstanz entgegenzuwirken. Komplexe Entscheidungsprobleme ließen sich in eine vergleichsweise geringe

655 Vgl. Newell/Simon 1956.

656 Der JOHHNIAC-Computer bei RAND war nicht nur in seinen Rechenkapazitäten begrenzt, sondern wurde auch von anderen Forschern beansprucht, so dass zeitintensive Operationen häufig abgebrochen werden mussten.

657 Ursprünglich bezeichneten Simon und Newell diese Strukturen als „mazes", wohl in Anlehnung an Shannons „maze-solving machine". Letztendlich setzte sich aber die Bezeichnung „decision tree" durch (zur Begriffsgeschichte vgl. Cordeschi, 2002, S. 179). Das „Chaining"-Verfahren wird beschrieben in Newell/Shaw/Simon 1957, S. 222.

658 Russell z.n. Simon 1991, S. 208.

Zahl elementarer Operationen („elementary information processes"),[659] etwa des Kopierens, Vergleichens, Ordnens und Löschens zerlegen, die einzelnen Prozesse zu einem übergeordneten Programm zusammensetzen. Schon während der konzeptuellen Entwicklung der *Logic Theory Machine* hatte Simon die hierarchischen Entscheidungsbäume mit ihrer Topologie aus Routinen und Subroutinen in ein soziales Experiment übersetzt: Im Januar 1956 versammelte er seine Mitarbeiter und Familienmitglieder am Carnegie Institute of Technology in Pittsburgh und notierte die einzelnen „elementaren Informationsprozesse" auf Karteikarten:

> „To each member of the group, we gave one of the cards, so that each person became, in effect, a component of the LT [Logical Theorist] computer program subroutine that performed some special function, or a component of its memory. It was the task of each participant to execute his or her subroutine, or to provide the contents of his or her memory, whenever called by the routine at the next level above that was then in control. So we were able to simulate the behavior of LT with a computer constructed of human components. Here was nature imitating art imitating nature."[660]

Damit hatte Simon die Projektionslogik kybernetischer Weltmodellierung treffend auf den Punkt gebracht – wenngleich natürlich einzuwenden wäre, dass die Verfasstheit jener „Natur", die technisch imitiert werden sollte, selbst bereits als Resultat einer technischen Vermittlung zu begreifen war. Tatsächlich glaubte Simon in der Programmstruktur der *Logic Theory Machine* eine Analogie zur natürlichen Organisationsform komplexer biologischer Systeme zu erkennen. In einem einflussreichen, 1962 publizierten Aufsatz mit dem Titel „The Architecture of Complexity" beschrieb er die Emergenz rückgekoppelter Hierarchien als einen geradezu genialen Mechanismus der Natur, bei dem durch modularisierte Ausbildung von Subroutinen Komplexität schrittweise reduziert und so eine Stabilität des Gesamtsystems gewährleistet werden konnte.[661] Weil sich die verschiedenen biologischen Hierarchieebenen wechselseitig als *Black Boxes* dienten, also nur über selektive Inputs und Outputs miteinander kommunizierten, mussten übergeordnete Instanzen nicht notwendigerweise über eine höhere interne Komplexität verfügen, um andere Komponenten zu kontrollieren. Auch konnten einzelne Bestandteile Adaptions- und Veränderungsprozesse durchlaufen, ohne die Funktionalität des Gesamtsystems zu gefährden.[662] In den heuristischen Entscheidungsstrukturen, die Simon im JOHNNIAC-Computer der

659 Simon 1966, S. 5.
660 Simon 1991, S. 207.
661 Vgl. Simon 1962.
662 Vgl. ebd., S. 473.

RAND Corporation implementiert hatte, glaubte er zugleich eine Exemplifizierung von Mechanismen zu erblicken, die auch evolutionsbiologisch ihre Überlegenheit demonstriert hatten. „Natur“ war im Lichte der Maschine auf neue Art und Weise beschreibbar geworden.

Für Simon war es naheliegend, jene modularen Organisationsprinzipien, die er in Natur und Technik gleichermaßen identifiziert hatte, auch auf administrative Entscheidungs- und Steuerungsstrukturen zu übertragen. Die systemische Rationalität von Entscheidungen implizierte jedoch, dass auch an der Spitze einer institutionellen Hierarchie kein absolutes Wissen existierte, das zur Grundlage einer „optimalen“ Selektion gemacht werden konnte. Die eigentliche Aufgabe des betriebswirtschaftlichen Managers oder des politischen Souveräns bestand vielmehr darin, ein komplexes „environment of decision“[663] so zu strukturieren, dass auf jeder Hierarchieebene anhand relativ einfacher Mechanismen teilautonome Entscheidungen auch unter einer je spezifisch begrenzten Rationalität möglich waren. Dazu galt es, Systemziele festzulegen, Aufgabenbereiche zu definieren, Praktiken zu routinisieren, Informationsflüsse zu strukturieren und Rückkanäle einzurichten. In einem mehrstufigen Prozess der Komplexitätsreduktion sollte so einer Informationsüberlastung der obersten Steuerungsebene vorgebeugt werden. Auf dieser wurden lediglich vorab Entscheidungsprämissen festgelegt, die Strukturen des Gesamtsystems „programmiert“ und anschließend eine Rückmeldung in Form eines Aggregats gefilterter Informationen empfangen. Wo Organisationen als systemische „Fabriken“ zur Verarbeitung von Informationen verstanden wurden, erwies sich die Rationalität einer Entscheidung als Resultat eines komplexen, mehrstufigen Produktionsvorgangs.[664]

Die mit der Delegation von Unterentscheidungen einhergehende Dezentralisierung ging jedoch notwendigerweise mit einem partiellen Kontrollverlust einher, der neue Regelungsanstrengungen erforderlich machte. Weil innerhalb einer Organisation eine Vielzahl von Verantwortungsträgern auf verschiedensten Ebenen zusammenarbeiten musste, ergab sich das Problem einer effizienten Koordination individueller Systemkomponenten, die es zugleich „den einzelnen Bereichen überläßt, ihre Aktivitäten an die Fakten anzupassen, die nur sie kennen können“.[665] Wie aber konnte garantiert werden, dass aus den auf unteren Hierarchieebenen getroffenen Entscheidungen zugleich eine größtmögliche Rationalität des Gesamtsystems hervorging? Die komplexeren Systemstrukturen machten, wie Simon betonte, dezentrale Regelungsmechanismen erforderlich, die ein effizientes Entscheidungsverhalten der einzelnen Komponenten garantierten, ohne deren lokale Rationalitätskapazitäten zu unterlaufen. An Friedrich

663 Simon 1947, S. 65.
664 Vgl. Simon [1960] 1977, S. 77.
665 March/Simon [1958] 1976, S. 188.

von Hayek anknüpfend, verwies Simon diesbezüglich auf die Vorzüge eines ökonomischen Wettbewerbs, dessen Koordinationsleistung von „keinem anderen System (...) auch nur annäherungsweise erreicht werden“[666] könne. Statt das Entscheidungsverhalten unterer Systemebenen hierarchisch zu steuern, war es denkbar „in der Organisation die Wirkungsweise der Märkte und des Preismechanismus [zu] simulieren.“[667] Die gezielte Einrichtung von Wettbewerbsstrukturen sollte dafür sorgen, dass einzelne Komponenten ihr jeweiliges Entscheidungsverhalten unter ökonomischen Gesichtspunkten optimierten.

In Simons Kritik der klassisch-analytischen Entscheidungsmodelle war also tatsächlich eine „organisierte Komplexität“ sichtbar geworden.[668] Aber sie war eine Komplexität ganz anderer Art als jene, die Warren Weaver mit Hilfe modernster Computertechnik in den Griff bekommen wollte. Während Weaver das Ziel formuliert hatte, komplexe Umweltbeziehungen nachzuvollziehen, um die Konsequenzen möglicher Entscheidungen besser abschätzen zu können, richtete sich Simons Interesse auf die Einrichtung und Gestaltung von Systemen, die Rationalität als Produkt einer internen Anordnung von Mechanismen und Strukturen hervorbrachten. Auch diese Systemvorstellungen blieben gleichwohl durch die Medialität des Computers vermittelt. In den Erfolgen seiner *Logic Theory Machine* sah Simon den Nachweis erbracht, dass sich Entscheidungen unter begrenzter Rationalität in der operativen Praxis bewähren konnten. Ausgehend von realtechnischen Exemplifizierungen ließen sich in Simons Augen grundlegendere Zusammenhänge sichtbar machen, die zu einem neuen Verständnis der Organisationslogiken natürlicher oder sozialer Prozesse führen konnten – als „thinking by computers“ hatte er dieses Vorgehen folgerichtig bezeichnet.[669] Im Falle von Simons hierarchisch-modularen Systementwürfen blieb die epistemologische Frage unbeantwortet, „whether we are able to understand the world because it is hierarchic, or whether it appears hierarchic because those aspects of it which are not elude our understanding and observation.“[670] Sie war aber auch gar nicht unbedingt entscheidend. Was zählte war vielmehr, dass sich die idealtypisch formalisierten Strukturen als Modell für die Einrichtung rationaler Systeme heranziehen ließen.

Unter gouvernementalen Gesichtspunkten erwies sich die kybernetische Modellierung von Entscheidungen als Prozessen logischer Informationsverarbeitung in zweierlei Hinsicht als relevant: Zum einen ließ sie denkbar werden,

666 March/Simon [1958] 1976, S. 188.
667 Ebd., S. 186.
668 Tatsächlich verwies Simons Aufsatz „The Architecture of Complexity“ explizit auf Weaver (vgl. Simon 1962, S. 467).
669 Simon 1966.
670 Simon 1962, S. 478.

dass die Rationalität von Regierungsentscheidungen objektiv bestimmt und durch geeignete Rechentechniken gesteigert werden konnte. Zum anderen ließen sich aber auch andere rational agierende Subjekte mathematisch modellieren und in die Konzeptualisierung von Regierungsentscheidungen mit einbeziehen. In Simons Interesse an einer systemischen Produktion von Rationalität hatten sich in gewisser Weise beide Perspektiven miteinander verbunden: Eine rationale Entscheidbarkeit an der Spitze einer Hierarchie konnte nur dann gewährleistet werden, wenn sich auch die anderen Systemkomponenten rational verhielten. Eine gouvernementale Strategie der Rationalisierung strebte entsprechend die Homogenisierung zweier entgegengesetzter Pole an: Sie musste einerseits die Entscheidungsprozesse innerhalb des Regierungsapparates rechnerisch optimieren, andererseits aber auch die zu regierenden Individuen zu berechenbaren Entscheidern formen. Nur wo beide Bedingungen erfüllt waren, ließen sich die kybernetischen Modelle mit der Realität zur Deckung bringen und ließ sich eine größtmögliche Rationalität der politischen Maschinerie erreichen.

6.4 Programmiertes Regieren

> „One has to realize that it is not the solution itself which merits close attention, but the formulation of the appropriate model within which alone it is possible to arrive at the solution."
> (Stafford Beer)[671]

Während die analytischen Entscheidungstheorien ideale Lösungen für klar spezifizierte Probleme versprachen, hatte sich das Interesse mit Simons Modell begrenzter Rationalität in Richtung einer optimalen Gestaltung von Entscheidungssystemen verlagert. Im Zentrum stand hier die Frage nach der richtigen Anordnung modularer Komponenten und Subroutinen, durch die eine Entscheidbarkeit komplexer Problemlagen überhaupt hergestellt werden konnte. Solche systemischen Perspektiven hatten parallel auch in realtechnischen Zusammenhängen an Bedeutung gewonnen: Wie der Technikhistoriker Thomas Haigh zeigt, wurde die Vorstellung des Computers als Rechenmaschine ab 1960 nach und nach durch in Idee eines „totally integrated management information system" abgelöst.[672] Computer sollten damit von einem lediglich für spezialisierte Aufgaben einzusetzenden Werkzeug zum Herzstück der Organisation und zur Grundlage sämtlicher administrativen Aufgaben werden, von der Mitarbeiter- und Kundenverwaltung über die Kostenrechnung bis zur langfristigen stra-

671 Beer 1966, S. 268.
672 Haigh 2001, S. 15.

tegischen Planung und Vorhersage. Die Integration computerisierter Managementsysteme in Unternehmen und staatliche Institutionen machte teils umfassende Umstrukturierungen organisatorischer Abläufe erforderlich: Schnittstellen zwischen Mensch und Computer mussten eingerichtet, Abläufe durch technische Protokolle standardisiert und Kommunikation in maschinenlesbare Form gebracht werden.

Auch bei den Beratern der RAND Corporation hatte sich im Laufe der 1950er Jahre die Einsicht verfestigt, dass die Anwendung mathematischer Techniken nicht auf eine isolierte Optimierung einzelner Entscheidungen beschränkt bleiben durfte. Vielmehr rückte unter den Vorzeichen des Computers eine grundlegendere Transformation der militärischen und politischen Verwaltungsapparate in Reichweite. Die Übersetzung entscheidungsrelevanter Variablen und Relationen in quantifizierte Werte und Formeln sollte nicht länger lediglich als Hilfsmittel der Entscheidungsfindung dienen, sondern zum Ausgangspunkt eines systematischen Neuentwurfs von Institutionen gemacht werden, in denen rationalere, effizientere und ökonomischere Formen des Regierens möglich wurden. In einer der vielleicht folgenreichsten Publikationen des Think Tanks, der im März 1960 erschienenen Studie *The Economics of Defense in the Nuclear Age*, plädierten Roland N. McKean und der RAND-Chefökonom Charles J. Hitch für eine ganzheitliche Verwaltungsreform des amerikanischen Militärapparates aus Sicht der ökonomischen Entscheidungstheorie.[673] Für die Autoren setzte eine effiziente Planung und Verwaltung des Verteidigungshaushaltes voraus, den Gesamtkomplex der Streitkräfte als integriertes System zu betrachten, in dem sämtliche Abläufe quantifiziert und einer mathematischen Verarbeitung und Evaluation zugänglich gemacht werden mussten.

Für Hitch und McKean stellte die jährliche Planung des Militärhaushaltes ein rein ökonomisches Problem dar, insofern sie letztlich darauf abzielte, durch die effiziente Zuweisung knapper Ressourcen einen größtmöglichen Nutzen zu erwirtschaften. Das Verteidigungsministerium, so die Autoren, investiere seine begrenzten finanziellen Mittel, um ein Höchstmaß an nationaler Sicherheit für einen möglichst günstigen Preis zu erwerben.[674] Während jedoch in der Privatwirtschaft die Regulationsmechanismen des Marktes für Effizienz sorgten, existiere in der staatlichen Verwaltung weder ein ausreichend adaptiver Preismechanismus noch entsprechend ausgeprägte Wettbewerbsstrukturen.[675] Die Bewilligung der Finanzierung einzelner Projekte sei vielmehr von den persönlichen Präferenzen ranghoher Entscheidungsträger abhängig, verlaufe oftmals

673 Hitch/McKean 1960, S. 2.

674 Ebd., S. vii.

675 Ebd., S. 105. Wie Simon verwiesen die Autoren jedoch auf die Möglichkeit einer „Simulation" von Märkten innerhalb der politischen Verwaltung.

intransparent und sei nicht an objektiven Kriterien orientiert. Unter ökonomischen Gesichtspunkten könne von einer rationalen Organisation des Gesamtsystems folglich keine Rede sein.

Um das konstatierte Defizit zu beheben, forderten die Autoren zunächst eine engere Verzahnung der verschiedenen militärischen Kompetenzbereiche. Zwar hatte bereits die Neugründung des Department of Defense im Jahre 1947 die administrative Zusammenführung der zuvor weitgehend autonom agierenden Land-, Luft- und Seestreitkräfte bezweckt. Nach Ansicht der meisten Verteidigungsexperten waren die erhofften Effizienzsteigerungen aber ausgeblieben.[676] Die Erforschung und Entwicklung neuer Waffensysteme, aber auch die strategische Langzeitplanung wurde in den jeweiligen Zweigen größtenteils unabhängig voneinander betrieben. Neben ihrem Plädoyer für eine verbindlichere Form zentraler Koordination hoben Hitch und McKean vor allem die Notwendigkeit einer effizienteren Kostenkontrolle vor, die durch eine Umstellung des Budgetierungsvorgangs erreicht werden sollte. Bislang hatten Army, Air Force und Navy ihren Personal- und Ressourcenbedarf im Jahresrhythmus an das Ministerium übermittelt, welches die verfügbaren Gelder basierend auf Erfahrungswerten bewilligte, ohne eine detaillierte Rechenschaft über deren Verwendung zu verlangen.[677] Stattdessen forderten Hitch und McKean, die Finanzierung konkreter Projekte an deren messbare Erträge für die Zielsetzung des Gesamtsystems – die Produktion von nationaler Sicherheit – zu koppeln.

Während Präsident Eisenhower in seiner Abschiedsrede noch eindringlich vor dem wachsenden politischen Einfluss eines „militärisch-industriellen Komplexes" gewarnt hatte, machte sein Nachfolger John F. Kennedy die Reform des Verteidigungsministeriums unter Einbeziehung der RAND-Experten 1961 zur Chefsache. In seinem Vorhaben einer Modernisierung der politischen Verwaltung zeigte sich Kennedy den mathematischen Entscheidungstechniken gegenüber aufgeschlossen, weil er – darin ganz Warren Weaver folgend – davon ausging, dass gerade die technischen Probleme des Regierens einen Komplexitätsgrad „beyond the comprehension of men" erreicht hätte. Die dringlichsten politischen Probleme der Zeit erforderten „very sophisticated judgements which do not lend themselves to the great sort of ‚passionate movements' which have stirred this country so often in the past."[678] Kennedys Ernennung des Harvard-Ökonomen und Mathematikers Robert McNamara zum Verteidigungsminister hatte auch deshalb Signalwirkung, weil selbiger bislang weniger als Militärstratege denn als leitender Manager der Ford Motor Company in Erscheinung getreten war. Dort hatte er die Techniken des Operations Research zur Grundlage

676 Vgl. Chwastiak 2001, S. 503.
677 Vgl. Anshen 1965, S. 16.
678 Kennedy z.n. Bradley/Schaefer, 1998, S. 181.

einer erfolgreichen Unternehmensstrategie gemacht.[679] McNamaras analytische Schärfe hinterließ auch in der Politik einen bleibenden Eindruck: Nach einer Anhörung im Kongress verglich ein Abgeordneter den neu ernannten Minister voller Bewunderung mit „some kind of a human IBM machine".[680]

McNamara wiederum zeigte sich von Hitchs und McKeans *Economics of Defense* inspiriert und war über das Studium des Buches zu dem Schluss gekommen, dass „running the Department of Defense is no different from running Ford Motor Company or the Catholic Church."[681] Nach Amtsantritt stellte er einen Gruppe von Mitarbeitern zusammen, die später als „Whiz Kids" in die Militärgeschichte eingehen sollten: junge, hervorragend ausgebildete Mathematiker und Ökonomen, die kaum über Kriegserfahrung verfügten, aber bestens mit den mathematischen Optimierungs- und Entscheidungstheorien vertraut waren. Nicht wenige von ihnen hatten erste Arbeitserfahrungen bei der RAND Corporation gesammelt, unter ihnen Charles Hitch selbst, David Novick und der Ökonom Alain Enthoven. Gemeinsam mit seinem neu rekrutierten Mitarbeiterstab machte sich McNamara daran, die von Hitch und McKean vorgeschlagene Umstrukturierung des Verteidigungsministeriums unter streng ökonomischen Prämissen in die Tat umsetzen: „Security for the nation at the lowest possible cost"[682] lautete dabei die Devise.

Ihren deutlichsten Ausdruck fanden die ambitionierten Reformprogramme in der Implementierung des „Planning, Programming, Budgeting System" (PPBS) nur wenige Monate nach McNamaras Amtsantritt. Das von Hitch und Enthoven konzipierte Projekt zielte auf die Einrichtung einer Verwaltungsstruktur, in der Entscheidungen über die Planung und Budgetierung der Streitkräfte auf einer objektiv-mathematischen, von allen persönlichen Interessen und Präferenzen losgelösten Grundlage getroffen werden sollten.[683] Bislang hatte die Verabschiedung des Verteidigungshaushaltes jedes Jahr aufs Neue für kontroverse Diskussionen zwischen den verschiedenen Interessengruppen gesorgt. Am Ende stand oft ein Kompromiss, mit dem keine der Parteien wirklich einverstanden war. Enthoven wollte stattdessen die Bedingungen schaffen, um die Vergabe finanzieller Ressourcen strikt an den „explicit criteria of national interest"[684] auszurichten. Das bedeutete, dass die Kosten und Nutzen sämtlicher durch das Verteidigungsministerium finanzierter Projekte in quantifizierter

679 Zu McNamaras Biographie vgl. Shapley 1993.

680 Price z.n. Chwastiak, S. 509.

681 McNamara z.n. Shapley 1993, S. 515.

682 McNamara 1995, S. 23.

683 Zum PPBS: Novick (Hg) 1965; Enthoven/Smith 1971; Hughes 1998, S. 162ff.; Jardini 2000, S. 326ff.; Chwastiak 2001; West 2012. Zur Rezeption und Implementierungsversuchen in Deutschland vgl. die Beiträge in Naschold (Hrsg.) 1973.

684 Enthoven/Smith 1971, S. ix.

Form aufgeschlüsselt werden mussten. Ausgestattet mit „relevant data and unbiased perspectives“[685] sollten die analytisch geschulten Mitarbeiter McNamaras schließlich aus all diesen Vorschlägen die optimale Organisation des Gesamtsystems errechnen und so einen möglichst effizienten Einsatz der verfügbaren Ressourcen sicherstellen.

Aus Sicht von McNamaras „Whiz Kids“ ließ sich der amerikanische Verteidigungsapparat als „Programm“ begreifen, das als „Output“ den Wert „nationale Sicherheit“ zu produzieren hatte. Dazu sollten sämtliche militärischen Aktivitäten aus einer systemischen Perspektive betrachtet werden, die sich nicht an den bestehenden Hierarchien der Streitkräfte orientierte, sondern diese mit einer virtuellen „Programmstruktur“ überblendete. Diese Struktur war unterteilt in sechs Unterprogramme für „Strategic Retaliatory Forces“, „Continental Air and Missile Defense Forces“, „General Purpose Forces“, „Airlift and Sealift Forces“, „Research and Development“ und „General Support“. Jedes Programm bestand aus verschiedenen „Subprogrammen“, die ihrerseits aus heterogenen „Programmelementen“ zusammengesetzt waren.[686] Als Programmelement wurde eine „integrated activity combining men, equipment, and installations“ verstanden,[687] die innerhalb des Systems ein klar spezifiziertes und quantitativ messbares Teilziel erfüllte. Die einzelnen Programmelemente wurden als teilautonome Module konzipiert, die sich einzeln evaluieren und nach einem Baukastenprinzip zu einer möglichst leistungsfähigen und effizienten Programmstruktur zusammensetzen ließen. An der Spitze des Ministeriums legten McNamara und seine Mitarbeiter langfristige Entwicklungsziele fest und bestimmten Kriterien, anhand derer der Beitrag einzelner Elemente zum Gesamtziel bemessen werden konnte. Verschiedene Kombinationsmöglichkeiten ließen sich rechnerisch durchspielen und vergleichen, bevor schließlich die „Programmierung“ des Gesamtsystems erfolgte. Die Budgetierung einzelner Programme wurde als Investition in die Zukunft begriffen, ging also mit Erwartungen an einen „return of investment“ einher, der in regelmäßigen Abständen evaluiert wurde.

In der Quantifizierung der Zielsetzungen einzelner Programme wurden die Bedingungen geschaffen, um diese einer kontinuierlichen und vermeintlich streng objektiven Erfolgskontrolle zu unterziehen. Die einschneidendste Veränderung des Budgetierungsvorgangs bestand dann auch darin, dass einzelne Programmelemente nicht mehr entsprechend ihrer internen Anforderungen (inputorientiert), sondern nach Maßgabe ihres erwarteten Nutzens für übergeordnete Programme und für das spezifizierte Gesamtziel (outputorientiert) finanziert wurden. Dieser Perspektivwechsel von systeminterner *Leistung* auf extern

685 Ebd.
686 Smithies 1965, S. 34ff.
687 Enthoven 1963, S. 416.

messbare *Erfolge* war die eigentliche administrative Innovation des PPBS.[688] Anhand transparenter Kriterien sollte dem ineffizienten Einsatz von Ressourcen ein Ende gesetzt werden. Die für die jeweiligen Programmelemente verantwortlichen Beamten hatten dazu auf speziell angefertigten „data sheets“ am Anfang des Haushaltsjahres eine quantitative Aufschlüsselung der bisherigen und zukünftig erwarteten Kosten und Nutzen des jeweiligen Moduls vorzulegen. Zusätzlich sollten „Program Change Proposals“ eingereicht werden, in denen alternative Szenarien zum Erreichen eines vergleichbaren oder höheren militärischen Nutzens erörtert wurden. Diese Informationen wurden in einer Datenbank verwaltet, wo verschiedene Module verglichen und alternative Konfigurationen geprüft werden konnten.[689] In einem regelmäßigen Abgleich von Soll- und Ist-Werten wurde über die Fortführung einzelner Programmelemente entschieden und gegebenenfalls eine Anpassung der Programmstruktur vorgenommen. Durch laufende Feedbacks zwischen einzelnen Programmelementen und der Entscheidungszentrale sollte sich das PPBS zu einem lernenden und adaptiven System entwickeln.

Wie in Simons Entwurf einer „Architektur der Komplexität“ erschienen die einzelnen Programmelemente auf oberen Hierarchieebenen folglich als *Black Boxes*, die mit Geldmitteln gespeist werden und im Gegenzug militärischen „Nutzen“ produzieren. Die modulare Organisation des PPBS ermöglichte es, den Ertrag einzelner Elemente zu überprüfen und diese gegebenenfalls durch effizienter arbeitende, aber funktional äquivalente Komponenten auszutauschen ohne dass dafür weitreichende Veränderungen des Gesamtsystems notwendig waren. Durch die Einbeziehung alternativer Konfigurationen sollte nach Ansicht von Hitch und McKean die Abwesenheit funktionierender Marktmechanismen kompensiert werden, indem jedes Modul in Konkurrenz zu einer Vielzahl „virtueller“ Module gesetzt wurde. Auf diese Weise sollte die schon von Simon vorgeschlagene Simulation eines Marktes entstehen, in dem McNamara und seine Mitarbeiter aus einer Vielzahl möglicher Programme jene mit dem besten Preis-Leistungs-Verhältnis auswählen konnten. Zusätzlich befanden sich auch die bestehenden Programmelemente unterschiedlicher Abteilungen in einer anhaltenden Wettbewerbssituation: Eine Systemanalyse für das Programm „nukleare Abschreckung“ zeigte etwa für die Entwicklung von Interkontinentalraketen ein effizienteres Kosten-Nutzen-Profil als für die von der Air Force

688 Der deutsche Verwaltungskybernetiker Dieter Aderhold brachte die Unterscheidung von Leistung und Erfolg einmal auf die griffige Feststellung: „100t Sand von der Wüste Gobi in die Sahara zu bringen, ist eine beachtliche Leistung, aber kein Erfolg“ (Aderhold 1973, S. 62).

689 Vgl. Air Command and Staff College Faculty 1965, S. 231.

favorisierten B-70-Bomber, deren Entwicklung in Folge gegen alle Proteste der verantwortlichen Generäle eingestellt wurde.[690]

In der Quantifizierung der Kosten und Nutzen sämtlicher Systemelemente, ihrer Speicherung in einer computergestützten Datenbank und der Direktive einer konsequenten Steigerung des zu erwirtschaftenden militärischen Nutzens wurde die möglichst effiziente Programmierung des Gesamtsystems zur Rechenaufgabe. Das PPBS war folglich ein expliziter Versuch, eine objektive, mathematisch ausweisbare Form von Rationalität an die Stelle eines bis dahin als sakrosankt geltenden militärischen Erfahrungswissens zu setzen.[691] Entsprechend skeptisch wurden die „quantitative Revolution" im Pentagon bei den Streitkräften selbst aufgenommen. Hitch und Enthoven sahen sich wiederholt genötigt zu betonen, das PPBS sei „in no way attempting to usurp the Service's function of the design of our forces."[692] Die Problematik liege vielmehr darin, dass man menschlichen Entscheidern angesichts der unübersichtlichen Faktenlage ohne technische Unterstützung keine rationale Entscheidung mehr zumuten könne. Die „Systems Analysts" des Pentagon sahen ihre Aufgabe in einer quantitativen Aufbereitung von Allokationsproblemen, die den jeweiligen Verantwortlichen überhaupt erst in die Lage versetzte, Entscheidungen auf Grundlage objektiver Kriterien zu treffen. Dass in dieser Vorstrukturierung viele Entscheidungen bereits getroffen waren, stand auf einem anderen Blatt.

Der ungewöhnliche Vorschlag, den RAND-Berater wie Charles Hitch und Roland McKean um 1960 propagierten, bestand darin, politische Entscheidungen als „simple economic problem"[693] zu betrachten: Jegliche Aktivität einer Regierung war demnach hinsichtlich entstehender Kosten und dem zu erwartendem Nutzen in einem ökonomischen Raster zu beurteilen. Durch avancierte, teils maschinengestützte Rechenverfahren, wie sie in den Systemanalysen des „Operations Research" erprobt wurden, ließen sich auch komplexere Zusammenhänge mit mehreren wechselwirkenden Faktoren einer Kosten-Nutzen-Analyse unterziehen. Wenig überraschend, erwies sich eine ökonomische Perspektive für die kybernetische Modellierung einer kalkulatorisch verfassten Entscheidungsrationalität als besonders geeignet: Wo sich Kosten und Erträge verschiedener Handlungsalternativen in Geldwerten angeben ließen, war das Auffinden der besten Option eine mathematisch lösbare Aufgabe. Die Einrichtung des „Planning, Programming, Budgeting System" im amerikanischen Verteidigungsministerium sollte diese ökonomische Perspektive in eine operative Verwaltungsstruktur übersetzen. Das PPBS war folglich nicht länger nur ein

690 West, 2012, S. 19.
691 Vgl. Enthoven/Smith 1970.
692 Hitch z.n. Shrader 2008, S. 64.
693 Leonard 1991.

Verfahren, um in spezifischen Entscheidungssituationen zu „rationalen“ Lösungen zu gelangen. Vielmehr gab es den systemischen Rahmen ab, in dem eine ökonomische Betrachtung nicht-ökonomischer Zusammenhänge erst möglich werden sollte.

Auch Lyndon B. Johnson, der 1963 nach Kennedys Ermordung das Präsidentenamt übernahm, zeigte sich von dem „very revolutionary system of planning and programming“[694] des Pentagon beeindruckt. Im Rahmen seiner „Great Society“-Reformen hatte Johnson massive sozialpolitische Investitionen auf den Weg gebracht, die auf eine Stärkung des Bildungs- und Gesundheitssektors sowie auf die Bekämpfung von Armut, Diskriminierung und sozialer Ungleichheit zielten. Ähnlich wie zuvor sein Verteidigungsminister McNamara sah sich Johnson in diesem Kontext vor die Frage gestellt, wie ein möglichst effizienter Einsatz der knappen staatlichen Mittel erreicht werden konnte. Schon während der New Deal-Reformen der 1930er Jahre hatten Kritiker in der Fragmentierung und fehlenden Koordination von Regierungsaktivitäten eine Hauptursache für den verschwenderischen Umgang mit amerikanischen Steuergeldern ausgemacht. Hinzu kam nach Kriegsende die Sorge vor einer immer unübersichtlicheren Bürokratisierung der massiv angewachsenen Verwaltungsapparate. Das PPBS stand in Johnsons Augen hingegen geradezu exemplarisch für den Einzug einer moderneren, rationalen und effizienten Form des Managements in die politische Verwaltung. Die Einrichtung eines einheitlichen, zentralisierten und computergestützten Systems der Planung und Budgetierung erschien auch über den militärischen Apparat hinaus als zukunftsweisende Option.

Im August 1965 veranlasste Johnson die bundesweite Implementierung des PPBS in staatlichen Behörden. Auf einer noch am gleichen Tag abgehaltenen Pressekonferenz unterstrich der Präsident das Potenzial der neuen Entscheidungstechniken, zur Verbesserung des allgemeinen Wohlstands und der sozialen Produktivität beitragen zu können: “The objective of this program is simple: to use the most modern management tools so that the full promise of a finer life can be brought to every American at the lowest possible cost.“[695] Die Strategien der Erfolgskontrolle, die Enthoven und Novick im Verteidigungsministerium zur Anwendung gebracht hatten, wurden nun in nahezu identischer Form auch auf andere Bereiche der öffentlichen Verwaltung übertragen: Ministerien und Behörden wurden angewiesen, innerhalb ihrer Aufgabenbereiche klare Zielsetzungen auf „data sheets“ zu spezifizieren, Programmstrukturen zu entwickeln und Programmelemente einer standardisierten Evaluation zu unterziehen. Nicht länger nur der „military value“ der Nation, sondern auch die Regierungsinvesti-

694 Johnson z.n. Novick 1965, S. xv.
695 Ebd.

tionen in Gesundheit, Bildung oder Verkehrswesen sollten damit an einem mikroökonomischen Kalkül ausgerichtet werden.[696]

Vor allem im Bildungsbereich versprach man sich von der neuen Perspektive enorme Steigerungspotenziale. Zunächst aber standen die Behörden vor dem Problem, dass das Bildungssystem in der Sprache der Systemanalysten als „ill-structured"[697] begriffen werden musste. Seine Outputs waren kaum präzise messbar, geschweige denn in direkte Relation zu einzelnen Inputs zu bringen. Trotzdem wurden in der Folge zahlreiche Versuche unternommen, operationalisierbare Zielsetzungen für das Schul- und Bildungswesen zu entwickeln. Neben einer Förderung theoretischer und angewandter Forschung wurde eine Erhöhung des Wissensniveaus der Bevölkerung als „Primärziel" des Bildungssektors definiert. Es ließ sich seinerseits in Unterziele zergliedern, etwa in die „politische", „soziale", „naturwissenschaftliche" oder „ökonomische" Erziehung von Schülern oder Studenten.[698] Zur Förderung einzelner Unterziele wurden Programmstrukturen und -elemente festgelegt, deren Ressourcenanforderungen sich in Geldmittel umrechnen ließen.[699] Um die Erfolgskontrolle dieser Programme zu gewährleisten, galt es Kriterien zu spezifizieren, was sich gerade mit Blick auf unscharfe Kategorien wie „politische Bildung" als äußerst schwierig gestaltete. Der RAND-Berater James Dyer erwog diesbezüglich die Quote von Wählern bzw. Nichtwählern und Parteimitgliedschaften unter den Absolventen spezifischer Schulen und Universitäten zu erfassen, sowie standardisierte Tests zur politischen Allgemeinbildung durchzuführen. Als Indikatoren für eine „soziale" Integration sollten unter anderem Statistiken zu kriminellem Verhalten, Freizeitaktivitäten und zur Jobzufriedenheit herangezogen werden. Dyer selbst räumte Schwierigkeiten nicht nur bezüglich der Datenerhebung, sondern auch mit Blick auf die angemessene Bewertung der Indikatoren ein. Wesentlich einfacher gestaltete sich diese Aufgabe hinsichtlich der „ökonomischen" Bildung: Hier konnte schlicht das Durchschnittseinkommen und die Steuerlast einzelner Bildungsschichten herangezogen werden.[700]

Erneut schien eine ökonomische Perspektive am ehesten geeignet, die quantitative Evaluation politischer Reformen nach den Anforderungen des

---

696 Vgl. ebd.

697 Vgl. Dyer 1969, S. 11.

698 Vgl. ebd.

699 Ein Beispiel war die umstrittene Einführung des „New Math"-Curriculums, durch die eine Förderung des logischen und abstrakten Denkens von Grundschülern erreicht werden sollte. Statt mit dem Erlernen von Grundrechenarten setzte der Mathematikunterricht bei einer vereinfachten Mengenlehre an, in der die Schüler den Umgang mit „logischen Blöcken" erlernen sollten. Als „Programm" betrachtet, bestand die „neue Mathematik" aus entsprechend geschulten Lehrkräften, Weiterbildungsangeboten, Lehrmaterialien etc. (vgl. Moon 1986).

700 Vgl. Dyer 1969, S. 9.

PPBS zu bewerkstelligen. Dies lag in erster Linie an der ökonomischen Orientierung der Budgetierungsverfahren selbst, die nun in allen gouvernementalen Zuständigkeitsbereichen „more bang for the buck" (McNamara) einbringen sollten. Da die Inputseite der Programmstrukturen ohnehin in Geldmitteln erfasst wurde, galt es die Outputseite zu dieser via Quantifizierung in Relation zu setzen. Während viele Politik- und Sozialwissenschaftler nach wie vor Vorbehalte gegenüber einer quantitativen Reduktion gesellschaftlicher Zusammenhänge hegten, waren die Indikatoren der Wirtschaftswissenschaften nicht nur am leichtesten messbar, sie lieferten auch die unmittelbarste Übersetzung programmatischer „Outputs" in eine ohnehin bereits ökonomisch gedachte Kosten-Nutzen-Rechnung. Der oft beschriebene „Imperialismus" der Wirtschaftswissenschaften in den 1960er Jahren, in dessen Zuge auch zuvor als nichtökonomisch betrachtete Bereiche zum Gegenstand ökonomischer Betrachtung wurden,[701] muss vor dem Hintergrund dieser umfassenden Bestrebungen zur Erhebung quantitativer Daten gesehen werden, die letztlich einer mathematischen Rationalisierung von Regierungsentscheidungen dienen sollte.

In der Logik des PPBS bestand die Hauptaufgabe einer Regierung im Tätigen von Investitionen, deren Legitimität an der Höhe einer zu erwartenden Rendite zu bemessen war. Nahezu zwangsläufig erschien dann auch jedes Individuum, das die Leistungen des Gesundheits-, Bildungs- oder Verkehrssystems in Anspruch nahm, als „Humankapital", dessen Wert es durch gezielte Investitionen zu vermehren galt. Ein früher Text zum Einsatz mathematischer Entscheidungstechniken im Bildungwesen unterstrich diese noch ungewohnte Perspektive: „In this respect, education is an investment designed to produce an enterprising and skilled labor force that can be counted on to contribute to economic growth, prosperity, technological advances, and national security."[702] Eine von Präsident Johnson beim *Department of Health, Education, and Welfare* in Auftrag gegebene Studie, die sich mit der Definition von Kriterien für die Bemessung der „social health of the nation"[703] befasste, zeigte sich deutlich geprägt von den Humankapitaltheorien, die Gary Becker und Theodor W. Schultz seit Ende der 1950er Jahre an der University of Chicago entwickelt hatten. Die Autoren des Berichts, der Soziologe Daniel Bell und der RAND-Ökonom Mancur Olson, begrüßten die Verwendung wirtschaftswissenschaftlicher Indikatoren, weil sich mit ihnen die Erhebung quantitativer Bevölkerungsdaten unmittelbar mit der Frage möglichst kosteneffizienter Interventionen verknüpfen ließ. Bell und Olson behandelten Gesundheit, Mobilität, Einkommen, Eigentum, Ordnung und Sicherheit, Bildung, Wissenschaft und Kunst, Partizipation und Entfrem-

701 Vgl. Fleury 2010.
702 Hirsch 1965, S. 181.
703 Vgl. Fleury 2010, S. 322.

dung gleichermaßen als Interventions- und Investitionsfelder, die einer ökonomischen Perspektive zugänglich waren.[704]

Die Ausweitung des PPBS von einem militärischen Entscheidungs- und Allokationssystem zu einem Managementwerkzeug für soziopolitische Zusammenhänge wurde von einem umfassenden Perspektivwechsel auf das Problem des „Sozialen“ begleitet: Es war nicht in erster Linie der (wesentlich ältere) Imperativ zur Steigerung sozialer Produktivität, der dabei augenscheinlich wurde, sondern die Orientierung an einer quantitativen Erfassung aller gesellschaftlichen Felder und deren Integration in ein ökonomisches Effizienzkalkül. Die Steigerung sollte gerade nicht um jeden Preis erfolgen, sondern musste stets im Verhältnis zu den entstehenden Kosten betrachtet werden. Nach der Erhebung und Aufbereitung von Bevölkerungsdaten ließ sich ein optimales Verhältnis von Aufwand und Ertrag errechnen: Entscheidungen erfolgten als Ergebnis eines regelgeleiteten Such- und Evaluationsvorgangs, der in einem technisch produzierten Horizont von Alternativen erfolgte. Das PPBS konnte als Formatierung eines Systems begriffen werden, in dem durch die geordnete Produktion von Daten und Optionen eine *Entscheidbarkeit* nach rationalen Kriterien hergestellt werden sollte. Charles J. Hitch, der rückblickend als eigentlicher Wegbereiter des Systems gelten kann, sah dessen Aufgabe im Bereitstellen von „analytical techniques as an aid in decision-making“ und vor allem in der Strukturierung eines Raums möglicher Entscheidungen: „I feel that one of our most important contributions (...) has been this attempt to create an environment in which quantitative analysis can flourish and be employed effectively.“[705]

6.5 Schluss

Man mag eine aufschlussreiche Ironie der Geschichte darin erkennen, dass die bereits 1971 erfolgende Einstellung des PPBS auf Bundesebene in erster Linie mit der mangelnden Effizienz des Systems begründet werden musste. Innerhalb weniger Jahre wurde eine Flut an Daten produziert. Zu deren Bewältigung wurden bei den Ministerien über 1600 Mathematiker eingestellt, die aber ihrerseits wenig vom politischen Tagesgeschäft verstanden.[706] Die Verwaltung begann eine Eigenkomplexität zu entwickeln, die Entscheidungen nicht länger erleichterte, sondern den Verantwortlichen über den Kopf zu wachsen begann. Der Organisationsforscher Gernod Güring konstatiert retrospektiv eine „Überforma-

704 Vgl. U.S. Department of Health, Education and Welfare 1969; vgl. auch Fleury 2010, S. 323ff.

705 Hitch z.n. Shrader 2008, S. 50.

706 Vgl. West 2012, S. 25.

lisierung und Überdokumentation des gesamten Budgetprozesses. Die Behörden erstickten im Papierkrieg, und niemand konnte die Berge von Analysen, Programm-Memoranden und Plänen verarbeiten, geschweige denn in einem ‚rationalen Entscheidungsprozeß‘ verwenden."[707] Harry J. Hartley, Bildungwissenschaftler und Präsident der Universität von Connecticut, hatte diese Informationsüberlastung auf die Diagnose „Paralysis by Analysis" gebracht.[708] Der Aufwand, der betrieben werden musste, um das System am Laufen zu halten, war angesichts dieser Lähmungserscheinungen nicht länger zu rechtfertigen. Eine Kosten-Nutzen-Analyse konnte auch ergeben, dass sich Kosten-Nutzen-Analysen nicht rechneten, oder wie der RAND-Mitarbeiter Edward Quade nach dem Scheitern des Budgetierungssystems einräumte: „The systems approach is not for every problem. If the costs of analysis and delay are greater than the costs of error, then trial and error may be a better approach than that of carrying out a systems analysis."[709] Mit dem PPBS hatte sich eine Perspektive etabliert, die dem System die eigene Legitimation zu entziehen begann. Unter einem radikal-ökonomischen Effizienzkalkül wirkten die hochkomplexen gouvernementalen Rationalisierungsmaschinen nicht länger als Teil der Lösung, sondern zunehmend als Teil des Problems.

Die einstigen Befürworter des PPBS bemängelten hingegen eine mangelnde Flexibilität behördlicher Strukturen und fehlende Ressourcen zur erfolgreichen Umsetzung der ambitionierten Verwaltungsreformen. Die Erfassung sämtlicher Regierungsaktivitäten in modularen Programmstrukturen hätte eine parallele Reorganisation administrativer Hierarchien erforderlich gemacht, die aber in den meisten Fällen nicht zeitnah realisiert werden konnte. Kritiker argumentierten umgekehrt, dass den Behörden mit dem PPBS ein hochgradig abstraktes und technokratisches Ordnungsschema aufgezwungen werden sollte, das die komplexen politischen Realitäten verkannte.[710] Hinzu kamen massive Schwierigkeiten bei der Quantifizierung von Kosten und Nutzen im sozialen Bereich, sowie unscharfe oder sich überschneidende Zielsetzungen verschiedener Einrichtungen. Vor allem jedoch monierten die Gegner, dass durch die Verwendung mathematischer Indikatoren und deren Verarbeitung in Computersystemen die durch das PPBS versprochene Objektivität und Transparenz gerade nicht eingelöst wurde. Nicht nur seien Entscheidungsvorgänge „entmenschlicht"[711] worden, das System erschien geradezu als eine „creature of computerization",[712]

707 Güring 2001, S. 107.
708 Vgl. Hartley 1972, S. 660.
709 Quade 1972, S. 11.
710 Zu verschiedenen Erklärungen für das Scheitern des PPBS vgl. West 2012, S. 22ff.
711 Hartley 1972, S. 660.
712 Hoos 1972, S. 172.

die bestenfalls noch von einer kleinen Gruppe technisch versierter Experten gebändigt werden konnte. Die Verlagerung von Entscheidungskompetenzen vom Kongress in hochgradig hierarchische Exekutivstrukturen nahmen nicht wenige Kritiker zum Anlass, um McNamara und seinen „Whiz Kids" vorzuwerfen, die Umstellung auf das neue Budgetierungssystem hätte in erster Linie der Untermauerung ihrer eigenen Machtansprüche gedient.

Letztere Einschätzung dominiert heute auch die historische Rezeption des PPBS.[713] Die Versuche einer systematischen Rationalisierung von Entscheidungsen werden zumeist als versuchter Staatsstreich einer technokratischen und gleichsam anti-politischen Elite interpretiert. Deren Insistieren auf einer „objektiven" Rationalität habe die eigentlichen Herrschaftsinteressen nur verschleiert: „By forcing the services to justify their requests using a technique which only McNamara and his staff of systems analysts possessed the expertise to employ, McNamara was able to define what was relevant and important in such a way that he gained the information advantage and hence, control of the process."[714] Auch wenn der Verweis auf solche subjektiven Ambitionen als Erklärung naheliegend erscheinen mag, verkennt er die Wirkungen eines technischen Dispositivs, das „machtvolle" Subjektpositionen erst zur Verfügung stellt. Die in Anschlag gebrachte Objektivität mathematischer Verfahren ist nicht als bloßer Vorwand, sondern vielmehr selbst als Signatur einer Machtmodalität zu begreifen, in der tatsächlich ein mathematisches Kalkül an Stelle subjektiver Intuitionen und Erfahrungen treten kann. Wo die Verfechter der Systemanalyse Entscheidungsprozesse als „rational, objective, quantitative, depersonalized, debureaucratized, de-politicized"[715] beschreiben, sind vielleicht weniger die persönlichen Interessen *hinter* den verwendeten Modellen relevant, als das, was *in* diesen Modellen zum Vorschein kommt. Die Verschiebung von Befugnissen hin zu mathematisch geschultem Personal war eher ein Oberflächeneffekt als eine hinreichende Erklärung.

Was mit den Formalisierungen von Operations Research und Spieltheorie einsetzte, war tatsächlich der Versuch einer Entsubjektivierung politischer Souveränität durch den Rückgriff auf mathematische Verfahren zu erreichen. Umgekehrt zeigte sich in den in den hierarchischen Entscheidungsbäumen, die bei Herbert Simon programmiert und im PPBS in eine Verwaltungsstruktur überführt wurden, dass die mathematische Produktion von Rationalität ihrerseits an einem spezifischen Modell von Souveränität orientiert war: Das gesamte System war so ausgerichtet, dass an der Spitze Entscheidungen von größtmöglicher Effizienz getroffen werden konnten. Gleichwohl muss die Ansicht, die Verwal-

713 Vgl. Chwastiak 2001; Amadae 2003.
714 Chwastiak, 2001, S. 512.
715 Mosher z.n. Amadae 2003, S. 64.

tungsreformen hätten in erster Linie eine Zentralisierung von Entscheidungsbefugnissen bezweckt, differenzierter betrachtet werden: Sicherlich war das PPBS eine streng hierarchische Struktur, die den „Entscheidungsbäumen" einer „organisierten Komplexität" nachempfunden war: Die finale Entscheidung wurde auf der obersten Hierarchieebene getroffen. Dennoch war das ganze System so angelegt, dass die subjektive Einschätzung einer Situation möglichst keine Rolle mehr spielen sollte. In der Erhebung quantitativer Daten und der Spezifizierung objektiver Entscheidungskriterien traten die Subjekte politischer Entscheidungen lediglich noch als ausführende Instanzen einer mathematisch-ökonomischen Rationalität in Erscheinung.

Das gouvernementale Vertrauen in diese rechnerische Vernunft war mit dem Scheitern des PPBS keineswegs erschöpft. Während die Verwaltungsreformen im Laufe der 1970er Jahre aufgrund ihrer fehlenden Effizienz unter Beschuss gerieten, gab es schließlich kaum Zweifel an der Nützlichkeit jener Kosten-Nutzen-Rechnungen, die mit dem PPBS erstmals in systematischer Form eingesetzt wurden. Bald mehrten sich Stimmen, die wie Aaron Wildavsky dafür eintraten, das Vorhaben einer ökonomischen Rationalisierung der politischen Administration gegen den allzu schematischen und daher wenig effizienten Ansatz des PPBS zu verteidigen. Wildavsky unterstützte das Vorhaben, die Effizienz politischer Maßnahmen durch objektive Analysen zu steigern, betonte jedoch zugleich die Pluralität der Kontexte und Interessen, die eine allzu mechanische Anwendung der immer gleichen Schemata verhinderten.[716] Ein vereinheitlichtes Planungssystem wie das PPBS konnte den spezifischen Anforderungen der verschiedenen staatlichen Behörden nicht gerecht werden. An Stelle der streng hierarchischen „Command-and-Control"-Struktur, der ihre Verwurzelung im militärischen Denken vielleicht noch allzu stark anzumerken war, sollten dezentralere, pluralistische und inkrementelle Techniken der Optimierung treten.

Tatsächlich setzte in den folgenden Dekaden eine Ausdifferenzierung von politischen Evaluations-, und Entscheidungstechniken ein. Die ökonomische Perspektive blieb darin gleichwohl weiterhin von zentraler Bedeutung: Der Boom des wirtschaftsliberalen „New Public Management" in den 1980er Jahren etwa wäre ohne den durch das PPBS initiierten, grundlegenden Perspektivwechsel hin zu einer quantitativen Erfolgskontrolle staatlicher Programme kaum denkbar gewesen.[717] Die bei der RAND Corporation entstandenen Rational-Choice-Theorien, ursprünglich hypothetische Annahmen zur leichteren Berechenbarkeit strategisch-rationaler Akteure, entwickelten sich ebenso wie die

716 Vgl. Wildavsky 1969.
717 Zur Entstehung des „New Public Management" vgl. Grüning 2001.

Spieltheorie unter Ronald Reagan zum Herzstück einer „neoliberalen" Transformation von Staatlichkeit. Alain Enthoven, der im Verteidigungsministerium unter McNamara das eigens eingerichtete *Office of Systems Analysis* leitete, sollte sich als Berater von Margaret Thatcher maßgeblich für die Reformen des britischen Gesundheitssystems verantwortlich zeigen. Das von Enthoven propagierte Modell einer „managed competition"[718] innerhalb des Gesundheitssektors war eine direkte Fortsetzung jener Simulation von Märkten, die in den Arbeiten von Hitch und McKean als Optimierungsmechanismus des Verwaltungshandelns beschrieben worden war. Auch hier kamen quantitative Kriterien der Evaluation zum Einsatz, die einen permanenten Performanz- und Legitimationsdruck erzeugen sollten, um auf diese Weise einen möglichst effizienten Mitteleinsatz zu erreichen.

Aus der kybernetischen Modellierung einer kalkulatorischen Rationalität war schon im Laufe der 1940er Jahre eine gouvernementale Zielsetzung hervorgegangen: In einer unübersichtlichen weltpolitischen Lage sollten kritische Entscheidungen auf eine objektive Grundlage gestellt werden. In der Aussicht auf eine technische „Intelligenzverstärkung" der Politik wurden Entscheidungsprobleme als Rechenprobleme formalisiert. Im gleichen Zuge erschienen die Subjekte der Entscheidung – eigene oder fremde Regierungen ebenso wie die zu regierenden Individuen – nun selbst als Rechenmaschinen. Mit Simons Verweis auf Kapazitäts- und Komplexitätsgrenzen hatte sich das Problem jedoch auf eine systemische Ebene verschoben: Notwendig war die Herstellung von Bedingungen, unter denen Entscheidbarkeit in Anbetracht begrenzter Ressourcen gewährleistet wurde. In diesem Sinne wurde das *Planning, Programming Budgeting System* als eine Maschine entworfen, die unablässig quantitative Daten produzieren und für administrative Berechnungen aufbereiten sollte. Die Einrichtung des Systems bewirkte eine umfassende Neuperspektivierung sozialer Zusammenhänge: Das „komplexe" Problem der Bevölkerung sollte – einer Unterscheidung Bruno Latours folgend – in ein nur noch „kompliziertes", nämlich mathematisch modellierbares und technisch integrierbares Zielobjekt verwandelt werden.[719] In der quantitativen Übersetzung trat das Regieren als ökonomische Tätigkeit hervor, deren Resultate in einem Kosten-Nutzen-Kalkül evaluiert werden konnten.

Foucaults Vorlesungen zum amerikanischen Neoliberalismus haben die Bedeutung des „ständigen ökonomischen Tribunal[s]"[720] hervorgehoben, vor dem sich das Regierungshandeln nun zu verantworten hatte. Während der Staat im klassischen Liberalismus lediglich dazu angehalten war, die Form und die

718 Enthoven 1993.

719 Vgl. Latour/Henant 2006. Die Unterscheidung verwendet auch Kaufmann 2009.

720 Foucault 2004b, S. 342.

Gesetze des Marktes zu achten, wurde er in seinen Aktivitäten nun selbst zum Gegenstand einer ökonomischen Bewertung. Foucaults Einschätzung, wonach sich diese neoliberale Regierungsrationalität in expliziter Abgrenzung zu den wohlfahrtsstaatlichen Reformen der Johnson-Administration entwickelt hätte, um nun „der öffentlichen Macht ihren Missbrauch, ihre Überschreitungen, ihre Nutzlosigkeiten, ihre übermäßigen Ausgaben vorzuhalten“,[721] ist jedoch nur eingeschränkt zuzustimmen. Zwar ließ sich in den USA Anfang der 1970er Jahre zweifellos eine wachsende Skepsis gegenüber den Planungsversuchen einer staatlichen Bürokratie ausmachen, die im PPBS zum Ausdruck gekommen waren. Was aber den Imperativ eines ökonomischen Regierungshandelns betraf, so wurde dieser bereits seit den 1940er Jahren technisch vorbereitet: Die neoliberale Problematisierung staatlicher Aktivität ist weniger eine Abkehr, als vielmehr die konsequente Fortführung jenes mathematischen Kalküls, das im kybernetischen Dispositiv zur Ermessensgrundlage aller Entscheidungen gemacht wurde.

Ein zweites Merkmal des amerikanischen Neoliberalismus sieht Foucault darin, dass dieser im Hinblick auf soziale Phänomene „eine Art ökonomischer Analyse des Nicht-Ökonomischen“[722] unternimmt. Die Ausweitung der ökonomischen Perspektive fungiere als „Prinzip der Verständlichkeit, als Prinzip der Deutung sozialer Beziehungen und individueller Verhaltensweisen.“[723] Als Beispiel dienen Foucault die Humankapitaltheorien Gary Beckers, die Probleme der Kriminalität, der Familie, der Schulbildung oder der Krankenversorgung als im Kern ökonomische Dynamiken von Angebot und Nachfrage behandeln. Wie gezeigt wurde, ist auch diese Verallgemeinerung der ökonomischen Perspektive bereits in den Formalisierungen quantitativer Systemanalysen angelegt. Schon in den frühen Arbeiten der RAND Corporation war das Problem entstanden, nicht-ökonomische Phänomene (von der Zerstörungskraft einer Bombe bis zum Wert eines Menschenlebens) auf Zahlen zu bringen, um sie in Kosten-Nutzen-Rechnungen einbeziehen zu können. Auch die Bezugnahme gouvernementaler Strategien auf die Theorien von Becker oder Schultz erfolgte im Rahmen von Versuchen, die Effizienz politischen Handelns mit Hilfe quantitativer Indikatoren zu bemessen. Wie der Harvard-Professor Arthur Smithies in seinen Arbeiten zum PPBS erläuterte, erforderte eine mathematisch-technische Optimierung des Regierungshandelns „that the various government activities be expressed in terms of a common denominator, and the only common denominator available is money.“[724]

721 Ebd., S. 302; S. 340.
722 Ebd., S. 336f.
723 Ebd, S. 336.
724 Smithies 1965, S. 25

Die vieldiskutierte „Ökonomisierung des Sozialen",[725] die in den 1950er Jahren als eine intensivierte Mathematisierung und Quantifizierung des Sozialen einsetzt, kann nicht losgelöst vom Einsatz des Computers als Regierungstechnik betrachtet werden. Zwar wurden die Verfechter der Systemanalyse nicht müde zu betonen, dass ihr Vorgehen keineswegs auf eine Delegation politischer Entscheidungen an kybernetische „Intelligenzverstärker" (Ashby) hinauslaufen musste. Dennoch war nicht zu übersehen, in welchem Maße die geradezu überbordenden Erwartungen an ein technisiertes Entscheidungssystem in den 1960er Jahren aus den Möglichkeiten der Computernutzung erwuchsen. Ein von David Novick anlässlich der Einführung des PPBS herausgegebenes Überblickswerk machte verschiedentlich deutlich, wie sehr das neue Managementsystem darauf zielte, Computertechnik und staatliches Verwaltungshandeln in einer kybernetischen Perspektive zu überblenden: „Just as the computer has enormously enlarged our capacity to attack problems that in an earlier age could not even be defined, so a budget rationally designed for management use would open new dimensions of administrative potential. (...) It should, of course, be emphasized that a well-designed budget, like a high-powered computer, is a neutral tool."[726] Zu keinem Zeitpunkt forderten Novick und andere Beteiligte ernsthaft die Einrichtung einer „fully automated (...) policy",[727] deren Zeitalter manch populistische Kommentatoren bereits anbrechen sahen. Was jedoch in den Verwaltungsreformen zum Ausdruck kam, war eine gouvernementale Strategie, die in Richtung einer möglichst umfassenden Quantifizierung und Mathematisierung aller für eine Regierung relevanten Informationen zeigte. Wo dieses Ziel einmal erreicht wäre, könnte dann aber statt Robert McNamara oder Lyndon B. Johnson auch schlicht „some kind of IBM machine" regieren.

725 Bröckling/Krasmann/Lemke 2000.
726 Anshen 1965, S. 15.
727 Eberhart 1967, S. 19.

7. Regeln und regeln lassen

„Es ist verkehrt, nach den Einsatzmöglichkeiten eines Computers im Betrieb zu fragen, vielmehr danach, wie sich der Betriebsablauf gestalten müßte, wenn einmal ein Computer vorhanden ist. Die allerbeste Frage aber müßte lauten: Was ist ein Betrieb heutzutage, da es jetzt Computer gibt?"
(Stafford Beer)[728]

Wenn, wie bereits argumentiert, die Spezifik eines „gouvernementalen" Regierungswissens darin liegt, dass es als systemisches *Regelungswissen* auftritt, dann konnte das kybernetische Modell negativer Rückkopplung auch als Formalisierung eines politischen Mechanismus verstanden werden. „Kontrolle" im kybernetischen Sinne beschrieb einen Vorgang, bei dem ein System die durch eigenes Verhalten ausgelösten Umweltveränderungen registrierte und zum Anlass für eine Korrektur seines weiteren Verhaltens nahm. Und spätestens gegen Ende der Frühen Neuzeit hatte das politische Wissen im zirkulären Prozessieren von Bevölkerungen und Märkten eine solche Dynamik erkannt und sie in Modellen beschrieben, in denen sich zumindest retrospektiv Rückkopplungsschleifen ausmachen ließen. Schon Adam Smiths Kreislauftheorie von Angebot und Nachfrage postulierte, wie Otto Mayr gezeigt hat, wenig anderes als ein dem Markt inhärentes, negatives Feedback:[729] Wo eine Ware knapp wurde, stieg ihr Preis, was zu einem Absinken der Nachfrage führte, die sich wiederum auf die Verfügbarkeit der Ware auswirkte. In Smiths Verständnis erzeugte die Differenz zwischen aktuellem Marktpreis und dem „natürlichen" Preis der Ware einen Über- oder Unterdruck, der entsprechende Adaptionsvorgänge nach sich zog. Diese Anpassungen wirkten bis tief in den biologischen Bevölkerungskörper hinein: „The demand for men, like that for any other commodity, necessarily regulates the production of men; quickens when it goes on too slowly, and stops when it advances too fast."[730] Als eine zugleich steuernde wie gesteuerte Größe ließ sich der Preismechanismus als technischer „governor" oder Regler in einem

728 Beer 1973a, S. 18.

729 Mayr 1987, S. 197ff. Zum Rückkopplungsmodell im sozialwissenschaftlichen Denken vgl. auch Richardson 1991. Mit Blick auf eine Geschichte der Gouvernementalität vgl. Vogl 2004.

730 Smith [1776] 1971, S. 80.

Spiel ökonomischer Interessen betrachten: Die „unsichtbare Hand“ war eine protokybernetische Maschine.

Es war aber nicht nur die zirkuläre Kausalität von Marktpreisen, in der das Problem der Selbstregulation schon im 18. Jahrhundert in gouvernementalen Zusammenhängen aufgetaucht war. Auch die aufklärerische Pädagogik fand ihr Ziel in der Förderung individueller Selbstentfaltung, die zugleich mit einer Aktivierung von Mechanismen der Selbstkontrolle verknüpft war. Das Rousseausche Paradox der Aufklärung, wonach der Mensch zur Freiheit gezwungen werden musste, hatte auch eine ökonomische Pointe: Der Liberalismus setzte ein aktives und selbstbestimmtes Subjekt voraus, das aber dennoch seine Begierden auf produktive Weise kanalisierte. Dabei waren vielfältige Arten von Produktivität denkbar, nicht aber deren Abwesenheit aufgrund von Antriebsschwäche oder Indifferenz: So erkannten Wirtschaftslehre und humanistische Pädagogik gleichermaßen ein „besonderes Unglück“ des Menschen darin, „daß er so sehr zur Untätigkeit geneigt ist.“[731] Die spezifische Form von „Freiheit“, nach der eine liberale Gouvernementalität verlangte, meinte keineswegs, dass der Mensch so bleiben konnte, wie er war. Sie war eine komplizierte Tätigkeit, deren Einübung in einer prekären Balance zwischen Stimulation und Disziplinierung erfolgte.[732]

Die Regierungsrationalität liberaler Sicherheitsdispositive zielte folglich immer schon auf die Anordnung selbstregierender Subjekte und deren Integration in einen höherstufig geregelten Zusammenhang. Auch Norbert Wiener wies darauf hin, dass die „Vorstellung einer Organisation, deren Elemente selbst kleine Organisationen sind“, innerhalb des politischen Denkens als „weder ungewöhnlich noch neu“ betrachtet werden könne.[733] Gleichwohl war erst mit der Kybernetik ein allgemeines Modell der Rückkopplung verfügbar, das es erlaubte, in all diesen heterogenen Vorgängen ein und denselben technischen Mechanismus am Werk zu sehen. Das Feedbackmodell erwies sich als nahezu beliebig skalierbar, es war auf die Selbstverhältnisse von Individuen ebenso anwendbar wie auf globale ökonomische Prozesse oder auf die Aktivitäten einer staatlichen Regierung. Vor allem versprach die technische Formalisierung Aufschluss über die tatsächliche Funktionsweise dieser Regelungsprozesse, über ihre Anforderungen und Voraussetzungen ebenso wie über mögliche Optimierungspotenziale. Die bislang opaken, und deshalb als gleichermaßen „natürlich“ wie „unsichtbar“ beschriebenen Prozesse sollten ins Licht gesetzt und einer empirischen Untersuchung zugänglich gemacht werden. Als Mechanismus konzipiert, wurde

731 Kant [1803] 1991, S. 729.

732 Zur Genealogie einer „Regierung der Freiheit“ vgl. die Untersuchung von Fach 2003, insbesondere S. 61ff.

733 Wiener [1948] 1968, S. 191.

Selbstregulation planbar und konnte in technische Systembildungen integriert werden.

Die Vorstellung einer durch negative Rückkopplungen ausgesteuerten Gesellschaftsordnung war in Wieners Arbeiten durchgehend positiv besetzt. Gleichzeitig erschien ihm die soziale Selbstregulation im Vergleich zu einem idealtypischen technischen Vollzug als außerordentlich verbesserungswürdig. Im „eklatanten Mangel effizienter homöostatischer Prozesse“ sah Wiener gar eines der „überraschendsten Merkmale des politischen Körpers.“[734] Die Hoffnung, dass allein durch den Wettbewerb der freien Marktwirtschaft ein stabiles Gleichgewicht entstehen könnte, betrachtete er als naiven Trugschluss einer „einfältigen Theorie“.[735] Wiener Kritik knüpfte im Grunde an die Argumentationslinien der progressiven Technokraten der 1920er und 1930er Jahre an, die sich nicht gegen den freien Markt an sich richteten, sondern einwandten, dass dieser seiner erhofften Ordnungsleistungen nicht ohne weiteres Zutun erbringen konnte. Die optimale Regelung, in der Smith noch einen natürlichen Mechanismus zu erkennen glaubte, stellte sich demnach gerade nicht von selbst ein. Auch Wiener war der Ansicht, dass die Bedingungen für einen effizienten Liberalismus erst eingerichtet werden mussten und dass ein präziseres technisches Verständnis von Rückkopplungsmechanismen bei diesem Vorhaben außerordentlich nützlich war.

7.1 Selbstregierung

> „The fear of fascism seems to have driven some people into the greatest kind of misunderstanding which identifies democracy with planlessness. The survival and development of democracy depends not so much on the development of democratic ideals which are wide-spread and strong. Today, more than ever before, democracy depends upon the development of efficient forms of democratic social management and upon the spreading of the skill in such management to the common man.“
> (Kurt Lewin)[736]

Aus den Reihen der Macy-Teilnehmer war es vor allem Kurt Lewin, der das Feedbackkonzept aufgriff und in sozialpsychologischen Forschungen zur Anwendung brachte. Lewin verortete sein Schaffen explizit in der Tradition arbeitswissenschaftlicher „Sozialingenieure“, wenngleich er deren Ansätze in einer mit demokratischen Idealen kompatibleren Form fortführen wollte. Schon

734 Ebd., S. 195 (Übers. mod.).
735 Ebd.
736 Lewin 1947, S. 152.

1920 hatte er eine Arbeit zur „Sozialisation des Taylor-Systems“ verfasst[737], die darauf zielte, die tayloristische Arbeits- und Organisationslehre auf die Produktion eines Gemeinwohls hin auszurichten und von ihren allzu „mechanischen“ Konnotationen zu befreien. In seiner psychologischen Feldtheorie hatte Lewin zudem subtilere Formen einer „indirekten“ Verhaltensregulation und –optimierung beschrieben.[738] Die Effizienz sozialtechnischer Abläufe sollte nicht im Widerspruch zur Vision einer humanistischen Gesellschaft stehen, sondern war im Gegenteil als Voraussetzung für deren Realisierung zu begreifen. Die Einrichtung einer Demokratie, in der politische Subjekte sich selbst regierten, interessierte Lewin in erster Linie als kompliziertes Koordinations- und Organisationsproblem. Die Verwirklichung einer solchen Ordnung konnte nur im Rückgriff auf avanciertes technisches Wissen gelingen und sie verlangte von allen Beteiligten ein hohes Maß an Kompetenz und Übung.

Während des Zweiten Weltkriegs war Lewin im amerikanischen *Office for Strategic Services* unter anderem mit der Frage befasst, wie eine demokratische „Re-Education“ der deutschen Bevölkerung nach dem Ende des Nazi-Regimes gelingen konnte. In seinen sozialpsychologischen Forschungen prägte er den Begriff und die Theorie der „Gruppendynamik“: Die „Kraftfelder“, die subjektive Wahrnehmungs- und Verhaltensweisen von Individuen beeinflussten, wurden von ihm nun zunehmend mit anderen Subjekten identifiziert. Als Verfechter einer experimentellen Sozialwissenschaft führte Lewin an der University of Iowa zahlreiche Versuche durch, um zu erforschen, wie sich verschiedene Organisationsstrukturen und Führungsstile von Gruppen auf deren Produktivität und Lernfähigkeit auswirkten. Dabei plädierte er für einen systemischen Blick und interessierte sich für emergente Eigenschaften, die aus der Interaktion einzelner Gruppenmitglieder hervorgingen, etwa für eine „Atmosphäre“, die zwar nicht konkret lokalisierbar war, aber als „property of the social situation as a whole“[739] betrachtet und untersucht werden konnte.

In erster Linie interessierte Lewin, wie verschiedene Modelle politischer Führung das Wohlbefinden und die Problemlösungskompetenz von Gemeinschaften beeinflussten. Für ein mit Schulkindern durchgeführtes Experiment unterteilte Lewin die Probanden in zwei Gruppen, die jeweils identische Aufgaben zu bewältigen hatten, aber unterschiedlich organisiert waren. Die erste Gruppe bildete ein „autokratisches“ Regime: Ein Mitarbeiter Lewins fungierte hier als alleiniger Anführer, der ohne Rücksprache mit der Gruppe Ziele festlegte, Aufgaben unter den Kindern verteilte, über sämtliche Prozeduren und Abläufe bestimmte und darüber hinaus angehalten war, lediglich pauschale und „un-

737 Lewin 1920.
738 Vgl. auch Kap 5.2, sowie darüber hinaus Innerhofer/Rothe 2010.
739 Lewin 1948, S. 74.

konstruktive" Kritik zu üben. In der zweiten Gruppe wurde hingegen ein „demokratischer" Führungsstil kultiviert: Hier wurden Ziele und Abläufe in einer gemeinsamen Diskussion festgelegt. Der Gruppenleiter erklärte die einzelnen Arbeitsschritte, erkundigte sich bei der Gruppe nach möglichen Schwierigkeiten und schlug gegebenenfalls alternative Prozeduren vor. Zudem konnten die einzelnen Mitglieder mitbestimmen, wie sie sich intern organisierten und in welchen Strukturen sie arbeiten wollten. Der „demokratische" Gruppenleiter sollte weniger befehlend, als vielmehr ermöglichend eingreifen. Seine Aufgabe sah vor, sich so weit wie möglich in die Gruppe zu integrieren und den einzelnen Mitarbeitern eine kontinuierliche, aber in erster Linie unterstützende Rückmeldung zu geben.[740]

Die Ergebnisse der Untersuchung machten deutlich, dass der „demokratische" Organisationsstil dem „autokratischen" in vielfacher Hinsicht überlegen war. Der autokratische Gruppenleiter sah sich deutlich öfter zu maßregelndem Eingreifen gezwungen, ohne dass seine Gruppe deshalb eine höhere Produktivität erzielt hätte. Im Gegenteil: Die ständigen Interventionen hatten die intrinsische Motivation der einzelnen Mitarbeiter ausgebremst und zudem die demokratischen Selbstorganisationspotenziale ungenutzt gelassen. Stattdessen dominierte in der autokratischen Gruppe ein Klima der Feindseligkeit und des wechselseitigen Misstrauens. In der demokratischen Gruppe hingegen war nicht nur ein höherer Grad an „Individualisierung" der einzelnen Mitglieder zu verzeichnen, sondern zudem auch eine intensivere und produktivere Kooperation und ein wesentlich freundlicherer Umgangston. Die Modalitäten der Führung waren offensichtlich direkt auf die einzelnen Gruppenmitglieder übergesprungen und prägten ihren „style of living and thinking."[741] Bemerkenswert war zudem, dass die demokratische Gruppe keinerlei Anzeichen von Anarchie oder Kontrollverlust zeigte. Vielmehr war in ihr eine immanente Form von „Gehorsam" entstanden: Während die Mitglieder der autokratischen Gruppe lediglich den Gruppenleiter als Autorität akzeptierten, gingen die Mitglieder der demokratischen Gruppe wechselseitig auf ihre Bedürfnisse ein. So war eine zugleich flexiblere und nachhaltigere Form der Koordination entstanden: „In the democracy those groups came together spontaneously and they kept together about twice as long as in the autocracy."[742] Trotzdem nahm auch in der demokratischen Gruppe der Leiter eine essentielle Funktion ein. Er diente als beständiger Regulator, der entstehenden Ungleichgewichten entgegensteuerte, aber zugleich darauf achten musste, die intrinsische Produktivität der Mitglieder nicht unnötig einzuschränken. Wie wichtig diese demokratische Regelungsfunktion war, zeigte ein Ver-

740 Vgl. ebd., S. 74ff.
741 Ebd., S. 78.
742 Ebd., S. 80.

such mit einer gänzlich ohne Gruppenleiter arbeitenden „laissez faire"-Kontrollgruppe, die sich als deutlich unproduktiver erwies. Eine effiziente Form von Demokratie war hingegen Resultat einer aufwändigen Organisation und Einübung: „Autocracy is imposed upon the individual. Democracy he has to learn."[743] Der Lernaufwand für die Individuen war gegenüber den „autokratischen" Steuerungsformen deutlich höher, er sollte sich aber in gesteigerter Produktivität auszahlen.

1944 erhielt Lewin eine Anstellung am renommierten Massachusetts Institute of Technology, wo er das *Research Center for Group Dynamics* ins Leben rief. Die Ansiedlung eines sozialpsychologischen Forschungsinstituts an einer technischen Hochschule schien ihm durchaus angemessen – die von ihm propagierte Form des „Action Research" betrachtete er als eine Art Grundlagenforschung auf dem Feld des „Social Engineering", die den Ingenieurswissenschaften in vielerlei Hinsicht näher stand als der klassischen Psychologie.[744] Nach einer Begegnung mit dem ebenfalls am MIT beschäftigten Wiener erkannte Lewin das Potenzial des Rückkopplungsmodells für eine formale Untersuchung gruppendynamischer Prozesse. Was die demokratische Organisationsform gegenüber der autokratischen überlegen machte, war demnach ihre effizientere Instrumentalisierung von Feedbackschleifen: Der demokratische Gruppenleiter erteilte nicht lediglich Befehle, sondern versorgte die Teilnehmer mit Feedback und ermutigte sie darüber hinaus, auch untereinander Informationen auszutauschen. Die Gruppe operierte so als dynamisch-adaptives System, in dem sich einzelne Elemente wechselseitig koordinieren und aneinander anpassen konnten. Die Zirkularität der demokratischen Kommunikation, so erkannte Lewin, „correspond to what the physical engineer calls feedback systems, that is, systems which show some kind of self-regulation."[745] Der kybernetische Regelkreis ließ sich als Modell eines Typs sozialer Organisation verstehen, in der „autokratische" Herrschaft durch eine produktivere und zugleich harmonischere Form von Selbstregulation ersetzt wurde.

In den folgenden Jahren führte Lewin weitere Versuche durch, in denen das Feedbackmodell nun ganz gezielt zur Verbesserung von Lernprozessen in Kleingruppen eingesetzt wurde. In den sogenannten „T-Gruppen" wurde die Demokratisierung durch Rückkopplung auf die Beziehungen zwischen Probanden und Forschern ausgeweitet.[746] Die Mitarbeiter Lewins, die den jeweiligen Gruppen als Prozessbeobachter zugeteilt waren, machten ihre Notizen nun für

743 Ebd. S. 82.
744 Lewin 1947, S. 151.
745 Ebd., S. 147.
746 Zur Geschichte der „T-Gruppen" und ihren teils recht esoterischen Fortführungen vgl. Bröckling 2008.

die Gruppenmitglieder selbst transparent. Diese bekamen Gelegenheit, die Beobachter zu korrigieren, vor allem aber sollten sie durch das zusätzliche Feedback zur Selbstreflexion angeregt werden. Eine maximale Transparenz der erhobenen Daten sollte die inhärenten Selbstregulationsprozesse der Gruppe weiter optimieren, bis schließlich auch noch die letzten Reste hierarchischer Fremdsteuerung zum Verschwinden gebracht wurden. Die idealtypische Organisationsform, die Lewin vorschwebte, verfügte über eine radikal dezentralisierte Struktur der Selbstkontrolle, in der ein Anführer letztlich überflüssig wurde: „The goal of the democratic leader will have to be the same as any good teacher, namely to make himself superfluous, to be replaced by indigenous leaders from the group."[747] Zugleich explizierte Lewin die Bedingungen, unter denen eine solche demokratische Einebnung möglich wurde: Die Gruppenleiter hatten darauf achten, dass die wechselseitigen Feedbacks nicht verletzend, sondern konstruktiv, nicht verallgemeinernd, sondern auf konkrete Ereignisse bezogen blieben. Andernfalls drohten produktive Rückkopplungen in destruktive Kritik umzuschlagen, die den Zusammenhalt der Gruppe gefährdete.[748]

Lewin unterstrich, dass sein „Action Research" auf die Produktion eines verwertbaren Praxiswissens zielte: „Research that produces nothing but books will not suffice."[749] Schon 1939 konnte der Sozialpsychologe so auch als Unternehmensberater tätig werden: Auf Einladung eines Textilherstellers war Lewin in die Kleinstadt Marion gereist, um die Organisationsstruktur einer Nähfabrik auf Optimierungspotenziale zu prüfen.[750] Nach einer mehrjährigen Untersuchung kam Lewin zu dem Schluss, dass die vergleichsweise geringe Produktivität des Werks auf die niedrige Arbeitsmoral der Angestellten zurückzuführen war. Diese erwiesen sich häufig als demotiviert, weil sie die von der Unternehmensspitze festgelegten Zielsetzungen entweder als zu hoch erachteten oder sich im Gegenteil unterfordert fühlten. Lewin schlug vor, die Mitarbeiter stärker in die Produktionsplanung mit einbeziehen. Tatsächlich erreichte eine Testgruppe, die sich in einer internen Diskussion auf eine gemeinsame Zielsetzung geeinigt und die Ausführung selbst in die Hand genommen hatte, gegenüber einer Kontrollgruppe eine Leistungssteigerung von fast 25 Prozent. Damit war für Lewin der Nachweis erbracht, dass die Einschaltung von Mitarbeiter-Feedback einem Unternehmen ganz reale ökonomische Gewinne einbringen konnte. Wichtiger war jedoch, dass die Steigerung von unternehmerischer Effizienz für

747 Lewin 1948, S. 39.
748 Vgl. Bröckling 2008, S. 338.
749 Lewin 1947, S. 150.
750 Die Einladung erfolgte durch Alfred J. Marrow, einen hochrangigen Angestellten der Harwood Manufacturing Corporation, der später eine Biografie zu Lewin verfasste (Marrow 1969, zu Lewins Tätigkeit für Harwood vgl. ebd., S. 141 sowie Burnes 2007).

Lewin mit einem politischen Fortschritt verknüpft war: Die Einrichtung von Feedbackmechanismen erzeugte eine demokratischere Form sozialer Koordination. Es war gerade diese Möglichkeit der Verbindung von humanistischen Intentionen mit dem biopolitischen Imperativ der Produktivitätssteigerung, welche die Attraktivität der sozialkybernetischen Perspektive ausmachte. Die Intensivierung von sozialer Kontrolle sollte nicht gegen eine „menschliche" Organisation sozialer Prozesse ausgespielt werden. Vielmehr waren beide Entwicklungen nur komplementär zu betrachten. Kybernetische Technologie versprach subtilere Formen politischer Koordination und Regelung, die als Sozialtechniken einer demokratischen Gesellschaftsordnung weitaus besser zu entsprechen schienen als lineare Befehls- und Steuerungsketten.

Dass ein über die Instrumentalisierung von Feedback und Selbststeuerung verlaufendes Sozialmanagement nicht nur als demokratischer betrachtet werden konnte, sondern tatsächlich auch ein tieferes Verständnis der *condition humana* implizierte, wurde derweil auch aus Forschungen ersichtlich, die in Stanford am *Center for Advanced Study in the Behavioral Sciences* durchgeführt wurden. George A. Miller, Eugene Galanter und Karl H. Pribram hatten dort begonnen, das Regelkreismodell als anthropologische Grundkonstante für die Verhaltenspsychologie zu reklamieren und damit direkt an Lewins Überlegungen angeschlossen. Vor allem zeigten sich die Autoren überzeugt, dass sich fundierte Einsichten über die Rückkopplungen der menschlichen Psyche aus der Auseinandersetzung mit kybernetischer Maschinentechnik gewinnen ließen. Miller war 1957 auf einer von der RAND Corporation ausgerichteten Tagung auf Herbert Simon und Allen Newell getroffen, die ihm ein bislang unpubliziertes Manuskript zur Simulation menschlicher Problemlösungsprozesse auf dem JOHNNIAC-Computer (vgl. Kap. 6.2) überreichten. Für Miller erwies sich die Begegnung als prägend: Zwar mussten, wie sich der Psychologe erinnerte, „leider der Computer, seine Bedienungsmannschaft und die Forscher zurückgelassen werden", aber nichtsdestoweniger kehrte Miller mit dem Vorhaben nach Stanford zurück, „herauszufinden, ob die kybernetischen Grundgedanken für die Psychologie von Bedeutung sind."[751]

Das kybernetische Modell der negativen Rückkopplung bildete für Miller, Galanter und Pribram den entscheidenden Ansatzpunkt, um einen über behavioristische Stimulus-Response-Theorien hinausreichenden Verhaltenstypus zu beschreiben, der sich nicht lediglich durch mechanische Reflexe, sondern durch ein intelligentes und planvolles Agieren auszeichnete. In der *Logic Theory Machine* von Simon und Newell, die in einem rekursiven Verfahren Entscheidungsbäume abarbeitete, sahen sie ein solches zielgerichtetes Verhalten

751 Miller/Galanter/Pribram [1960] 1973, S. 12f.

exemplifiziert: „Für einen Organismus ist ein Plan im wesentlichen dasselbe wie ein Programm für einen Computer.“[752] An Stelle des Skinner'schen „Reflexbogens“, bei dem auf einen Reiz eine konditionierte Reaktion erfolgte, setzen Miller und seine Kollegen die sogenannte „Test-Operation-Test-Exit-Einheit“ (TOTE-Einheit). Sie war nichts anderes als die konsequente verhaltenspsychologische Adapation der „kybernetische[n] Hypothese (...): Demnach ist der Rückkopplungskreis der grundlegende Baustein unseres Nervensystems.“[753]

Nach dem TOTE-Modell begann jede planvolle Handlung mit einer „Prüfung“, nämlich mit dem Abgleich eines aus der Umwelt abgetasteten „Bildes“ mit dem intendierten Soll-Zustand. Im Anschluss wurde eine „Operation“ durchgeführt, deren Resultat zum Gegenstand einer erneuten Prüfung werden konnte. Dieser zirkuläre Vorgang, der den DO-WHILE-Schleifen von Computerprogrammen nachempfunden war, wurde so lange wiederholt, bis das Ziel entweder erreicht war oder das Programm aufgrund eines Stop-Befehls abgebrochen wurde. Aus Sicht der Autoren war das TOTE-Modell „für viele – wir hoffen für alle – Verhaltensbeschreibungen brauchbar.“[754] Es konnte sowohl elementare Reflexe erfassen, als auch auf sehr viel komplexere Handlungen angewandt werden. Letztere ließen sich schlicht als ineinander verschachtelte Hierarchien verschiedener TOTE-Einheiten begreifen. Am Beispiel der vergleichsweise einfachen Tätigkeit des Einschlagens eines Nagels verdeutlichten die Autoren die psychologische Form eines rekursiven Prozessierens:

> „Prüfe den Nagel! (Kopf schaut hervor.) Prüfe den Hammer! (Der Hammer ist unten.) Hebe den Hammer! Prüfe den Hammer! (Hammer ist oben.) Schlage zu! Prüfe den Hammer (Hammer ist unten.) Prüfe Nagel! (Kopf schaut hervor.) Prüfe Hammer! … Das geht so weiter, bis die Prüfung ergibt, daß der Nagelkopf mit der Holzoberfläche eben ist, worauf die Steuerung weiter transferiert werden kann Die zusammengesetzte TOTE-Einheit entpuppt sich ganz einfach als eine koordinierte Folge von Prüfungen und Handlungen, obwohl die dahinterliegende Struktur, die das Verhalten organisiert und koordiniert, in sich selber hierarchisch und nicht sequentiell ist.“[755]

Für die verhaltenspsychologische Perspektive war der kybernetische Regelkreis ein nahezu beliebig skalierbares Modell, das motorische Automatismen ebenso beschreiben konnte wie ein längerfristiges, rückgekoppeltes Abarbeiten mehrstufiger Zielsetzungen – bis hin zur Verfolgung von „Metaplänen“ als übergeordneten Lernvorgängen, die der Generierung weiterer TOTE-Einheiten dien-

752 Ebd., S. 25.
753 Ebd., S. 34.
754 Ebd., S. 35.
755 Ebd., S. 41.

ten.[756] Die menschliche Psyche ließ sich folglich als systemische Hierarchie aus Rückkopplungsprozessen verstehen. Wie die Autoren erläuterten, musste ein „würdevoller" Umgang mit dem menschlichen Individuum diesem ein selbstbestimmtes Abarbeiten seiner Programme zugestehen. Zugleich hoben Miller, Galanter und Pribram hervor, dass die TOTE-Strukturen nicht an den Grenzen des Individuums endeten, sondern die sich selbst aussteuernden Subjekte ihrerseits in höherstufige soziale Programme und Planungen eingebunden waren. Nicht nur jeder Mensch, auch jede Gesellschaft operiere mit einer

> „Hierarchie von Plänen (...) – fast wie ein Baum mit seinen Verzweigungen –, die den hierarchischen Plänen, wie wir sie beim einzelnen Individuum besprochen haben, ähnlich sind. Zuunterst am Baumstamm gibt es einige wenige Leute, die die Strategie für die ganze Gruppe ausarbeiten. An den äußersten Zweigspitzen befinden sich die vielen Arbeiter, die die taktischen Unterpläne, die sie für sich selbst ableiteten, ausführen. Wir (Amerikaner) verbringen einen großen Teil unserer Zeit damit, gerade diese Art sozialen Planens zu koordinieren und daran teilzunehmen."[757]

In dieser Modellierung sozialer Organisation als einer zugleich hierarchischen wie auch auf lokaler Ebene selbstregulierenden Struktur wurde das eigentümliche Spannungsverhältnis von Fremd- und Selbstregelung deutlich, das die kybernetischen Gesellschaftsentwürfe auszeichnete. Einerseits galt es jedes Individuum als eine autonome Instanz zu betrachten, die sich in erster Linie selbst regierte, also die eigenen TOTE-Hierarchien im Modus einer beständigen negativen Rückkopplung abarbeitete. Und andererseits waren all diese Instanzen in eine übergreifende Ordnung zu integrieren, wo sich die Handlungen des Einzelnen in gesamtgesellschaftliche Produktivität verwandelten. Wie schon aus den Arbeiten Lewins ersichtlich geworden war, konnte eine demokratische Sozialordnung ihre Effizienz nur dann entfalten, wenn Rückkopplungen und Selbstregelungen nicht unterdrückt, sondern gesichert und gestärkt wurden. Auf lokaler Ebene wussten die Regierten oft besser als ein übergeordneter Souverän, wie sich konkrete Abläufe effizient einrichten ließen. Für eine Regierung bedeutete dies, dass sie für jene Kontingenzen empfänglich bleiben musste, die sich notwendig aus der Aktivität der unteren Ebenen ergaben. Eine statische Planung sozialer Ordnung war unter diesen Bedingungen nicht denkbar, wie auch Miller und seine Kollegen betonten: „[S]obald eine Situation nur etwas komplex wird – noch lange, bevor wir an etwas so Formidables wie eine Regierung denken –, werden menschliche Planer ihre Aufgabe unlösbar finden. In großen Organisati-

756 Vgl. ebd., S. 172ff.
757 Ebd., S. 96 f.

onen ist es (...) unvermeidbar, daß ein großer Teil der tatsächlich vor sich gehenden Entwicklung das ungeplante Ergebnis unzähliger Einzelpläne ist."[758] Was aber bedeutete diese Einsicht für ein Regierungshandeln, das eine solche Dynamik kontrollieren musste, ohne sie bremsen zu dürfen?

7.2 Verstärkung und Dämpfung

> „The sensible course for the manager is not to try to change the system's internal behaviour...but to change its structure – so that its natural systemic behaviour becomes different." (Stafford Beer)[759]

Die Diskussionen über eine mögliche Umstellung von Organisationsstrukturen auf eine integrierte Selbstregulation lokaler Elemente waren Mitte der 1950er Jahre auch im Mainstream des amerikanischen Managementdiskurses angekommen. Es war in erster Linie Peter F. Drucker, der nach dem Krieg kybernetische Impulse aufgegriffen und sie in das pragmatischere Vokabular angewandter Unternehmensführung übersetzt hatte. Auch Drucker betonte, dass eine geordnete Aktivierung von Selbstregelungskapazitäten in Unternehmen mit ungeahnten Produktivitätssteigerungen einhergehen konnte. In populärwissenschaftlichem Duktus an die zukunftsgewandte Führungskraft adressiert, entwickelten sich seine Arbeiten schnell zu Verkaufsschlagern, die über Jahrzehnte prägend wirkten. Als erster verkündete Drucker den Anbruch eines „postmodernen" Managementzeitalters,[760] das die Notwendigkeit zu gravierenden organisatorischen Umstrukturierungen mit sich brachte. Die Strategien zeitgemäßer Menschenführung, die Drucker hinsichtlich dieser Transformationen empfahl, fasste er unter dem bald einschlägig bekannten Konzept eines „Management by Objectives and Self-Control."[761]

Das formale Modell eines „postmodernen" Unternehmens, wie es Drucker entworfen hatte, entsprach mehr oder weniger exakt den verhaltenspsychologischen TOTE-Hierarchien von Miller, Galanter und Pribram: eine ineinander verschachtelte Pyramide wechselseitig rückgekoppelter „managerial units"[762], in der auf jeder Hierarchieebene das Verhalten durch die entsprechende Einheit selbst ausgesteuert wurde. Dem oberen Management kam die Rolle einer übergeordneten Regelungseinheit zu, die Outputs von weitgehend autonom agierenden Funktionseinheiten verarbeiten und auf eine Zielkoordinate hin ausrichten

758 Ebd. S. 97.
759 Beer 1974, S. 106.
760 Vgl. Drucker 1957, S. ix.
761 Drucker 1955, S. 104ff.
762 Ebd., S. 108.

musste. Lediglich die für das Erreichen dieser Koordinate relevanten Erfordernisse sollten an untere Ebenen kommuniziert werden, damit diese anschließend das Teilziel spezifizieren und in einem rekursiven Prozess selbstständig ansteuern konnten.[763] In einer höherstufigen Rückkopplungsschleife konnten in regelmäßigen Abständen Leistungsevaluationen durchgeführt und auf die Ergebnisse mit Bonuszahlungen oder Sanktionen reagiert werden. Darüber hinaus blieb die Kontrolle der konkreten Abläufe den jeweiligen Funktionseinheiten selbst überlassen. Möglich werden sollte diese Dezentralisierung von Regelungsfunktionen nicht zuletzt durch Techniken der Informationserfassung und -verarbeitung, mit deren Hilfe objektive Leistungskriterien erstellt und kontinuierlich abgefragt werden konnten. Drucker betonte, dass diese Kontrollsysteme nicht als Herrschaftsinstrumente zu verstehen seien, sondern den einzelnen Mitarbeitern vielmehr eine Möglichkeit bieten sollten, das eigene Verhalten zu optimieren: „It should be the means of self-control, not a tool of control from above."[764]

Mit Nachdruck unterschied Drucker dieses kybernetische Verständnis der Selbstkontrolle von den überholten Formen einer minutiösen Fremdsteuerung, wie sie eine Arbeitslehre vom Schlage Taylors propagiert hattte: „Indeed, one of the major contributions of management by objectives is that it enables us to substitute management by self-control for management by domination."[765] Während die tradierten Formen betriebswirtschaftlicher Steuerung die intrinsischen Motivationen der Mitarbeiter und deren Fähigkeit zur flexiblen Adaption weitgehend ignoriert oder unterdrückt hätten, ginge es nun darum, diese Kompetenzen zur vollen Entfaltung zu bringen. Keinesfalls aber, so Drucker, dürfe dieses neue und dezentralere Kontrollverständnis mit einer *Abwesenheit* von Kontrolle verwechselt werden. Die Regelungsmechanismen waren lediglich nicht länger an der Spitze konzentriert, sondern durch den gesamten Unternehmenskörper verteilt. Der Führungsebene kam die Aufgabe zu, die Spielräume und Rahmenbedingungen zu bestimmen, in denen die Selbstkontrolle der einzelnen „managerial units" produktiv zur Entfaltung kommen konnte: „It should be clearly understood what behaviour and methods the company bars as unethical, unprofessional or unsound. But within these limits every manager must be free to decide what he has to do."[766]

Anders als jene Autoren, die sich wie Lewin in ihren Theorien der Menschenführung explizit auf die Kybernetik stützten, war Drucker mit der Verwendung technischer Analogien deutlich zurückhaltender. Statt das Unternehmen selbst als Informations- und Regelungssystem zu beschreiben, sah er in

763 Ebd., S. 111.
764 Ebd., S. 113.
765 Ebd.
766 Drucker 1955, S. 114.

seiner Managementmethode eher die angemessene Antwort auf eine zunehmende Durchsetzung der Arbeitswelt mit kybernetischen Maschinen. Gleichwohl war nicht zu übersehen, dass die Subjekte, von denen bei Drucker die Rede war, im Umgang mit den neuen Techniken auch die mit diesen korrespondierenden Kompetenzen herauszubilden hatten. Der Arbeiter der Zukunft war in Druckers Augen ein „knowledge worker", der sich weniger über seine Arbeits*kraft*, als vielmehr über seine Kreativität und sein Geschick bei der Manipulation von Zeichen definierte. Produktiv konnte dieser Wissensarbeiter jedoch nur wirken, wenn man ihm ein eigenständiges Arbeiten erlaubte: Kreativität ließ sich nicht erzwingen, sondern nur befördern. Zugleich sah Drucker, der 1969 auch den Begriff der „Wissensgesellschaft" prägen sollte,[767] im „knowledge worker" ein politisches Subjektivierungsmodell, das für eine liberale Demokratie amerikanischer Prägung charakteristisch sein sollte. Weder Faschismus noch Kommunismus verfügten demnach über soziale Regelungstechniken, die den Bedürfnissen des neuen Menschen nach mehr Autonomie und Selbstbestimmung Rechnung tragen konnten.[768] „Management by Objectives and Self-Control" sei eine privilegierte amerikanische Führungstechnik, um objektive Produktivität und subjektive „Freiheit" liberal-kybernetischer Subjekte gleichermaßen zu steigern:

> „[Management by objectives] ensures performance by converting objective needs into personal goals. And this is genuine freedom, freedom under the law. (...) It substitutes for control from the outside the stricter, more exacting and more effective control from the inside. It motivates the manager to action not because somebody tells him to do something or talks him into doing it, but because the objective needs of his task demand it. He acts not because somebody wants him to but because he himself decides that he has to – he acts, in other words, as a free man."[769]

Die sich anbahnende Transformation von hierarchischen Industrienationen zu kreativen Wissensgesellschaften machte in Druckers Augen nicht nur neue Unternehmensformen erforderlich, sie korrelierte auch mit dem Niedergang moderner, zentralistischer Staatlichkeit und dem Aufstieg eines komplexeren Regimes dezentralisierter Kontrolle. Mit dem Anbruch des postmodernen Zeitalters, so Drucker, sei die Idee des Staates als kohärentem Machtmonopol an ihr notwendiges Ende geraten. Stattdessen sehe sich die Regierung mit einer Vielzahl von „autonomous power centers within the body politic"[770] konfrontiert, die sich einer direkten Steuerung entzogen, deren Aktivitäten aber trotzdem

767 Vgl. Drucker, 1969.

768 Zu Druckers Kritik an totalitären Gesellschaften und ihren Subjektivierungstechniken vgl. bereits Drucker 1939.

769 Drucker 1955, S. 117.

770 Drucker 1957, S. 210.

einer Koordination bedurften. In diesem Pluralismus von Regelungsinstanzen kam dem Staat die Aufgabe zu, zwischen heterogenen Interessengruppen die Funktion eines „Gesamtprogrammgestalter[s]“ oder „Dirigenten“[771] zu übernehmen: Er sollte Bedürfnisse, Forderungen und Aktivitäten registrieren und in eine produktive Assoziation bringen, ohne direkt in die Regelungsprozesse anderer Akteure einzugreifen. Die an Fremdsteuerung orientierten Staatsmodelle der totalitären politischen Systeme sah Drucker mit dieser Aufgabe überfordert. Nur eine Regierungsform, die eine Selbstkontrolle der verschiedenen Instanzen erlaubte und unterstützte, war in der Lage, sich die Kompetenzen der verschiedenen Regierungsinstanzen analog zu den „managerial units“ eines Unternehmens zu Nutze zu machen.

Druckers Modell eines „Management by Objectives“, das sich schnell zu einem leitenden Paradigma der angewandten Managementforschung entwickeln sollte, propagierte die Möglichkeit einer Delegation von Kontrolle bei gleichzeitiger Aktivierung lokaler Selbstregelungen. Notwendig erschien dieser neue Führungsstil auch angesichts der wachsenden Komplexität der zu regelnden Produktionszusammenhänge, die kaum noch von einem zentralen Punkt aus zu überblicken und zu bewältigen waren. Der Macy-Teilnehmer W. Ross Ashby hatte sich dieses Problems in seiner *Einführung in die Kybernetik* aus einer abstrakteren Perspektive angenommen und im „Gesetz der erforderlichen Vielfalt“ (*law of requisite variety)*[772] das eigentliche Grundproblem einer kybernetischen Regelungstheorie erkannt: Ashby erörterte, dass ein Regler nur dann als „vollkommen“ betrachtet werden konnte, wenn die Anzahl seiner möglicher Reaktionen der Anzahl möglicher Zustände des zu regelnden Systems mindestens entsprach. Nur wo ein Regler für jedes potenziell eintretende Ereignis eine entsprechende korrigierende Operation vorsah, konnte ein System unter allen Umständen konstant gehalten und eine sogenannte „Ultrastabilität“ erreicht werden. Je komplexer das zu kontrollierende System, desto höher musste folglich auch die interne Komplexität eines Reglers ausgeprägt sein. Während es in geschlossenen technischen Apparaturen möglich war, eine „erforderliche Vielfalt“ zu erreichen, hielt Ashby eine perfekte Kontrolle von sozialen Systemen durch einen zentralen Regelungsmechanismus für illusorisch. Gleichwohl sei es denkbar, dass durch eine entsprechende Kopplung dezentraler Regelungseinheiten zumindest annäherungsweise eine soziale Ultrastabilität hergestellt werden konnte. Darin zeigte sich die Relevanz kybernetischer Theorie auch für den „Soziologen, der eine Organisation mit dem Verhalten von Regelkreisen braucht, um Harmonie in die Gesellschaft zu bringen.“[773]

771 Drucker 1969, S. 298.
772 Vgl. Ashby [1956] 1974, S. 293.
773 Ebd., S. 362f.

Die vielversprechendste Strategie zur Kontrolle hochkomplexer sozialer Systeme lag nach Ashby darin, einem zentralen Regler weitere Regelungsinstanzen vorzuschalten, in denen Komplexität schrittweise reduziert wurde. Jeder Regler innerhalb der Kontrollhierarchie funktionierte demnach als *Black Box*, die eine große Menge an Inputs aufnahm, diese in eine kleinere Menge an Outputs übersetzte und an den nächsten Regler weitergab. Statt einem einzigen Mechanismus die Bewältigung der gesamten Varietät zu überantworten, wurde der Kontrollprozess über mehrere Punkte innerhalb des Systems verteilt. Für die Regelungsinstanz an der Spitze der Hierarchie bedeutete dies jedoch, dass sie „jeden Ehrgeiz aufgeben [musste], das *gesamte* System kennenlernen zu wollen."[774] Vielmehr lag die Herausforderung mit Blick auf die „Regierung" eines Systems darin, die verschiedenen durch das System verteilten Regler richtig anzuordnen, sie aufeinander abzustimmen und die Resultate ihrer Operationen abzutasten, um gegebenenfalls weitere Anpassungen vornehmen zu können.

Ashby erläuterte diesen Vorgang am Beispiel einer Gruppe von zwanzig Mechanikern, die mit der Aufgabe betraut wurden, zweitausend Räume gleichzeitig so zu regeln, dass die Temperatur darin konstant blieb. Zweifellos mussten sie mit dieser Aufgabe überfordert sein, weil ihre natürlichen Regelungskapazitäten nicht ausreichten. Denkbar war jedoch, dass die Arbeiter in jedem Raum einen kybernetischen Thermostaten installierten, an den sie die direkte Regelung der Temperatur übertrugen. Ihre eigenen Regelungsaufgaben waren damit jedoch nicht hinfällig geworden, sondern hatten sich lediglich verschoben: Sie mussten nun durch Wartung der Maschinen garantieren, dass die automatisierte Regelung gelang. Ging man davon aus, dass dieser Wartungsvorgang seltenere Eingriffe erforderlich machte als das permanente manuelle Aussteuern der Temperatur, war die erforderliche Komplexitätsreduktion geglückt und eine unmögliche Aufgabe durch technische Verstärkung möglich geworden.[775] Die Verschachtelung von Regelkreisen musste an diesem Punkt nicht enden: So konnte ein Arzt dafür zuständig sein, die Gesundheit der Handwerker zu gewährleisten, damit diese zur Durchführung ihrer Regelungs-Regelung in der Lage waren. Den Arzt wiederum brauchte die Temperatur der zweitausend Räume nicht zu kümmern. Für ihn spielten ganz andere Variablen eine Rolle, durch deren Kontrolle er aber indirekt dazu beitrug, dass die Regelung der Raumtemperatur gelang.

Auch der britische Managementkybernetiker Stafford Beer hatte solche Überlegungen aufgegriffen und ab 1959 zu einem elaborierten Regelungsmodell für Politik und Wirtschaft weiterentwickelt.[776] Beer schrieb Ashby das Ver-

774 Ebd., S. 158.
775 Vgl. ebd., S. 287.
776 Vgl. Beer 1959.

dienst zu, mit dem „Gesetz der erforderlichen Vielfalt“ ein Theorem von einer Tragweite formuliert zu haben, die dem Gesetz der Schwerkraft in der Physik entsprach.[777] Er übernahm die Einsicht, dass außerordentlich komplexe Systeme nicht „beherrscht“ oder gesteuert werden konnten, sich aber gleichwohl kontrollieren ließen. Dazu mussten einerseits Vielfalt der zu regelnden Phänomene „gedämpft“, also die Mannigfaltigkeit der Ereignisse durch Messung, Kategorisierung und Standardisierung in eine intelligible und zu bewältigende Form gebracht werden. Andererseits musste die interne Vielfalt der Regelungseinheiten technisch „verstärkt“ werden, indem die Anzahl verfügbarer Reaktionsmöglichkeiten durch Delegation und Kapazitätsausbau erhöht wurde. Die Grundlage einer erfolgreichen Regelung komplexer Systeme war ein angemessenes „variety engineering“[778], verstanden als planvolle Einrichtung von Kanälen, die Vielfalt zugleich ermöglichten und regulierten. Die primäre Herausforderung bei der Einrichtung eines kybernetischen Regelsystems lag darin, durch Dämpfung und Verstärkung die gemessene Vielfalt der zu kontrollierenden Beziehungen mit der internen Vielfalt der Regler in Übereinstimmung zu bringen.

Am Beispiel einer kybernetischen Fabrik erläuterte Beer sein fünfstufiges *Viable Systems Model* (VSM), das die verschiedenen Ebenen der Selbstkontrolle in ein hierarchisch gegliedertes Regelsystem überführte. Auf unterster Stufe („System One“) bestand ein VSM aus einer Vielzahl selbstregulierender Subsysteme (z.B. den einzelnen Arbeitern), die im Austausch mit ihrer jeweiligen Umwelt konkrete Produktionstätigkeiten verrichteten. Die Tätigkeiten dieser Elemente wurden auf der nächsthöheren Ebene („System Two“, z.B. ein Produktionsplan) durch Regeln, Standards, Protokolle und Zeitpläne koordiniert. Auf der dritten Stufe („System Three“, die Fabrikleitung) überwachte ein lokales Management das Zusammenspiel der Arbeitsvorgänge und nahm gegebenenfalls nötige Anpassungen vor. Während die unteren drei Systemebenen das „Day-to-Day-Management“[779] des Unternehmens regelten, befasste sich die nächsthöhere Stufe („System Four“) mit der strategischen Zukunftsplanung. Hier lag gewissermaßen das „Selbstbewusstsein“ des Systems verortet: Beer imaginierte einen computerisierten „operations room“,[780] von dem aus die Systemumwelt beobachtet, zukünftige Entwicklungen und Trends prognostiziert und zugleich eine laufende Adaption an unerwartete Ereignisse vorgenommen wurden. Die Regeln und Heuristiken, nach denen Situationen interpretiert und Entscheidungen getroffen werden konnten, wurden schließlich von der obersten

777 Vgl. Medina 2011, S. 28.
778 Beer 1985, S. 26.
779 Ebd., S. 86.
780 Ebd., S. 117.

Führungsebene („System Five") festgelegt. Hier war die „ultimate authority"[781] verankert und hier gelangte das VSM entsprechend zu einer operationalen Schließung.

Obwohl das VSM über eine vertikale Befehlsachse mit klaren Hierarchien verfügte, betonte Beer die zumindest partielle Autonomie der einzelnen Systemebenen. Die von Ashby beschriebene „erforderliche Vielfalt" wurde erreicht, in dem die einzelnen Bestandteile jeweils nur spezifische Variablen voneinander abfragten. So gesehen verfügte die oberste Führung keineswegs über eine größere Entscheidungsvielfalt als die basalen Regelungsmodule der untersten Stufe – sie operierte lediglich auf einer höheren Systemebene und mit anderer Aufgabenstellung. Ein effektives Management kümmerte sich nicht um die direkte Steuerung der unteren Ebenen, sondern gestaltete Spielräume und Umwelten, um eine indirekte Beeinflussung der Selbstregelung zu erreichen. Ein System, das den unteren Ebenen ihre lokale Handlungsfreiheit verweigerte und stattdessen mit linearen Steuerungsketten operierte, erwies sich nicht nur seiner Struktur nach als totalitär, sondern darüber hinaus schlicht als unfähig, den realweltlichen Komplexitäten gerecht zu werden: „If managerial systems were not basically self-regulating, it would never be possible to manage them. They would generate too much variety for us to cope with."[782]

In den Managementtheorien der 1950er Jahre zeigten sich also bereits verschiedentlich Versuche, das kybernetische Modell der Kontrolle im Rahmen sozialtechnischer Systembildungen zu instrumentalisieren. Die zu führenden Individuen wurden nicht länger als passive Befehlsempfänger gedacht, sondern als aktiv regelnde Subjekte begriffen, die reale Komplexität filtern und so einer Überlastung der Führungsebene entgegenwirken konnten. Beer sah in dieser Dezentralisierung der Kontrolle den einzigen Weg, um ein Management komplexer Systeme möglich zu machen: „Rather than to solve problems it is clever to dissolve them."[783] Zugleich hob er hervor, dass ein kybernetisch modelliertes Regelsystem selbstredend auch von den Fortschritten auf dem Feld der Maschinentechnik profitieren konnte. Kybernetische Apparaturen, die wie Wieners AA-Prädiktor zur rekursiven Selbstkorrektur in der Lage waren, fügten sich wenig überraschend nahtlos in das ohnehin technisch konzipierte Modell. Durch ihre hohe Regelungspräzision und -geschwindigkeit sollten solche Maschinen perspektivisch gar ein unerlässliches Hilfsmittel einer politischen Regierung abgeben: Zwar wollte Beer keine Prognose wagen, bis wann ein großflächiger

781 Ebd., S. 128.
782 Beer 1966, S. 418.
783 Ebd., S. 401.

politischer Einsatz kybernetischer Systemtechnik realisiert werden konnte.[784] Bis es soweit war, ließen sich jedoch auch menschliche Subjekte zu funktionsäquivalenten Regelungseinheiten formen.

7.3 Die Macht der Responsivität

> „Eine gut konstruierte Rückkopplung wird mit ständig sich verringernden Fehlleistungen arbeiten: ihre zu weit oder zu kurz greifenden Abweichungen werden immer geringer, bis sie am Ziel einrastet."
> (Karl W. Deutsch)[785]

Die Management- und Regierungstheorien von Peter F. Drucker oder Stafford Beer hatten sich in erster Linie mit der Frage befasst, wie kybernetische Sozialsysteme eingerichtet werden mussten, um angesichts der kaum zu überblickenden Komplexitäten überhaupt kontrollierbar zu sein. Dabei war die Notwendigkeit hervorgetreten, lokale Selbstregelungen zu fördern und als Mechanismus der Komplexitätsreduktion zu instrumentalisieren. Eine andere Schwerpunktsetzung, die ihren Ausgang ebenfalls von der Untersuchung negativer Rückkopplungsmechanismen nahm, fand sich derweil in den Arbeiten Karl W. Deutschs, der nach der Veröffentlichung seiner kommunikationstheoretischen Studie *Nationalism and Social Communication* damit begonnen hatte, aus der kybernetischen Modellwissenschaft eine allgemeine Theorie des Regierens abzuleiten. In seinem 1963 publizierten Hauptwerk *The Nerves of Government* erläuterte auch Deutsch, dass ein politisches System nach dem Modell eines „selbstregulierenden Netzwerks der Kommunikation"[786] begriffen werden musste. Im Fokus stand hier jedoch die Aufgabe einer Regierung, Ungleichgewichte oder „innere Spannungen"[787] innerhalb der Gesellschaft zu registrieren und sodann entsprechende Maßnahmen zur Wiederherstellung eines Gleichgewichts einzuleiten.

784 Vgl. Beer 1959, S. 149. Tatsächlich sollte Beer 1971 eine Einladung Salvador Allendes erhalten, um in Chile die Implementierung eines *Viable Systems Model* zur Echtzeit-Kontrolle der sozialistischen Planwirtschaft in die Tat umzusetzen. Beers Plan sah vor, die wichtigsten Produktionszentren mit Telex-Maschinen zu vernetzen, deren Signale in einem futuristischen „Operations Room" zusammenlaufen sollten. Dort sollten die Informationen visualisiert, in einer Computersimulation verarbeitet und entsprechende Anweisungen an die einzelnen Produktionsstätten rückgemeldet werden. Die lesenswerte Geschichte des *Project Cybersyn*, das durch den Militärputsch von 1973 ein jähes Ende fand und in vielerlei Hinsicht „a dream unfulfilled" (Beer 1981, S. 268) blieb, wird ausführlich dargelegt in Medina 2011; vgl. zuvor auch schon Pias 2005.

785 Deutsch [1963] 1969, S. 142.

786 Ebd., S. 131.

787 Ebd., S. 145.

Ob und inwiefern ein politisches System Stabilität erzeugen und damit den eigenen Fortbestand sichern konnte, hing in Deutschs Augen wesentlich von dessen Fähigkeit ab, im Modus negativer Rückkopplung auf entstehende Schwankungen und Instabilitäten zu reagieren. Aus technischer Sicht entscheidend waren dabei zum einen die zeitliche „Verzögerung“ (*lag*) mit der die Anpassungen erfolgten, zum anderen der „Gewinn“ (*gain*), also die Stärke der initiierten Korrektur.

Ob ein System zeitnah und in angemessener Intensität auf kontingente Entwicklungen reagieren konnte, hing von einer Reihe technischer Faktoren ab, die in Deutschs Augen einer quantitativ-empirischen Untersuchung zugänglich waren. Wichtig war zunächst die Verfasstheit der „Empfangsorgane“,[788] mit denen ein System ausgestattet war, um korrekturbedürftige Abweichungen registrieren zu können. Je mehr Informationen über externe Umwelt- und interne Systemzustände verfügbar waren und je sensibler diese registriert wurden, desto frühzeitiger konnten entstehende Probleme erkannt und konnte gegebenenfalls eine Gegenreaktion initiiert werden. Zugleich fand auf Ebene der Empfangsorgane bereits eine erste filternde Selektion statt, insofern dort irrelevante von relevanten Informationen unterschieden und nur letztere in das politische System eingespeist wurden. In der Konfiguration diese Filtermechanismen erkannte Deutsch die kulturellen „Werte“ eines politischen Systems manifestiert. Aus ihnen ergab sich eine Präferenzstruktur, die darüber entschied, welchen Ereignisse überhaupt wahrgenommen und mit welcher Dringlichkeit sie behandelt wurden.

Ein weiteres zentrales Funktionselement neben den Empfangsorganen war im „Speicher“ oder „Gedächtnis”[789] eines Regierungssystems zu finden, wo die aufgenommenen Informationen in kodierter Form abgelegt und zur Weiterverarbeitung aufbereitet wurden. Hier lagerten folglich die „Erinnerungen“ des Systems an vergangene Ereignisse, Reaktionen und Resultate. Der „Speicher“ war in einem materialen Sinne zu verstehen, wenngleich seine konkrete Form nicht vorherbestimmt war: Gespeichert werden konnte „durch Veränderung elektrischer Ladungen und ihrer Verteilungsmuster in verschiedenen elektronischen Geräten, durch Veränderung der Wirkmuster von Zellen im Nervengewebe, durch eine bestimmte Verteilung von Schriftzeichen auf Papier.“[790] In jedem Fall wurden die empfangenen Informationen katalogisiert, kategorisiert und zu

788 Ebd., S. 342.

789 Ebd., S. 138f. Der englische Begriff „memory“ wurde in der deutschen Ausgabe mit „Gedächtnis“ übersetzt, wodurch die technische Konnotation (Deutsch übernahm den Begriff aus der Rechentechnik) verloren ging.

790 Ebd., S. 138.

„sekundären Nachrichten“[791] verknüpft, wobei auch diese Vorgänge von der Werte- oder Präferenzstruktur des Systems geprägt waren. Auch der Speicher erfüllte eine Selektions- und Filterungsfunktion, insofern die eintreffenden Informationsströme nach spezifischen Kriterien geordnet wurden.

Die technische Ebene, auf der eine simultane Sichtung und Verarbeitung ausgewählter Sekundärnachrichten stattfinden konnte, bezeichnete Deutsch als das „Bewußtsein“[792] des politischen Systems. Eintreffende Informationen wurden hier mit den im Speicher abgelegten Erinnerungen an vergangene Ereignisse, Verhaltensmuster und Konsequenzen konfrontiert, wodurch eine Interpretation der Nachrichten möglich wurde. Zugleich wurden die Informationsströme in dieser Phase auf eine Entscheidung hin perspektiviert. Mit besserer Informationslage wuchs die Wahrscheinlichkeit, dass die aus der Entscheidung resultierende Aktion auch den erhofften Effekt zeitigen würde. Allerdings galt es zu berücksichtigen, dass eine umfangreiche Auswertung von Informationen kostbare Zeit in Anspruch nahm, wodurch sich eine Entscheidung gegebenenfalls in problematischer Weise verzögern konnte. Wie viel Zeit sich ein System mit der Datensammlung und -analyse ließ bevor es eine Reaktion initiierte, hing in Deutschs Modell von der Variable „Willen“ ab, die behutsam konfiguriert werden musste: Ein allzu „willensstarkes“ System neigte zu überhasteten Entscheidungen ohne gründliche Prüfung aller verfügbaren Informationen, wohingegen sich ein „willensschwaches“ zu einer Entscheidung gar nicht erst durchringen konnte.[793]

Deutsch hatte damit die wesentlichen Elemente eines rückgekoppelten Regierens in technischen Kategorien beschrieben. Die Leistungsfähigkeit eines politischen Systems ließ sich demnach an der Sensibilität seiner „Empfangsorgane“, an den Kapazitäten seines „Speichers“ und an der Verarbeitungsgeschwindigkeit seines „Bewusstseins“ ablesen. Rückkopplung war in Deutschs Augen keineswegs eine marginaler Vorgang, sondern die grundlegende Operation einer selbstbestimmten und effektiven Regierung. Erst durch funktionierende Feedbackmechanismen wurde ein System in die Lage versetzt, kontinuierlich aus den eigenen Erfahrungen zu lernen und interne Strukturanpassungen oder Zieländerungen vorzunehmen. So gesehen waren kybernetische Regelkreise die technische Vorbedingung für das Entstehen von politischer „Autonomie“: Wo Rückkopplungen versagten, gab es „keine Steuerung mehr, sondern nur noch ein Dahintreiben unter äußeren Einflüssen oder einen Leerlauf von früher empfangenen Impulsen oder beides zugleich.“[794] Das Schicksal eines politischen

791 Ebd., S. 154.
792 Ebd., S. 154ff.
793 Ebd., S. 162ff.
794 Ebd., S. 192.

Systems war unmittelbar an den Erhalt und den Ausbau von Informations- und Regelungskapazitäten geknüpft.

Mit der Untersuchung von Rückkopplungsmechanismen wurde für Deutsch die „Lernfähigkeit" des Systems zur entscheidenden normativen Kategorie. Eine gute Regierung war stets und in erster Linie als lernende Regierung zu denken, die ihre Techniken der Informationsverarbeitung nutzte, um laufend partielle oder gar fundamentale Anpassungen der eigenen Operationen und Strategien vorzunehmen. Unabhängig vom Erreichen je spezifischer politischer Ziele existierte für Deutsch ein gouvernementaler Imperativ, einerseits die Kapazitäten der Informationserfassung und -auswertung, andererseits die Fähigkeit zur internen Neuordnung und Rekombination von Strukturmustern zu erhöhen. Entwicklungstendenzen, die mit einer Verringerung dieser Leistungen einhergingen, betrachtete er hingegen als „pathologisch":[795] Wo sich Sensibilität oder Speicherplatz verringerten, wo Kommunikationskanäle überlastet oder blockiert waren oder sich Systemstrukturen auf problematische Weise verfestigten und so an Flexibilität einbüßten, drohte das System an der eigenen Starrheit zu zerbrechen.

Die Modellierung des Staates als einem nicht lenkenden, sondern lernenden Akteur, der sich nicht primär durch seine Durchsetzungskraft, sondern durch seine Sensibilität und seine Fähigkeit zur Erfassung und Verarbeitung von Informationen auszeichnete, führte Deutsch zu einer folgenreichen Neueinschätzung des Machtproblems in der Politik: „Macht", verstanden als „Fähigkeit einer Person oder Organisation, ihrer Umwelt die Extrapolation oder Projektion ihrer inneren Struktur aufzuzwingen",[796] war unter kybernetischen Vorzeichen nicht länger ein geeignetes Maß für die Stärke einer Regierung, weil dieses Verständnis der Idee einer mechanischen Formung verhaftet blieb. Zwar machte sich Deutsch keine Illusionen, dass die Durchsetzung gouvernementaler Direktiven durch Zwangsmaßnahmen in Ausnahmefällen gerechtfertigt oder gar unumgänglich sein konnte. Dennoch sollten diese Maßnahmen nur dort zum Einsatz kommen, wo subtilere Mechanismen kybernetischer Koordination und Regelung versagten. Eine in erster Linie auf „Macht" im Weberianischen Sinne gestützte Regierung war für Deutsch langfristig nicht überlebensfähig: Sie privilegierte den linearen „Output" gegenüber der Empfänglichkeit für Rückkopplungen und machte übermäßigen Gebrauch von der „Möglichkeit, zu reden anstatt zuzuhören. Macht hat in gewissem Sinne derjenige, der es sich leisten kann, nichts lernen zu müssen."[797] Eben in dieser Lernfähigkeit sah Deutsch aber den entscheidenden Leistungsindikator eines politischen Systems. Regie-

795 Vgl. ebd., S. 308ff.
796 Ebd., S. 171.
797 Ebd.

rung war weniger ein Problem der „Macht“, als vielmehr ein Problem rekursiver „Kontrolle“: Das effektivste System war jenes, das sich schnell, flexibel und passgenau auf veränderte Umweltbedingungen einstellen konnte.

Tatsächlich vertrat Deutsch die Ansicht, dass sich eine „Geschichte der Revolutionen weitgehend als die Geschichte einer ungenügenden internen Nachrichtenversorgung der gestürzten Regierungen“[798] schreiben ließ. Demnach waren die großen Imperien der Vergangenheit nicht an zu wenig, sondern eher an zu viel Macht zugrunde gegangen. Eine zu hohe Machtkonzentration führte zur Rückbildung von Sensibilität und Flexibilität, und ging so nahezu zwangsläufig mit einer Abschottung des Systems einher. Stattdessen aber musste die gouvernementale Aufmerksamkeit auf die „Erweiterung aller inneren Anlagen, die eine ununterbrochen störungsfreie Anpassung mit hoher Geschwindigkeit bewältigen können“[799] gerichtet werden. Der idealtypische Fluchtpunkt war folglich ein Staat, der sämtliche relevanten Informationen erfassen oder antizipieren und so eine nahezu instantane Aussteuerung kontingenter Ereignisse erreichen konnte. Wo die technische Durchdringung der Gesellschaft weit genug fortgeschritten war, um eine solche Echtzeit-Koordination zu gewährleisten, hielt Deutsch es gar für denkbar, dass ein mit Zwangsmaßnahmen operierender Staat langfristig überflüssig werden und „absterben“ könne: In Deutschs Verweis auf die „unsterbliche Vision einer letzten Endes zwangsfreien Welt“[800] wurde die schillernde Dialektik einer kybernetischen Gouvernementalität evident: Sie zielte auf die Aufhebung hierarchischer Herrschaft in einem ubiquitären Milieu totaler Kontrolle.

Der Aufbau und Erhalt von Regelungskapazitäten wurde von Deutsch nicht nur als überlebensnotwendig erachtet, sondern auch als ein technisches Problem beschrieben, das durch die kybernetischen Modelle präziser adressiert werden konnte. So hob Deutsch hervor, dass die in einem Regierungssystem zirkulierenden Informations- und Kontrollströme im Rückgriff auf Shannons mathematische Kommunikationstheorie einer empirischen Messung zugänglich wurden. Nicht nur die Menge der verarbeiteten Informationen, sondern auch die Latenz zwischen registriertem Ereignis und erfolgender Reaktion oder die Fähigkeit, das Eintreffen bestimmter Situationen im Voraus zu antizipieren und entsprechend den Grad der Überraschung zu reduzieren, ließen sich in einem quantitativen Raster untersuchen. Vor allem war es naheliegend, über eine Optimierung der Rückkopplungskapazitäten nachzudenken, die zu erreichen war, „indem man die Vielfalt, Flexibilität und Zahl der inneren Kommunikationsmöglichkei-

798 Ebd. S. 227.
799 Ebd., S. 197.
800 Ebd., S. 187.

ten steigert."[801] Wenig überraschend, waren es die kybernetischen Techniken der elektronischen Datenverarbeitung, die sich für eine solche Leistungssteigerung anboten. Zwar hatte Deutsch in kybernetischem Vokabular Prozesse beschrieben, die in seinen Augen bislang in erster Linie von menschlichen Akteuren und politischen Institutionen bewerkstelligt wurden. Aber zugleich schien eine „vollautomatische" Bearbeitung von Regierungsproblemen in Reichweite gerückt:

> „Elektronische Rechenmaschinen würden dann nicht nur das Sammeln, Verschlüsseln und Vergleichen der primären Nachrichten besorgen, sondern zugleich diese Nachrichten mit ausgewählten Daten konfrontieren, die automatisch aus dem Speichersystem angeschlossener Datenrechner abzurufen wären, und sie würden schließlich die miteinander konfrontierten neuen und gespeicherten Daten interpretieren und gegebenenfalls eine Defensivaktion oder einen Gegenschlag empfehlen."[802]

Zwar warnte Deutsch, wie zuvor bereits Dominique Dubarle und Norbert Wiener, vor den Gefahren der „voreiligen"[803] Einrichtung einer kybernetischen „Regierungsmaschine", aber doch war nicht zu verkennen, dass in *The Nerves of Government* das Modell einer solchen Maschine entworfen und damit eine reale Technisierung des Regierungsvorgangs bereits diskursiv vorbereitet war.

Im Laufe der 1950er und frühen 1960er Jahre war das kybernetische Prinzip der negativen Rückkopplung also verschiedentlich im Rahmen gouvernementaler Erwägungen aufgegriffen und produktiv gemacht worden: Nicht nur war bereits in Lewins Gruppenexperimenten deutlich geworden, dass eine auf Selbstregelung und kontinuierlichem Feedback basierende Sozialstruktur gegenüber hierarchischeren Organisationsformen in vielfacher Hinsicht überlegen war. Sie entsprach darüber hinaus auch eher jener menschlichen „Natur", die in den verhaltenspsychologischen Studien von Miller, Galanter und Pribram zum Ausdruck gekommen war. Zum einen ließen sich also die Zielobjekte des Regierens – Individuum und Bevölkerung – als rückgekoppelte Regelungsinstanzen verstehen, die im Rahmen von Systembildungen produktiv gemacht werden konnten und mussten. Bei Drucker, Ashby oder Beer fanden sich Modelle sozialer Organisation vorgezeichnet, die als Hierarchien teilautonomer, selbstregulierender Instanzen entworfen waren: Auch den unteren Hierarchieebenen wurde die „Freiheit" zugestanden, innerhalb festgelegter Spielräume eigene Entscheidungen zu treffen. Die Umstellung von zentralistischer Steuerung auf geordnete

801 Ebd., S. 197.
802 Ebd., S. 158f.
803 Ebd., S. 159.

Selbstregulation sollte die Führungsspitze entlasten und zugleich eine flexiblere Koordination des Gesamtsystems erreichen. Zum anderen ließ sich, das war bei Deutsch deutlich geworden, der Regierungsvorgang selbst als rückgekoppelte Verarbeitung von Informationsströmen modellieren. Der politischen Führung kam nicht in erster Linie die Aufgabe zu, Umwelten nach ihren Vorstellungen zu formen. Vielmehr galt es, laufend Feedbacks abzutasten und die eigenen Versuche einer indirekten Beeinflussung immer wieder aufs Neue an den eintreffenden Daten auszurichten. „Regierung“ war damit als eine Regelung von Regelungen entworfen, die zwar auf die Aktivierung von Selbstregulationsprozessen innerhalb des Bevölkerungskörpers zielte, zugleich aber ein hochsensibles und zeitkritisches *Monitoring* dieser Prozesse betrieb, in dem kontinuierlich Informationen erfasst und ausgewertet werden mussten.

7.4 Partizipation und Kontrolle

> „Computers are no longer seen as merely the means for improving existing functions. As they appear throughout the country, they are the harbingers of entirely new functions – formidable weapons in the arsenal of the War on Poverty and essential stepping stones to the Great Society.“
> (Robert MacBride)[804]

Auch wenn die Texte der kybernetischen Management- und Regierungstheoretiker zumeist in einem technisch-abstrakten Duktus gehalten waren, zeigte sich Anfang der 1960er Jahre, dass ihre Überlegungen zur effizienten Einrichtung und Kontrolle eines Regierungssystems auch in der US-amerikanischen Realpolitik auf offene Ohren stießen. In den umfassenden Reformprogrammen der Johnson-Administration ließen sich Versuche ausmachen, kybernetisch-„postmoderne“ Regelungstheorie in eine gouvernementale Strategie zu überführen. Gestützt auf politik- und sozialwissenschaftliche Expertise, zielten die sogenannten „Great Society“-Reformen auf eine „systemische“ Bekämpfung der immer deutlicher hervortretenden sozialen Verwerfungen. Nicht länger sollten die negativen Folgen von Armut, Kriminalität und Rassismus lediglich kosmetisch korrigiert werden. Vielmehr sollten im Rückgriff auf Expertenwissen und neueste Technologien tiefgreifende strukturelle Transformationen angestoßen werden, um die identifizierten Probleme an der Wurzel zu packen. Gelingen sollte dies durch eine Verbindung jener Maßnahmen, die in den kybernetischen Regelungstheorien bereits seit geraumer Zeit diskutiert wurden: Zum einen durch eine stärkere Einbeziehung der betroffenen Bevölkerungsteile und ihrer

804 Macbride 1967, S. 90.

Problemlösungskompetenzen, zum anderen durch einen weitreichenden Ausbau der Informations- und Regelungskapazitäten der staatlichen Verwaltung.

Kernbestandteil der „Great Society"-Reformen war der „unconditional war on poverty in America", den Präsident Johnson 1964 nach Amtsantritt in seiner Ansprache zur Lage der Nation erklärte hatte.[805] Obgleich die 1960er Jahre für große Teile der amerikanischen Mittelschicht eine Phase ökonomischer Prosperität bedeuteten, wuchs auf Regierungsseite die Sorge vor einer unter der Oberfläche des Wohlstands verborgenen „Kultur der Armut", wie sie Michael Harington 1962 öffentlichkeitswirksam in *The Other America* beschrieben hatte.[806] Harringtons Text argumentierte, dass Armut nicht einfach als Effekt einer ökonomischen Benachteiligung verstanden werden könne. Die Ursachen seien vielmehr auf einer tieferliegenden Ebene auszumachen: Ganze Bevölkerungsteile drohten demnach den Anschluss an die bürgerliche Gesellschaft zu verlieren, weil für sie keine ausreichenden Möglichkeiten der Partizipation am kulturellen und politischen Leben bestanden. Diese fehlenden Einflussmöglichkeiten hätten zu weitgehender Apathie, Entfremdung und Passivität geführt. Vor allem die ökonomisch schwächeren afroamerikanischen Bevölkerungsschichten wurden in einem Kreislauf verortet, in dem sie vermeintlich nicht nur ihre Armut, sondern vor allem ihre eigene Unselbstständigkeit reproduzierten. Lediglich mit monetärer Fürsorge war einer solchen Dynamik nicht beizukommen: Stattdessen galt es, die Betroffenen in eine Position zu versetzen, in der sie ihre Probleme eigenständig lösen konnten – „Empowerment" als gouvernementale Strategie.[807]

Immer deutlicher begann sich unter politischen Planern und Intellektuellen die Ansicht durchzusetzen, dass soziale Probleme nicht *für* die Betroffenen, sondern nur *mit* ihnen gelöst werden konnten. Bekräftigt wurde diese neue Strategie einer „Hilfe zur Selbsthilfe" durch den Eindruck, dass die bisherigen Regierungsanstrengungen zur Armutsbekämpfung an den Zielgruppen vorbei entwickelt worden waren. Einzelne Maßnahmen waren isoliert und unkoordiniert verlaufen, und wo sie die Armen überhaupt erreichten, hatten sie sich als ungeeignet erwiesen.[808] Eine zentrale Planung der wohlfahrtsstaatlichen Fürsorge erwies sich angesichts der Heterogenität der Problemlagen und -kontexte als zu undifferenziert – sie verfügte nicht über die „erforderliche Vielfalt" im Sinne Ashbys. Folglich mangelte es in der staatlichen Alimentation genau an jener Responsivität, die Karl W. Deutsch zur Voraussetzung einer gelingenden staat-

805 Zum „War on Poverty" der Johnson-Administration vgl. u.a. Marris/Rein 1967; Sundquist (Hrsg.) 1969; Moynihan 1969; O'Connor 2009.

806 Harrington 1962.

807 Vgl Cruikshank 1999; Bröckling 2007, S. 180ff.

808 Vgl. Jardini 2000, S. 330.

lichen Regelung im kybernetischen Sinne gemacht hatte. Kritiker monierten, dass „the centralized machinery of (...) government is too cumbersome and too intensitive to particularistic local needs to deliver public services to a heterogeneous population on an effective basis."[809] Auch von Seiten lokaler Initiativen und Interessengruppen wurden Forderungen laut, dass eine funktionierende Koordination und Planung nicht in Washington, sondern vor Ort und unter Berücksichtigung kontextueller Besonderheiten zu erfolgen hatte. Die wiederkehrende Kritik, mit der sich die verantwortlichen Entscheidungsträger konfrontiert sahen, ließ sich auf die einfache Aussage bringen: „For God's sake, quit planning for us."[810]

Der 1964 von der Johnson-Regierung erlassene „Economic Opportunity Act" formulierte stattdessen das Ziel, die Reformen gegen Armut mit der „maximum feasible participation" der betroffenen Bevölkerungsteile umzusetzen.[811] Statt die Armen lediglich als passive Empfänger von Leistungen zu begreifen, wurde nun die Frage aufgeworfen, wie sich deren Problemlösungskompetenzen aktivieren, fördern und instrumentalisieren ließen. Im neu gegründeten *Office of Economic Opportunity* (OEO) wurde zu diesem Zweck das sogenannte „Community Action Program" (CAP) entwickelt, das auf die Durchführung partizipativer Förderprojekte an sozialen Brennpunkten zielte. Wie Präsident Johnson persönlich vor dem Kongress erläuterte, lag dem Programm die Annahme zugrunde, „that local citizens best understand their own problems, and know best how to deal with those problems."[812] In den von Armut besonders betroffenen Gebieten wurden *Community Action Agencies* eingerichtet, in denen die Zielgruppen der wohlfahrtsstaatlichen Unterstützung die Planung, Durchführung und Verwaltung entsprechender Maßnahmen selbst in die Hand nehmen sollten. Auf diese Weise sollte nicht nur eine genauere Passung der Reformen erreicht werden, sondern vor allem sollten die Armen durch aktive Teilhabe aus ihrer vermeintlichen Apathie befreit und so jener verhängnisvolle „sense of powerlessness"[813] beseitigt werden, der als eigentliche Ursache des Armutsproblems ausgemacht worden war.

Bis 1965 waren über eintausend Bürgerzentren entstanden, in denen in lokaler Selbstverwaltung Sozialprojekte konzipiert und durchgeführt werden konnten. Neben Arbeitsvermittlung und beruflicher Weiterbildung wurde auch Sexualaufklärung, Drogen- und Rechtshilfe oder Vorschulförderung angebo-

809 Eisinger 1972, S. 131.
810 Boone, z.n. Jardini 2000, S. 330.
811 EOA 1964, S. 13.
812 Johnson 1964, o.S.
813 Cruikshank 1999, S. 73.

ten.[814] Die Einwohner vor Ort konnten nicht nur über die Zusammenstellung der Maßnahmen entscheiden, sondern waren auch aktiv in deren Umsetzung einbezogen. Durch diese gezielte Förderung von Eigeninitiative sollte perspektivisch eine selbstständige Problemlösung an Ort und Stelle erreicht werden. Wie ein für das OEO tätiger Koordinator verdeutlichte, lag das übergeordnete Ziel des „Community Action Program" in der Mobilisierung lokaler Selbstregulationspotenziale: „[T]he poor themselves must identifiy their problems, devise solutions, and execute these decisions. The main advantage does not come from the school built, or the program successfully completed. It comes from participation, from the use of their own power. It also comes from making mistakes and learning from them."[815] Statt ärmeren Bürgern lediglich finanzielle Unterstützung zu gewähren, wurden diese als freiwillige Mitarbeiter rekrutiert und mit Gestaltungs- und Entscheidungsbefugnissen ausgestattet.

Zum Zweck einer lokalen Entscheidungsfindung und Problemlösung konnten nun jene „demokratischen" Kommunikations- und Koordinationsverfahren eingesetzt werden, deren Effektivität bereits Kurt Lewin unter Beweis gestellt hatte: In angeleiteten Gruppendiskussionen und Meinungsforen sollten möglichst passgenaue Lösungen unter Einbeziehung aller Beteiligten entstehen. Zwar wurde die Diskussionsleitung von ausgebildeten Sozialarbeitern übernommen, aber deren Aufgabe sollte in erster Linie darin bestehen, die Diskussionsteilnehmer zu möglichst produktiven Rückmeldungen zu animieren und so die Selbstorganisation der Gruppe zu stärken. Im Wortlaut klang das nahezu identisch wie jene Forderungen an einen „democratic leader", die Lewin rund fünfzehn Jahre zuvor in seiner kybernetischen Gruppenpsychologie erhoben hatte: „The experts' ultimate objective, (...) must be to make themselves superfluous, vacating in favor of leaders indigenous to the participant groups."[816] Ähnlich wie die kybernetischen Theoretiker sahen viele Verfechter der neuen Sozialreformen in der Selbstkontrolle von Individuen und Gemeinschaften eine Art „Naturzustand", der nur vorübergehend durch ein allzu mechanisches Politikverständnis verdrängt worden war.[817]

Neben der erklärten Zielsetzung, die „chronisch armen" Bevölkerungsteile durch eine angeleitete Selbsthilfe in das soziale und ökonomische Leben zu integrieren, konnten die partizipativen Reformprogramme auch als Experiment hinsichtlich der institutionellen Reorganisation und Dezentralisierung staatlicher Verwaltungsaufgaben betrachtet werden.[818] In der Organisationsstruktur der

814 Vgl. Forget 2011, S. 209.
815 Haddad z.n. Forget 2011, S. 210.
816 Bachrach/Baratz/Levi z.n. Cruikshank, S. 84.
817 Vgl. Eisinger 1972, S. 135.
818 Vgl. Flanagan 2001, S. 585f.

selbstverwalteten Bürgerzentren ließen sich jene Prämissen wiederfinden, die bei Drucker, Ashby oder Beer als Kennzeichen eines kybernetischen Sozialmanagements hervorgehoben wurden: Die durch das Land verteilten „Community Action Agencies“ waren als selbstregulierende Operationseinheiten zu verstehen, die sich gleichwohl zu einem „viablen“ Gesamtsystem fügen sollten. Die Integration teilautonomer Knotenpunkte in einen höherstufig regelbaren Zusammenhang sollte gelingen, in dem entstehende Komplexitäten noch vor Ort „gedämpft“ wurden. Aus Regierungssicht fungierten die Bürgerzentren als *Black Boxes,* die den Diskussionsprozess der lokalen Gemeinschaften regelten und lediglich dessen Ergebnisse als „Output“ kommunizierten.

Um die Varietät dieses Outputs auf einem zu bewältigenden Niveau zu halten, waren von Regierungsseite Entscheidungsmöglichkeiten in Form genormter Programmbausteine vorgegeben: Die kommunalen Zentren sollten folglich aus einem „Menü“ von Modulen ein individuelles Aktionsprogramm nach den Wünschen der Bürger zusammenstellen.[819] So konnte trotz dezentraler Entscheidungsprozesse eine Kontrolle des gesamten Prozesses gewährleistet werden, indem schlicht zentral festgelegt wurde, zwischen welchen Optionen lokal überhaupt entschieden werden konnte. Die Vorstrukturierung von Wahlmöglichkeiten zielte auf die Produktion einer „erforderlichen Vielfalt“ im Sinne Ashbys: Heterogene Bedürfnisse und Forderungen wurden auf eine überschaubare Anzahl möglicher Outputs gebracht, so dass ein responsiveres Regieren möglich wurde, ohne dabei einen „information overload“ zu produzieren.[820] Statt von einer autonomen „community control“ war dann eher von einem mehrstufigen „control sharing“ zu sprechen[821]: Lokale Regelungsvorgänge fanden in einem staatlich kontrollierten Rahmen statt. Dezentralisierung und Kontrolle waren dann nicht länger als Gegensätze zu denken: „Neighborhood level discretion can be retained under guidelines and principles supplied by a central authority. That is, decentralized community control can take place within a federal framework.“[822] Durch ein Mehr an Partizipation wurde die staatliche

---

819 Das „Headstart“-Programm bot etwa Sprachtraining für Vorschulkinder und wurde von den CAP-Organisationen gemeinsam mit lokalen Schulbehörden realisiert. Das „Nelson Amendment“-Programm rekrutierte Arbeitslose ohne formelle Ausbildung für die Pflege öffentlicher Plätze und Parks. Das „Foster Grandparents“-Programm vermittelte Senioren als „Ersatzeltern“ an gefährdete Kinder. Zu den vorgefertigten Programmbausteinen der CAPs vgl. auch Stoloff 1973, S. 241.

820 Die politischen Gefahren einer solchen Informationsüberlastung hatte neben Karl W. Deutsch auch Richard L. Meier (1962) dargelegt.

821 Vgl. Eisinger 1971.

822 Eisinger 1972, S. 145. Zum „Control Sharing“ als politischer Regelung vgl. auch Eisinger 1971.

Kontrolle nicht unterlaufen, sondern vielmehr intensiviert, insofern sie durch die Regierten selbst an die eigenen Lebensumstände angepasst wurde.

Während durch die Normierung von Entscheidungsräumen eine „Dämpfung“ von Komplexität im Sinne Beers erreicht wurde, war parallel auch an einer technischen Verstärkung der gouvernementalen Regelungskapazitäten gearbeitet worden. Die Stärkung von Bürgerpartizipation zum Zwecke einer responsiveren Regierung produzierte trotz vorstrukturierter Verfahren ein immenses Datenmaterial, das zeitnah bewältigt werden musste, wenn Maßnahmen die gewünschten Effekte zeitigen sollten. Lyndon B. Johnson selbst räumte ein, dass „present methods of storing, indexing and collating do not permit maximum use of these data. With new information technology now available, it is possible to make these systems both more efficient and, at the same time, more useful.“[823] Tatsächlich wurde in der amerikanischen Kommunalverwaltung bereits verschiedentlich der Einsatz computerisierter Datenbanken erprobt (vgl. auch Kap. 6.4): Pittsburgh verfügte seit 1960 über einen IBM-Rechner, kurz darauf wurde auch in Detroit und Los Angeles ein „Community Program Information System“ installiert, um die im Rahmen der CAPs anfallenden Datenmengen zu verarbeiten.[824] Mit Hilfe des Systems ließen sich monatliche Berichte über die Entwicklung der Förderungsprogramme erstellen. Insgesamt 24 statistische Indikatoren wurden dort erfasst, darunter die Anzahl registrierter Sozialhilfeempfänger und Straftaten, aber auch Geschlechtskrankheiten oder Schulabbrüche.[825] Neben einer laufenden Erfolgskontrolle einzelner Maßnahmen ließen sich die erfassten Zeitreihen in die Zukunft extrapolieren oder wechselseitig zueinander in Beziehung setzen. So konnte etwa die Anzahl der Schulabbrecher in Relation zur Kriminalitätsrate betrachtet werden.

Aus staatlicher Sicht ergab sich gleichwohl das Problem, dass die Daten lokal von verschiedenen Einrichtungen und nach sehr unterschiedlichen Kriterien erfasst wurden. 1965 kritisierte ein Bericht des *Social Science Research Council*, dass über verschiedenste Behörden verteilt mehr als 600 größere Datensätze existierten, die jedoch untereinander nicht kompatibel waren. Der Bericht plädierte für eine Standardisierung und Zusammenführung des Datenmaterials in einem „National Data Center.“[826] Auch die Berater des *Bureau of the Budget* stimmten in die Forderung nach einer zentralen Speicherung der verfügbaren Daten ein, um mögliche Zusammenhänge und Querverbindungen zwischen verschiedenen Entwicklungen sichtbar machen zu können: „The cen-

823 Johnson z.n. Kraus 2011, S. 10f.

824 Vgl. Community Analysis Bureau 1972; Zum Computereinsatz in der Stadtplanung der 1960er Jahre vgl. auch Light 2005, S. 79.

825 Vgl. MacBride 1967, S. 98.

826 Vgl. die Dokumente in MacBride 1967, S. 300ff. (Appendix 3).

tral problem of data use is one of associating numerical records and the greatest deficiency of the existing Federal statistical system is its failure to provide access to data in a way that permits the association of the elements of data sets in order to identify and measure the interrelationship among interdependent or related observations.“[827] Erst durch die Verknüpfung der lokal produzierten Daten entstehe ein „big picture“, das es zugleich erlaube, die Wirksamkeit einzelner Regierungsmaßnahmen einer Evaluation zu unterziehen.

Das „National Data Center“ sollte also nicht lediglich Primärdaten sammeln, sondern im Sinne Karl W. Deutschs vor allem „sekundäre Nachrichten“ über diese Daten erzeugen. Die aus der Vereinheitlichung, Kategorisierung und Relationierung von Informationen hervorgehenden Muster konnten, so die Vision, zur Grundlage weiterer Planungen gemacht werden: „[T]he computer system itself, as it records, processes, and stores all this source data, becomes a source of information. In many respects, it is a far richer source than the activity itself (...).“[828] Eine von Präsident Johnson eingesetzte Arbeitsgruppe prüfte den Vorschlag und kam zu dem Ergebnis, dass durch ein nationales Datenzentrum tatsächlich große Kosteneinsparungen bei einer gleichzeitigen Effizienzsteigerung von Verwaltungsvorgängen erreicht werden konnten. Demnach sollten perspektivisch alle lokal erfassten Daten von gouvernementaler Relevanz in ein zentrales Inventar überführt werden, darunter Zensusinformationen, Statistiken zu Arbeitsmarkt und Sozialversicherungen, sowie die Datensätze der Polizei-, Gesundheits- und Steuerbehörden. Die Mitarbeiter des Datenzentrums sollten die Erhebungen nicht selbst vornehmen, sondern für einheitliche Standards sorgen und das Datenmaterial „in usable and accessible form“ aufbereiten.[829]

Vor allem aber plädierte die Arbeitsgruppe dafür, die einmal erhobenen und aufbereiteten Daten im Anschluss möglichst uneingeschränkt wieder zur Verfügung zu stellen. Nicht nur die Regierungsmitarbeiter in Washington, sondern auch Universitäten, lokale Verwaltungen und Bürgerzentren sollten – unter Berücksichtigung nicht näher spezifizierter „confidentiality requirements“ – von den aufbereiteten Datensätzen Gebrauch machen können.[830] Das Datenzentrum sollte folglich nicht nur einer laufenden Kontrolle lokaler Regelungsvorgänge dienen, sondern selbst eine kontinuierliche Quelle des Feedbacks abgeben, an der sich diese Regelungen ausrichten konnten. Schon bald darauf wurden Forderungen laut, die staatliche Unterstützung kommunaler Förderprogramme an die Bedingung zu knüpfen, dass die entsprechenden Einrichtungen „agree to create

827 Dunn in ebd., S. 328 (Appendix 3).

828 Ebd., S. 82.

829 Report of the Task Force on the Storage of and Access to Government Statistics 1966, z.n. Kraus 2011, S. 11.

830 Vgl. Kraus 2011, S. 12.

and organize its data processing facilities along lines specified by the Federal grant-making authorities."[831] Edward Kennedy, Senator des Bundesstaates Massachusetts, schwebte gar vor, das gesamte *Community Action Program* als Computernetzwerk einzurichten:

> „What I have in mind is a computer-based Information system, using satellite centers, which would provide each State and local government with detailed information on which [community] programs were available to it and which would be most appropriate for it. With a profile of each community, a satellite Computer could be programmed to inform the community of what new programs are available, what programs have filled their quotas, what programs have changed, and what programs have been discontinued. In every case, the information provided would be based on the needs of the State or community in question."[832]

In den Diskussionen über die Einrichtung eines nationalen Datenzentrums wurde eine wesentliche Aufgabe des Staates darin erkannt, Informationen nicht nur zu sammeln, sondern diese in aggregierter Form aufzubereiten und zeitnah für weitere Operationen produktiv zu machen. Das staatliche Informationssystem, an das selbstregelnde Entitäten auf verschiedensten Ebenen angeschlossen werden konnten, sollte zur technischen Grundlage eines kybernetischen Milieus werden, in dem Entscheidungen auf einer jederzeit aktuellen Informationsgrundlage möglich wurden. Die Regierung fungierte in diesem Modell als „information broker"[833], der Daten von lokalen Knotenpunkten abtastete, mit einem umfassenden Bestand verrechnete und die Ergebnisse als Feedback auf die lokale Ebene zurückspeiste. Die Erhöhung gouvernementaler Responsivität durch computerisierte Datenverarbeitung verlief in zwei Richtungen: Einerseits blieb die nationale Regierung über Entwicklungen auf lokaler Ebene informiert, andererseits konnte dort das Vorgehen laufend mit einer zentralen Datenbank abgeglichen werden.

Wie weit diese Responsivität einer Regierung theoretisch reichen konnte, wurde an populären Texten wie Robert MacBrides *The Automated State* ersichtlich, in denen die politischen Konsequenzen der kybernetischen Revolution für ein breites Publikum erörtert wurden. MacBride zeichnete schon für die nahe Zukunft das Bild einer kontinuierlichen Rückkopplungsschleife zwischen individuellen Bürgern und staatlichem Informationssystem, in der – so die Verbindung von Kybernetik und liberalem Individualismus – jedem Subjekt eine maßgeschneiderte Form von Regierung zukommen könne. Personalisierte Versicherungs- oder Steuersätze seien ebenso denkbar wie ein passgenaues „matching"

831 MacBride 1967, S. 110.

832 Kennedy in ebd., S. 380f. (Appendix 4).

833 Ebd., S. 86.

von Wohnungen oder Arbeitsplätzen.[834] Durch die laufende Abtastung einer Vielzahl von Kriterien, die schon im Grundschulalter beginnen könne,[835] sollten flexible Zuordnungen der Individuen in passende Kategorien erfolgen, die jeweils mit spezifischen Befugnissen und Einschränkungen einhergingen. In einer hochgradig kybernetisierten Gesellschaft war es nach MacBride möglich, jedem Subjekt eine seinen Fähigkeiten entsprechende Handlungsumgebung bereitzustellen: „As more and more individual actions are noted, grouped, and related, and subsequently used as the basis for official plans and policies, the individual will be increasingly ‚boxed in'. His environment will have been designed very much with reference to ‚people like him' – if not specifically for him – the groups whose actions follow a pattern similar to his."[836] Was manchem wie ein kybernetisches Gefängnis erscheinen mochte, war in MacBrides Augen eher als technische Hilfestellung zu verstehen, die sozioökonomische Produktivität freisetzte: Die Informationssysteme der Zukunft sollten jedem Subjekt einen Boden bereiten, auf dem dessen Selbstkontrolle größtmögliche Früchte trug.

7.5 Schluss

Im Grunde war schon während der Macy-Konferenzen evident geworden, dass mit dem kybernetischen Modell einer rückgekoppelten Regelung nicht lediglich ein realtechnisches Funktionsprinzip beschrieben, sondern ein avancierter Mechanismus sozialer Kontrolle freigelegt worden war. Bereits Ende der 1940er Jahre fanden sich in den Arbeiten Kurt Lewins Versuche, durch die gezielte Aktivierung kybernetisch gedachter Feedbackprozesse soziale Organisationsstrukturen zugleich effizienter und „demokratischer" zu machen. Wo der Mensch selbst als Feedbacksystem identifiziert wurde, wie etwa in den verhaltenspsychologischen Arbeiten von Miller, Galanter und Pribram, erschien die Ersetzung von Fremdsteuerung durch geordnete Selbstregelung nicht nur als potenziell produktivere, sondern zugleich auch als „humanere" Regierungsform. In ihr konnte, so postulierten zumindest die Managementmodelle von Peter Drucker und Stafford Beer, das menschliche Bedürfnis nach „Freiheit" mit einem gouvernementalen Streben nach Kontrolle vereint werden. „Regierung" war damit als höherstufige Regelung von Regelungen konzipiert – eine Tätigkeit, bei der, wie Karl Deutsch betont hatte, die Verfügbarkeit möglichst aktueller Informationen für das politische System zu einer geradezu überlebensnotwendigen Voraussetzung geworden war. Eine gute Regierung musste einerseits

834 Ebd., S. 148ff.
835 Vgl. ebd., S. 123.
836 Ebd., S. 151.

den lokalen Regelungen ihren Lauf lassen, andererseits aber so umfassend wie möglich über diese Bescheid wissen und diese Informationen zur permanenten Anpassung und Optimierung verwerten.

Im Laufe der 1960er Jahre zeigten sich Spuren dieser neuen Regelungsmodelle in den weitreichenden Reformprogrammen der Johnson-Administration. Hier verschränkten sich liberal-demokratische Leitbilder von Autonomie und Partizipation mit einer Strategie gouvernementaler Führung, in der die regierten Subjekte zur selbstständigen Kontrolle ihrer Lebensumstände mobilisiert werden sollten. Das „Community Action Program" der US-Regierung zielte auf eine Aktivierung von Selbstregelungspotenzialen in der Bevölkerung, beziehungsweise, wie in den offiziellen CAP-Leitlinien festgeschrieben, auf „a permanent increase in the capacity of individuals, groups, and communities (...) to deal effectively with their own problems so that they need no further assistance."[837] Das nicht immer spannungsfreie Modell einer angeleiteten Selbststeuerung intendierte dabei weniger eine politische „Demokratisierung", als vor allem ein effizienteres, flexibleres und daher umso resistenteres Sozialsystem, das Störungen lokal aussteuern sollte, bevor sie sich zu nationalen Krisen ausweiten konnten.

Freilich verlief auch die planvolle Delegation gouvernementaler Entscheidungsbefugnisse keineswegs problemlos. Vielmehr zeigten sich bald erste Anzeichen jener subversiven Vorgänge, die sich mit einem Begriff Foucaults als „strategische Wiederauffüllung" von Dispositiven beschreiben lassen. Zwar war in den Richtlinien zur Durchführung der CAPs explizit vorgesehen, dass die kommunalen Bürgerzentren auch als Ort der geordneten Artikulation von Unvernehmen und Protest fungieren sollten – diese war im Sinne eines gesunden demokratischen Pluralismus und als Ventil für angestaute Frustrationen sogar erwünscht.[838] Aber zugleich wuchs insbesondere in der republikanischen Opposition die Kritik, dass hier mit staatlicher Subventionierung destabilisierende Entwicklungstendenzen innerhalb der Gesellschaft gestärkt wurden. Eine Reihe von Aufführungen des *Black Arts Theatre*, die im New Yorker Stadtteil Harlem mit den Geldern des CAP finanziert wurde, propagierte derart offen den radikalen Umsturz der bestehenden Verhältnisse, dass selbst OEO-Direktor Sargent Shriver sie öffentlich als „Obszönität" anprangerte.[839] Trotz aller Gestaltungs- und Strukturierungsversuche ging die staatlich verordnete „Mobilisierung" der benachteiligten Bevölkerungsteile mit einem partiellen Kontrollverlust einher. Die Leitidee des „Empowerment" zur Selbstkontrolle galt nicht uneinge-

837 Z.n. Cruikshank, S. 73.
838 Vgl. Jardini 2000 S. 339.
839 Z.n. Forget 2011, S. 212.

schränkt, sondern machte permanente Grenzziehungen zwischen erwünschten und unerwünschten Partizipationsformen notwendig.

Eine nicht minder gravierende Schwierigkeit lag darin, dass die technische Modellierung von Subjekten als aktiven, primär selbstregulierenden Funktionseinheiten nicht immer ohne Weiteres mit der Realität zur Deckung zu bringen war. Wie Barbara Cruikshank in ihrer konzisen Genealogie des politischen „Will to Empower" herausarbeitet, müssen die Zielobjekte der gouvernementalen Regelungs- und Mobilisierungsanstrengungen mitsamt ihren zugeschriebenen Charakteristika als diskursive Konstruktionen betrachtet werden: Die „Armen", die vermeintlich in Lethargie und Passivität gefangen waren und nur darauf warteten, durch entsprechende Regierungsmaßnahmen in den Modus aktiver Partizipation versetzt zu werden, zeigten tatsächlich oft nur ein geringes Interesse daran, sich mobilisieren zu lassen und die zur Verfügung gestellten „Freiheiten" auch zu nutzen. Die ökonomisch oft schwächer gestellten afroamerikanischen Bevölkerungsschichten, die von der Johnson-Administration als ein Hauptadressat der neuen Aktivierungsmaßnahmen ausgemacht wurden, machten von den neu eingeführten Wahl- und Mitbestimmungsverfahren teils kaum Gebrauch, so dass sie im Ergebnis oft noch schlechter repräsentiert waren als zuvor. Noch in den 1950er Jahren war eine solche Passivität von den Vertretern der politischen Elite nicht unbedingt als Problem betrachtet worden. Nun erschien sie als pathologische Abweichung von einem idealtypischen technischen Funktionsmodell, nach dem gerade in der aktiven Produktion von Feedback die Voraussetzung einer flexibel gesicherten Gesellschaftsordnung auszumachen war.

Eine anders gelagerte Kritik an den Partizipationsprogrammen äußerten jene Vertreter der amerikanischen *New Left*, die im „Community Action Program" eine „Alibi-Partizipation"[840] ausmachten, in der eine „echte" Demokratisierung lediglich vorgetäuscht wurde. In ihren Augen waren die „Great Society"-Reformen ein bestenfalls oberflächlicher Versuch der Entschärfung sozialer Konflikte, der bei den Betroffenen den Eindruck einer Mitbestimmungsmöglichkeit erwecken sollte, ohne dass dabei ein tatsächliches Interesse an nachhaltigen strukturellen Veränderungen bestanden hätte.[841] Jedoch verfehlte eine solche Kritik die Raffinesse eines gouvernementalen Regelungswissens, das ja tatsächlich an Partizipation interessiert war, insofern diese als produktive Rückkopplung in den Regierungsvorgang integriert werden konnte. Das CAP ließ sich durchaus in mancher Hinsicht als „direkte Konfrontation mit dem etablierten System politischer Macht und gesellschaftlicher Kontrolle"[842] verstehen,

840 Stoloff 1973, S. 239.
841 Cruikshank 1999, S. 86.
842 Stoloff 1973, S. 241.

setzte an dessen Stelle aber ein anders strukturiertes und in gewisser Hinsicht subtileres Machtmodell, in dem Regelungsprozesse delegiert, zugleich aber eine höherstufige Sicherung von Entscheidungsräumen angestrebt wurde. Zwar war es nicht abwegig, in den neuen Partizipations- und Demokratisierungsmodellen auch ein gouvernementales Zugeständnis an die sozialen Protestbewegungen der 1950er und 1960er Jahre zu sehen,[843] aber doch war auffällig, wie sehr die strukturellen Transformationen politischer Verwaltung einer neuen Management- und Regierungsrationalität entsprachen, die sich ganz wesentlich auf ein in der Kybernetik ausgearbeitetes Modelldenken stützte. Eben deshalb ist es problematisch, die Geschichte politischer Kybernetik als Geschichte eines Konflikts zwischen technokratischem Steuerungsdenken und demokratischen Gestaltungsansprüchen zu schreiben. Denn tatsächlich zielten die kybernetischen Regelungsmodelle nicht so sehr auf die Unterdrückung oder Vortäuschung von Partizipation, als vielmehr auf die geordnete Produktion eines Raumes, in dem Selbstregierung durch eine gouvernementale Maschine verarbeitbar gemacht werden konnte. Wenn historische Untersuchungen zu dem Ergebnis kommen, dass „the federal government was both supporting and limiting the opportunities for community empowerment in the 1960s“,[844] verweist das weniger auf Inkonsistenzen der politischen Rationalität, als vielmehr auf die Signatur eines machtechnischen Dispositivs, das gerade durch Einschränkung ermöglicht, und in der Ermöglichung beschränkt.

Ähnlich wie dem nahezu parallel lancierten „Planning, Programming, Budgeting System“ (vgl. Kap. 6.4) war auch dem „Community Action Program“ kein nachhaltiger Erfolg beschert. Bereits 1968 musste Sargent Shriver seinen Direktorenposten räumen und mit ihm verließ ein Großteil der als „poverty warriors“ bekannt gewordenen Sozialreformer das OEO. In den folgenden Jahren hielt eine ökonomischere Perspektive in die Sozialpolitik Einzug, die zwar ebenfalls Selbstregulation propagierte, darunter aber weniger eine Stärkung politischer Partizipation, als vielmehr eine Intensivierung von Marktmechanismen verstand: “The government wanted enterprise rather than political action in the neighborhood; it would move the people out of the meeting hall and put them behind cash registers.”[845] Zwar existieren bis heute in den USA zahlreiche „Community Action Agencies“, die den Reformbemühungen der „Great Society“ entstammen und in denen einige der dort konzipierten Maßnahmen weitergeführt werden (etwa die nach wie vor populären „Head Start“-Programme zur frühkindlichen Bildungsförderung). Aber das Vorhaben, dem Armutsproblem durch eine systematische Partizipation sozial benachteiligter

843 Bröckling 2007, S. 189.
844 DeFillipis 2004, S. 40.
845 Kotler 1971, S. 7; zu diesem Perspektivwechsel im OEO vgl. auch Forget 2011.

Bevölkerungsteile an politischen Entscheidungen beizukommen, musste zweifellos als gescheitert betrachtet werden.

Auch die ab 1964 diskutierten Pläne zur Einrichtung eines staatlichen „National Data Center“, das als Schnittstelle zwischen Regierung und lokalen Bürgerzentren fungieren sollte, blieben letztlich unrealisiert. Nachdem der Vorschlag 1965 dem Kongress vorgelegt und in der Folge publik geworden war, brach ein medialer Sturm der Entrüstung über die US-Regierung herein – die erste breitenwirksame Datenschutzdebatte des Informationszeitalters.[846] Nicht ganz unbegründet zeichneten führende Publikationen wie das *Wall Street Journal* die Dystopie eines allwissenden „Big Brother“-Staates, der zur Erstellung umfassender Dossiers über jeden amerikanischen Staatsbürger in der Lage war. Die *New York Times* sprach von einem „Orwellian nightmare“, der *Christian Science Monitor* sah eine „monstrous invasion of privacy“.[847] Wie wenig Gedanken sich Johnson und seine Mitarbeiter über eine mögliche Verletzung der Privatsphäre gemacht hatten, ließ sich auch daran erkennen, wie sehr sie von der öffentlichen Kritik überrascht wurden. Das staatliche Informationssystem war in ihren Augen nicht als totalitäres Überwachungsinstrument zu betrachten gewesen, sondern als effizientes Managementwerkzeug von großem öffentlichen Nutzen. Die *New York Times* notierte, dass “most Government statisticians seemed astonished that anyone might question their motives or doubt that they had the public’s interests at heart.”[848] Nach den Protesten legte Johnson das Vorhaben zunächst auf Eis, 1969 wurde das Projekt endgültig eingestellt.

So hatten die Versuche einer technischen Transformation des Regierungsapparates bis zum Ende der 1960er Jahre in erster Linie neue Ambivalenzen und Enttäuschungen, Störungen und Unregierbarkeiten hervorgebracht, die der Einrichtung eines idealtypisch prozessierenden kybernetischen Regelsystems entgegenzustehen schienen. In den politischen Diskussionen über die Gefahren einer zentralen staatlichen Datenbank war eine Kontingenz sichtbar geworden, die weniger die Verfügbarkeit technischer Mittel betraf – wie MacBride bemerkte: „If another kind of future is possible, it would still have to involve computers and computer systems“[849] – als vielmehr die Art und Weise ihrer angemessenen Nutzung im Kontext einer liberalen Gesellschaft. In der Medialität des kybernetischen Dispositivs formten sich nicht lediglich Instrumente einer potenziellen Sozialtechnik, sondern mit ihnen zugleich Konfliktfelder für gesellschaftliche Aushandlungsprozesse.

---

846 Als Überblick vgl. Kraus 2011, S. 18ff.
847 Z.n. ebd., S. 19.
848 Z.n. ebd., S. 44.
849 MacBride 1967, S. 168.

Gleichwohl war nicht zu übersehen, dass im kybernetischen Modell der Kontrolle bestehende Linien einer gouvernementalen Rationalität verlängert und zugleich unter veränderten technischen Bedingungen konkretisiert wurden. So ließ sich erstens in der geordneten Aktivierung von Selbstregelungen, die in den Managementtheorien von Drucker und Beer vorgeschlagen und in den Reformprogrammen der Johnson-Administration umgesetzt wurde, ein elaboriertes technisches Modell eines „Führen[s] der Führungen" ausmachen: „Regieren heißt in diesem Sinne, das Feld eventuellen Handelns der anderen zu strukturieren."[850] Ein kybernetisches Sozialmanagement beschränkte sich jedoch nicht länger auf die Gestaltung von Handlungsräumen, sondern zielte darauf, die in diesen Räumen auftretenden Kontingenzen als Feedback zu nutzen und so die Regierten in die eigene Regierung mit einzubeziehen. Die kybernetische Kritik an starren Subjekt-Objekt-Dichotomien fand folglich auch einen politischen Niederschlag. Die konzipierten Formen eines „mobilisierenden" und „ermächtigenden" Regierens lassen sich als frühe Versuche verstehen, eine Art „partizipativer Technokratie" einzurichten.[851] Wie Frieder Vogelmann im Anschluss an Jacques Rancière argumentiert, ziele eine solche Regierungsform auf die Überwindung jener für die repräsentativen Demokratien charakteristischen, „grundlosen" Spaltung von Bürger und Regierung. An deren Stelle trete ein „postdemokratisches" Machtverhältnis, das in den Worten Rancières von einer „restlosen Übereinstimmung zwischen den Formen des Staates und dem Zustand der gesellschaftlichen Verhältnisse"[852] geprägt ist. In Richtung dieser Aufhebung einer Differenz zwischen Regierenden und Regierten zielte letztlich auch das technische Funktionsmodell der „Community Action", das seinerseits nach dem Vorbild einer kybernetischen „Ultrastabilität" entworfen war.

Zweitens war zu beobachten, wie das Modell einer kontinuierlichen Rückkopplungsschleife zwischen Bürger und Regierung mit einem deutlichen gesteigerten Informationsbedarf auf beiden Seiten einherging: „In general terms, of course, the collective viewpoint is expressed on all levels as: ‚We need more information.'"[853] Nicht nur der Staat, sondern auch die regierten Subjekte konnten ihre Angelegenheiten nur dann auf effiziente Weise selbst regeln, wenn sie mit einem kontinuierlichen Strom aktueller Informationen versorgt wurden. Wie die Diskussionen um die mögliche Einrichtung eines „National Data Center" zeigten, wurde politisches Regieren in den 1960er Jahren auch als Problem der Datenverarbeitung begriffen: Die technische Akkumulation und Aufbereitung möglichst umfassender und detaillierter Wissensbestände erschien als dringliche

850 Foucault 1987, S. 255.
851 Vogelmann 2012, S. 108.
852 Ranciere 2002, S. 111.
853 MacBride 1967, S. 158.

Aufgabe, die durchaus im öffentlichen Interesse war. Erst durch die permanente Verfügbarkeit aller relevanten Informationen konnte schließlich, wie Karl Deutsch argumentiert hatte, eine „funktionierende Gleichrichtung von menschlichen Arbeitsleistungen und Erwartungen“[854] gänzlich ohne den Einsatz von Zwangsmitteln möglich werden. Das ideale kybernetische Regierungssystem konstituierte ein Milieu, in dem jeder alles wissen konnte und in dem durch die Erzeugung von wechselseitiger Transparenz eine möglichst vollständige Integration des Individuums in soziale Strukturen erreicht wurde.

Drittens zeigte sich in der kybernetischen Gestaltung von Handlungsräumen eine Form von Einflussnahme, die sich in den Worten Foucaults „nicht auf die Spieler des Spiels, sondern auf die Spielregeln“ richtete.[855] Die Regierten selbst als politische Regelungsinstanzen zu aktivieren, bedeutete schließlich, sie ihre eigenen Entscheidungen treffen zu lassen, wobei aber zugleich die Festlegung von Entscheidungsmodalitäten und die Strukturierung von Optionsräumen durch eine höherstufige Regelung vollzogen wurde. So hatte es Ashbys *Einführung in die Kybernetik* dargelegt und so war es letztlich auch in den amerikanischen Sozialreformen erprobt worden, wo „Partizipation“ die Selektion aus einem vorgefertigten „Menü“ von Wahlmöglichkeiten bedeutete. Vielleicht am deutlichsten wurde die enge Verknüpfung von kybernetischer Technologie und medial gestaltender Regierung in den Überlegungen Robert MacBrides, der vorschlug, ein staatliches Informationssystem zur Grundlage einer hochgradig individualisierten Regierungsweise zu machen, in der sich jedem Subjekt flexibel angepasste „Umwelten“ mit je eigenen Privilegien und Einschränkungen zuweisen ließen. Gilles Deleuze sollte später von einer „modulatorischen“ Kontrollmacht sprechen, deren Techniken „einer sich selbst verformenden Gußform [gleichen], die sich von einem Moment zum anderen verändert, oder einem Sieb, dessen Maschen von einem Punkt zum anderen variieren.“[856]

Wenn diese „ultra-schnellen Kontrollformen“ kybernetischer Gouvernementalität zugleich über ein „freiheitliche[s] Aussehen“[857] verfügen konnten, so deshalb, weil sie nicht in erster Linie im Modus des Zwangs oder Verbots, sondern im Modus einer strukturierten Ermöglichung auftraten. Sie zielten darauf, den regierten Subjekten eine sehr spezifische Form von „Freiheit“ zur Verfügung zu stellen, die als Entscheidungsfreiheit zwischen klar definierten Wahlmöglichkeiten zu verstehen war. Die Mobilisierung zur Partizipation, die den Kern des „Community Action Program“ ausmachte, diente vielleicht wirklich

854 Deutsch [1963] 1969, S. 187.
855 Foucault 2004b, S. 359.
856 Deleuze 1993, S. 256.
857 Ebd., S. 255.

„the purpose of a free people“,[858] aber sie verfolgte eben zugleich den Zweck, die Entscheidungen dieser freien Menschen in verwertbare Informationen zu übersetzen. In diesem Sinne ist es bezeichnend, wenn Ulrich Bröckling ein charakteristisches Merkmal einer Gouvernementalität der Gegenwart darin erkennt, dass sie „den Einzelnen keine andere Wahl lässt, als fortwährend zu wählen, zwischen Alternativen freilich, die sie sich nicht selbst ausgesucht haben: Sie sind dazu gezwungen, frei zu sein.“[859] Tatsächlich benötigte ein kybernetisches Regieren, das als sensibles *Reagieren* entworfen war, einen beständigen kontingenten *Input*, um überhaupt funktionieren zu können: Die rückgekoppelte Ansteuerung eines wie auch immer gearteten Ziels war nur dann sinnvoll möglich, wenn dieses Ziel tatsächlich Überraschungen produzierte, die als Informationen lesbar waren. So gesehen verlangte eine kybernetische Gouvernementalität geradezu nach der permanenten Aktualisierung einer Form von „Freiheit“, die sich messen, verrechnen und zur adaptiven Regelung nutzbar machen ließ: „[L]iberty“, hieß es bei Stafford Beer, „must be a computable function of effectiveness.“[860]

858 McConnel z.n. Cruikshank 1999, S. 81.
859 Bröckling 2007, S. 12.
860 Beer 1973b, S. 6.

8. Fazit

„Tatsächlich wurde die ganze Kontroverse zwischen Mechanismus und Vitalismus in die Rumpelkammer schlecht gestellter Fragen verwiesen."
(Norbert Wiener)[861]

„Wir entschuldigen uns bei den Liebhabern der gut gestellten Fragen, aber wir gehen davon aus, daß die eigentlich wichtigen Fragen die schlecht gestellten sind."
(Georges Canguilhem)[862]

Wenn das Wissen, das sich nach Ende des Zweiten Weltkriegs um die neuen Informations- und Kommunikationstechniken formierte, zugleich in *politischen Technologien* wirksam werden konnte, dann deshalb, weil die zentralen kybernetischen Funktionsmodelle immer auch als Modelle sozialer Operationen lesbar waren. Oder genauer: Weil sie eine spezifische Lesbarkeit des Sozialen überhaupt erst ermöglichten. „Kommunikation", „Kalkulation" und „Kontrolle" erschienen in der Medialität des kybernetischen Dispositivs als elementare politische Vorgänge, die zugleich auf neue Weise einer technischen Gestaltung und Planung zugänglich geworden waren. Die Bezugnahmen von administrativen Akteuren und der politischen Exekutive auf diese veränderten Konzeptionen verliefen verstreut und uneinheitlich, sie griffen aber auch immer wieder ineinander, ermöglichten und stützten sich wechselseitig. An ihren Kreuzungspunkten entstand das Bild einer Gesellschaft, die nach der Funktionslogik kybernetischer Maschinensysteme organisiert war – und genau deshalb durch den Einsatz solcher Systeme regiert werden konnte.

In den 1960er Jahren stand die Vision einer solchen kybernetisch regierten Gesellschaft in voller Blüte – um schon kurz darauf wieder von der politischen Bildfläche zu verschwinden. Je weiter man sich konkreten Anwendungen näherte, desto weniger war zu übersehen, dass zwischen den theoretischen Regelungsphantasmen und der empirischen Wirklichkeit eine kaum zu überwindende Lücke klaffte: Zumindest aber ließ die umfassende Kybernetisierung des Sozialen, die von den Apologeten der neuen Wissenschaft nicht nur prophezeit, son-

861 Wiener [1948] 1968, S. 69.
862 Canguilhem [1955] 2008, S. 151. Den Hinweis auf die Entgegnung Canguilhems verdanke ich Brandstetter 2009, S. 74.

dern zur Voraussetzung einer gelingenden Regulation erhoben worden war, bis auf Weiteres noch auf sich warten. Die mit dem megalomanischen Anspruch einer „Theory of Everything“ angetretene Kybernetik verschwand im Laufe der 1970er Jahre ebenso schnell aus der Öffentlichkeit, wie sie rund 25 Jahre zuvor dort erschienen war.[863] Am Ende hatte sie vor allem enttäuschte Wissenschaftler und Auftraggeber hinterlassen: Der Schritt von idealtypischen Modellierungen zu brauchbaren Ergebnissen war mühsamer, als es die erste Euphorie nahegelegt hatte.[864] Von kybernetischer Gesellschaftstheorie wollte bald darauf kaum noch jemand etwas wissen. Was an im engeren Sinne technischen Problemen übrig blieb, wurde fortan – weitestgehend befreit von metaphysischen Welterklärungsansprüchen, aber dafür mit unbestreitbaren praktischen Erfolgen – in den wesentlich bescheidener auftretenden Disziplinen „Informatik“ und „Computer Science“ diskutiert.

Folgte man der politikwissenschaftlichen Lehrbuchmeinung, so ließe sich „[d]ie klassische politische Kybernetik (...) in jedem Fall als ‚historisch‘ etikettieren.“[865] Demnach könnten die sozialtechnischen Regelungsutopien der Nachkriegsjahre bestenfalls noch als „Anschauungsobjekt dafür dienen, welche Visionen von Gestaltungshandeln heute sowohl aus Komplexitäts- wie auch aus finanziellen Gründen nicht mehr infrage kommen.“[866] Dem gegenüber steht das Argument der Wissenschaftsgeschichte, wonach die Kybernetik im Rückblick als Signatur einer technisch-diskursiven Epochenschwelle betrachtet werden könne, als eine Art „imaginärer Standort (...), an dem ein bestimmter Erkenntnistypus Gestalt annahm, ein gewisses Wirklichkeitsverständnis Kontur gewann und eine Wissenslandschaft entworfen wurde, die der unseren zumindest in Teilen noch sehr gleicht.“[867] Bleibt also etwas zurück?

Die vorliegende Arbeit hat herausgearbeitet, wie kybernetische Modellierungen des Menschen und seiner Gesellschaft in einer technischen Transformation gouvernementaler Rationalität zum Ausdruck kamen. Sie hat zu zeigen versucht, dass die Bezugnahmen des Regierungswissens auf kybernetische Modelle und Techniken nicht lediglich als vorübergehende und letztlich wirkungslose Irrwege begriffen werden dürfen, sondern dass sich mit ihnen tatsächlich etwas verändert hat. Was zwischen 1943 und 1970 als „politische Kybernetik“ zum Vorschein kam, war in seinen Ansprüchen vielleicht vermessen, als macht-

863 Zum Ende der Kybernetik vgl. Coy 2004; Hagner 2008.

864 In den US-amerikanischen Politikwissenschaften war nach dem Ende der „Great Society“ ein Übergang von prospektiven Modellierungen zu retrospektiven Evaluationen auszumachen, in dem die Enttäuschungen umso deutlicher hervortraten, vgl. Fisher 1990, S. 161.

865 Lange 2007, S. 176.

866 Ebd.

867 Hagner/Hörl 2008, S. 7.

technische Verschiebung aber folgenschwer: In den Wandlungen politischer Technizität konstituierten sich neue Gegenstände, Strategien und Zielsetzungen des Regierens. Und ganz unabhängig von der Frage, ob die kybernetischen Menschen- und Gesellschaftsbilder in wissenschaftlicher Hinsicht „korrekt" waren oder nicht, wurden sie als Leitbilder sozialtechnischer Steuerung wirksam.

Letztlich lag die biopolitische „Potenzialerwartung" an die Kybernetik wohl in der Annahme, das gouvernementale Schlüsselproblem des „Lebens" in einem technischen Schematismus entmystifizieren zu können. Wenn Norbert Wiener die Debatte zwischen Mechanisten und Vitalisten mit dem Anbruch des kybernetischen Zeitalters für beendet erklärte, so deshalb, weil die Kybernetik vermeintlich all jene „lebendigen" Aspekte des Menschen, die der mechanischen Modellierung entgangen waren, einer technischen Betrachtungsweise zugänglich machte.[868] In Fortführung von Wieners Argument hatte Karl W. Deutsch auch im politischen Wissen zwischen „mechanistischen" und „organistischen" Regierungstheorien unterschieden. Letztere konnten in seinen Augen zwar beanspruchen, historische Dynamiken und Wachstumsprozesse zu beschreiben, aber nur um den zu hohen Preis, Regierung nicht länger als *technisches* Problem behandeln zu können, sondern sie einer opaken „Natur" oder „Geschichte" zu überantworten. Erst die Kybernetik konnte die Vorzüge beider Modelle vereinen und ein technisches Modell zur Regelung dynamischer Systeme bereitstellen – durchaus im Sinne einer „Regierung der Lebenden".[869]

Tatsächlich aber stand die politische Kybernetik in direkter Tradition rationalistisch-mechanistischer Strömungen, wo sie die Natürlichkeit des Lebens auf ein (ungleich avancierteres) Modell technischen Bewirkens zu reduzieren suchte – um so zugleich dessen restlose Integrierbarkeit in machttechnische Systembildungen zu gewährleisten. Die Schwierigkeit dieses Vorhabens wird deutlich, wenn man sich vergegenwärtigt, dass „Natur" und „Technik" keine feststehenden Gegenstandsfelder bezeichnen, sondern Bezugnahmen ausmachen, die sich eben nicht ohne Weiteres ineinander überführen lassen.[870] So zeigt sich die „Natürlichkeit" des Lebens gerade in jenen Aspekten, die sich der technischen Perspektive widersetzen oder ihr entgehen. Das Verhältnis von „Technik" und „Natur" ist folglich keineswegs symmetrisch, sondern letztere konstituiert sich in Abgrenzung zu ersterer immer wieder neu und wird lediglich ex negativo greifbar, beziehungsweise gerade nicht greifbar: „Natürlich ist es nicht so, dass das Leben in die es beherrschenden und verwaltenden Techniken völlig inte-

868 Wiener [1948] 1968, S. 68f.
869 Foucault 2005a; vgl. Deutsch [1963] 1969, S. 61ff.
870 Vgl. Hubig 2006, S. 229ff.; vgl. auch Kap 2.1.

griert wäre – es entzieht sich ihnen ständig.“[871] Auch die Kybernetik produzierte dort, wo sie einen technischen Schematismus auf die Struktur des Sozialen projizierte, einen Überschuss, der nicht in den Modellen aufging, sondern vielmehr in Form zu bearbeitender „Probleme“ in den Blick geriet.[872]

So ist die Signifikanz der politischen Kybernetik vielleicht weniger im letztlichen Scheitern ihrer Lösungsversuche auszumachen, als vielmehr in ihrer Produktion von Problemen. Wo im kybernetischen Blick auf gouvernementale Zusammenhänge je spezifische Defizite und Abweichungen sichtbar wurden, handelte es sich schließlich nicht einfach um „objektive“ Charakteristika von Bevölkerungen oder anderen Zielobjekten, sondern um relativ zu einem Beobachterstandpunkt auftretende Störungen, die einem idealen technischen Vollzug entgegenstanden. Im Umgang mit solchen Störungen weisen Machttechniken eine Eigenart auf: Sie wirken formend auf die widerspenstigen Subjekte, deren Verhalten sie zu beeinflussen suchen. Wo Diskrepanzen zwischen kybernetischen Modellen und einer empirischen Realität des Sozialen auftraten, ließ sich folglich auch auf diese Realität einwirken, um eine Passung zu erreichen.[873] Was sich als lebendiges „Rauschen“ dem technischen Zugriff entzog, wurde so im gleichen Zuge als Problemfeld für eine weitere Technisierung konstituiert.

Drei dieser Problemfelder sind im Rahmen der vorliegenden Arbeit zur Sprache gekommen:

Ein erster Einsatzpunkt kybernetischer Gouvernementalität lag darin, soziale Ordnungen auf spezifische Weise als Ordnungen der *Kommunikation* zu betrachten. Im für die Kybernetik maßgeblichen Modell Claude E. Shannons ließ sich Kommunikation in hochgradig abstrakter aber mathematisch präziser Weise als Übertragung statistischer Signalströme begreifen. Dabei interessierte

871 Foucault 1977, S. 170.

872 Schon Foucault notiert, dass der Vitalismus „eine wesentliche Rolle als ‚Indikator' spielte und noch immer spielt. Und dies auf zweierlei Weise: als theoretischer Indikator für Probleme, die es zu lösen gilt […]; und als kritischer Indikator für zu vermeidende Reduktionen.“ (Foucault 2003, S. 562)

873 In dieser Hinsicht wäre Maria Muhles Beobachtung zu ergänzen, wonach die Biomacht im „Leben“ nicht nur einen *Gegenstand*, sondern zugleich auch ein *Funktionsmodell* findet, also „die spezifische Lebendigkeit als ihre Funktionsweise annimmt, um sich so ihres Gegenstandes besser bemächtigen zu können, ihn zu kontrollieren, zu überwachen, zu regulieren und anzuordnen.“ (Muhle/Thiele 2011, S. 13; vgl. ausführlich Muhle 2008). Wie am Beispiel der Kybernetik ersichtlich wird, ist diese Bezugnahme der Macht auf das Leben Resultat einer Vermittlung: Bevor eine technisch operierende Macht das Leben imitieren kann, muss sie dieses Leben als ein technisch prozessierendes *identifizieren.* Diese Identifikation ist jedoch bereits Ergebnis einer technomorphen Projektion: Machtbeziehungen schreiben dem Leben technische Funktionen zu (Selbsterhaltung, Selbstregulation, Zirkulation etc., vgl. Muhle 2008, S. 261ff.), um diese anschließend zu stärken und zu optimieren. Die Biomacht orientiert sich nicht einfach an einem natürlichen Leben, sondern sie produziert und stützt dieses Leben in seiner Technizität.

nicht die semantische Dimension der Botschaften, sondern die Kapazität der Kanäle, die Exaktheit der Übertragungen und die Dichte der Verbindungen. In den soziologischen Untersuchungen von Paul F. Lazarsfeld oder Stuart C. Dodd trat die Bevölkerung als empirisch zu vermessendes Kommunikationsnetzwerk in Erscheinung. Norbert Wiener und Karl W. Deutsch verwiesen derweil darauf, dass sich an technischen Kriterien, wie der Intensität und Präzision der in diesem Netz zirkulierenden Kommunikationen, zugleich der Grad des Zusammenhalts und der Integration einer liberalen Gesellschaft ablesen ließ. Die Modernisierungstheorie Daniel Lerners nahm diese Einsicht zum Ausgangspunkt einer Unterscheidung von „traditionellen" und „modernen" Sozialstrukturen: Je höher der Grad technisch vermittelter Kommunikation, desto moderner, demokratischer und zugleich produktiver war demnach eine Gesellschaft. Ein erstes Problemfeld kybernetischen Regierens ergab sich folglich aus der Aufgabe, die Bedingungen für möglichst inklusive, stabile und weitreichende Kommunikationsbeziehungen herzustellen.

Ein zweites kybernetisches Modell setzte bei der Analogie von Gehirn und Computer an und entwarf Entscheidungen als Problem der *Kalkulation*. In Operations Research und Spieltheorie figurierten menschliche Entscheidungsträger als Nutzenmaximierer, die nicht mit Intuition, Emotion oder Erfahrung, sondern mit einer objektiven mathematischen Rationalität ausgestattet waren. Dass diese Rationalität *de facto* nicht vorlag, sondern hergestellt werden musste, wurde spätestens in den Arbeiten Herbert A. Simons ersichtlich, die sich mit der Produktion von *Entscheidbarkeit* befassten. An Stelle individueller Rationalität sollte demnach eine systemische treten, die durch ein koordiniertes Zusammenspiel verschiedener Komponenten erreicht wurde. Das von Robert McNamara im Pentagon eingeführte „Planning, Programming, Budgeting System", das später auf andere Ministerien ausgedehnt wurde, ließ sich in diesem Sinne als eine administrative Maschine verstehen, in der ein rechnerisches Kosten-Nutzen-Kalkül zur Anwendung gebracht werden konnte. Die umfassende Quantifizierung aller regierungsrelevanten Variablen wurde durch eine ökonomische Perspektive flankiert, die zuvor als nicht-ökonomisch betrachtete Bereiche der Gesellschaft in Geldwerte und Zahlungen übersetzte. Auch diese Modellierungen funktionierten jedoch nur, wenn sich das Entscheidungsverhalten aller involvierten Akteure tatsächlich am Prinzip der Nutzenmaximierung orientierte oder anderweitig auf erwartbare Regeln bringen ließ. Hier war ein zweites Problemfeld hervorgetreten, das die Einrichtung von Bedingungen betraf, in denen eine mathematische Lesbarkeit und potenzielle Berechenbarkeit des Sozialen gewährleistet wurde.

Zuletzt begriff eine dritte Hypothese das Regierungshandeln als Problem kybernetischer *Kontrolle*. Individuen und Gemeinschaften wurde dabei als selbstregelnde Systeme konzipiert, deren Führung nur als „Management by Self-Control“ (Peter F. Drucker) denkbar war. In Verhaltenspsychologie und Managementtheorie wurden Möglichkeiten erörtert, durch gezielte Stärkung von Regelungsmechanismen und gleichzeitige Gestaltung von Handlungsräumen eine produktivere und zugleich „menschlichere“ Form des Regierens zu realisieren: Statt Vorschriften und Verbote zu erlassen, zielte sie darauf, Subjekte zur eigenständigen Problembewältigung zu befähigen – und so Störungen innerhalb des sozialen Gefüges bereits auf lokaler Ebene auszusteuern. In den „Community Action“-Reformen der Johnson-Administration kam diese Führungsdirektive zur Anwendung. Mit der Implementierung einer Strategie der „maximum feasible participation“ waren die Regelungsaufgaben des Staates jedoch nicht verschwunden, sie hatten sich auf eine andere Ebene verlagert. Dem kybernetischen Regierungsapparat, wie er bei Deutsch beschrieben wurde, kam die Aufgabe zu, permanent Informationen abzutasten, auszuwerten und sie als Feedback für weitere Regelungen produktiv zu machen. Wie zentral dabei der Einsatz modernster Computertechnik war, zeigte sich in den Diskussionen über die Einrichtung eines „National Data Center“, das die Wissensbestände der staatlichen Behörden in einer Datenbank vereinheitlichen sollte. Hier war ein drittes Problemfeld zu erkennen, das die Einrichtung von Bedingungen betraf, unter denen auf möglichst umfassender und transparenter Informationsgrundlage eine höherstufige Regelung sozialer Selbstregelungen erreicht werden konnte.

Bei näherer Betrachtung lässt sich in den drei untersuchten Feldern eine analoge Dynamik beobachten: So dienen die kybernetischen Modelle in einem ersten Schritt der *Identifikation* gouvernemental relevanter Phänomene. In den technischen Funktionsmodellen, die diesen Identifizierungen zugrunde liegen, lassen sich aber im gleichen Zuge Bedingungen ausmachen, die erfüllt sein müssen, damit die derart modellierten Zusammenhänge reibungslos funktionieren. Wo die Passung von Modell und Wirklichkeit nicht ohne Weiteres erreicht wird, treten Abweichungen als zu bearbeitende *Probleme* hervor: Störungen der Kommunikation, Grenzen der Berechenbarkeit oder mangelnde Regelungskapazitäten erweisen sich als Defizite, die aber für eine gouvernementale Intervention empfänglich sind. Die zunächst deskriptiv verwendeten Modelle wirken folglich präskriptiv und formend in die Gesellschaft hinein, sie erhalten den Status einer anzustrebenden *Norm.*[874] Die als kommunizierend, rechnend und regelnd identifizierten Subjekte müssen zum Kommunizieren, zum Rechnen

874 Diese Beobachtung steht nicht im Widerspruch zu Foucaults These, wonach eine biopolitische Gouvernementalität nicht mit starren Normen, sondern mit flexiblen Normalisierungen verfährt (vgl. Foucault 1999c, S. 287ff.). Vielmehr zeigt sich in der Bereitstellung von Bedingungen, unter denen eine solche Normalisierung stattfinden kann, eine höherstufige Norm kybernetischen Regierens.

und zum Regeln gebracht werden. Dabei folgt die kybernetische Gouvernementalität einer *systemischen* Strategie: Sie zielt auf die Strukturierung einer Medialität, in der eine Steuerung sozialer Dynamiken möglich wird.

Den kybernetischen Funktionsmodellen kommt dabei die Funktion von Vektoren oder Fluchtpunkten einer gouvernementalen Technisierung zu. In diesem Sinne lassen sie sich vielleicht am ehesten als *Diagramme* der Macht charakterisieren. In *Überwachen und Strafen* hatte Foucault in der 1791 von Jeremy Bentham erdachten Architektur eines Panoptikums ein solches „Diagramm“ ausgemacht, das in einer historischen Epoche als Modell „eines auf seine ideale Form reduzierten Machtmechanismus“[875] verstanden werden konnte: In Benthams Enwurf manifestierte sich eine von realweltlichen Reibungen abstrahierende Vorstellung machttechnischen Prozessierens. Zugleich aber war das panoptische Diagramm nicht als „Traumgebäude“[876] zu verstehen, denn seine Machtlogik schrieb sich in die verschiedensten Aktualisierungen der Disziplinardispositive ein: Nicht nur in realen Gefängnissen, auch in Kasernen, Schulen und Krankenhäusern kamen die Grundzüge des panoptischen Schemas zum Ausdruck. Zwar war die „Disziplinargesellschaft“ zu keinem Zeitpunkt eine perfekte panoptische Maschine, aber dennoch ließen sich überall verstreute Versuche ausmachen, sie als eine solche einzurichten. Der Begriff des Diagramms scheint geeignet, die machttechnisch aufgeladene Oszillation zwischen formalen Modellen und materialen Realisierungen zu fassen, die auch in der Untersuchung kybernetischer Gouvernementalität zum Vorschein gekommen ist. Aus konkreten technischen Problemstellungen hervorgegangen, wirken die Modelle der Kybernetik zugleich als „eine Gestalt politischer Technologie, die man von ihrer spezifischen Verwendung ablösen kann und muss.“[877]

Der diagrammatische Charakter technischer Modelle verdeutlicht darüber hinaus, wieso diese nicht als bloße Metaphern verstanden werden können. Schon Charles Sanders Peirce beschreibt Diagramme als „ikonische Zeichen“, deren interne Verweisstruktur jener der realen Gegenstände entspricht. Keine vagen Ähnlichkeiten, sondern logische Strukturen und Relationen werden in der diagrammatischen Übertragung transportiert: „Many diagrams resemble their objects not at all in looks; it is only in respect to the relations of their parts that their likeliness consists.“[878] Auch die politische Kybernetik zielte dort, wo sie

875 Foucault 1976, S. 264.

876 Ebd.

877 Ebd.

878 Peirce 1960, 2.282. In diesem Sinne wäre ein Diagramm „nicht [...] etwas, das der Logik des metaphorischen Transports eines Signifikats entsprechen würde, sondern [...] das der Analogie verpflichtete Modell eines Beispiels“ (Agamben 2009, S. 21, der jedoch den Begriff „Paradigma“ bevorzugt).

Menschen oder Regierungen als Informationssysteme beschrieb, nicht auf eine semantische Anreicherung, sondern unterstellte eine tatsächliche Isomorphie technischer Abläufe. Sie interessierte sich weniger für die Ebene der *Repräsentation* politischer Zusammenhänge, als vielmehr für die Ebene der *Operation* gouvernementaler Techniken: Eine Gesellschaft sollte nicht lediglich kybernetisch beschrieben, sondern anhand diagrammatischer Blaupausen als Maschine konstruiert werden.

Verschiedenste Techniken, die im Rahmen dieser Konstruktionsversuche zum Einsatz kamen, sind in den vorausgegangenen Untersuchungen thematisch geworden. Es ließ sich nicht nur ein Ausschwärmen der kybernetischen Funktionsmodelle in verschiedene politische Anwendungsfelder beobachten, sondern auch eine Ausdifferenzierung einzelner Verfahren und ihre Adaption an lokale Erfordernisse. Ein Diagramm, schreibt Gilles Deleuze, ist eine „Ursache, die sich in ihrer Wirkung aktualisiert, die sich in ihrer Wirkung integriert, die sich in ihrer Wirkung differenziert."[879] So verliefen die Applikationen der kybernetischer Technologie pragmatisch und tastend, sie lösten sich von idealtypischen Modellierungen um entwickelten sich an der Realität weiter, um gegebenenfalls wieder auf die Modelle zurückzuwirken.[880] Einige der Verfahren erwiesen sich als Fehlschläge, andere als potenziell vielversprechend, und wieder andere wurden ganz selbstverständlich in den Kanon eines technischen Regierungswissens aufgenommen. Dabei wurde auch deutlich, dass einzelne Techniken nicht unbedingt auf eine konsistente Großtheorie in ihrem Rücken angewiesen waren, solange sie in ihren jeweiligen Zusammenhängen schlicht *funktionierten*. Auch dort, wo die kybernetische Ontologie einer Welt aus Signalströmen und Regelkreisen an ihre Grenzen stieß, liefen die Maschinen weiter.

So korrespondierte der Niedergang der Kybernetik als Universaltheorie mit der einsetzenden Erfolgsgeschichte ihrer Artefakte. Die weitreichende Computerisierung der Gesellschaft, die mit der Entwicklung von Mikroprozessoren und integrierten Schaltkreisen möglich wurde, setzte gerade zu einem Zeitpunkt ein, als die Analogie von Computer und Gesellschaft ihre Attraktivität verloren hatte. „Heute", schreibt Volker Grassmuck, „ist die Kybernetik vergessen. Und ihre Produkte werden verwirklicht. (...) Offenbar macht sich das kybernetische Paradigma mit seinem Weltverhältnis, seinen Wertsetzungen und Utopien wahr,

879 Deleuze, 1992, S. 56.

880 Die späteren Weiterentwicklungen kybernetischer Modellierungen in Disziplinen wie der Synergetik, der Komplexitätsforschung, der autopoietischen Systemtheorie oder der Kybernetik zweiter Ordnung konnten im Rahmen dieser Arbeit nicht behandelt werden, wären jedoch sicherlich – auch im Hinblick auf eine Genealogie von Regierungstechniken – ein ergiebiges Feld weiterer Forschungen.

obgleich es fast vollständig verschwunden ist.“[881] In diesen verspäteten Realisierungen zeigen sich aber nach wie vor Spuren jener gouvernmentalen Strategien und Zielsetzungen, die aus den kybernetischen Problematisierungen hervorgegangen sind. Die technische Normierung von Kommunikationsströmen, die mathematisch-algorithmische Durchdringung des Bevölkerungskörpers und die informationsgestütze Regelung von Regelungen – all das war in der politischen Kybernetik schließlich nicht in erster Linie als Beschreibung eines Status quo, sondern vielmehr als gouvernementaler Imperativ zu lesen, eine kybernetisch regierbare Gesellschaft erst einzurichten. Wo die einstigen politischen Regelungsphantasmen von den Realitäten technischer Kommunikations- und Kontrollsysteme eingeholt werden, ist längst nicht entschieden, ob man es statt mit einer „zwangsfreien Welt“[882] nicht doch eher mit einer „Informatik der Herrschaft“[883] zu tun bekommen könnte. Vielleicht wirkt die „kybernetische Gesellschaft“ der 1960er Jahre heute wie das verblassende Porträt einer vergangenen Zukunftsvision – in mancher Hinsicht erscheint sie zugleich als ambivalentes Diagramm einer kommenden Gegenwart.

881 Grassmuck 1988, S. 51f.
882 Deutsch [1963] 1969, S. 187.
883 Haraway 1995, S. 48.

Literatur

Abbate, Janet (1999): Inventing the Internet. Cambridge, Mass.: MIT Press.

Abella, Alex (2008): Soldiers of Reason. The RAND Corporation and the Rise of the American Empire. Orlando: Harcourt, Inc.

Aderhold, Dieter (1973): Kybernetische Regierungstechnik in der Demokratie. Planung und Erfolgskontrolle. München: Olzog.

Adorno, Theodor W. (1941): „On Popular Music", in: Zeitschrift für Sozialforschung, 9, S. 17–48.

Agamben, Giorgio (2008): Was ist ein Dispositiv? Zürich/Berlin: Diaphanes.

Agamben, Giorgio (2009): Signatura rerum. Zur Methode. Frankfurt am Main: Suhrkamp.

Agar, Jon (2003): The Government Machine. A Revolutionary History of the Computer. Cambridge, Mass.: MIT Press.

Air Command and Staff College Faculty (1965): „The ABCs of PPBS", in: Hays, Peter L./Vallance, Brenda J./Van Tassel, Alan R. (Hrsg.): American Defense Policy. Baltimore: Johns Hopkins University Press, S. 228–234.

Almond, Gabriel A. (1966): Political Theory and Political Science, in: The American Political Science Review, 60 (4), S. 869–879.

Almond, Gabriel A. (1969): Political Development. Analytical and Normative Perspectives, in: Comparative Political Studies, 1 (4), S. 447–469.

Amadae, Sonja Michelle (2003): Rationalizing Capitalist Democracy. The Cold War Origins of Rational Choice Liberalism. Chicago: University of Chicago Press.

Ampère, André-Marie (1834): Essai sur la philosophie des sciences, ou exposition analytique d'une classification naturelle de toutes les connaissances humaines. Paris: Bachelier.

Anders, Günther (1956): Die Antiquiertheit des Menschen, Bd. 1: Über die Seele im technischen Zeitalter. München: Beck.

Anshen, Melvin (1965): „The Federal Budget as an Instrument for Management and Analysis", in: Novick, David (Hrsg.): Program Budgeting. Performance Analysis and the Federal Budget. Cambridge, Mass.: Harvard University Press, S. 3–23.

Arnove, Robert F. (1980): Philanthropy and Cultural Imperialism. The Foundations at Home and Abroad. Boston: G.K. Hall.

Ashby, William Ross (1948): „Design for a Brain", in: Electronic Engineering, 20, S. 379–383.

Ashby, William Ross (1956): „Design for an Intelligence-Amplifier", in: Shannon, Claude Elwood/McCarthy, John (Hrsg.): Automata Studies. Princeton, N.J.: Princeton University Press.

Ashby, William Ross (1974): Einführung in die Kybernetik. Frankfurt am Main: Suhrkamp.

Augenstein, Bruno W. (1993): A Brief History of RAND's Mathematics Department and Some of Its Accomplishments. Santa Monica: RAND (Report DRU-218-RC).

Augur, Tracy B. (1948): „The Dispersal of Cities as a Defense Measure", in: Journal of the American Institute of Planners, 14 (3), S. 29–35.

Bachrach, Peter/Baratz, Morton S. (1970): Power and Poverty. Theory and Practice. Oxford: Oxford University Press.

Balke, Friedrich (2006): „Regierungsmacht bei Foucault", in: Philosophische Rundschau, 53 (4), S. 267–288.

Barry, Andrew (2001): Political Machines. Governing a Technological Society. London/New York: Athlone.

Basehart, Harry W. (1954): Rezension zu Karl W. Deutsch: „Nationalism and Social Communication", in: American Anthropologist, 56 (6), S. 1160–1161.

Bateson, Gregory (1958): Naven. A Survey of the Problems Suggested by a Composite Picture of the Culture of a New Guinea Tribe Drawn From Three Points of View. Stanford, CA: Stanford University Press.

Bateson, Gregory (1981): Ökologie des Geistes. Antropologische, psychologische, biologische und epistemologische Perspektiven. Frankfurt am Main: Suhrkamp.

Bauer, Raymond Augustine/Inkeles, Alex/Kluckhohn, Clyde (1956): How the Soviet System Works. Cultural, Psychological, and Social Themes. Cambridge, Mass.: Harvard University Press.

Bauman, Zygmunt (1996): „Morality in the Age of Contingency", In: Heelas, Paul/Lash, Scott/Morris, Paul (Hrsg.): Detraditionalization. Oxford: Blackwell, S. 49–58.

Beck, Ulrich (1986): Risikogesellschaft. Auf dem Weg in eine andere Moderne. Frankfurt am Main: Suhrkamp.

Becker, Rainer C. (2012): Black Box Computer. Zur Wissensgeschichte einer universellen kybernetischen Maschine. Bielefeld: transcript.

Becker, Ralf (2013): „Lebenswelt und Mathematisierung. Zur Phänomenologie der Übergänge", in: Zeitschrift für Kulturphilosophie (2), S. 235–253.

Beckmann, Martin J./McGuire, Charles B. (1953): The Determination of Traffic in a Road Network. Santa Monica: RAND (Report P-437).

Beckmann, Martin J./McGuire, Charles B./Winsten, Christopher B. (1956): Studies in the Economics of Transportation. New Haven: Yale University Press.

Beer, Stafford (1959): Cybernetics and Management. New York: Wiley.

Beer, Stafford (1963): Kybernetik und Management. Frankfurt am Main: S. Fischer.

Beer, Stafford (1966): Decision and Control. The Meaning of Operational Research and Management Cybernetics. London/New York: Wiley.

Beer, Stafford (1973a): Kybernetische Führungslehre. Frankfurt, a.M.: Herder & Herder.

Beer, Stafford (1973b): Fanfare for Effective Freedom. Cybernetic Praxis in Government. Brighton: Brighton Polytechnic.

Beer, Stafford (1974): Platform for Change. London: Wiley.

Beer, Stafford (1981): Brain of the Firm. The Managerial Cybernetics of Organization. Chichester/New York: Wiley.

Beer, Stafford (1985): Diagnosing the System for Organizations. Chichester: New York: Wiley.

Bell, Daniel (1960): The End of Ideology. On the Exhaustion of Political Ideas in the Fifties. Glencoe, Ill.: Free Press.

Benedict, Ruth (1934): Patterns of Culture. Boston/New York: Houghton Mifflin Company.

Beniger, James R. (1986): The Control Revolution: Technological and Economic Origins of the Information Society. Cambridge, Mass.: Harvard University Press.

Bense, Max (1969): Einführung in die informationstheoretische Ästhetik. Grundlegung und Anwendung in der Texttheorie. Reinbek bei Hamburg: Rowohlt.

Bense, Max (1998): „Technische Existenz", in: Ausgewählte Schriften, Bd. III: Ästhetik und Texttheorie. Stuttgart: Metzler, S. 122–146.

Benz, Arthur/Dose, Nicolai (Hrsg.) (2004): Governance - Regieren in komplexen Regelsystemen. Eine Einführung. Wiesbaden: VS Verlag für Sozialwissenschaften.

Bernays, Edward L. (1928): Propaganda. New York: H. Liveright.

Bernays, Edward L. (1947): „The Engineering of Consent", in: The Annals of the American Academy of Political and Social Science, 250 (1), S. 113–120.

Bertalanffy, Ludwig von (1969): General System Theory. Foundations, Development, Applications. New York: G. Braziller.

Bexte, Peter (2007): „Zwischen-Räume. Kybernetik und Strukturalismus", in: Günzel, Stephan (Hrsg.): Topologie. Zur Raumbeschreibung in den Kultur- und Medienwissenschaften. Bielefeld: transcript, S. 219–234.

Black, Max (1962): Models and Metaphors. Studies in Language and Philosophy. Ithaca, N.Y.: Cornell University Press.

Blumenberg, Hans (1981): „Lebenswelt und Technisierung unter Aspekten der Phänomenologie", in: Wirklichkeiten, in denen wir leben. Stuttgart: Reclam, S. 7–54.

Blumenberg, Hans (2009): Geistesgeschichte der Technik. Frankfurt am Main: Suhrkamp.

Boden, Margaret A (2006): Mind as Machine. A History of Cognitive Science. Oxford/New York: Clarendon Press /Oxford University Press.

Bolz, Norbert (1994): „Computer als Medium – Einleitung", in: Bolz, Norbert/Tholen, Georg Christoph/Kittler, Friedrich (Hrsg.): Computer als Medium. München: Fink, S. 9–18.

Borck, Cornelius (2005): Hirnströme. Eine Kulturgeschichte der Elektroenzephalographie. Göttingen: Wallstein.

Bowker, Geof (1993): „How to Be Universal: Some Cybernetic Strategies, 1943-70", in: Social Studies of Science, 23 (1), S. 107–127.

Bradley, James/Schaefer, Kurt C. (1998): The Uses and Misuses of Data and Models. The Mathematization of the Human Sciences. Thousand Oaks, CA: Sage.

Brandstetter, Thomas (2009): „Vom Nachleben in der Wissenschaftsgeschichte", in: Zeitschrift für Medienwissenschaft, 1, S. 74–80.

Brandstetter, Thomas/Pias, Claus/Vehlken, Sebastian (Hrsg.) (2010): Think Tanks: die Beratung der Gesellschaft. Zürich/Berlin: diaphanes.

Brauns, Jörg (2003): Schauplätze. Untersuchungen zur Theorie und Geschichte der Dispositive visueller Medien. Weimar: Diss., URL: http://e-pub.uni-weimar.de/volltexte/2004/78/pdf/Brauns.pdf [Zugriff: 25.07.2015]

Bröckling, Ulrich (2007): Das unternehmerische Selbst. Soziologie einer Subjektivierungsform. Frankfurt am Main: Suhrkamp.

Bröckling, Ulrich (2008): „Über Feedback. Anatomie einer kommunikativen Schlüsseltechnologie", in: Hagner, Michael/Hörl, Erich (Hrsg.): Die Transformation des Humanen. Beiträge zur Kulturgeschichte der Kybernetik. Frankfurt am Main: Suhrkamp, S. 326–347.

Bröckling, Ulrich/Krasmann, Susanne/Lemke, Thomas (Hrsg.) (2000): Gouvernementalität der Gegenwart. Studien zur Ökonomisierung des Sozialen. Frankfurt am Main: Suhrkamp.

Brückweh, Kerstin/Schumann, Dirk/Wetzell, Richard F./Ziemann, Benjamin (Hrsg.) (2012): Engineering Society. The Role of the Human and Social Sciences in Modern Societies, 1880-1980. Basingstoke: Palgrave Macmillan.

Bührmann, Andrea/Schneider, Werner (2008): Vom Diskurs zum Dispositiv. Eine Einführung in die Dispositivanalyse. Bielefeld: transcript.

Burnes, Bernard (2007): „Kurt Lewin and the Harwood Studies. The Foundations of OD", in: Journal of Applied Behavioral Science, 43 (2), S. 213–231.

Callon, Michel (2006): „Einige Elemente einer Soziologie der Übersetzung. Die Domestikation der Kammmuscheln und der Fischer der St.Brieuc-Bucht", in: Belliger, Andréa/Krieger, David J. (Hrsg.): ANThology. Ein einführendes Handbuch zur Akteur-Netzwerk-Theorie. Bielefeld: transcript, S. 135–174.

Canguilhem, Georges (2007): „Maschine und Organismus", in: Nach Feierabend. Zürcher Jahrbuch für Wissensgeschichte, 3, S. 185–212.

Canguilhem, Georges (2008): Die Herausbildung des Reflexbegriffs im 17. und 18. Jahrhundert. Paderborn/München: Fink.

Cassin, Barbara (Hrsg.) (2014): Dictionary of Untranslatables. A Philosophical Lexicon. Princeton, N.J.: Princeton University Press.

Chabot, Pascal (2013): The Philosophy of Simondon: Between Technology and Individuation. London: Bloomsbury.

Chomsky, Noam (1998): On Language. New York: New Free Press.

Chwastiak, Michele (2001): „Taming the Untamable. Planning, Programming and Budgeting and the Normalization of War", in: Accounting, Organizations and Society, 26 (6), S. 501–519.

Community Analysis Bureau (1972): A Comprehensive and Efficient Method of Accessing Organizational Activity. The Community Program Information System. Los Angeles: Community Analysis Bureau.

Cooley, Charles Horton (1998): „The Process of Social Change“, in: Schubert, Hans-Joachim (Hrsg.): Charles Horton Cooley. On Self and Social Organization. Chicago: University of Chicago Press, S. 63–78.

Cordeschi, Roberto (2002): The Discovery of the Artificial. Behavior, Mind, and Machines Before and Beyond Cybernetics. Dordrecht/Boston: Kluwer.

Cortada, James W. (2008): The Digital Hand, Vol. III: How Computers Changed the Work of American Public Sector Industries. Oxford: Oxford University Press.

Coy, Wolfgang (2004): „Zum Streit der Fakultäten. Kybernetik und Informatik als wissenschaftliche Disziplinen“, in: Pias, Claus (Hrsg.): Cybernetics – Kybernetik. The Macy-Conferences 1946-1953, Bd. II: Essays und Dokumente. Zürich/Berlin: diaphanes, S. 253–262.

Coy, Wolfgang (2005): „Rechnen als Kulturtechnik“. In: Brüning, Jochen/Knobloch, Eberhard (Hrsg.): Die mathematischen Wurzeln der Kultur. München: Fink, S. 45–64.

Cravens, Hamilton (2004): The Social Sciences Go to Washington. The Politics of Knowledge in the Postmodern Age. Rutgers University Press.

Creel, George (1972): How We Advertised America. New York: Arno Press.

Crowther-Heyck, Hunter (2005): Herbert A. Simon. The Bounds of Reason in Modern America. Baltimore: Johns Hopkins University Press.

Cruikshank, Barbara (1999): The Will to Empower. Democratic Citizens and Other Subjects. Ithaca, NY: Cornell University Press.

Dahl, Robert A. (1961): Who Governs? Democracy and Power in an American City. New Haven: Yale University Press.

Dasgupta, Subrata (2003): „Multidisciplinary Creativity: The Case of Herbert A. Simon“, in: Cognitive Science, 27 (5), S. 683–707.

Dean, Mitchell (1996): „Putting the Technological Into Government“, in: History of the Human Sciences, 9 (3), S. 47–68.

Dechert, Charles R. (1966): „The Development of Cybernetics“, in: Dechert, Charles R. (Hrsg.): The Social Impact of Cybernetics. Notre Dame/London: University of Notre Dame Press, S. 11–38.

DeFilippis, James (2004): Unmaking Goliath. Community Control in the Face of Global Capital. London: Routledge.

DeFleur, Melvin L./Larsen, Otto N. (1954): „The Comparative Role of Children and Adults in Propaganda Diffusion“, in: American Sociological Review, 19 (5), S. 593–602.

DeFleur, Melvin L./Larsen, Otto N. (1958): The Flow of Information. An Experiment in Mass Communication. New York: Harper.

Deleuze, Gilles (1991): „Was ist ein Dispositiv?“, in: Waldenfels, Bernhard/Ewald, François (Hrsg.): Spiele der Wahrheit. Michel Foucaults Denken. Frankfurt am Main: Suhrkamp, S. 153–162.

Deleuze, Gilles (1992): Foucault. Frankfurt am Main: Suhrkamp.

Deleuze, Gilles (1993): „Postskriptum über die Kontrollgesellschaften“, in: Unterhandlungen 1972-1990. Frankfurt am Main: Suhrkamp.

Deleuze, Gilles/Guattari, Félix (1974): Anti-Ödipus. Kapitalismus und Schizophrenie, Bd. 1. Frankfurt am Main: Suhrkamp.

Deleuze, Gilles/Guattari, Félix (1992): Tausend Plateaus. Berlin: Merve.

Desrosières, Alain (2005): Die Politik der großen Zahlen. Eine Geschichte der statistischen Denkweise. Berlin/Heidelberg/New York: Springer.

Deutsch, Karl W. (1948): „Some Notes on Research on the Role of Models in the Natural and Social Sciences“, in: Synthese, 7 (1), S. 506–533.

Deutsch, Karl W. (1953): Nationalism and Social Communication. An Inquiry into the Foundations of Nationality. Cambridge, Mass.: MIT Press.

Deutsch, Karl W. (1963): The Nerves of Government. Models of Political Communication and Control. New York: The Free Press.

Deutsch, Karl W. (1969): Politische Kybernetik. Modelle und Perspektiven. Freiburg i.B.: Rombach.

Deutsch, Karl W. (1980): „A Voyage of the Mind", in: Government and Opposition, 15 (3-4), S. 323–345.

Dewey, John (1930): Individualism. Old and New. New York: Minton, Balch & Co.

Dewey, John (1944): Democracy and Education. An Introduction to the Philosophy of Education. New York: Free Press.

Diebold, John (1952): Automation. Princeton, N.J.: Van Nostrand.

Dittberner, Jon L. (1979): The End of Ideology and American Social Thought, 1930-1960. Ann Arbor: UMI Research Press.

Dodd, Stuart C. (1942): Dimensions of Society. A Quantitative Systematics for the Social Sciences. New York: Macmillan.

Dodd, Stuart C. (1951): „Historic Ideals Operationally Defined", in: Public Opinion Quarterly, 15 (3), S. 547-556.

Dodd, Stuart C. (1952): „Testing Message Diffusion From Person to Person", in: Public Opinion Quarterly, 16 (2), S. 247-262.

Dodd, Stuart C. (1958): „Formulas for Spreading Opinions", in: Public Opinion Quarterly, 22 (4), S. 537–554.

Dodd, Stuart C. (1959): „An Alphabet of Meanings for the Oncoming Revolution in Man's Thinking", in: Educational Theory, 9 (3), S. 174–192.

Dodd, Stuart C. (1947): Systematic Social Science. A Dimensional Sociology. Seattle: University Bookstore (offset).

Donzelot, Jacques (1980): Die Ordnung der Familie. Frankfurt am Main: Suhrkamp.

Donzelot, Jacques (1984): L'invention du social. Essai sur le déclin des passions politiques. Paris: Seuil.

Dorrestijn, Steven (2012): „Technical Mediation and Subjectivation. Tracing and Extending Foucault's Philosophy of Technology", in: Philosophy & Technology, 25 (2), S. 221–241.

Dotzler, Bernhard (1996): Papiermaschinen. Versuch über Communication & Control in Literatur und Technik. Berlin: Akademie.

Drucker, Peter F. (1939): The End of Economic Man. A Study of the New Totalitarianism. New York: The John Day Co.

Drucker, Peter F. (1955): The Practice of Management. New York: Harper & Row.

Drucker, Peter F. (1957): Landmarks of Tomorrow. New York: Harper.

Drucker, Peter F. (1969): Die Zukunft bewältigen. Aufgaben und Chancen im Zeitalter der Ungewissheit. Düsseldorf/Wien: Econ.

Dubarle, Dominique (1948): „Une nouvelle science: la cybernétique. Vers la machine à gouverner", in: Le Monde, 28.12.1948.

Dupuy, Jean Pierre (2000): The Mechanization of the Mind. On the Origins of Cognitive Science. Princeton, N.J.: Princeton University Press.

Dyer, James S. (1969): The Use of PPBS in a Public System of Higher Education: Is It Cost Effective? Santa Monica: RAND (Report P-4273).

Easton, David (1965a): A Framework for Political Analysis. Englewood Cliffs: Prentice-Hall.

Easton, David (1965b): A Systems Analysis of Political Life. New York: Wiley.

Eberhart, John (1967): „About the Systems Sciences", in: Science News, 91, S. 19.

Edwards, Paul N. (1997): The Closed World. Computers and the Politics of Discourse in Cold War America. Cambridge, Mass.: MIT Press.

Edwards, Ward (1954): The Theory of Decision Making, in: Psychological Bulletin, 51 (4), S. 380–417.
Eisinger, Peter K. (1971): „Control-Sharing in the City Some Thoughts on Decentralization and Client Representation“, in: American Behavioral Scientist, 15 (1), S. 36–51.
Eisinger, Peter K. (1972): „Community Control and Liberal Dilemmas“, in: Publius, 2 (2), S. 129–148.
Engerman, David C. (2009): Know your Enemy. The Rise and Fall of America's Soviet Experts. Oxford: Oxford University Press.
Enthoven, Alain C. (1963): „Defense and Disarmament. Economic Analysis in the Department of Defense“, in: The American Economic Review, 53 (2), S. 413–423.
Enthoven, Alain C. (1993): „The History and Principles of Managed Competition“, in: Health Affairs, 12, S. 24–48.
Enthoven, Alain C./Smith, K. Wayne (1970): „The Planning, Programming, and Budgeting System in the Department of Defense: An Overview from Experience“, in: Haveman, Robert H./Margolis, Julius (Hrsg.): Public Expenditures and Policy Analysis. Chicago: Markham, S. 485–490.
Enthoven, Alain C./Smith, K. Wayne (1971): How Much is Enough? Shaping the Defense Program, 1961-1969. New York: Harper & Row.
EOA (1964): Economic Opportunity Act of 1964. URL: https://bulk.resource.org/gao.gov/88-452/000048EB.pdf [Zugriff: 25.7.2015]
Erickson, Paul (2006): The Politics of Game Theory. Mathematics and Cold War Culture. Madison, WI: Ph.D. Dissertation (University of Wisconsin-Madison).
Eriksson, Kai (2011): Communication in Modern Social Ordering. History and Philosophy. New York: Continuum.
Ernst, Wolfgang (2012): „Logos der Maschine und ihre Grenzen zum Medienbegriff“, in: Herrmann, Hans-Christian von/Velminski, Wladimir (Hrsg.): Maschinentheorien/Theoriemaschinen. Frankfurt: Peter Lang, S. 97–120.
Etzemüller, Thomas (Hrsg.) (2009): Die Ordnung der Moderne. Social Engineering im 20. Jahrhundert. Bielefeld: transcript.
Ewald, François (1993): Der Vorsorgestaat. Frankfurt am Main: Suhrkamp.
Fach, Wolfgang (2003): Die Regierung der Freiheit. Frankfurt am Main: Suhrkamp.
Festinger, Leon/Schachter, Stanley/Back, Kurt W. (1950): Social Pressures in Informal Groups. A Study of Human Factors in Housing. Stanford, CA: Stanford University Press.
Fischer, Frank (1990): Technocracy and the Politics of Expertise. Newbury Park, CA: Sage.
Flanagan, Richard M. (2001): „Lyndon Johnson, Community Action, and the Management of the Administrative State“, in: Presidential Studies Quarterly, 31 (4), S. 585–608.
Fleury, Jean-Baptiste (2010): „Drawing New Lines: Economists and Other Social Scientists on Society in the 1960s“, in: History of Political Economy, 42, S. 315–342.
Forget, Evelyn L. (2011): „A Tale of Two Communities: Fighting Poverty in the Great Society (1964–68)“, in: History of Political Economy, 43 (1), S. 199–223.
Forrester, Jay W. (1969): Urban Dynamics. Cambridge, Mass.: MIT Press.
Fortun, Michael/Schweber, Sylvan S. (1993): „Scientists and the Legacy of World War II: The Case of Operations Research (OR)“, in: Social Studies of Science, 23, S. 595–642.
Foucault, Michel (1973): Archäologie des Wissens. Frankfurt am Main: Suhrkamp.
Foucault, Michel (1974): Die Ordnung der Dinge. Eine Archäologie der Humanwissenschaften. Frankfurt am Main: Suhrkamp.
Foucault, Michel (1976): Überwachen und Strafen. Die Geburt des Gefängnisses. Frankfurt am Main: Suhrkamp.
Foucault, Michel (1977): Der Wille zum Wissen. Sexualität und Wahrheit, Bd. 1. Frankfurt am Main: Suhrkamp.

Foucault, Michel (1978): Dispositive der Macht. Michel Foucault über Sexualität, Wissen und Wahrheit. Berlin: Merve.

Foucault, Michel (1987): „Das Subjekt und die Macht“, in: Dreyfus, Hubert L./Rabinow, Paul (Hrsg.): Michel Foucault. Jenseits von Strukturalismus und Hermeneutik. Frankfurt am Main: Athenäum, S. 243–261.

Foucault, Michel (1991): Die Ordnung des Diskurses. Frankfurt am Main: Fischer.

Foucault, Michel (1993): „Technologien des Selbst“, in: Foucault, Michel/Martin, Luther E. et al. (Hrsg.): Technologien des Selbst. Frankfurt am Main: Fischer, S. 24–62.

Foucault, Michel (1994): „Omnes et singulatim. Zu einer Kritik der politischen Vernunft“, in: Vogl, Joseph (Hrsg.): Gemeinschaften. Positionen zu einer Philosophie des Politischen. Frankfurt am Main: Suhrkamp, S. 65–93.

Foucault, Michel (1999a): „Die Maschen der Macht“, in: Engelmann, Jan (Hrsg.): Botschaften der Macht. Der Foucault-Reader. Diskurs und Medien. Stuttgart: Deutsche Verlags-Anstalt, S. 172–186.

Foucault, Michel (1999b): „Wie wird Macht ausgeübt?“ in: Engelmann, Jan (Hrsg.): Botschaften der Macht. Der Foucault-Reader. Diskurs und Medien. Stuttgart: Deutsche Verlags-Anstalt, S. 187–201.

Foucault, Michel (1999c): In Verteidigung der Gesellschaft. Vorlesungen am Collège de France (1975-76). Frankfurt am Main: Suhrkamp.

Foucault, Michel (2002): „Die Wahrheit und die juristischen Formen“, Schriften in vier Bänden. Dits et Ecrits, Bd. 2, 1970-1975. Frankfurt am Main: Suhrkamp, S. 669–793.

Foucault, Michel (2003): „Vorwort von Michel Foucault (Vorwort zu Canguilhem, Georges, On the Normal and the Pathological, Boston, 1978)“, in: Dits et Ecrits. Schriften, Bd. 3. Frankfurt am Main: Suhrkamp, S. 551–567.

Foucault, Michel (2004a): Sicherheit, Territorium, Bevölkerung. Geschichte der Gouvernementalität Bd. I. Frankfurt am Main: Suhrkamp.

Foucault, Michel (2004b): Die Geburt der Biopolitik. Geschichte der Gouvernementalität Bd. II. Frankfurt am Main: Suhrkamp.

Foucault, Michel (2004c): Hermeneutik des Subjekts. Frankfurt am Main: Suhrkamp.

Foucault, Michel (2005a): „Die Regierung der Lebenden“, in: Dits et Ecrits. Schriften, Bd. 4. Frankfurt am Main: Suhrkamp, S. 154–159.

Foucault, Michel (2005b): „Raum, Wissen, Macht“, in: Dits et Ecrits. Schriften, Bd. 4. Frankfurt am Main: Suhrkamp, S. 324–341.

Foucault, Michel (2010): „Die ‚Gouvernementalität‘ (Vortrag)“, in: Bröckling, Ulrich (Hrsg.): Kritik des Regierens. Frankfurt am Main: Suhrkamp, S. 91–117.

Foucault, Michel (2012): Die Regierung des Selbst und der anderen. Vorlesung am Collège de France 1982/83. Berlin: Suhrkamp.

Foucault, Michel/Sennett, Richard (1984): „Sexualität und Einsamkeit“, in: Von der Freundschaft. Michel Foucault im Gespräch. Berlin: Merve, S. 25–53.

Frank, Helmar (1961): Kybernetik. Brücke zwischen den Wissenschaften. Frankfurt am Main: Umschau.

Frankenberg, Günter (2010): Staatstechnik. Perspektiven auf Rechtsstaat und Ausnahmezustand. Berlin: Suhrkamp.

Freeman, Linton C. (2004): The Development of Social Network Analysis. A Study in the Sociology of Science. Vancouver: Empirical Press.

Freyer, Hans (1960): „Über das Dominantwerden technischer Kategorien“, in: Abhandlungen der geistes- und sozialwissenschaftlichen Klasse der Akademie der Wissenschaften, 4, S. 131–145.

Friedman, Milton (1953): „The Methodology of Positive Economics“, in: Friedman, Milton (Hrsg.): Essays in Positive Economics. Chicago: University of Chicago Press, S. 3–43.

Galison, Peter (Hrsg.) (1992): Big Science. The Growth of Large-Scale Research. Stanford, CA: Stanford University Press.
Galison, Peter (1997a): „Die Ontologie des Feindes. Norbert Wiener und die Vision der Kybernetik“, in: Rheinberger, Hans-Jörg/Hagner, Michael/Wahrig-Schmidt, Bettina (Hrsg.): Räume des Wissens. Repräsentation, Codierung, Spur. Berlin: Akademie, S. 281–324.
Galison, Peter (1997b): Image and Logic. A Material Culture of Microphysics. Chicago: University of Chicago Press.
Galison, Peter (2001): „War Against the Center“, in: Grey Room, 1 (4), S. 6–33.
Galloway, Alexander R. (2004): Protocol. How Control Exists After Decentralization. Cambridge, Mass.: MIT Press.
Gamm, Gerhard (2000): Nicht nichts. Studien zu einer Semantik des Unbestimmten. Frankfurt am Main: Suhrkamp.
Gamm, Gerhard (2004): Der unbestimmte Mensch. Zur medialen Konstruktion von Subjektivität. Berlin: Philo.
Gehlen, Arnold (2007): Die Seele im technischen Zeitalter. Frankfurt am Main: Klostermann.
Gehring, Petra (1988): „Paradigma einer Methode. Der Begriff des Diagramms im Strukturdenken von M. Foucault und M. Serres“, in: Gehring, Petra et al. (Hrsg.): Diagrammatik und Philosophie. Amsterdam/Atlanta: Rodopi, S. 89–106.
Gehring, Petra (2004): Foucault – Die Philosophie im Archiv. Frankfurt am Main/New York: Campus.
Gehring, Petra (2006): Was ist Biomacht? Vom zweifelhaften Mehrwert des Lebens. Frankfurt/New York: Campus.
Gehring, Petra (2007): „Lesen und Schreiben. Alte Rückkopplungen in Neuen Medien“, in: Sesink, Werner/Kerres, Michael/Moser, Heinz (Hrsg.): Jahrbuch Medien-Pädagogik 6. VS Verlag für Sozialwissenschaften, S. 342–359.
Gehring, Petra (2010): „Erkenntnis durch Metaphern? Methodologische Bemerkungen zur Metaphernforschung“, in: Junge, Matthias (Hrsg.): Metaphern in Wissenskulturen. Wiesbaden: VS Verlag für Sozialwissenschaften, S. 203–220.
Gehring, Petra (2011): „Biopolitik: eine Regierungskunst?“, in: Muhle, Maria/Thiele, Kathrin (Hrsg.): Biopolitische Konstellationen. Berlin: August, S. 167–197.
Gellner, Winand/Kleiber, Martin (2007): Das Regierungssystem der USA. Eine Einführung. Baden-Baden: Nomos.
Geoghegan, Bernard Dionysius (2011): „From Information Theory to French Theory. Jakobson, Lévi-Strauss, and the Cybernetic Apparatus“, in: Critical Inquiry, 38 (1), S. 96–126.
George, F. H. (1959): Automation, Cybernetics, and Society. New York: Philosophical Library.
Gerovitch, Slava (2002): From Newspeak to Cyberspeak. A History of Soviet Cybernetics. Cambridge, Mass.: MIT Press.
Gerrie, Jim (2003): „Was Foucault a Philosopher of Technology?“, in: Techné. Research in Philosophy and Technology, 7 (2), S. 66–73.
Gertenbach, Lars (2007): Die Kultivierung des Marktes. Foucault und die Gouvernementalität des Neoliberalismus. Berlin: Parodos.
Gießmann, Sebastian (2009): „Ganz klein, ganz groß. Jacob Levy Moreno und die Geschicke des Netzwerkdiagramms“, in: Köster, Ingo/Schuster, Kai (Hrsg.): Medien in Zeit und Raum. Maßverhältnisse des Medialen. Bielefeld: transcript, S. 267–292.
Gilman, Nils (2003): Mandarins of the Future, Modernization Theory in Cold War America. Baltimore: Johns Hopkins University Press.
Giocoli, Nicola (2003): Modeling Rational Agents. From Interwar Economics to Early Modern Game Theory. Northhampton, Mass.: Edward Elgar.
Giraudeau, Martin (2012): „Remembering the Future. Entrepreneurship Guidebooks in the US, from Meditation to Method (1945-1975)“, in: Foucault Studies (13), S. 40–66.

Glander, Timothy Richard (2000): Origins of Mass Communications Research During the American Cold War. Educational Effects and Contemporary Implications. Mahwah, N.J.: Erlbaum.

Göhlsdorf, Novina (2014): „Störung der Gemeinschaft, Grenzen der Erzählung. Die Figur des autistischen Kindes“, in: Jahrbuch der Psychoanalyse, 68, S. 17–34.

Gottl-Ottlilienfeld, Friedrich von (1923): Wirtschaft und Technik. Tübingen: Mohr.

Grafton, Carl/Permaloff, Anne (2005): „Analysis and Communication for Public Budgeting“. In: Garson, David G. (Hrsg.): Handbook of Public Information Systems (2. Aufl.). Boca Raton, FL: Taylor & Francis, S. 427–462.

Graham, Stephen (1998): „The End of Geography or the Explosion of Place? Conceptualizing Space, Place and Information Technology“, in: Progress in Human Geography, 22 (2), S. 165–185.

Grassmuck, Volker (1988): Vom Animismus zur Animation. Anmerkungen zur künstlichen Intelligenz. Hamburg: Junius.

Großklaus, Götz (1995): Medien-Zeit, Medien-Raum. Zum Wandel der raumzeitlichen Wahrnehmung in der Moderne. Frankfurt am Main: Suhrkamp.

Gruenberger, F.J. (1968): The History of the JOHNNIAC. Santa Monica: RAND (Memorandum RM-5654-PR).

Grüning, Gernod (2000): Grundlagen des New Public Management. Entwicklung, theoretischer Hintergrund und wissenschaftliche Bedeutung des New Public Management aus Sicht der politisch-administrativen Wissenschaften der USA. Münster: Lit.

Grunwald, Armin/Julliard, Yannick (2005): „Technik als Reflexionsbegriff. Überlegungen zur semantischen Struktur des Redens über Technik“, in: Philosophia Naturalis, 42 (1), S. 127–157.

Guetzkow, Harold (1963): „A Use of Simulation in the Study of Inter-Nation Relations“, in: Guetzkow, Harold/Alger, Chadwick F./Brody, Richard A./Noel, Robert C. (Hrsg.): Simulation in International Relations. Developments for Research and Teaching. Englewood Cliffs, N.J.: Prentice-Hall, S. 24–38.

Guilhot, Nicolas (2011): „Cyborg Pantocrator: International Relations Theory from Decisionism to Rational Choice“, in: Journal of the History of the Behavioral Sciences, 47 (3), S. 279–301.

Günther, Gotthard (1963): Das Bewusstsein der Maschinen. Eine Metaphysik der Kybernetik. Krefeld: Agis.

Günther, Gotthard (1965): „Das Problem einer trans-klassischen Logik“, in: Sprache im technischen Zeitalter, 16, S. 1287–1308.

Habermas, Jürgen (1968): Technik und Wissenschaft als „Ideologie“. Frankfurt am Main: Suhrkamp.

Habermas, Jürgen/Luhmann, Niklas (1971): Theorie der Gesellschaft oder Sozialtechnologie – Was leistet die Systemforschung? Frankfurt am Main: Suhrkamp.

Hacking, Ian (1982): „Biopower and the Avalanche of Printed Numbers“, in: Humanities in Society, 5 (3/4), S. 279–295.

Hacking, Ian (1990): The Taming of Chance. Cambridge/New York: Cambridge University Press.

Hagen, Wolfgang (2004): „Die Camouflage der Kybernetik“, in: Pias, Claus (Hrsg.): Cybernetics – Kybernetik. The Macy-Conferences 1946-1953, Bd. II: Essays und Dokumente. Zürich/Berlin: diaphanes, S. 191–208.

Hagner, Michael (2008): „Vom Aufstieg und Fall der Kybernetik als Universalwissenschaft“, in: Hagner, Michael/Hörl, Erich (Hrsg.): Die Transformation des Humanen. Beiträge zur Kulturgeschichte der Kybernetik. Frankfurt am Main: Suhrkamp, S. 38–71.

Hagner, Michael/Hörl, Erich (Hrsg.) (2008): Die Transformation des Humanen. Beiträge zur Kulturgeschichte der Kybernetik. Frankfurt am Main: Suhrkamp.

Hagner, Michael/Hörl, Erich (2008): „Überlegungen zur kybernetischen Transformation des Humanen“, in: dies. (Hrsg.): Die Transformation des Humanen. Beiträge zur Kulturgeschichte der Kybernetik. Frankfurt am Main: Suhrkamp, S. 7–37.

Haigh, Thomas (2001): „Inventing Information Systems: The Systems Men and the Computer, 1950–1968“, in: Business History Review, 75 (01), S. 15–61.

Haraway, Donna (1991): Simians, Cyborgs and Women. New York: Routledge.

Haraway, Donna (1995): „Ein Manifest für Cyborgs“, in: Die Neuerfindung der Natur. Primaten, Cyborgs und Frauen. Frankfurt am Main/New York: Campus, S. 33–72.

Harrington, Michael (1962): The Other America. Poverty in the United States. New York: Macmillan.

Hartley, Harry J. (1972): „PPBS: Status and Implications“, in: Educational Leadership, 29 (8), S. 658–661.

Hartley, John (2002): Communication, Cultural and Media Studies. The Key Concepts. London: Routledge.

Hartley,, Ralph V. L. (1928): „Transmission of Information“, in: Bell Systems Technical Journal, 7 (3), S. 535–563.

Hayek, Friedrich August von (2004): Der Weg zur Knechtschaft. Tübingen: Mohr Siebeck.

Hayles, Katherine (1999): How We Became Posthuman. Virtual Bodies in Cybernetics, Literature, and Informatics. Chicago: University of Chicago Press.

Heidegger, Martin (1962): Die Technik und die Kehre. Pfullingen: Neske.

Heidegger, Martin (1967): Sein und Zeit. Tübingen: M. Niemeyer.

Heideking, Jürgen/Mauch, Christof (2008): Geschichte der USA. Stuttgart: Francke/UTB.

Heims, Steve J. (1993): Constructing a Social Science for Postwar America. The Cybernetics Group, 1946-1953. Cambridge, Mass.: MIT Press.

Heintz, Bettina (1993): Die Herrschaft der Regel. Zur Grundlagengeschichte des Computers. Frankfurt/New York: Campus.

Hentschel, Klaus (2010): „Die Funktion von Analogien in den Naturwissenschaften, auch in Abgrenzung zu Metaphern und Modellen“, in: Hentschel, Klaus (Hrsg.): Analogien in Naturwissenschaften, Medizin und Technik. Stuttgart: Wissenschaftliche Verlagsgesellschaft, S. 13–66.

Hetzel, Andreas (2005): „Technik als Vermittlung und Dispositiv. Über die vielfältige Wirksamkeit der Maschinen“, in: Gamm, Gerhard/Hetzel, Andreas (Hrsg.): Unbestimmtheitssignaturen der Technik. Bielefeld: transcript, S. 275–296.

Heyck, Hunter (2012): „Producing Reason“, in: Solovey, Mark/Cravens, Hamilton (Hrsg.): Cold War Social Science. Knowledge Production, Liberal Democracy, and Human Nature. New York: Palgrave Macmillan, S. 99–116.

Hirsch, Werner Z. (1965): „Education in the Program Budget“, in: Novick, David (Hrsg.): Program Budgeting. Performance Analysis and the Federal Budget. Cambridge, Mass.: Harvard University Press, S. 178–207

Hitch, Charles J./McKean, Roland N. (1960): The Economics of Defense in the Nuclear Age. Cambridge, Mass.: Harvard University Press.

Hobbes, Thomas (1962): Leviathan. New York: Simon & Schuster.

Hochgeschwenger, Michael (2009): „The Noblest Philosophy and Its Most Efficient Use: Zur Geschichte des social engineering in den USA, 1910-1965“, in: Etzemüller, Thomas (Hrsg.): Die Ordnung der Moderne. Social Engineering im 20. Jahrhundert. Bielefeld: transcript, S. 171–198

Hodges, Andrew (1983): Alan Turing. The Enigma. New York: Simon and Schuster.

Hood, Christopher (1983): The Tools of Government. London: Macmillan.

Hoos, Ida R. (1972): Systems Analysis in Public Policy: a Critique. Berkeley: University of California Press.

Horkheimer, Max (1967): Zur Kritik der instrumentellen Vernunft. Frankfurt am Main: Fischer.

Hörl, Erich (2008): „Die offene Maschine. Heidegger, Günther und Simondon über die technologische Bedingung“, in: Modern Language Notes, 123, S. 632–655.

Hörl, Erich (2011): „Die technologische Bedingung. Zur Einführung“, in: Hörl, Erich (Hrsg.): Die technologische Bedingung. Beiträge zur Beschreibung der technischen Welt. Frankfurt am Main: Suhrkamp, S. 7–53.

Hounshell, David A. (2000): „The Medium is the Message, or How Context Matters: The RAND Corporation Builds an Economics of Innovation, 1946-1962“, in: Hughes, Thomas P./Hughes, Agatha C. (Hrsg.): Systems, Experts, and Computers. The Systems Approach in Management and Engineering, World War II and After. Cambridge, Mass.: MIT Press, S. 255–310.

Hubig, Christoph (2000): „‚Dispositiv‘ als Kategorie“, in: Internationale Zeitschrift für Philosophie, 1, S. 34–48.

Hubig, Christoph (2001): Macht und Dynamik der Technik – Hegels verborgene Technikphilosophie. URL: http://elib.uni-stuttgart.de/opus/volltexte/2001/945/pdf/Hegeltechnik.pdf [Zugriff: 25.07.2015]

Hubig, Christoph (2006): Die Kunst des Möglichen I. Technikphilosophie als Reflexion der Medialität. Bielefeld: transcript.

Hubig, Christoph (2007): Die Kunst des Möglichen II. Ethik der Technik als provisorische Moral. Bielefeld: transcript.

Hubig, Christoph (2011a): Technik als Medium und „Technik“ als Reflexionsbegriff, URL: http://www.philosophie.tu-darmstadt.de/media/institut_fuer_philosophie/diesunddas /hubig/downloadshubig/technik_als_medium_und_reflexionsbegriff.pdf [Zugriff: 25.7.2015]

Hubig, Christoph (2011b): „‚Natur‘ und ‚‚Kultur‘. Von Inbegriffen zu Reflexionsbegriffen“, in: Zeitschrift für Kulturphilosophie, 1, S. 97–119.

Hughes, Thomas P. (1983): Networks of Power. Electrification in Western Society, 1880-1930. Baltimore: Johns Hopkins University Press.

Hughes, Thomas P. (1989): „The Evolution of Large Technological Systems“, in: Bijker, Wiebe E./Hughes, Thomas P./Pinch, Trevor (Hrsg.): The Social Construction of Technological Systems. New Directions in the Sociology and History of Technology. Cambridge, Mass.: MIT Press, S. 51–82.

Hughes, Thomas P. (1998): Rescuing Prometheus. New York: Pantheon Books.

Hunter, Holland (1955): „Soviet Industrial Growth – The Early Plan Period“, in: Journal of Economic History, 15 (3), S. 281–287.

Husserl, Edmund (1976): Die Krisis der europäischen Wissenschaften und die transzendentale Phänomenologie: eine Einleitung in die phänomenologische Philosophie. Den Haag: M. Nijhoff.

Ihde, Don (1990): Technology and the Lifeworld. From Garden to Earth. Bloomington: Indiana University Press.

Ihde, Don (2010): Heidegger’s Technologies. Postphenomenological Perspectives. New York: Fordham University Press.

Innerhofer, Roland (2011) (Hrsg.): Das Mögliche regieren. Gouvernementalität in der Literatur- und Kulturanalyse. Bielefeld: transcript.

Innerhofer, Roland/Rothe, Katja (2010): „Regulierung des Verhaltens zwischen den Weltkriegen. Robert Musil und Kurt Lewin“, in: Berichte zur Wissenschaftsgeschichte, 33 (4), S. 365–381.

Israel, Giorgio (2005): „Die Mathematik des Homo oeconomicus“, in: Brüning, Jochen/Knobloch, Eberhard (Hrsg.): Die mathematischen Wurzeln der Kultur. München: Fink, S. 153–172.

Jäger, Siegfried (2001): „Dispositiv“, in: Kleiner, Marcus S. (Hrsg.): Michel Foucault. Eine Einführung in sein Denken. Frankfurt am Main/New York: Campus, S. 72–89.

Jäger, Siegfried (2006): „Diskurs und Wissen. Theoretische und methodische Aspekte einer Kritischen Diskurs- und Dispositivanalyse“, in: Keller, Reiner et al.(Hrsg.): Handbuch sozialwissenschaftliche Diskursanalyse, Bd.1: Theorien und Methoden (2. Auflage). Wiesbaden: VS Verlag für Sozialwissenschaften, S. 83–114.

Janich, Peter (2006): Kultur und Methode. Philosophie in einer wissenschaftlich geprägten Welt. Frankfurt am Main: Suhrkamp.

Jardini, David R. (1996): Out of the Blue Yonder: The RAND Corporation's Diversification into Social Welfare Research, 1946-1968. Pittsburgh, PA: Ph.D. Dissertation (Carnegie Mellon University).

Jardini, David R. (2000): „Out of the Blue Yonder: The Transfer of Systems Thinking from the Pentagon to the Great Society", in: Hughes, Thomas P./Hughes, Agatha C. (Hrsg.): Systems, Experts, and Computers. The Systems Approach in Management and Engineering, World War II and After. Cambridge, Mass.: MIT Press, S. 311–358.

Joerges, Bernward (1999): „Do Politics Have Artefacts?", in: Social Studies of Science, 29 (3), S. 411–431.

Johnson, Lyndon B. (1964): Special Message to the Congress Proposing a Nationwide War on the Sources of Poverty. URL: http://www.presidency.ucsb.edu/ws/?pid=26109 [Zugriff: 25.7. 2015]

Jordan, John M. (1994): Machine-Age Ideology. Social Engineering and American Liberalism, 1911-1939. Chapel Hill: University of North Carolina Press.

Junge, Torsten (2008): Gouvernementalität der Wissensgesellschaft. Politik und Subjektivität unter dem Regime des Wissens. Bielefeld: transcript.

Justi, Johann Heinrich Gottlob von (1970): Gesammelte politische und Finanzschriften. Über wichtige Gegenstände der Staatskunst, der Kriegswissenschaften und des Kameral- und Finanzwesens, Band 3. Aalen: Scientia Verl.

Kahn, Herman (1962): Thinking About the Unthinkable. New York: Horizon Press.

Kaminski, Andreas (2010): Technik als Erwartung. Grundzüge einer allgemeinen Technikphilosophie. Bielefeld: transcript.

Kant, Immanuel (1991): „Über Pädagogik", Schriften zur Anthropologie, Geschichtsphilosophie, Politik und Pädagogik. Frankfurt am Main: Suhrkamp, S. 691–761.

Kant, Immanuel (KdU/1968): Kritik der Urteilskraft. Hamburg: Meiner.

Kaplan, Abraham/Skogstad, A.L./Girshick, M.A. (1949): The Prediction of Social and Technological Events. Santa Monica: RAND (Report P-93).

Kaplan, Fred M. (1983): The Wizards of Armagedon. New York: Simon and Schuster.

Kargon, Robert/Molella, Arthur P. (2004): „The City as Communications Net. Norbert Wiener, the Atomic Bomb, and Urban Dispersal", in: Technology and Culture, 45 (4), S. 764–777.

Katz, Elihu/Lazarsfeld, Paul F (1955): Personal Influence. The Part Played by People in the Flow of Mass Communications. Glencoe, Ill.: Free Press.

Kaufmann, Stefan (2009): „Die Wissensformierung der ‚counterinsurgency' im Vietnamkrieg", in: Traverse, 3, S. 37–52.

Kay, Lily E. (2002): Das Buch des Lebens. Wer schrieb den genetischen Code? München: Hanser.

Kay, Lily E. (2004): „Von logischen Neuronen zu poetischen Verkörperungen des Geistes", in: Pias, Claus (Hrsg.): Cybernetics – Kybernetik. The Macy-Conferences 1946-1953, Bd. II: Essays und Dokumente. Zürich/Berlin: diaphanes, S. 169–190.

Kecskemeti, Paul (1954): Rezension zu Karl W. Deutsch: „Nationalism and Social Communication", in: Public Opinion Quarterly, 18 (1), S. 102–105.

Keller, Evelyn Fox (1998): Das Leben neu denken. Metaphern der Biologie im 20. Jahrhundert. München: Kunstmann.

Keller, Felix (2001): Archäologie der Meinungsforschung. Mathematik und die Erzählbarkeit des Politischen. Konstanz: UVK Verlagsgesellschaft.

Kessl, Fabian (2005): Der Gebrauch der eigenen Kräfte. Eine Gouvernementalität sozialer Arbeit. Weinheim und München: Juventa.

Kittler, Friedrich (1995): Aufschreibesysteme 1800–1900. München: Fink.

Kittler, Friedrich (1998): „Signal-Rausch-Abstand", in: Gumbrecht, Hans Ulrich/Pfeiffer, K. Ludwig (Hrsg.): Materialität der Kommunikation. Frankfurt am Main: Suhrkamp, S. 342–359.

Kittler, Friedrich (2009): „Blitz und Serie – Ereignis und Donner“, in: Volmar, Axel (Hrsg.): Zeitkritische Medien. Berlin: Kadmos, S. 155–166.

Kline, Ronald R. (2006): „Cybernetics, Management Science, and Technology Policy: The Emergence of ‚Information Technology' as a Keyword, 1948-1985“, in: Technology and Culture, 47 (3), S. 513–535.

Kluckhohn, Clyde (1949): Mirror for Man. The Relation of Anthropology to Modern Life. New York: Whittlesey House.

Kluckhohn, Clyde/Kelly, William H. (1945): „The Concept of Culture“, in: Linton, Ralph (Hrsg.): The Science of Man in the World Crisis. New York: Columbia University Press, S. 79–106.

Kohler, Robert E./Olesko, Kathryn Mary (Hrsg.) (2012): Clio Meets Science. The Challenges of History. Chicago: University of Chicago Press.

Koschorke, Albrecht/Lüdemann, Susanne/Frank, Thomas/Matala de Mazza, Ethel (2007): Der fiktive Staat: Konstruktionen des politischen Körpers in der Geschichte Europas. Frankfurt am Main: Fischer.

Kotler, Milton (1971): „The Politics of Community Economic Development“, in: Law and Contemporary Problems, 36, S. 3–12.

Krämer, Sybille (1991): Berechenbare Vernunft. Kalkül und Rationalismus im 17. Jahrhundert. Berlin/New York: De Gruyter.

Krämer, Sybille (1998): „Das Medium als Spur und Apparat“, in: Krämer, Sybille (Hrsg.): Medien Computer Realität. Wirklichkeitsvorstellungen und Neue Medien. Frankfurt am Main: Suhrkamp, S. 73–94

Krasmann, Susanne (2003): Die Kriminalität der Gesellschaft. Zur Gouvernementalität der Gegenwart. Konstanz: UVK.

Krasmann, Susanne/Volkmer, Michael (2007) (Hrsg.): Michel Foucaults „Geschichte der Gouvernementalität“ in den Sozialwissenschaften. Internationale Beiträge. Bielefeld: transcript.

Kraus, Rebecca S. (2011): Statistical Déjà Vu: The National Data Center Proposal of 1965 and Its Descendants (Manuskript). URL: www.census.gov/history/pdf/kraus-natdatacenter.pdf [Zugriff: 25.07.2015].

Krige, John/Rausch, Helke (2012): American Foundations and the Coproduction of World Order in the Twentieth Century. Göttingen: Vandenhoeck & Ruprecht.

Krohn, Wolfgang (1989): „Die Verschiedenheit der Technik und die Einheit der Techniksoziologie“, in: Weingart, Peter (Hrsg.): Technik als sozialer Prozeß. Frankfurt am Main: Suhrkamp, S. 15–43.

Krohn, Wolfgang (2006): Eine Einführung in die Soziologie der Technik, URL: http://www.uni-bielefeld.de/soz/personen/krohn/techniksoziologie.pdf [Zugriff: 25.7.2015].

Lacan, Jacques (1980): Das Ich in der Theorie Freuds und in der Technik der Psychoanalyse. Das Seminar, Bd. 2 (1954-1955). Olten: Walter.

Lang, Jürgen P. (2007): „Karl W. Deutsch, The Nerves of Government. Models of Political Communication and Control“, in: Kailitz, Steffen (Hrsg.): Schlüsselwerke der Politikwissenschaft. Wiesbaden: VS Verlag für Sozialwissenschaften, S. 92–95.

Lange, Stefan (2007): „Kybernetik und Systemtheorie“, in: Benz, Arthur/Lütz, Susanne/Schimank, Uwe/Simonis, Georg (Hrsg.): Handbuch Governance. Wiesbaden: VS Verlag für Sozialwissenschaften, S. 176–187.

Lasswell, Harold Dwight/Casey, Ralph Droz/Smith, Bruce Lannes (1969): Propaganda and Promotional Activities. An Annotated Bibliography. Chicago: University of Chicago Press.

Latour, Bruno (1996b): Der Berliner Schlüssel. Erkundungen eines Liebhabers der Wissenschaften. Berlin: Akademie Verlag.

Latour, Bruno (1998): „Über technische Vermittlung. Philosophie, Soziologie, Genealogie“, in: Rammert, Werner (Hrsg.): Technik und Sozialtheorie. Frankfurt am Main/New York: Campus, S. 29–82.

Latour, Bruno (2006): „Die Macht der Assoziation“, in: Belliger, Andréa/Krieger, David J. (Hrsg.): ANThology. Ein einführendes Handbuch zur Akteur-Netzwerk-Theorie. Bielefeld: transcript, S. 195–213.

Latour, Bruno (2007): Eine neue Soziologie für eine neue Gesellschaft. Einführung in die Akteur-Netzwerk-Theorie. Frankfurt am Main: Suhrkamp.

Latour, Bruno (2008): Wir sind nie modern gewesen. Versuch einer symmetrischen Anthropologie. Frankfurt am Main: Suhrkamp.

Latour, Bruno/Hermant, Emilie (2006): Paris: Invisible City, URL: http://www.bruno-latour.fr/virtual/PARIS-INVISIBLE-GB.pdf [Zugriff: 25.7.2015].

Law, John (1986): „On the Methods of Long Distance Control. Vessels, Navigation, and the Portuguese Route to India“, in: Law, John (Hrsg.): Power, Action and Belief. A New Sociology of Knowledge? London/Boston: Routledge/Kegan Paul, S. 234–263.

Lazarsfeld, Paul F./Berelson/Gaudet, Hazel (1944): The People's Choice: How the Voter Makes up his Mind in a Presidential Campaign. New York: Duell, Sloan, and Pearce.

Lazarsfeld, Paul F. (1955): „Why Is So Little Known About the Effects of Television on Children and What Can Be Done?“, in: Public Opinion Quarterly, 19 (3), S. 243–251.

Lazarsfeld, Paul F./Berelson, Bernard/Gaudet, Hazel (1969): Wahlen und Wähler. Soziologie des Wahlverhaltens. Neuwied: Luchterhand.

Leavitt, Harold J. (1951): „Some Effects of Certain Communication Patterns on Group Performance“, in: Journal of Abnormal and Social Psychology, 46 (1), S. 38–50.

Leinfeller, Werner (1997): „Eine kurze Geschichte der Spieltheorie“, in: Weibel, Peter (Hrsg.): Jenseits von Kunst. Wien: Passagen, S. 478–481.

Leites, Nathan C. (1951): The Operational Code of the Politburo. Santa Monica: RAND.

Lemke, Thomas (1997): Eine Kritik der politischen Vernunft. Foucaults Analyse der modernen Gouvernementalität. Berlin: Argument.

Lemke, Thomas (2000): „Neoliberalismus, Staat und Selbsttechnologien. Ein kritischer Überblick über die governmentality studies“, in: PVS Politische Vierteljahresschrift, 41 (1), S. 31–47.

Lemke, Thomas (2007a): „Eine unverdauliche Mahlzeit? Staatlichkeit, Wissen und die Analytik der Regierung“, in: Krasmann, Susanne/Volkmer, Michael (Hrsg.): Michel Foucaults „Geschichte der Gouvernementalität“ in den Sozialwissenschaften. Internationale Beiträge. Bielefeld: transcript, S. 47–73.

Lemke, Thomas (2007b): Gouvernementalität und Biopolitik. Wiesbaden: VS Verlag für Sozialwissenschaften.

Lenk, Hans (1973): „Zu neueren Ansätzen der Technikphilosophie“, in: Lenk, Hans/Moser, Simon (Hrsg.): Techne, Technik, Technologie. Philosophische Perspektiven. Pullach bei München: Verlag Dokumentation, S. 198–231.

Leonard, Robert J. (1991): „War as a ‚Simple Economic Problem“: The Rise of an Economics of Defense“, in: Goodwind, Crauford D. (Hrsg.): Economics and National Security. A History of Their Interaction. Durham: Duke University Press, S. 261–283.

Lerner, Daniel (1958): The Passing of Traditional Society. Modernizing the Middle East. New York: The Free Press.

Leroi-Gourhan, André (1980): Hand und Wort. Die Evolution von Technik, Sprache und Kunst. Frankfurt am Main: Suhrkamp.

Lessenich, Stephan (2011): „Constructing the Socialized Self: Mobilization and Control in the ‚Active Society'“, in: Bröckling, Ulrich/Krasmann, Susanne/Lemke, Thomas (Hrsg.): Governmentality. Current Issues and Future Challenges. London: Routledge, S. 304–320.

Lévi-Strauss, Claude (1967): „Die Mathematik vom Menschen“, in: Kursbuch, 8, S. 176–188.

Lewin, Kurt (1920): „Die Sozialisierung des Taylor Systems. Eine grundsätzliche Untersuchung zur Arbeits- und Berufs-Psychologie“, in: Korsch, Karl (Hrsg.): Praktischer Sozialismus, Bd. 4. Berlin: Verlag Gesellschaft und Erziehung, S. 5–36.

Lewin, Kurt (1936): Principles of Topological Psychology. New York: McGraw-Hill.

Lewin, Kurt (1947): „Frontiers in Group Dynamics: II. Channels of Group Life/Social Planning and Action Research“, in: Human Relations, 1, S. 143–153.

Lewin, Kurt (1948): Resolving Social Conflicts. Selected Papers on Group Dynamics. New York/Evanston/London: Harper & Row.

LIFE (1957): „Pushbutton Defense for Air War“, in: LIFE Magazine, 11, S. 62–69.

Light, Jennifer S. (2005): From Warfare to Welfare. Defense Intellectuals and Urban Problems in Cold War America. Baltimore/London: Johns Hopkins University Press.

Lippmann, Walter (1922): Public Opinion. New York: Harcourt, Brace and Co.

Lippmann, Walter (1927): The Phantom Public. New York: Macmillan.

Lübbe, Hermann (1998): „Technokratie. Politische und wirtschaftliche Schicksale einer philosophischen Idee“, in: WeltTrends. Zeitschrift für internationale Politik und vergleichende Studien, 18, S. 39–61.

Luckner, Andreas (2008): Heidegger und das Denken der Technik. Bielefeld: transcript.

Luhmann, Niklas (1991): Soziologie des Risikos. Berlin/New York: De Gruyter.

Luhmann, Niklas (1992): Beobachtungen der Moderne. Opladen: Westdt. Verl.

Luhmann, Niklas (1997): Die Gesellschaft der Gesellschaft. Frankfurt am Main: Suhrkamp.

Luhmann, Niklas (2000): Die Politik der Gesellschaft. Frankfurt am Main: Suhrkamp.

Luhmann, Niklas (2001): „Das Medium der Kunst“, in: Aufsätze und Reden. Stuttgart: Reclam, S. 198–217.

MacBride, Robert (1967): The Automated State. Computer Systems as a New Force in Society. Philadelphia: Chilton Book Co.

Mannheim, Karl (1940): Man and Society in an Age of Reconstruction. Studies in Modern Social Structure. New York: Harcourt, Brace & World.

March, James G./Simon, Herbert A. (1976): Organisation und Individuum. Menschliches Verhalten in Organisationen. Wiesbaden: Gabler.

Marchart, Oliver (2010): Die politische Differenz. Zum Denken des Politischen bei Nancy, Lefort, Badiou, Laclau und Agamben. Berlin: Suhrkamp.

Marcuse, Herbert (1966): „Repressive Toleranz“, in: Wolff, Robert P./Moore, Barrington/Marcuse, Herbert (Hrsg.): Kritik der reinen Toleranz. Frankfurt am Main: Suhrkamp, S. 93–128.

Marcuse, Herbert (1967): Der eindimensionale Mensch. Studien zur Ideologie der fortgeschrittenen Industriegesellschaft. Neuwied/Berlin: Luchterhand.

Marris, Peter/Rein, Martin (1967): Dilemmas of Social Reform. Poverty and Community Action in the United States. New York: Atherton Press.

Marrow, Alfred J. (1969): The Practical Theorist. The Life and Work of Kurt Lewin. New York: Basic Books.

Marshak, Jacob [sic!]]/Teller, Edward/Klein, Lawrence R. (1946): Dispersal of Cities and Industries, in: Bulletin of the Atomic Scientists, 1 (9), S. 13–15.

Matthewman, Steve (2014): „Michel Foucault, Technology, and Actor-Network Theory“, in: Techné: Research in Philosophy and Technology, 17 (2), S. 274–292.

Maxwell, J. Clerk (1868): „On Governors“, in: Proceedings of the Royal Society of London, 16, S. 270–283.

Mayr, Otto (1969): Zur Frühgeschichte der technischen Regelungen. München: Oldenbourg.

Mayr, Otto (1987): Uhrwerk und Waage. Autorität, Freiheit und technische Systeme in der frühen Neuzeit. CH Beck.

McArthur, Charles W. (1990): Operations Analysis in the U.S. Army Eighth Air Force in World War II. Providence, R.I: American Mathematical Society.

McCloskey, Joseph F. (1987): „U.S. Operations Research in World War II“, in: Operations Research, 35 (6), S. 910–925.

McCormick, John P. (1997): Carl Schmitt's Critique of Liberalism. Against Politics as Technology. Cambridge/New York: Cambridge University Press.

McCulloch, Warren (1964): „A Historical Foundation to the Postulational Foundations of Experimental Epistemology“, in: Norhrop, F.S.C./Livingston, Helen H. (Hrsg.): Cross-Cultural Understanding. Epistemology in Anthropology. New York: Harper & Row, S. 39–50.
McCulloch, Warren S. (1974): „Recollections of the Many Sources of Cybernetics“, in: ASC Forum, 6 (2), S. 5–16.
McCulloch, Warren S. (2000a): „Was bringt mein Hirn in Tinte zu Papier?“, in: Verkörperungen des Geistes. Wien/New York: Springer, S. 230–239.
McCulloch, Warren S. (2000b): Verkörperungen des Geistes. Wien/New York: Springer.
McCulloch, Warren S. (2003): „Summary of the Points of Agreement Reached in the Previous Nine Conferences on Cybernetics“, in: Pias, Claus (Hrsg.): Cybernetics – Kybernetik. The Macy-Conferences 1946-1953, Bd. I: Protokolle. Zürich/Berlin: diaphanes, S. 719–726.
McCulloch, Warren S. (2004): „An Account of the First Three Conferences on Teleological Mechanisms“, in: Pias, Claus (Hrsg.): Cybernetics – Kybernetik. The Macy-Conferences 1946-1953, Bd. II: Essays und Dokumente. Zürich/Berlin: diaphanes, S. 335–344.
McCulloch, Warren S./Pitts, Walter (1943): A Logical Calculus of the Ideas Immanent in Nervous Activity, in: Bulletin of Mathematical Biophysics, 5, S. 115–133.
McLuhan, Marshall (1964): Understanding Media. The Extensions of Man. New York: McGraw-Hill.
McNamara, Robert S. (1995): In Retrospect. The Tragedy and Lessons of Vietnam.
Mead, Margaret (1951): Soviet Attitudes Toward Authority. An Interdisciplinary Approach to Problems of Soviet Character. New York: McGraw-Hill.
Medina, Eden (2011): Cybernetic Revolutionaries. Technology and Politics in Allende's Chile. Cambridge, Mass.: MIT Press.
Meier, Richard L (1962): A Communications Theory of Urban Growth. Cambridge, Mass.: MIT Press.
Mersch, Dieter (2008): „Tertium Datur. Einleitung in eine negative Medientheorie“, in: Münker, Stefan/Roesler, Alexander (Hrsg.): Was ist ein Medium? Frankfurt am Main: Suhrkamp, S. 304–321
Mersch, Dieter (2013): Ordo ab chao – Order from Noise. Zürich: diaphanes.
Meyer-Drawe, Käte (1996): Menschen im Spiegel ihrer Maschinen. München: Fink.
Miller, George A./Galanter, Eugene/Pribram, Karl H (1973): Strategien des Handelns: Pläne und Strukturen des Verhaltens. Stuttgart: Klett.
Miller, Peter (1992): „Accounting and Objectivity. The Invention of Calculating Selves and Calculable Spaces“, in: Annals of Scholarship, 9 (1/2), S. 61–85.
Miller, Peter/Rose, Nikolas (1994): „Das ökonomische Leben regieren“, in: Schwarz, Richard (Hrsg.): Zur Genealogie der Regulation. Anschlüsse an Michel Foucault. Mainz: Decaton, S. 54–108.
Mindell, David A (2002): Between Human and Machine Feedback, Control, and Computing Before Cybernetics. Baltimore: Johns Hopkins University Press.
Mirowski, Philip (2002): Machine Dreams. Economics Becomes a Cyborg Science. Cambridge/New York: Cambridge University Press.
Moon, Bob (1986): The „New Maths“ Curriculum Controversy. An International Story. London/New York: Falmer Press.
Morgan, Mary S./Morrison, Margaret (Hrsg.) (1999): Models as Mediators. Perspectives on Natural and Social Sciences. Cambridge/New York: Cambridge University Press.
Morse, Philip M./Kimball, George E. (1951): Methods of Operations Research. New York: Wiley.
Moynihan, Daniel P. (1969): Maximum Feasible Misunderstanding. Community Action in the War on Poverty. New York: Free Press.
Muhle, Maria (2008): Eine Genealogie der Biopolitik. Zum Begriff des Lebens bei Foucault und Canguilhem. Bielefeld: transcript.

Muhle, Maria/Thiele, Kathrin (2011): „Konstellationen zwischen Politik und Leben“, in: Muhle, Maria/Thiele, Kathrin (Hrsg.): Biopolitische Konstellationen. Berlin: August.

Mumford, Lewis (1934): Technics and Civilization. New York: Harcourt, Brace and Co.

Mumford, Lewis (1967): The Myth of the Machine, Vol. 1. Technics and Human Development. New York: Harcourt Brace Jovanovich.

Naschold, Frieder (1973): Politische Planungssysteme. Opladen: Westdeutscher Verlag.

Naschold, Frieder/Narr, Wolf-Dieter (1969): Systemsteuerung. Stuttgart: W. Kohlhammer.

Nealon, Jeffrey T (2008): Foucault Beyond Foucault. Power and its Intensifications since 1984. Stanford, Calif.: Stanford University Press.

Needell, Allan A. (1993): „‚Truth Is Our Weapon'. Project TROY, Political Warfare, and Government-Academic Relations in the National Security State“, in: Diplomatic History, 17 (3), S. 399–420.

von Neumann, John (1928): „Zur Theorie der Gesellschaftsspiele“, in: Mathematische Annalen, 100 (1), S. 295–320.

von Neumann, John (1945): First Draft of a Report on the EDVAC. URL: http://www.virtualtravelog.net/wp/wp-content/media/2003-08-TheFirstDraft.pdf [Zugriff: 25.7.2015].

von Neumann, John/Morgenstern, Oskar (1944a): Theory of Games and Economic Behavior. Princeton: Princeton University Press.

Newell, Allen/Shaw, John C./Simon, Herbert A. (1957): „Empirical Explorations of the Logic Theory Machine. A Case Study in Heuristics“, in: Proceedings of the Western Joint Computer Conference, S. 218–230.

Newell, Allen/Shaw, John C./Simon, Herbert A. (1958): Report on a General Problem-Solving Program. Santa Monica: RAND (Report P-1584).

Newell, Allen/Simon, Herbert A. (1972): Human Problem Solving. Englewood Cliffs, N.J.: Prentice-Hall.

Newell, Allen/Simon, Herbert A. (1956): „The Logic Theory Machine. A Complex Information Processing System,“ in: IRE Transactions on Information Theory, 2 (3), S. 61–79.

Norton, C. McKim (1953a): „Report on Project East River“, in: Journal of the American Institute of Planners, 19 (2), S. 87–94.

Norton, C. McKim (1953b): „Report On Project East River Part II: Development of Standards“, in: Journal of the American Institute of Planners, 19 (3), S. 159–167.

Novick, David (1954): Efficiency and Economy in Government Through New Budgeting and Accounting Procedures. Santa Monica: RAND (Report R-254).

Novick, David (1965): „Introduction: The Origin and History of Program Budgeting“, in: Novick, David (Hrsg.): Program Budgeting. Performance Analysis and the Federal Budget. Cambridge, Mass.: Harvard University Press, S. xv–xxiv.

O'Connor, Alice (2009): Poverty Knowledge. Social Science, Social Policy, and the Poor in Twentieth-Century U.S. History. Princeton: Princeton University Press.

Office of Scientific Research and Development (1946): Analytical Studies in Aerial Warfare. Washington, D.C.: OSRD.

Opitz, Sven (2004): Gouvernementalität im Postfordismus. Macht, Wissen und Techniken des Selbst im Feld unternehmerischer Rationalität. Hamburg: Argument.

Ortmann, Günther (2010): „Zur Theorie der Unternehmung“, in: Endreß, Martin/Martys, Thomas (Hrsg.): Die Ökonomie der Organisation – die Organisation der Ökonomie. Wiesbaden: VS Verlag für Sozialwissenschaften, S. 225–303.

Paxson, Edward (1950): Comparison of Airplane Systems for Strategic Bombing. Santa Monica: RAND (Report R-208).

Peil, Dietmar (1983): Untersuchungen zur Staats- und Herrschaftsmetaphorik in literarischen Zeugnissen von der Antike bis zur Gegenwart. München: Fink.

Peirce, Charles S. (1960): Collected Papers of Charles Sanders Peirce. Cambridge, Mass.: Harvard University Press.

Peters, Benjamin (2010): From Cybernetics to Cyber Networks. Norbert Wiener, the Soviet Internet, and the Cold War Dawn of Information Universalism. New York: Ph.D. Dissertation (Columbia University).

Peters, John Durham (1999a): Speaking into the Air: A History of the Idea of Communication. Chicago: University of Chicago Press.

Peters, John Durham (2009): „Geschichte als Kommunikationsproblem", in: Zeitschrift für Medienwissenschaft, 1, S. 81–92.

Pias, Claus (2002a): Computer Spiel Welten. München: Sequenzia.

Pias, Claus (2002b): „Was uns entscheidet", in: Neue Rundschau, 113 (2), S. 28–43.

Pias, Claus (Hrsg.) (2003): Cybernetics – Kybernetik. The Macy-Conferences 1946-1953, Bd. I: Protokolle. Zürich/Berlin: diaphanes.

Pias, Claus (Hrsg.) (2004): Cybernetics – Kybernetik. The Macy-Conferences 1946-1953, Bd. II: Essays und Dokumente. Zürich/Berlin: diaphanes.

Pias, Claus (2004a): „Zeit der Kybernetik – Eine Einstimmung", in: Pias, Claus (Hrsg.): Cybernetics – Kybernetik. The Macy-Conferences 1946-1953, Bd. II: Essays und Dokumente. Zürich/Berlin: diaphanes, S. 9–42.

Pias, Claus (2004b): „Elektronengehirn und verbotene Zone. Zur kybernetischen Ökonomie des Digitalen", in: Schröter, Jens/Böhnke, Alexander (Hrsg.): Analog/Digital – Opposition oder Kontinuum? Zur Theorie einer Unterscheidung. Bielefeld: transcript, S. 295–309.

Pias, Claus (2004c): „Mit dem Vietcong rechnen. Der Feind als Gestalt und Kunde", in: Epping-Jäger, Cornelia/Hahn, Thorsten/Schüttpelz, Erhard (Hrsg.): Freund, Feind & Verrat. Das Politische Feld der Medien. Köln: DuMont, S. 157–183.

Pias, Claus (2005): Der Auftrag. Kybernetik und Revolution in Chile. In: Gethmann, Daniel/Stauff, Markus (Hrsg.): Politiken der Medien. Zürich/Berlin: diaphanes, S. 131–153

Pias, Claus (2008): „Medienwissenschaft, Medientheorie oder Medienphilosophie?", in: Hrachovec, Herbert/Pichler, Alois (Hrsg.): Philosophy of the Information Society. Proceedings of the 30. International Ludwig Wittgenstein Symposium, Kirchberg am Wechsel, Austria 2008, Vol. 2. Frankfurt am Main u.a.: ontos, S. 75–88.

Piccinini, Gualtiero (2004): „The First Computational Theory of Mind and Brain. A Close Look at McCulloch and Pitts's ‚Logical Calculus of Ideas Immanent in Nervous Activity'", in: Synthese, 141 (2), S. 175–215.

Pickering, Andrew (2007): Kybernetik und neue Ontologien. Berlin: Merve.

Pickering, Andrew (2010): The Cybernetic Brain Sketches of Another Future. Chicago: University of Chicago Press.

Pickering, Andy (1995): „Cyborg History and the World War II Regime", in: Perspectives on Science, 3, S. 1–48.

Pieper, Marianne (2003): Gouvernementalität. Ein sozialwissenschaftliches Konzept in Anschluss an Foucault. Frankfurt am Main: Campus.

Pircher, Wolfgang (2008): „Im Schatten der Kybernetik. Rückkopplung im operativen Einsatz", in: Hagner, Michael/Hörl, Erich (Hrsg.): Die Transformation des Humanen. Beiträge zur Kulturgeschichte der Kybernetik. Frankfurt am Main: Suhrkamp, S. 348–376.

Popper, Karl R. (1975): Die offene Gesellschaft und ihre Feinde, Bd. 1: Der Zauber Platons. Tübingen: Francke/UTB.

Porter, Theodore M. (2012): „Foreword: Positioning Social Science in Cold War America", in: Solovey, Mark/Cravens, Hamilton (Hrsg.): Cold War Social Science. Knowledge Production, Liberal Democracy, and Human Nature. New York: Palgrave Macmillan, S. ix–xvi.

Purtschert, Patricia (2008): Gouvernementalität und Sicherheit. Zeitdiagnostische Beiträge im Anschluss an Foucault. Bielefeld: transcript.

Quade, Edwards, S. (1972): Systems Analysis. A Tool for Choice. Santa Monica: RAND.

Rammert, Werner (1998): Technik und Sozialtheorie. Campus Verlag.
Rancière, Jacques (2002): Das Unvernehmen. Politik und Philosophie. Frankfurt am Main: Suhrkamp.
Raphael, Lutz (1996): „Die Verwissenschaftlichung des Sozialen als methodische und konzeptionelle Herausforderung für eine Sozialgeschichte des 20. Jahrhunderts", in: Geschichte und Gesellschaft, 22 (2), S. 165–193.
Rapoport, Anatol (1948): „Cycle Distribution in Random Nets", in: Bulletin of Mathematical Biophysics, 10, S. 145–157.
Rapoport, Anatol (1949): „Outline of a Probabilistic Approach to Animal Sociology, Part I & II", in: Bulletin of Mathematical Biophysics, 11, S. 183–196/273–281.
Rapoport, Anatol (1953): „Spread of Information Through a Population with Socio-Structural Bias. I: Assumption of Transitivity", in: Bulletin of Mathematical Biophysics, 15 (4), S. 523–533.
Rapoport, Anatol/Chammah, Albert M (1965): Prisoner's Dilemma. A Study in Conflict and Cooperation. Ann Arbor: Univ. of Michigan Press.
Rapoport, Anatol/Rebhun, Lionel (1952): „On the Mathematical Theory of Rumor Spread", in: Bulletin of Mathematical Biophysics, 14 (4), S. 375–383.
Rashevsky, Nicolas (1947): Mathematical Theory of Human Relations. An Approach to a Mathematical Biology of Social Phenomena. Bloomington, IN: Principia Press.
Rassem, Mohammed/Stagl, Justin (Hrsg.) (1980): Statistik und Staatsbeschreibung in der Neuzeit, vornehmlich im 16.-18. Jahrhundert: Bericht über ein interdisziplinäres Symposion in Wolfenbüttel, 25.-27. September 1978. Paderborn/München/Wien/Zürich: Schöningh.
Rau, Erik O. (2000): „The Adoption of Operations Research in the United States during World War II", in: Hughes, Thomas P./Hughes, Agatha C. (Hrsg.): Systems, Experts, and Computers. The Systems Approach in Management and Engineering, World War II and After. Cambridge, Mass.: MIT Press, S. 57–92.
Richardson, George P. (1991): Feedback Thought in Social Science and Systems Theory. Philadelphia: University of Pennsylvania Press.
Richardson, Theresa R. (1989): The Century of the Child. The Mental Hygiene Movement and Social Policy in the United States and Canada. Albany, N.Y.: State University of New York Press.
Rieger, Stefan (1999): Die Kybernetik des Menschen. Steuerungswissen m 1800. In: Vogl, Joseph (Hrsg.): Poetologien des Wissens um 1800. München: Fink, S. 97–121.
Roesler, Silke (2007): „‚telegraphein' – ‚in die Ferne schreiben' oder vom Telegraphenstern zum Kommunikationsnetz", in: Broch, Jan/Rassiler, Markus/Scholl, Daniel (Hrsg.): Netzwerke der Moderne. Erkundungen und Strategien. Würzburg: Königshausen und Neumann, S. 227–244.
Rogers, Everett M. (1994): A History of Communication Study. A Biographical Approach. New York, NY: Free Press.
Ropohl, Günther (2002): „Wider die Entdinglichung im Technikverständnis", in: Abel, Günther/Engfer, Hans-Jürgen/Hubig, Christoph (Hrsg.): Neuzeitliches Denken. Festschrift für Hans Poser zum 65. Geburtstag. Berlin: De Gruyter, S. 427–440.
Ropohl, Günther (2010): „Technikbegriffe zwischen Äquivokation und Reflexion", in: Banse, Gerhard/Grunwald, Armin (Hrsg.): Technik und Kultur. Bedingungs- und Beeinflussungsverhältnisse. Karlsruhe: KIT Scientific Publishing, S. 41–54.
Rose, Nikolas (2000): „Government and Control", in: British Journal of Criminology, 40 (2), S. 321–339.
Rose, Nikolas/Miller, Peter (1992): „Political Power beyond the State: Problematics of Government", in: The British Journal of Sociology, 43 (2), S. 173-205.
Rosenblueth, Arturo/Wiener, Norbert/Bigelow, Julian (1943): „Behavior, Purpose and Teleology", in: Philosophy of Science, 10 (1), S. 18–24.
Rosenblueth, Arturo, Wiener, Norbert/Wiener, Norbert (1945): „The Role of Models in Science", in: Philosophy of Science, 12 (4), S. 316–321.

Rosenblueth, Arturo/Wiener, Norbert (1950): „Purposeful and Non-Purposeful Behavior, in: Philosophy of Science“, 17 (4), S. 318–326.

Ross, Dorothy (1991): The Origins of American Social Science. Cambridge: Cambridge University Press.

Ross, Dorothy (2008): „Changing Contours of the Social Science Disciplines“, in: Porter, Theodore M./Ross, Dorothy (Hrsg.): The Cambridge History of Science, Vol. 7: The Modern Social Sciences. Cambridge: Cambride University Press, S. 205-237.

Ruesch, Jurgen/Bateson, Gregory (1951): Communication. The Social Matrix of Psychiatry. New York: Norton.

Saar, Martin/Vogelmann, Frieder (2009): „Leben und Macht. Michel Foucaults politische Philosophie im Spiegel neuerer Sekundärliteratur“, in: Philosophische Rundschau, 56 (2), S. 87–110.

Savage, Leonard J. (1954): The Foundations of Statistics. New York: Wiley.

Schelsky, Helmut (1961): Der Mensch in der wissenschaftlichen Zivilisation. Köln: Westdeutscher Verlag.

Schick, Allen (1969): „Systems Politics and Systems Budgeting“, in: Public Administration Review, 29 (2), S. 137.

Schmidt-Biggemann, Wilhelm (1991): Geschichte als absoluter Begriff. Der Lauf der neueren deutschen Philosophie. Frankfurt am Main: Suhrkamp.

Schmidt-Brücken, Katharina (2012): Hirnzirkel. Kreisende Prozesse in Computer und Gehirn: Zur neurokybernetischen Vorgeschichte der Informatik. Bielefeld: transcript.

Schmidt-Gernig, Alexander (2002): „The Cybernetic Society: Western Future Studies of the 1960s and 1970s and Their Predictions for the Year 2000“, in: Cooper, Richard N./Layard, Richard (Hrsg.): What the Future Holds. Insights from Social Science. Cambridge, Mass.: MIT Press.

Schmitt, Carl (1963): „Das Zeitalter der Neutralisierungen und Entpolitisierungen“, in: Der Begriff des Politischen. Berlin: Duncker & Humblot, S. 79–95.

Schöning, Matthias (2006): „Zwischen Technokratie und Biopolitik. Zur Rekonstruktion des Begriffs Sozialtechnologie“, in: Ethica, 14 (3), S. 303–323.

Schrödinger, Erwin (1989): Was ist Leben? Die lebende Zelle mit den Augen des Physikers betrachtet. München/Zürich: Piper.

Schumpeter, Joseph A. (2005): Kapitalismus, Sozialismus und Demokratie. Tübingen: Francke/UTB.

Schüttpelz, Erhard (2004): „To whom it may concern messages“; in: Pias, Claus (Hrsg.): Cybernetics – Kybernetik. The Macy-Conferences 1946-1953, Bd. II: Essays und Dokumente. Zürich/Berlin: diaphanes, S. 115–130.

Schüttpelz, Erhard (2005): „Von der Kommunikation zu den Medien/In Krieg und Frieden (1943-1960)“, in: Fohrmann, Jürgen (Hrsg.): Gelehrte Kommunikation. Wissenschaft und Medium zwischen dem 16. und 20. Jahrhundert. Wien/Köln/Weimar: Böhlau, S. 483–552.

Schüttpelz, Erhard (2006): „Die medienanthropologische Kehre der Kulturtechniken“, in: Engell, Lorenz/Vogl, Joseph/Siegert, Bernhard (Hrsg.): Archiv für Mediengeschichte, Bd. 6: Kulturgeschichte als Mediengeschichte (oder vice versa)? Weimar: Universitätsverlag Weimar, S. 87–110.

Schwarz, Richard et al. (1994) (Hrsg.): Zur Genealogie der Regulation: Anschlüsse an Michel Foucault. Mainz: Decaton.

Segal, Jérôme (2004): „Kybernetik in der DDR: Dialektische Beziehungen“, in: Pias, Claus (Hrsg.): Cybernetics – Kybernetik. The Macy-Conferences 1946-1953, Bd. II: Essays und Dokumente. Zürich/Berlin: diaphanes, S. 227–253.

Segelken, Barbara (2010): Bilder des Staates: Kammer, Kasten und Tafel als Visualisierungen staatlicher Zusammenhänge. Berlin: Akademie Verlag.

Seibel, Benjamin (2012): „Regierungsmaschinen. Zur Verbindung von Gouvernementalitäts- und Technikgeschichte“, in: Becker, Rainer/Donk, André (Hrsg.): Wissenschaft und Politik im Technikwandel. Neue interdisziplinäre Perspektiven. München: Lit, S. 18-31.

Seitter, Walter (1985): Menschenfassungen. Studien zur Erkenntnispolitikwissenschaft. München: Boer.
Serres, Michel (1987): Der Parasit. Frankfurt am Main: Suhrkamp.
Shannon, Christopher (2001): A World Made Safe for Differences. Cold War Intellectuals and the Politics of Identity. Lanham, MD: Rowman & Littlefield.
Shannon, Claude Elwood (1956): „The Bandwagon“, in: I.R.E. Transactions on Information Theory, 2 (1), S. 3.
Shannon, Claude Elwood (2000a): „Eine mathematische Theorie der Kommunikation“, in: Ein/Aus. Ausgewählte Schriften zur Kommunikations- und Nachrichtentheorie. Berlin: Brinkmann & Bose, S. 7–100.
Shannon, Claude Elwood (2000b): „Die Philosophie der PCM“, in: Ein/Aus. Ausgewählte Schriften zur Kommunikations- und Nachrichtentheorie. Berlin: Brinkmann & Bose, S. 217–235.
Shannon, Claude Elwood (2004): „Presentation of a Maze-Solving Machine“, in: Pias, Claus (Hrsg.): Cybernetics – Kybernetik. The Macy-Conferences 1946-1953, Bd. I: Protokolle. Zürich/Berlin: diaphanes, S. 474–479.
Shannon, Claude Elwood/Weaver, Warren (1949): The Mathematical Theory of Communication. Urbana/Chicago/London: University of Chicago Press.
Shapin, Steven/Schaffer, Simon (1985): Leviathan and the Air-Pump: Hobbes, Boyle and the Experimental Life. Princeton, N.J.: Princenton University Press.
Shapley, Deborah (1993): Promise and Power. The Life and Times of Robert McNamara. Boston: Little, Brown and Co.
Sherrington, Charles (1955): Man on his Nature. The Gifford Lectures, 1937-1938. Harmondsworth: Penguin.
Shils, Edward A. (1955): „The End of Ideology?“, in: Encounter, 5 (5), S. 52–58.
Shrader, Charles R. (2006): History of Operations Research in the United States Army, Vol. I: 1942-1962. Washington, D.C: U.S. Government Printing Office.
Shrader, Charles R. (2008): History of Operations Research in the United States Army, Vol. II: 1961-1973. Washington, D.C.: U.S. Government Printing Office.
Siegert, Bernhard (2003): Passage des Digitalen: Zeichenpraktiken der neuzeitlichen Wissenschaften 1500-1900. Berlin: Brinkmann & Bose.
Siegert, Bernhard (2007): „Die Geburt der Literatur aus dem Rauschen der Kanäle. Zur Poetik der phatischen Funktion“, in: Franz, Michael/Schäffner, Wolfgang/Siegert, Bernhard/Stockhammer, Robert (Hrsg.): Electric Laokoon. Zeichen und Medien, von der Lochkarte zur Grammatologie. Berlin: Akademie, S. 5–41.
Simon, Herbert A/Newell, Allen (1971): „Human Problem Solving. The State of the Theory in 1970“, in: American Psychologist, 26 (2), S. 145–159.
Simon, Herbert A. (1945): Rezension zu „Theory of Games and Economic Behavior“, in: American Journal of Sociology, 50 (6), S. 558–560.
Simon, Herbert A. (1947): Administrative Behavior. A Study of Decision-Making Processes in Administrative Organization. New York: Macmillan Co.
Simon, Herbert A. (1955): „A Behavioral Model of Rational Choice“, in: The Quarterly Journal of Economics, 69 (1), S. 99–118.
Simon, Herbert A. (1957): Models of Man: Social and Rational. Mathematical Essays on Rational Human Behavior in a Social Setting. New York: Wiley.
Simon, Herbert A. (1962): „The Architecture of Complexity“, in: Proceedings of the American Philosophical Society, 106 (6), S. 467–482.
Simon, Herbert A. (1966): „Thinking by Computers“, in: Colodny, Robert G. (Hrsg.): Mind and Cosmos. Essays in Contemporary Science and Philosophy. Pittsburgh, PA: University of Pittsburgh Press, S. 3–21.
Simon, Herbert A. (1977): The New Science of Management Decision. Englewood Cliffs: Prentice-Hall.

Simon, Herbert A. (1991): Models of my Life. New York: Basic Books.
Simondon, Gilbert (2012): Die Existenzweise technischer Objekte. Zürich/Berlin: diaphanes.
Simonson, Peter (2012): „Charles Horton Cooley and the Origins of U.S. Communication Study in Political Economy“, in: Democratic Communiqué, 25 (1), S. 1–22.
Smith, Adam (1977): An Inquiry Into the Nature and Causes of the Wealth of Nations. Chicago: University of Chicago Press.
Smith, Crosbie/Wise, M. Norton (1989): Energy and Empire: A Biographical Study of Lord Kelvin. Cambridge/New York: Cambridge University Press.
Smithies, Arthur (1965): „Conceptual Framework for the Program Budget“, in: Novick, David (Hrsg.): Program Budgeting. Performance Analysis and the Federal Budget. Cambridge, Mass.: Harvard University Press, S. 24–60.
Stiegler, Bernard (2007): Technik und Zeit. Die Schuld des Epimetheus. Zürich/Berlin: diaphanes.
Stollberg-Rilinger, Barbara (1986): Der Staat als Maschine. Zur politischen Metaphorik des absoluten Fürstenstaats. Berlin: Duncker & Humblot.
Stoloff, David (1973): „Die kurze, unglückliche Geschichte der Community Action-Programme“, in: Naschold, Frieder (Hrsg.): Politische Planungssysteme. Opladen: Westdeutscher Verlag, S. 236–245.
Sundquist, James L. (Hrsg.) (1969): On Fighting Poverty. Perspectives from Experience. New York: Basic Books.
Taylor, Frederick Winslow (1998): The Principles of Scientific Management. Norcross: Engineering & Management Press.
Thomson, Mathew (2012): „The Psychological Sciences and the ‚Scientization' and ‚Engineering' of Society in Twentieth-Century Britain,“ in: Brückweh, Kerstin et al. (Hrsg.): Engineering Society. The Role of the Human and Social Sciences in Modern Societies, 1880-1980. Basingstoke: Palgrave Mcmillan, S. 141–158.
Tiqqun (2007): Kybernetik und Revolte. Zürich/Berlin: diaphanes.
Traue, Boris (2010): Das Subjekt der Beratung. Zur Soziologie einer Psycho-Technik. Bielefeld: transcript.
Turing, Alan M. (1987a): „Rechenmaschinen und Intelligenz“, in: Intelligence Service. Schriften. Berlin: Brinkmann & Bose, S. 147–182.
Turing, Alan M. (1987b): „Intelligente Maschinen. Eine häretische Theorie“, in: Intelligence Service. Schriften. Berlin: Brinkmann & Bose, S. 7–16.
Turing, Alan M. (1987c): Über berechenbare Zahlen mit einer Anwendung auf das Entscheidungsproblem. Berlin: Brinkmann & Bose, S. 17–60.
Turing, Alan M. (1987d): „Intelligente Maschinen“, in: Intelligence Service. Schriften. Berlin: Brinkmann & Bose, S. 81–114.
Türk, Klaus/Bruch, Michael/Lemke, Thomas (2006): Organisation in der modernen Gesellschaft. Eine historische Einführung. Wiesbaden: VS Verlag für Sozialwissenschaften.
U.S. Department of Health, Education and Welfare (1969): Toward a Social Report. Washington, D.C.: U.S. Government Printing Office.
US Strategic Bombing Survey (1946): The Effects of Atomic Bombs on Hiroshima and Nagasaki. Washington, D.C.: U.S. Government Printing Office, URL: http://www.trumanlibrary.org/whistlestop/study_collections/bomb/large/documents/pdfs/65.pdf [Zugriff 25.07.2015].
Vasilache, Andreas (2011): „Exekutive Gouvernementalität und die Verwaltungsförmigkeit internationaler Politik“, in: Zeitschrift für Internationale Beziehungen, 18 (2), S. 3–34.
Vasilache, Andreas (2014): Gouvernementalität, Staat und Weltgesellschaft. Studien zum Regieren im Anschluss an Foucault. Wiesbaden: Springer.
Verbeek, Peter-Paul (2005): „What Things Do: Philosophical Reflections on Technology, Agency, and Design“, University Park, PA.: Pennsylvania State University Press.
Vismann, Cornelia (2010): „Kulturtechniken und Souveränität“, in: Zeitschrift für Medien- und Kulturforschung, 1, S. 171–182.

Vogelmann, Frieder (2012): „Der Traum der Transparenz. Neue alte Betriebssysteme“, in: Bieber, Christoph/Leggewie, Claus (Hrsg.): Unter Piraten. Erkundungen in einer neuen politischen Arena. Bielefeld: transcript, S. 101–111.

Vogl, Joseph (2004): „Regierung und Regelkreis. Historisches Vorspiel“, in: Pias, Claus (Hrsg.): Cybernetics – Kybernetik. The Macy-Conferences 1946-1953, Bd. II: Essays und Dokumente. Zürich/Berlin: Diaphanes, S. 67–80.

Vrachliotis, Georg (2012): Geregelte Verhältnisse Architektur und technisches Denken in der Epoche der Kybernetik. Wien: Springer.

Walter, Jochen (2005): „Politik als System? Systembegriffe und Systemmetaphern in der Politikwissenschaft und in den Internationalen Beziehungen“, in: Zeitschrift für Internationale Beziehungen, 12 (2), S. 275–300.

Ware, Willis H. (2008): RAND and the Information Evolution. A History in Essays and Vignettes. Santa Monica, CA: RAND.

Waring, Stephen P (1995): „Cold Calculus. The Cold War and Operations Research“, in: Radical History Review. (63), S. 29-51.

Weaver, Warren (1947): The Scientists Speak. New York: Boni & Gaer.

Weaver, Warren (1948): „Science and Complexity“, in: American Scientist, 36, S. 536–544.

Webber, Melvin (1964): „The Urban Place and the Non-Place Urban Realm“, in: Webber, Melvin et al. (Hrsg.): Explorations Into Urban Structure. Philadelphia: University of Pennsylvania Press, S. 79–153.

Webber, Melvin (1968): „The Post-City Age“, in: Daedalus, 97 (4), S. 1091–1110.

Weber, Max (1921): Wirtschaft und Gesellschaft. Tübingen: Mohr.

Weber, Max (1924): „Debatten auf der Tagung des Vereins für Sozialpolitik in Wien“, in: Gesammelte Aufsätze zur Soziologie und Sozialpolitik,. Tübingen: Mohr, S. 394–430.

West, William F. (2011): Program Budgeting and the Performance Movement. The Elusive Quest for Efficiency in Government. Washington, D.C.: Georgetown University Press.

White, David Manning (1950): „The ‚Gate Keeper'. A Case Study in the Selection of News“, in: Journalism Quarterly, 27, S. 383–390.

Wiener, Norbert (1948): „Time, Communication and the Nervous System“, in: Annals of the New York Academy of Sciences, 50, S. 197–220.

Wiener, Norbert (1952): Mensch und Menschmaschine. Frankfurt am Main/Berlin: Alfred Metzner.

Wiener, Norbert (1956): I am a Mathematician. The Later Life of a Prodigy. Garden City, N.Y.: Doubleday.

Wiener, Norbert (1968): Kybernetik: Regelung und Nachrichtenübertragung in Lebewesen und Maschine. Reinbek bei Hamburg: Rowohlt.

Wiener, Norbert (1989): The Human Use of Human Beings. Cybernetics and Society (Nachdruck der 2., überarbeiteten Auflage). London: Free Association Books.

Wiener, Norbert/Deutsch, Karl W./de Santillana, Giorgio (1950): "How U.S. Cities Can Prepare for Atomic War: MIT Professors Suggest a Bold Plan to Prevent Panic and Limit Destruction,", in: LIFE, 18.12.1950, S. 77-86.

Wiesenthal, Helmut (2006): Gesellschaftssteuerung und gesellschaftliche Selbststeuerung. Eine Einführung. Wiesbaden: VS Verlag für Sozialwissenschaften.

Wildavsky, Aaron (1969): „Rescuing Policy Analysis from PPBS“, in: Public Administration Review, 29 (2), S. 189–202.

Wilson, Woodrow (1887): „The Study of Administration“, in: Political Science Quarterly, 2 (2), S. 197–222.

Winkler, Hartmut (2002): „Das Modell. Diskurse, Aufschreibesystemem Technik, Monumente“, in: Pompe, Hedwig/Scholz, Leander (Hrsg.): Archivprozesse. Die Kommunikation der Aufbewahrung. Köln: DuMont, S. 297–315.

Winner, Langdon (1986): The Whale and the Reactor. A Search for Limits in an Age of High Technology. Chicago: University of Chicago Press.

Winsberg, Eric (2009): „A Function for Fictions. Expanding the Scope of Science“, in: Suárez, Mauricio (Hrsg.): Fictions in Science. Philosophical Essays in Modeling and Idealization. London: Routledge, S. 179–189.

Wolf, Burkhardt (2008): „Das Schiff, eine Peripetie des Regierens. Nautische Hintergründe von Kybernetik und Gouvernementalität“, in: MLN, 123 (3), S. 444–468.

Wolfe, Audra J. (2013): Competing with the Soviets. Science, Technology, and the State in Cold War America. Baltimore: Johns Hopkins University Press.

Yates, JoAnne (1989): Control Through Communication. The Rise of System in American Management. Baltimore: Johns Hopkins University Press.

Zinn, Howard (1980): A People's History of the United States. New York: Harper & Row.

Dank

Dieses Buch entstand als Dissertation am DFG-Graduiertenkolleg „Topologie der Technik“ der TU Darmstadt. Petra Gehring, Mikael Hård und Christoph Hubig danke ich für die Aufnahme in das Kolleg und die stets bereichernde Betreuung der Arbeit.

Vom intensiven Austausch mit meinen Darmstädter Kolleginnen und Kollegen, von denen viele zu Freunden geworden sind, hat dieser Text ungemein profitiert. Für viele anregende, irritierende und produktive Gespräche danke ich insbesondere Suzana Alpsancar, Rainer Becker, Simon Bihr, Lukas Breitwieser, Kai Denker, Alexander Friedrich, Paul Gebelein, Kevin Lin, Christian Mettke, Manuel Reinhard, Annette Ripper, Sophie Schramm, Bahar Sen, Kaja Tulatz, David Waldecker und Christian Zumbrägel. Auch über die eigene Universität hinaus bleiben Erinnerungen an viele erhellende Diskussionen, unter anderem mit Friedrich Balke, Alexander Galloway, Erich Hörl und Claus Pias.

Eine erste Fassung der Dissertation entstand während eines Aufenthalts am History of Science Department der Harvard University. Ich danke Adelheid Voskuhl für die Einladung nach Cambridge und darüber hinaus all jenen, die meine dortigen Recherchen mit klugen Hinweisen und kritischen Nachfragen unterstützt haben, insbesondere Peter Galison, Susanne Jany, Sheila Jasanoff, Evgeny Morozov, Christopher James Phillips, Steven Shapin und Richard Tuck.

Novina Göhlsdorf hat dem fertigen Text viel Aufmerksamkeit geschenkt, nicht nur dafür gebührt ihr besonderer Dank. Die Korrespondenz mit Louise Beltzung in Wien hat die vielen Stunden am Schreibtisch sehr viel erträglicher werden lassen. Thomas Lemke in Frankfurt danke ich für sein Interesse und die Herausgabe des Buchs, Jakob Hoffmann für die Vermittlung.

All meine treuen Freundinnen und Freunde haben immer wieder Wege gefunden, mich von den alltäglichen Mühen einer Doktorarbeit abzulenken – herzlichen Dank natürlich auch dafür! Ganz besonders danke ich meinen Eltern, Großeltern, Geschwistern und dem ganzen Rest meiner wunderbaren Familie für die unermessliche Unterstützung in den letzten Jahren. Was ich Ira Hennig verdanke, lässt sich schwer in Worte fassen, aber ganz sicher wäre dieses Buch ohne ihren Zuspruch und ihr Vertrauen weder begonnen noch beendet worden. Ihr ist es gewidmet.